Klein/Schmarsli/Fischer, Praxisbuch Verkehrsunfall

Klein/Schmarsli/Fischer

Praxisbuch Verkehrsunfall

Schadenregulierung – Unfallkonstellationen – Gebührenberechnung

2. Auflage
unter Mitarbeit von
Rechtspflegerin Diana Al-Jumaili

Luchterhand

Die Deutsche Bibliothek – CIP-Einheitsaufnahme

Klein, Martin:
Praxisbuch Verkehrsunfall : Martin Klein ; Peter Schmarsli ; Detlef Fischer. – 2., veränd. Aufl.
unter Mitarbeit von Diana Al-Jumaili – Neuwied ; Kriftel : Luchterhand, 2002
ISBN 3-472-04876-X

Mail: Stefan.Kolbe@Luchterhand.de
Fax: 0 61 92/4 08-2 48 Tel.: 0 61 92/4 08-2 33

Satz: Hümmer GmbH, Waldbüttelbrunn
Umschlaggestaltung: Andreas Ruers, TypoGrafikText, Wiesbaden
Druck und Verarbeitung: Wilhelm & Adam, Heusenstamm
Printed in Germany, Juni 2002
Gedruckt auf säurefreiem, alterungsbeständigem und chlorfreiem Papier

Vorwort

Die meisten Rechtsanwälte sind überzeugt, ein Verkehrsunfallmandat auch dann richtig abwickeln zu können, wenn sie keine oder nur geringe praktische Erfahrung darin haben.

Nicht nur durch die aktuellen, gravierenden Änderungen des Schadensersatzrechts erweist sich diese Annahme in der Praxis oft als Irrtum.

Dieses Buch möchte dem Rechtsanwalt das Fachwissen an die Hand geben, das er benötigt, um dieses Mandat gründlich und damit zur Zufriedenheit des Mandanten zu bearbeiten.

Zugleich soll seine Arbeit erleichtert werden. Dazu erläutert das Buch detailliert die Vorgehensweise und gibt noch mehr Tipps für die praktische Arbeit als die Vorauflage.

Das neue Schadensersatzrecht bringt für Rechtsanwälte und Versicherungssachbearbeiter erhebliche Umstellungen. Es ist erst jetzt verabschiedet worden und tritt im Sommer 2002 in Kraft. An den entsprechenden Stellen ist es bereits eingearbeitet.

Wir danken allen, die uns durch ihre zahlreichen Hinweise und Tipps geholfen haben, die 2. Auflage des Praxisbuches noch zu verbessern.

Zugleich zeigt sich dadurch, dass trotz der vielen Publikationen dieses Buch eine Lücke schliessen hilft:

Allen Beteiligten – Rechtsanwälte, Sachbearbeiter bei Versicherern und Richter – erleichtert und verkürzt es die Suche nach dem »richtigen« Ergebnis.

Für Anregungen und Kritik wenden Sie sich bitte an die vorstehend genannte Verlagsadresse. Die Bearbeiter der einzelnen Kapitel sind:

Rechtsanwalt Peter Schmarsli, Rottenburg	Kapitel A, B und C
Assessor Martin Klein, Leipzig	Kapitel F I, II und H
Dipl.Jur. Detlef Fischer, Berlin	Kapitel D, E, F III und I
Rechtspflegerin Diana Al-Jumaili, Leipzig	Kapitel G

Inhaltsverzeichnis

A. Die ersten Schritte

I. Was tun *unmittelbar* nach einem Verkehrsunfall?

Statistisch gesehen hat jeder Autofahrer alle 5 Jahre einen Verkehrsunfall. Abgesehen davon, dass Ihr Mandant unmittelbar nach einem Unfall zum Telefonhörer greifen und Sie anrufen könnte, werden Sie selbst in Ihrem Autofahrerleben der Statistik nach in 10 Verkehrsunfälle verwickelt sein. Grund genug, sich auch im Rahmen dieses Buches dem Thema zu widmen, zumal es (Beweissicherung!) nur scheinbar unjuristisch ist.
Betrachten Sie die nachfolgenden Hinweise bitte als Checkliste, die in der Regel der Reihe nach abzuarbeiten ist. Sie haben nämlich von einer Markierung der Fahrzeugstände mit Ölkreide nichts, wenn sich währenddessen die Zeugen oder im Extremfall der Unfallverursacher aus dem Staube gemacht haben:

1. Unfallstelle sichern

Dass zunächst die Unfallstelle zu sichern und Verletzten zu helfen, bzw. Hilfe zu holen ist, ist eine Selbstverständlichkeit.

> **Tipp**
> Legen Sie sich Ihr altes Handy aufgeladen und ohne Karte ins Handschuhfach, oder noch besser schenken Sie es einem Verkehrsteilnehmer ohne Handy: Die Notrufnummer 110 funktioniert bei jedem Handy ohne Karte!!!

T

2. Kennzeichen der Unfallbeteiligten und der Zeugenfahrzeuge notieren

> **Tipp**
> Es gibt viele Möglichkeiten zur Not eine Autonummer ohne Papier und Bleistift zu notieren: Lippenstift auf der Frontscheibe, Einritzen mit dem Autoschlüssel in die Bedienungsanleitung Ihres Autos usw.

T

3. Unfallzeugen ansprechen

Bitten Sie die Zeugen, sich nicht von der Unfallstelle zu entfernen, bis Sie Zeit haben, nochmals auf die Zeugen zuzugehen.

4. Markierung der Fahrzeugposition/Fotos

Wenn Sie eine Pocketkamera oder eines der handelsüblichen ungeheuer praktischen Unfallsets mit Kamera, Ölkreide, Unfallfragebogen etc. im Handschuhfach liegen haben, können diese Gerätschaften jetzt zum Einsatz kommen.

T

Tipp
Warum selber malen? Wenn Sie einen hilfsbereiten Zeugen bitten, wird er gern die Fahrzeugstände markieren und steht später für die Korrektheit der Markierungen als Beweismittel zur Verfügung!

T

Tipp
Ihr Auto können Sie zur Not auch noch zu Hause fotografieren, der Sachverständige fotografiert es ohnehin. Das Auto Ihres Unfallgegners ist ein viel wichtigeres Motiv.

5. Unfallstelle räumen

Eine Unfallstelle ist trotz aller Absicherung immer auch eine Gefahrenstelle. In den meisten Fällen wird eher zu spät als zu früh die Fahrbahn geräumt. Bei Unfällen ohne Personenschaden ist jetzt der Zeitpunkt gekommen, die Fahrbahn zu räumen, selbst wenn die Polizei (noch) nicht eingetroffen ist.

6. Name, Anschrift, Telefon (auch tagsüber)

von Unfallbeteiligten und Zeugen notieren. Es ist nicht unbotmäßig, den Personalausweis oder sonstige Papiere sehen zu wollen.

Am einfachsten lässt sich dies bewerkstelligen, wenn man selbst als erster die Papiere zückt. Ein sehr schöner Service des Versicherers ist eine Karte mit den Fahrzeug und Versicherungsdaten zur Aushändigung an den Unfallgegner. Sofern eine solche nicht vorliegt, müssen die Versicherungsdaten – soweit bekannt – notiert werden.

Ist der Fahrer nicht der Halter, so sind auch die Halterdaten aufzunehmen.

7. Unfallprotokoll aufnehmen

Falls Sie das obengenannte Set haben, ist ein Protokoll dabei. Muster haben auch Versicherer und Automobilclubs zu bieten.

Sonst sind folgende Daten erforderlich:

Unfallbeteiligte

Unfallort und Zeit
Zeugen

(falls pol. Aufnahme) Dienststelle/Name des aufn. Polizisten/Tagebuchnummer

Fahrzeugdaten

Halterdaten

Fahrerdaten

Versicherungsdaten (bei Ausländerbeteiligung: grüne Karte/rosa Grenzversicherungsschein (Doppel aushändigen lassen)

Skizze und Angaben zu Beschädigungen der beteiligten Fahrzeuge

Unfallskizze mgl. auf gesondertem Blatt mit allen Daten zu Straßenverlauf, Verkehrszeichen, Fahrtrouten bis zur Kollision, Endstände, evtl. Bremsspuren etc.

Unfallschilderung

Unterschrift beider Unfallbeteiligter (wenn möglich)

8. Kein Schuldanerkenntnis abgeben

Es soll schon versierte Verkehrsrechtsexperten gegeben haben, die wider besseres Wissen unter dem unmittelbaren Eindruck des Unfallereignisses ein Schuldanerkenntnis abgegeben haben. Lassen Sie das bleiben! Denn ein Schuldanerkenntnis führt nach der Rechtsprechung regelmäßig zur Beweislastumkehr. Ferner gebietet der Versicherungsvertrag mit dem eigenen Haftpflichtversicherer, derartiges zu unterlassen, hier droht in krassen Fällen ein Regress bzw. die Versagung des Versicherungsschutzes. Es ist i. ü. ein Gebot der Fairneß auch dem Unfallgegner kein Schuldanerkenntnis abzunötigen. Mit einer von beiden Seiten unterschriebenen sauberen Unfallschilderung wird auch ein ordentliches Beweismaterial produziert.

9. Aussage- bzw. Zeugnisverweigerungsrecht beachten

Leider nimmt sie inzwischen überhand, die »informatorische Befragung« durch den unfallaufnehmenden Polizisten. Wenn Angaben vor der Belehrung über das Aussageverweigerungsrecht gemacht werden, so sind diese damit rechtlich aber nicht faktisch aus der Welt. In einem eventuellen Bußgeld- oder Strafverfahren wird der Beweisstoff über eine Zeugenaussage des aufnehmenden Polizisten garantiert wieder eingeführt.

10. Radfahrer/Fußgänger als Unfallbeteiligte

Die Gefahr eines Personenschadens ist hier naturgemäß naheliegend.

Für den beteiligten Fahrzeugführer realisiert sich jedoch auch relativ häufig eine ganz andere Gefahr, nämlich die des Beweisverlustes. Unfallbeteiligt sind nicht nur »Aufprallopfer«, sondern auch Personen, die durch ihr Fehlverhalten die Unfallursache gesetzt haben, ohne körperlich verwickelt zu sein, z. B. ein unüberlegt auf die Straße taumelnder Fußgänger, der eine Karambolage zweier Autos auslöst.

Tipp
Hier ist § 127 I StPO einschlägig. Unfallflucht ist eine Straftat und diese ist noch »frisch« im Sinne des § 127 I StPO, so dass Jedermann das Festnahmerecht hat.

II. Der erste Anruf/ das erste Gespräch mit dem Mandanten

Beim ersten Gespräch mit dem Mandanten ist es wichtig zunächst zu unterscheiden, in welchem Regulierungsstadium er anruft.

Oft wird der Mandant unmittelbar nach dem Verkehrsunfall mit zittriger Stimme aus einer Telefonzelle eine Erstberatung wünschen.

Die andere Variante ist die, dass er sich erst meldet, wenn das Kind schon in den Brunnen gefallen ist; das heißt, die Versicherung eine Regulierung abgelehnt hat oder aus anderen Gründen die Regulierung nicht zufriedenstellend verläuft.

In beiden Fällen ist die Sachverhaltsaufnahme das A und O der weiteren Vorgehensweise. Am Telefon ist es natürlich wenig sinnvoll, sich den ganzen Sachverhalt erklären zu lassen. Hier sollten Sie zunächst den Mandanten bitten, vorhandene Beweismittel zu sichern, damit er beim ersten Gespräch in der Lage ist, möglichst ausführlich den Sachverhalt darzustellen (vgl. dazu auch Tipp auf S. 6)

Vergessen Sie auch nicht, ihren Mandanten schon am Telefon nach dem polizeilichen Unfallbericht und der Tagebuchnummer zu fragen.

Schließlich sollte der Mandant gebeten werden, zum ersten Gespräch die notwendigen Daten über seine und die Versicherung des gegnerischen Unfallfahrzeuges mitzubringen. Weitere Details lassen sich im ersten Telefongespräch kaum klären.

Allenfalls könnte noch die Frage erörtert werden, ob die sofortige Einschaltung eines Gutachters sinnvoll ist.

Die mündliche Erörterung eines Verkehrsunfalls kann sehr anstrengend und ungeheuer zeitraubend sein. Immerhin ist das beste Stück ihres Mandanten beschädigt worden. Merkwürdigerweise sind die Mandanten bei reinen Sachschäden häufig aufgebrachter als bei Personenschäden.

Der Autor hatte über längere Zeit Gelegenheit, sämtliche Verkehrsunfälle eines neu gegründeten Transportunternehmens abzuwickeln.

Dabei wurde zunächst schon aus Gründen der Mandantenanbindung immer ein persönliches Gespräch mit dem zuständigen Mitarbeiter der Mandantin geführt. Ein solches erstes pesönliches Gespräch ist dringend erforderlich, auch wenn es der Sachverhaltsaufklärung nur wenig dient.

Bei der Bearbeitung der Verkehrsunfälle für oben erwähnte Transportfirma ging der Autor jedoch nach einiger Zeit zu einer anderen Methode über, bei der die Verkehrsunfälle fast vollständig schriftlich abgewickelt wurden. Der für jeden einzelnen Unfall erforderliche Zeitaufwand verringerte sich dadurch auf ungefähr ein Drittel des ursprünglichen Aufwandes. Außerdem waren die Sachinformationen von erheblich besserer Güte.

Verkehrsunfälle lassen sich sehr standardisiert abarbeiten. Die weitere Zusammenarbeit mit der Mandantin lief in diesem konkreten Fall so, dass dem zuständigen Mitarbeiter der Mandantin ein Stapel Fragebögen ausgehändigt wurde. Der Fragebogen ähnelte dabei dem Fragebogen für Anspruchssteller, der aufgrund einer zwischen dem HUK-Verband und dem Deutschen Anwaltverein getroffenen Vereinbarung vom DAV als Muster herausgegeben wird. Der Fragebogen wurde bei der Mandantin ausgefüllt und in die Kanzlei gesendet. In mindestens 80% der Fälle war eine weitere Abwicklung ohne jede Rücksprache möglich. Von den restlichen Fällen ließen sich die meisten mit bloßer telefonischer Rücksprache klären.

Es kann daher aus Effektivitätsgesichtspunkten nur empfohlen werden, zu einem möglichst frühen Zeitpunkt den Fragebogen für Anspruchssteller dem Mandanten vorzulegen. Sofern es organisatorisch möglich ist und man nicht fürchten muss, den Mandanten durch das Vorlegen eines Formulars zu brüskieren, könnte z. B. der Fragebogen für Anspruchssteller zusammen mit einer kurzen schriftlichen Terminbestätigung des ersten Besprechungstermines dem Mandanten mit der Bitte übersandt werden, den Fragebogen vor dem Gespräch ausgefüllt zurückzureichen.

Wenn Ihnen der Fragebogen erst einmal ausgefüllt vorliegt, haben Sie alle notwendigen »technischen« Daten schon in Ihrer Hand und können sich in dem ersten Gespräch mit dem Mandanten auf die Rekonstruktion des Unfallhergangs und einige Ausführungen zur Sach- und Rechtslage beschränken.

Eine nicht geringe Zahl von Kollegen wendet den HUK-Fragebogen in der Weise an, dass die Mandanten vor dem Gespräch gebeten werden, im Wartezimmer diesen Fragebogen schon einmal auszufüllen. Diese Variante erscheint wenig glücklich, da, wenn die Mandanten nicht vorinformiert sind, möglicherweise die notwendigen Unterlagen, die das Ausfüllen erst ermöglichen, gar nicht zur Hand sind. Des weiteren werden sicher einige Mandanten ein Störgefühl entwickeln, wenn sie für den Anwalt, für den sie aus ihrer Sicht immer zu viel Geld bezahlen, auch noch wie Schulkinder ein Formular ausfüllen müssen.

T

Tipp

Versuchen Sie, Ihren Mandanten möglichst früh einen Fragebogen für Anspruchsteller entsprechend dem vom HUK-Verband und dem Deutschen Anwaltverein gemeinsam beschlossenen Muster ausfüllen zu lassen. Noch besser ist die Verwendung eines Formulars mit ihrem eigenen Briefkopf. Wenn Sie ein solches entwerfen, könnten Sie bei der Gelegenheit noch einen Formularteil anfügen, in dem weitere Hilfestellungen zur genauen Unfallschilderung mit Skizze gegeben werden. Das DAV/HUK-Formular enthält hier nur eine Rubrik, in der lakonisch die Überschrift »Genaue Unfallschilderung mit Skizze« enthalten ist, ohne dass hier weiter erörtert werden soll, wie die Schilderungen bzw. Skizze aussehen sollen.

Geben Sie hier weitere Hinweise, so werden Sie von Anfang an eine brauchbare Skizze bekommen.

Sofern Sie vor dem ersten Gespräch keine Gelegenheit hatten, Ihrem Mandanten den Fragebogen für Anspruchsteller auszuhändigen, wäre die sinnvollste Variante, nach kurzem Gespräch gemeinsam mit dem Mandanten den Fragebogen durchzugehen und diesen dabei selbst auszufüllen.

Anmerkungen zum HUK/DAV-Fragebogen für Anspruchsteller:
Unter **3.2.** des Formulars ist eine Rubrik enthalten, in der eine »genaue Unfallschilderung mit Skizze« eingetragen werden kann.

Hier ist empfehlenswert, von vornherein ein getrenntes Blatt mit nachstehenden Anmerkungen zu reichen:

- ❑ Reichen Sie eine Skizze des gesamten Straßenabschnitts bzw. der Kreuzung, in dem der sich der Unfall ereignet hat ein.
- ❑ Tragen Sie Ihr eigenes Fahrzeug und das gegnerische Unfallfahrzeug sowie die Fahrstrecke unmittelbar vor dem Unfall ein.
- ❑ Tragen Sie sämtliche vorhandenen Verkehrszeichen und Fahrbahnmarkierungen in die Skizze ein.
- ❑ Berücksichtigen Sie in der Skizze auch sonstige Unfallbeteiligte. Unfallbeteiligter ist nicht nur der Kollisierungsgegner, sondern auch z. B. derjenige, der durch plötzliches Abbremsen oder durch einen Schlenker auf der Fahrbahn das Unfallgeschehen mittelbar ausgelöst hat.
- ❑ Reichen Sie ergänzend zur Skizze noch einen schriftlichen Unfallbericht ein, in dem sie zusätzlich insbesondere folgende Angaben, soweit möglich, machen sollten:
  - ungefähre Geschwindigkeit der Fahrzeuge vor dem Unfall
  - Wetterverhältnisse zum Unfallzeitpunkt
  - Sichtverhältnisse zum Unfallzeitpunkt
  - Straßenverhältnisse zum Unfallzeitpunkt (z. B. Straßenglätte)

Tipp
Eine Skizze gehört zu einem noch so einfachen Unfallgeschehen trotzdem unbedingt dazu. Wenn Ihr Mandant keine nachvollziehbare Skizze einreicht, hat es sich bewährt, den Unfall auf einer Magnettafel mit Spielzeugautos nachzuspielen. Wenn sie häufig im Verkehrsunfallrecht tätig sind, lohnt sich die Anschaffung einer solchen Tafel auf jeden Fall.

- ❑ Lassen Sie Ihren Mandanten exakt bezeichnen, was an seinem Fahrzeug beschädigt wurde. Sie sollten hier Blätter vorbereitet haben, auf denen ein Pkw in einer Rißzeichnung abgebildet ist, damit Ihr Mandant notfalls die beschädigten Teile mit einem Stift kennzeichnen kann.

- ❑ Achten Sie darauf, dass Ihr Mandant korrekte Angaben zu den Eigentumsverhältnissen an der beschädigten Sache macht (Leasing, Finanzierung).
- ❑ Wichtig sind auch die Fragen danach, ob die beschädigte Sache zum Betriebsvermögen gehört und ob eine Vorsteuerabzugsberechtigung besteht. Soweit der beschädigte Gegenstand zum Betriebsvermögen gehört, kann keine Nutzungsausfallentschädigung sondern nur Vorhaltekosten geltend gemacht werden. Ist der Mandant vorsteuerabzugsberechtigt, zahlt die Versicherung ohnehin nur den Nettobetrag der Reparaturrechnung, so dass auch gleich gegenüber der Versicherung darauf hingewiesen werden kann.
- ❑ Bei dem Punkt Art und Umfang der Beschädigung lassen Sie Ihren Mandanten ein wenig erzählen und versuchen Sie einen Eindruck zu bekommen, ob die Einschaltung eines Gutachters erforderlich ist.
- ❑ Sofern schon eine Besichtigung stattgefunden hat, lassen Sie Ihren Mandanten bitte angeben, wer das Fahrzeug begutachtet hat. Sofern es noch nicht begutachtet wurde, ist der Standort des Fahrzeuges, und wann es besichtigt werden kann, anzugeben.
- ❑ Machen Sie Ihren Mandanten auch darauf aufmerksam, dass Vorschäden anzugeben sind, da es sonst Probleme mit der Abwicklung geben kann.
- ❑ Bitte lassen Sie sich von Ihrem Mandanten soweit möglich den Fahrzeugschein aushändigen, damit Sie eine Kopie davon für die Akte fertigen können. Ansonsten notieren Sie sich bitte die Schlüsselnummer und den Typschlüssel. Diese Angaben sind im Fahrzeugschein rechts oben zu finden.

Die Angaben **6.1.** bis **6.3.** des Vordrucks sind möglichst vollständig zu machen, damit es Ihnen möglich wird, in Schriftwechsel mit dem Versicherer Ihres Mandanten und mit dem gegnerischen Haftpflichtversicherer zu treten.

> **Tipp**
> Lassen Sie sich am Ende des Gesprächs auf jeden Fall mehrere außergerichtliche Vollmachten von Ihrem Mandanten unterzeichnen. Versicherungen verlangen häufiger schon für den Schriftwechsel die Vorlage von Vollmachten. Spätestens dann, wenn Sie auf Ihr Rechtsanwaltanderkonto Zahlung verlangen, wird jeder Versicherer die Vorlage einer Originalvollmacht fordern.

Der HUK-Fragebogen enthält im Abschnitt 7, 8 und 9 Fragen für Ansprüche wegen Personenschäden. Die in diesem Formularteil abgefragten Angaben reichen jedoch nicht aus, ein Schadenbild zu bekommen, dass eine vernünftige Darstellung der erhobenen Ansprüche gegenüber dem gegnerischen Haftpflichtversicherer ermöglicht.

Ebenfalls nicht praktikabel ist die quasi in der Fußnote des Formulars enthaltene pauschale Schweigepflichtentbindungserklärung mit der sämtliche behandelnden Ärzte von ihrer Schweigepflicht entbunden werden sollen. Hier empfiehlt sich statt dessen das Musterformular »Schweigepflichtentbindungserklärung«.

Mit dieser Schweigepflichtentbindungserklärung können Sie beim behandelnden Arzt Ihres Mandanten direkt einen Arztbericht anfordern oder sie der gegnerischen Haftpflichtversicherung zuleiten damit von dort ein Arztbericht mit dem dort verwendeten Standardformular angefordert werden kann.

Der gegnerische Haftpflichtversicherer wird in jedem Fall dem selbstangeforderten Arztbericht eher trauen als dem vom Anwalt des Geschädigten eingereichten Bericht. Er wird mit Erhalt (zumindest bei Aufforderung, i. d. R. auch unaufgefordert) dem gegnerischen Rechtsanwalt eine Kopie zuleiten, so dass eine Verzögerung in der weiteren Bearbeitung nicht auftritt.

Zu warnen ist vor einer Versteifung auf ein vom Mandanten eingereichtes ärztliches Attest zum Zwecke der Anspruchsverfolgung. Mit einem solchen Attest wird sich der gegnerische Versicherer nicht zufrieden geben, so dass außer Produktion von Kosten und Zeitverlust nichts gewonnen ist.

III. Die »Todsünden« der Fallbearbeitung – von der Mandatsübernahme bis zum Prozess

Sünde 1: Keine abschließende und durchdachte Klärung der Frage:

»Wer soll gegen wen vertreten werden?«

Die Frage »Wer will was von wem woraus?« ist gerade beim Verkehrsunfallmandat sehr wichtig. Sie ist sinnvollerweise im ersten Gespräch mit dem Mandanten zu klären!

a) Wer ist/sind der/die eigene/n Mandant/en?

> **Tipp**
> Denken Sie immer daran, dass Sie mit ziemlicher Wahrscheinlichkeit mehr als einen Mandanten vertreten werden. Auch bei den Gebühren; § 6 BRAGO winkt mit je einer $^{3}/_{10}$-Erhöhung der Geschäftsgebühr pro Beteiligten.

Bei einem Verkehrsunfall mit Kraftfahrzeugen gibt es oft mehr als zwei Beteiligte: Neben Fahrer und Halter müssen noch die Interessen von eventuellen Fahrgästen verfolgt werden. Der Arbeitgeber des Fahrers hat Ansprüche aus § 6 Entgeltfortzahlungsgesetz. Das Fahrzeug könnte geleast sein.

Bei so vielen potentiellen Mandanten liegt allerdings auch immer die Gefahr einer Interessenkollision nahe (§ 43 a IV BRAO) über deren Vorliegen der Rechtsanwalt im Einzelfall nach den allgemeinen Grundsätzen entscheiden muss.

b) Wer ist/sind der/die Gegner?

Auch Gegner gibt es bei Beteiligung von Kraftfahrzeugen immer mehr als einen: Neben Fahrer, Halter, Haftpflichtversicherer des Gegners können sich auch die eigene Haftpflichtversicherung und Kaskoversicherung als Anspruchsgegner herausstellen. Die Verkehrsopferhilfe e. V. ist wegen § 12 PflVG, wenn auf andere Weise keine Entschädigung erlangt werden kann, ebenfalls direkter Anspruchsgegner. Ferner können dies auch diverse Sozialversicherungsträger sein.

Sünde 2: Keine ausreichende oder ineffiziente Sachverhaltsaufklärung

Ausgangsbasis für eine vernünftige Fallabwicklung ist die oben eingehend erläuterte Verwendung des »Fragebogen für Anspruchsteller« oder eines selbst entwickelten Fragebogens.

Ergänzend sollte immer die polizeiliche Ermittlungsakte beschafft werden, soweit dies möglich ist – auch um einen Auszug gegebenenfalls der gegnerischen Haftpflichtversicherung zur Verfügung zu stellen (vgl. dazu auch Kapitel »Gebührentipps«).

Tipp
Vermeiden Sie, wenn irgend möglich, jeglichen Schriftwechsel mit Fahrer und Halter des gegnerischen Fahrzeugs. Korrespondieren Sie immer sofort und ausschließlich mit der gegnerischen Haftpflichtversicherung. Sie sparen Ärger, Zeit und Aufwand.

Den gegnerischen Haftpflichtversicherer erfahren Sie vom Zentralruf der Autoversicherer unter derbundesweit einheitlichen Telefonnummer 01 80/2 50 26. Effektiver ist es allerdings über die Homepage des Zentralrufs unter www.zentralruf.de per E-mail anzufragen. In der Regel schafft es der Zentralruf Anfragen innerhalb einer Stunde zu beantworten.

Ersatzweise ist auch eine Anfrage über den Verband der Unfallversicherer, Autoversicherter und Rechtsschutzversicherer mit Sitz in Hamburg. Letzterer hat einen Telefax-Schnellservice unter der Telefaxnummer 0 40/19 21 33 00. Der schlechteste Weg, den gegnerischen Haftpflichtversicherer zu ermitteln, ist (s. o.) ein Anwaltsschreiben an Fahrer oder Halter des Gegnerfahrzeugs.

Weitere wichtige Informationsquellen sind das Sachverständigengutachten oder eventuell ein unfallrekonstruierendes Gutachten. Letzteres sollte jedoch außerprozessual höchst sparsam verwendet werden, denn die Kosten sind nicht solche der notwendigen Rechtsverfolgung und damit nicht erstattungsfähig.

Tipp
Zumindest bei »größeren Sachen« sollten Sie einen eigenen Ortsbesuch der Unfallstelle in Erwägung ziehen, insbesondere wenn auch Kriterien wie Sichtverhältnisse (Kuppe, unübersehbare Kurve, missverständliche Beschilderung etc.) eine Rolle gespielt haben könnten. Wer vor Ort war, schildert plastischer!

Sünde 3: Keine ausreichende Anzahl von Vollmachten (bzw. Schweigepflichtentbindungserklärungen) vorhanden

Wie bereits oben erwähnt (Tipp im Kapitel »Das erste Gespräch«) sollten Sie sich von jedem Mandanten mehrere Vollmachten ausstellen lassen. Polizei und Staatsanwaltschaft werden ebenso eine Originalvollmacht verlangen wie der gegnerische Haftpflichtversicherer, der dies spätestens tun wird, sobald Sie Zahlung auf Ihr Rechtsanwalts-(Ander-)konto verlangen.

Bei Personenschäden erreichen Sie nichts ohne eine von Ihrem Mandanten unterschriebene Schweigepflichtentbindungserklärung. Denken Sie auch hier daran, dass Sie mehrere benötigen werden. Ihr Mandant hat eventuell nicht nur einen Arzt und der gegnerischen Haftpflichtversicherung sollen aus Gründen der beschleunigten Abwicklung zwei bereits ausgefüllte Exemplare übersendet werden.

Üblicher- und sinnvollerweise holt die gegnerische Haftpflichtversicherung ihre Informationen direkt beim Arzt des Geschädigten mit einem vom Arzt auszufüllenden Berichtsformular auf eigene Kosten ein und übersendet dem Rechtsanwalt des Geschädigten unaufgefordert ein Doppel. Das kann sie natürlich erst, wenn ihr eine Schweigepflichtentbindungserklärung vorliegt (Muster siehe Formularbuch Verkehrsunfall, Band 2 dieser Reihe).

Sünde 4: Mangelnde Standardisierung

Die technische Abwicklung eines Verkehrsunfallmandates ist im hohen Maß standardisierbar. Wenn in größerem Umfang Verkehrsunfallmandate bearbeitet werden, sollten Textbausteine mit Musterbriefen im PC verfügbar und das Büropersonal entsprechend geschult sein.

Siehe dazu auch »Formularbuch Verkehrsunfall« Band 2 in dieser Reihe.

Allein als erste Folge der Übernahme des Mandats sind z. B. folgende Schriftsätze denkbar:

a) Deckungsanfrage bei Rechtschutzversicherer
b) Schadenmeldung bei eigener Haftpflicht/Kasko des Mandanten
c) Schreiben an gegnerische Haftpflichtversicherung
d) Schreiben an Fahrer/Halter des gegnerischen Fahrzeugs (meist überflüssig siehe oben Sünde 2)
e) Akteneinsichtsgesuch an Polizei oder Staatsanwaltschaft
f) Halteranfrage an das Straßenverkehrsamt
g) Anfrage an HUK-Verband wegen Haftpflichtversicherung des Gegners
h) Schreiben an weitere Personen oder Unternehmen, wenn sie mitvertreten werden sollen, aber bei der ersten Besprechung nicht anwesend und auch nicht durch Anwesende vertreten sind.

Sünde 5: Außerachtlassen von versicherungsrechtlichen Fragen

Das Verkehrsunfallrecht ist nicht im BGB und StVG abschließend geregelt. Vielmehr spielen auch Anspruchsgrundlagen aus anderen Rechtsgebieten eine Rolle (z. B. § 6 Entgeltfortzahlungsgesetz).

Besonders hässlichen Haftungsrisiken setzt sich der Anwalt aus, der sich bei der Bearbeitung von Verkehrsunfallmandaten nicht stets vor Augen hält, dass es bei Verkehrsunfällen immer auch um **versicherungsrechtliche** Fragen geht.

a) gegen die Haftpflichtversicherung des Mandanten (Halter)

Ansprüche können alle Insassen geltend machen, sogar der Halter selbst, wenn er als bloßer Insasse verletzt wurde.

Wenn die Insassen kein Mitverschulden trifft (was fast immer der Fall ist, da kaum Mitverschuldenskonstellation denkbar sind; z. B. nicht angeschnallter Beifahrer, Halter lässt betrunkenen Fahrer ans Steuer o. ä.) so erhalten Insassen vollen Schadenersatz. Darüber muss aufgeklärt werden – auch über die Höhenstufung des Schadenersatz verlangenden Halters.

b) Obliegenheiten bei Kraftfahrzeughaftpflicht

Nach § 7 I Satz 2 AKB muss der Versicherungsnehmer einen Versicherungsfall innerhalb von einer Woche schriftlich anzeigen. Ferner ist der Versicherungsnehmer nach der gleichen Vorschrift verpflichtet anzuzeigen, wenn der Geschädigte Schadenersatzansprüche erhebt. Ferner hat er alles zu tun, was zur Aufklärung des Sachverhalts erforderlich ist. **Unfallflucht** kann z. B. ein schwerer Verstoß gegen die Aufklärungspflicht sein (näheres z. B. bei Becker-Böhme Q 73 ff.).

T

Tipp
Für die Wahrnehmung der Anzeigepflicht durch den Rechtsanwalt fallen zwar keine Gebühren an. Dennoch sollte nicht nur aus Servicegesichtspunkten diese dem Mandanten obliegende Pflicht vom Rechtsanwalt übernommen werden.
Sollte der Gegner nun Ansprüche gegen den Haftpflichtversicherer geltend machen, an welchen Rechtsanwalt wird da die Haftpflichtversicherung Ihres Mandanten zuerst denken?

c) sonstige Stellung des eigenen Haftpflichtversicherers

Nach § 7 II 5 AKB hat der eigene Haftpflichtversicherer das Recht, den Rechtstreit gegen den Geschädigten zu führen. Daraus ergibt sich das Recht, auch den Rechtsanwalt, der aus Sicht des Haftpflichtversicherers unbegründete Ansprüche des Gegners abwehren soll, selbst auszuwählen.

Belehren Sie Ihren Mandanten hier nicht ordnungsgemäß, machen Sie sich gegenüber Ihrem Mandanten schadenersatzpflichtig – und verlieren Ihren Gebührenanspruch! Daneben hat der Haftpflichtversicherer auch umfassende Regulierungskompetenz: Der Versicherungsnehmer darf daher unter keinen Umständen und zu keinem Zeitpunkt Ansprüche des Gegners anerkennen.

d) Ansprüche gegen die eigene Vollkasko des Mandanten

Die Vollkaskoversicherung ist kein Finanzierungsmodell! Machen Sie bitte nicht den Fehler, Ihrem Mandanten die Inanspruchnahme der Vollkasko anzuraten, wenn nicht klar ist, dass ihn ein schwerwiegendes Mitverschulden trifft. In jedem Falle müssen Sie den Mandanten auf den drohenden Rückstufungsschaden hinweisen.

Vergessen Sie auch nicht § 67 VVG und das Quotenvorrecht des Geschädigten gegenüber dem Kaskoversicherer zu berücksichtigen.

e) Rechtsschutzversicherung des Mandanten

Tipp
Fragen Sie ihren Mandanten immer, ob er rechtsschutzversichert ist. Falls er bejaht, lassen Sie sich stets die Police aushändigen. Möglicherweise hat Ihr Mandant vergessen, dass er über Verkehrsrechtsschutz verfügt. Fragen Sie Ihn auch explizit nach eventuellen Verkehrsrechtsschutz über eine Mitgliedschaft in einem Automobilclub.

Unterlässt der Anwalt diese Frage, so macht er sich schadenersatzpflichtig, wenn die Rechtsschutzversicherung aufgrund einer Obliegenheitsverletzung nicht eintritt, und verliert seinen Gebührenanspruch.

Dem Versicherungsunternehmer der Rechtsschutzversicherung obliegt

- Unterrichtung (unverzüglich, vollständig, wahrheitsgemäß)
- Abstimmung kostenauslösender Maßnahmen

Sofern der Rechtsanwalt die Einholung einer Deckungszusage beim Rechtsschutzversicherer mit übernimmt, sollte die DECKUNGSANFRAGE unverzüglich nach dem ersten Gespräch erfolgen. Lesen Sie bitte die Deckungszusage des Versicherers genau! Möglicherweise erstreckt sie sich zunächst nur auf die außergerichtliche Geltendmachung.

Sünde 6: Zu große Versprechungen gegenüber dem Mandanten

Dass Ihr Mandant den Sachverhalt ein wenig zu seinen Gunsten geschönt haben könnte, ist ein allgemeines Problem. Spezifisch für das Verkehrsunfallrecht kommt aber hinzu, dass selbst in scheinbar klaren Fällen in der Regel zumindest die Betriebsgefahr beim Mandanten verbleibt.

Dies ergibt sich fast schon zwingend aus § 17 I Satz 2 StVG (vgl. dazu unten B II).

Hier nur soviel: § 17 StVG ist bei Unfallbeteiligung lex specialis zu § 254 BGB. Durch § 17 StVG wird eine Quotierung der Haftung in der Weise vorgegeben, dass ausgehend von der Prüfung des § 7 II StVG für den Schädiger im Rahmen des § 17 I 2 StVG der Unabwendbarkeitsnachweis nochmal für den Geschädigten geprüft wird.

Ist dem Schädiger der Unabwendbarkeitsnachweis nach § 7 II StVG nicht gelungen, so geht er in die Abwägung der Verursachungsquoten mindestens mit der spezifischen Betriebsgefahr seines Fahrzeugs ebenso ein, wie der Geschädigte nach § 17 I 2 StVG eingeht. Nach Abwägung der Verursachungsbeiträge wird dann das jeweilige Verschulden abgewogen. Für den Fall, dass zwei Pkw alleinige Unfallbeteiligte sind, und der Unfall vollständig ungeklärt bleibt, bedeutet dies eine Quotierung von 50/50.

Mehr sollte man dem Mandanten daher in unklaren Fällen auch nicht versprechen!

Sünde 7: Aktiv- und Passivlegitimation falsch eingeschätzt

Der Geschädigte ist für Ansprüche, die auf einen Sozialversicherungsträger nach § 116 SGB X übergegangen sind, nicht mehr aktivlegitimiert. Dies muss bei der Antragstellung berücksichtigt werden.

Bei Personenschäden ist der Verletzte aktivlegitimiert, es sei denn, das Gesetz gewährt auch mittelbar Geschädigten einen Anspruch (§ 844 II BGB).

Noch fehlerträchtiger ist die richtige Passivlegitimation:

Nach § 3 I PflVG besteht ein Direktanspruch gegen den Kraftfahrzeughaftpflichtversicherer. Dieser besteht aber nur dann, wenn das Fahrzeug der Pflichtversicherung unterliegt.

Tipp
Achten Sie insbesondere bei Kommunal- bzw. Stadtwerkefahrzeugen darauf, wer der Haftpflichtversicherer ist. Gegen die »Kommunalen Schadenausgleiche« besteht kein Direktanspruch.

Neben der Versicherung sollten auch Halter und Fahrer mitverklagt werden, wenn sie als Zeugen ausgeschlossen werden müssen (das ist i. d. R. nur dann nicht der Fall, wenn es nur noch um die Schadenhöhe geht).

Tipp
Achten Sie bei der Antragstellung immer darauf, dass die Anspruchsgrundlagen unterschiedlich sind. Den aus Gefährdungshaftung eintrittspflichtigen Halter können Sie nach der derzeitigen Rechtslage nicht auf Schmerzensgeld verklagen.

B. Die Anspruchsgrundlagen

I. Die wichtigsten Gesetze im Überblick

Viele halten das Verkehrsunfallrecht für ein rein kasuistisches Rechtsgebiet. Eine bestimmte Unfallkonstellation muss in der Rechtsprechung gefunden werden, um damit den vergleichbaren Fall lösen zu können. Das ist jedoch so nicht richtig. Vielmehr geht eine Verkehrsunfallabwicklung meist über die Bildung einer Haftungsquote zwischen zwei Unfallbeteiligten mit anschließender Feststellung des Schadenumfangs hinaus. Ein Verkehrsunfall hat oft noch sozialrechtliche, versicherungsrechtliche, öffentlichrechtliche, ja sogar vertragsrechtliche (Teilungsabkommen der Versicherer untereinander) Komponenten ganz abgesehen von der strafrechtlichen Seite.

Ein sauberer Falleinstieg wird im Verkehrsunfallrecht nur gelingen, wenn man sich bei der Abwicklung jedes einzelnen Falles immer wieder vor Augen hält, dass es eine ganze Reihe von Gesetzen gibt, die einschlägig sein könnten. Dass dabei nicht nur das StVG und das BGB, sondern auch z. B. das Wasserhaushaltsgesetz und das Arbeitsförderungsgesetz im Hinterkopf behalten werden müssen, wirkt gelegentlich überraschend.

Die wichtigsten einschlägigen Gesetze und Regelungen sind:

1. BGB

Neben den Anspruchsgrundlagen §§ 823 I und II, sind auch Sonderanspruchsgrundlagen wie die §§ 839, 831, 827 und 829 zu berücksichtigen.

Das Deliktsrecht enthält außerdem auch Regelungen der Schadenszurechnung wie § 840 und Regelungen über bestimmte Rechtsfolgen bei Körperverletzung (wie § 843) oder Tötung (§ 844).

Einzelheiten zum Umfang des Schadenersatzes lassen sich den §§ 249 ff entnehmen. Daneben sollten auch die Vorschriften nicht außer Betracht bleiben, deren Anwendung ein bestehendes Schuldverhältnis voraussetzt: Mit der Verformung des Blechs durch das unfallverursachende Auto beginnt das gesetzliche Schuldverhältnis mit der Geltung z. B. der Vorschriften über Verzug, Abtretung und z. B. Gesamtschuld.

2. StVG

Das Straßenverkehrsgesetz enthält mit seinen §§ 7 und 18 die Kernanspruchsgrundlagen der Halter- und Fahrerhaftung. Daneben enthält es jedoch auch weit weniger bekannte Vorschriften, die unangenehme Haftungsfolgen für den Anwalt haben können: Nach § 12 ist z. B. die Ersatzpflicht bei Tötung oder Verletzung eines Menschen auf einen Rentenbetrag von 15 000 € jährlich beschränkt. Das sollte man wissen, wenn man einen Anspruch ausschließlich auf die Gefährdungshaftungsansprüche des StVG stützen kann.

Ebenso unangenehm könnte es für den Rechtsanwalt werden, der den § 15 StVG nicht kennt: Nach dieser Vorschrift verliert der Ersatzberechtigte die Ansprüche nach StVG, wenn er nicht zumindest innerhalb von zwei Monaten nach Kenntnis von Schaden und Person des Ersatzpflichtigen den Unfall anzeigt (Einschränkung in Satz 2).

Das StVG ist kein langes Gesetz. Außerdem sind von insgesamt 47 Paragraphen nur die ersten 28 für Verkehrsunfälle interessant. Diese sollte man daher hin und wieder durchblättern.

3. StVO

Die StVO enthält die Grundpflichten der Verkehrsteilnehmer im öffentlichen Straßenverkehr. Sie regelt detailliert alles von Abbiegen (§ 9) bis Zusteigen (§ 14), so dass brauchbare Ausführungen zum Haftungsgrund i. d. R. genaue Kenntnis der einschlägigen StVO-Vorschriften erfordern.

4. StVZO

Die StVZO enthält ebenfalls Vorschriften zur Teilnahme am Straßenverkehr. Sie stellt Anforderungen an die Qualität des Fahrzeugs im versicherungstechnischen (Pflichtversicherung) und technischen Sinne. Die Anforderungen an Person und Qualifikation des Fahrzeuglenkers sind in der Fahrerlaubnis-Verordnung geregelt.

5. Haftpflichtgesetz

Unfälle an Bahnübergängen sind relativ häufig, Unfälle mit Straßenbahnen alltäglich. Beides sind Schienenbahnen im Sinne des Haftpflichtgesetzes. Sie haben damit auch die Haftung nach Haftpflichtgesetz gemeinsam, die ausgeschlossen ist, wenn höhere Gewalt vorliegt (§ 1 II Satz 1 HpflG). Auch das Haftpflichtgesetz hat seine Tücken: Ist z. B. ein Anspruch nicht auch nach BGB begründet, so begrenzt § 10 HpflG die Haftung für Sachschäden auf 50 000, – €.

6. Pflichtversicherungsgesetz

Das Pflichtversicherungsgesetz verlangt den Abschluss einer Haftpflichtversicherung mit bestimmten Mindestversicherungssummen (§ 4 II).

§ 3 I PflVG ermöglicht es dem Geschädigten seinen Anspruch auch gegen den Haftpflichtversicherer des Schädigers zu erheben. Der Versicherer tritt dann als Gesamtschuldner neben den Schädiger. Gern vergessen wird in diesem Zusammenhang der § 2 Nr. 5 PflVG. Nach dieser Vorschrift gilt das PflVG nicht für Gemeinden, die in einem der sog. »Kommunalen Schadenausgleiche« Mitglied sind. Gegen »Kommunale Schadenausgleiche« gibt es demzufolge auch keinen Direktanspruch. Es sollte daher tunlichst vermieden werden, diese mitzuverklagen.

7. Verordnung über den Versicherungsschutz

in der Kraftfahrzeug-Haftpflichtversicherung vom 29. 7. 1994 (BGBl. I S. 1837)
Diese Verordnung regelt den Haftpflichtversicherungsschutz in EU-Europa.

8. Versicherungsvertragsgesetz VVG

Das Versicherungsvertragsgesetz enthält in seinen §§ 149 ff besondere Vorschriften über die Haftpflichtversicherung im Allgemeinen und in den §§ 158 b ff über die Pflichtversicherung im Besonderen. Nicht vergessen werden sollte dabei jedoch, dass auch die allgemeinen Vorschriften des VVG einschlägig sein können: Von Interesse sind hier insbesondere die Vorschriften zur Obliegenheitsverletzung (§ 6), zur Verjährung der Ansprüche aus dem Versicherungsvertrag (§ 12) sowie zur Gefahrerhöhung (§§ 23 ff). Ebenfalls wichtig können die Vorschriften über die Kündigung des Vertragsverhältnisses durch den Versicherer (§ 38 f.) sowie natürlich der gesetzliche Anspruchsübergang auf den zahlenden Versicherer (§ 67).

9. Allgemeine Bedingungen für die Kraftfahrtversicherung (AKB) des Gesamtverbandes des Versicherungswesens

Die AKB enthalten einige Klauseln, die überraschend sind, leider jedoch nicht überraschend genug, um durch § 3 AGBG obsolet zu werden: In § 2 b sind erhebliche Einschränkungen des Versicherungsschutzes enthalten, wenn bestimmte Obliegenheiten verletzt werden. Etwa die Benutzung des Fahrzeugs durch einen unberechtigten Fahrer oder die Teilnahme an Renntrainings auf öffentlichen Straßen befreien den Versicherer von der Leistung.

In § 7 werden weitere Obliegenheiten aufgestellt, bei deren Verletzung nach Eintritt des Versicherungsfalls die Leistungspflicht des Versicherers erlöschen kann. So ist der Versicherungsfall binnen Wochenfrist dem Versicherer **schriftlich** anzuzeigen.

Nach § 8 ist der Anspruch nach Ablehnung durch den Versicherer binnen **sechs Monaten** gerichtlich geltend zu machen. Diese Frist beginnt jedoch erst nach Ablehnung mit Rechtsfolgenbelehrung durch den Versicherer.

10. Verordnung über den Entschädigungsfonds
für Schäden aus Kraftfahrzeugunfällen vom 14. 12. 1965 zul. geändert durch VO vom 17. 12. 1994 (BGBl. I S. 3845)
Wenn nichts mehr hilft, hilft oft die »Verkehrsopferhilfe e. V.« Glockengießerwall 1 in 20095 Hamburg. Dieser Verein ist jedoch nicht eine wohltätige Gründung der Schadenversicherer, sondern erfüllt eine Forderung der §§ 12 und 13 PflVG. Auf Ansprüche nach § 12 PflVG und § 10 der VO kann sogar geklagt werden, allerdings erst nach Durchlaufen eines Schiedsverfahrens (§ 3 der VO), wobei die Nichtbeachtung das Rechtsschutzbedürfnis der Klage entfallen lässt.

11. Wasserhaushaltsgesetz WHG
Nach § 22 des WHG ist jeder, der Stoffe in ein Gewässer einbringt, oder wer auf ein Gewässer derart einwirkt, dass die physikalische, chemische oder biologische Beschaffenheit sich ändert zum Ersatz des daraus einem anderen entstehenden Schaden verpflichtet. Dies kann einen Autounfall betreffen, bei dem Betriebsmittel auslaufen.

Ein Tankfahrzeug ist unzweifelhaft eine Anlage i. S. d. § 22 II WHG. Aber auch ein mit Fässern beladenes Fahrzeug wird als solche Anlage angesehen. Gelangen gewässerverunreinigende Stoffe hier z. B. durch einen Unfall in ein Gewässer oder in das **Grundwasser**, so ist der Inhaber der Anlage ohne weiteres schadenersatzpflichtig. Inhaber ist nach der Rechtsprechung dabei derjenige, der die tatsächliche Verfügungsgewalt über die Anlage hat, also jedenfalls der Halter.

12. Reichsversicherungsverordnung RVO
Die §§ 636 und 637 RVO waren einschlägig, wenn es sich für einen Unfallbeteiligten um einen Arbeitsunfall handelte. Nach diesen Vorschriften haftete der Unternehmer bei einem Arbeitsunfall im sozialversicherungsrechtlichen Sinne nur für Personenschäden, wenn der Unfall vorsätzlich herbeigeführt oder bei Teilnahme am allgemeinen Verkehr verursacht wurde.

Mit dem 1. 1. 1997 ist das Recht der gesetzlichen Unfallversicherung aus der RVO in das SGB VII übernommen und dort neu gefasst worden.

13. Sozialgesetzbuch VII
Nach den §§ 104 ff SGB VII haften Unternehmer und Betriebsangehörige gegenüber einem Angestellten oder sonst für das Unternehmen Tätigen bei Personen-

schaden nur dann, wenn der Schaden vorsätzlich verursacht wurde oder wenn sich der Schaden auf einem versicherten Weg i. S. des § 8 II Nr. 1 ff SGB VII (Arbeitsweg u. ä.) ereignet hat. Das Haftungsprivileg der §§ 104 ff SGB VII verlangt nicht unbedingt das Vorliegen der Arbeitnehmereigenschaft des Geschädigten. Nach der »Sphärentheorie« reicht es, wenn der Handelnde für den Unfallbetrieb tätig war und diese Tätigkeit der betrieblichen Sphäre des Unfallunternehmens zuzuordnen ist.

Die Sozialversicherungsträger haben unter den Voraussetzungen des § 110 SGB VII einen Rückgriffsanspruch gegen den Unternehmer bei vorsätzlicher grob fahrlässiger Verursachung.

14. Sozialgesetzbuch X

Die wichtigste Vorschrift aus dem SGB X ist § 116. Diese Regelungsnorm bewirkt einen Anspruchsübergang auf den leistungspflichtigen Sozialversicherungsträger. Da die Leistungspflicht bereits mit dem Unfallzeitpunkt entsteht, geht der Anspruch auch schon in diesem Zeitpunkt über. Der Verletzte ist damit bereits ab Anspruchentstehung hinsichtlich der auf den SVT übergegangenen Ansprüche nicht zur Geltendmachung berechtigt, dies muss unbedingt im Klagantrag berücksichtigt werde (»...soweit diese nicht auf Sozialversicherungsträger übergegangen sind...«). Bei Mitverschulden des Geschädigten erhält der SVT auf seine Leistungen dieselbe Quote wie der Verletzte (§ 116 III 1 SGB X). Ein so genanntes »Quotenvorrecht« des Sozialversicherungsträgers wie noch in § 1542 RVO gehört damit der Vergangenheit an.

II. Die §§ 823 BGB; 7, 17 und 18 StVG

1. §§ 823 ff BGB

Die Geltendmachung von Schadenersatzansprüchen setzt entsprechende Anspruchsgrundlagen voraus. Neben den Gefährdungstatbeständen besteht bei Vorliegen der Tatbestandsvoraussetzungen auch die klassische Verschuldungshaftung nach § 823 Abs. 1 BGB. Diese Haftung ist bei Verkehrsunfällen nach wie vor aktuell, da die Gefährdungstatbestände des Straßenverkehrsgesetzes kein Schmerzensgeld gewähren.

§ 823 BGB hat folgende Tatbestandsmerkmale:

a) Rechtsgutverletzung
b) Schaden

c) Haftungsbegründete Kausalität
d) Rechtswidrigkeit
e) Verschulden
f) Haftungsausfüllende Kausalität

zu a) Es muss ein in § 823 Abs. 1 BGB genanntes Rechtsgut (Leben, Körper, Gesundheit, Freiheit, Eigentum oder ein eigentumsähnliches Recht) verletzt sein. Es handelt sich um *absolute* Rechte, die von jedermann zu beachten sind. Man unterscheidet davon sog. *relative* Rechte, die Verpflichtungen nur zwischen den am einzelnen Rechtsverhältnis beteiligten Personen begründen. *Sonstige absolute Rechte* im Sinne des § 823 Abs. I BGB sind desweiteren der Besitz und das Recht am eingerichteten und ausgeübten Gewerbebetrieb.

Beispiel:
Verursacht der Schädiger eine Betriebsunterbrechung, so ist er nur dann schadenersatzpflichtig, wenn der Eingriff betriebsbezogen ist, d.h. sich spezifisch gegen den betrieblichen Organismus oder die unternehmerische Entscheidungsfreiheit richtet (BGH NJW 85, 1620; BGHZ 86, 152).

zu b) Beim Schaden ist zu trennen, ob eine durch die Rechtsgutverletzung bewirkte Verminderung des Vermögens (Vermögensschaden, materieller Schaden) oder ein Nichtvermögensschaden (immaterieller Schaden) besteht. Nach § 253 BGB kann wegen immaterieller Schäden Geldentschädigung nur in vom Gesetz bestimmten Ausnahmefällen verlangt werden. (Beispiel: Schmerzensgeld nach § 847 BGB). Unter materiellem Schaden versteht man »jede in Geld bewertbare Einbuße, die jemand an seinem Vermögen erleidet«.

Der materielle Schaden ist letztlich nichts anderes als die Differenz zwischen der tatsächlichen Lage, die infolge des schädigenden Ereignisses besteht, und der hypothetischen, die bestehen würde, wenn das schädigende Ereignis nicht eingetreten wäre (Differenzhypothese).

Beispiel:
Bei einem Verkehrsunfall wird das Kraftfahrzeug des Kfz-Halters beschädigt. Es fallen Reparaturkosten an (tatsächliche Lage). Hätte sich der auf ein fahrlässiges Fremdverhalten zurückzuführende Unfall nicht ereignet, wären die Reparaturkosten nicht entstanden (hypothetische Lage). Der Schaden besteht also in den Reparaturkosten.

Das BGB sieht außerdem den Ersatz des unmittelbaren als auch den des mittelbaren Schadens (Folgeschaden) vor. Der unmittelbare Schaden wird in der Einbuße, die am verletzten Rechtsgut selbst entsteht, gesehen.

Beispiel:
Bei einem Verkehrsunfall wird das neue Kraftfahrzeug beschädigt; es entstehen Reparaturkosten.

Beispiel:
Bei einem Verkehrsunfall wird eine Person verletzt und erleidet einen Verdienstausfall. Der entgangene Gewinn ist mittelbarer Schaden.

zu c) Die Verletzungshandlung ist dann die Ursache, wenn sie nicht weggedacht werden kann, ohne dass der Erfolg entfiele (Conditio sine qua non – Formel). Das heißt, der Schaden muss durch das zum Schadenersatz verpflichtende Ereignis verursacht worden sein. Die Handlung des Schädigers muss für die Rechtsgutverletzung kausal sein (haftungsbegründende Kausalität). Die Verursachung des Schadens muss darüber hinaus auch adäquat sein. Adäquat bedeutet im allgemeinen Sprachgebrauch »angemessen«, und genauso ist es hier im Schadenrecht gemeint: Ganz unglückliche, nicht vorhersehbare Verkettungen von Umständen werden dem Schädiger nicht mehr zugerechnet. Eine Ausnahme besteht nur dann, wenn er vorsätzlich handelte. Vorsätzliche Schädigungen sind immer adäquat.

zu d) Eine Rechtsgutverletzung ist in der Regel auch rechtswidrig, es sei denn, es kommen Umstände hinzu, die die Rechtswidrigkeit aufheben. Die Rechtswidrigkeit entfällt bei Vorliegen eines Rechtfertigungsgrundes, vor allem Notwehr, Notstand und Nothilfe gemäß der §§ 227, 228, 229 und 904 BGB bzw., wenn der Geschädigte mit der Rechtsgutverletzung einverstanden ist. Wer sich darauf beruft, muss die Tatsachen, die zur Begründung angeführt werden, beweisen.

Beispiel:
(für rechtswidrigkeitsausschließendes Einverständnis mit der Rechtsgutverletzung): gestellter, manipulierter Verkehrsunfall

Tipp
Einen gestellten bzw. manipulierten Unfall erkennt man u. a. daran, dass der Unfall nicht polizeilich aufgenommen wurde, objektive Unfallspuren fehlen, Schädiger und Geschädigte miteinander gut bekannt sind, es keine Zeugen gibt und das Schadensbild nicht zur Schilderung des Unfallgeschehens passt.

T

zu e) Das Verschulden muss sich im Fall des § 823 Abs. 1 BGB auf die Rechtsgutverletzung beziehen; bei § 823 Abs. 2 BGB auf die Verletzung des Schutzgesetzes.

Der Schädiger haftet nach § 823 Abs. 1 BGB, wenn er ein geschütztes Rechtsgut durch vorsätzliches oder fahrlässiges Handeln bzw. Unterlassen verletzt. Vorsätzlich handelt, wer bewusst oder gewollt eine Rechtsgutverletzung bewirkt.

Beispiel:
Jemand fährt bewusst und gewollt gegen das geparkte Fahrzeug des Nachbarn, weil dieser ihm immer wieder die Garagenzufahrt versperrt. Er handelt vorsätzlich.

Gemäß § 276 Abs. 1 Satz 2 BGB handelt derjenige fahrlässig, wird die im Verkehr gebotene Sorgfalt außer acht lässt.

Beispiel:
Jemand, der beim Einparken aus Versehen oder Nachlässigkeit das Fahrzeug seines Nachbarn »rammt«, handelt fahrlässig.

Im Rahmen der Verschuldenshaftung haftet der Fahrer nicht bei »Schuldlosigkeit«. Dies ist wie bei § 7 Abs. 2 StVG jedenfalls dann der Fall, »wenn der Unfall durch ein unabwendbares Ereignis verursacht wird, das weder auf einen Fehler in der Beschaffenheit seines Fahrzeugs noch auf einem Versagen seiner Verrichtungen beruht«. Anstelle der Fahrerhaftung tritt die Haftung des Fahrzeughalters , da der Unfall auf den Betrieb des Kraftfahrzeugs zurückzuführen ist (§ 7 Abs. 1 StVG).

Beispiel:
Der Fahrer haftet nicht, wenn er plötzlich bewusstlos wird oder infolge einer Erkrankung unvorhergesehen zusammenbricht.

Der in § 823 Abs. 1 BGB gewährte Rechtsschutz wird durch § 823 Abs. 2 BGB erweitert. Nach § 823 Abs. 2 BGB ist schadenersatzpflichtig, wer gegen ein »den Schutz eines anderen bezweckenden Gesetz« verstößt. Danach liegt ein Schutzgesetz vor, wenn eine Rechtsvorschrift neben der Allgemeinheit auch den einzelnen schützen will. Ob dies der Fall ist, wird nicht von der Wirkung des Gesetzes her, sondern nach dem Inhalt und Zweck der Norm sowie danach beurteilt, ob der Gesetzgeber bei Erlass des Gesetzes gerade einen Rechtsschutz, wie er wegen der behaupteten Verletzung beansprucht wird, zugunsten von Einzelpersonen oder bestimmten Personenkreisen gewollt oder doch mitgewollt hat (BGH NJW 73, 1547). Schutzvorschriften für den Straßenverkehr enthalten insbesondere die StVO und StVZO sowie das StGB. Nach ständiger Rechtsprechung kommt es jedoch zusätzlich darauf an, ob die schützenswerten Interessen des Geschädigten nicht schon durch andere Normen ausreichend berücksichtigt werden.

Beispiel:
Pflicht zur Abmeldung von Kraftfahrzeugen, für die der Haftpflichtversicherungsschutz abgelaufen ist (§§ 27 Abs. 3 Satz 1, 29 d Abs. 1 Satz 1 StVZO).

Im Gegensatz zu § 823 Abs. 1 BGB muss der Geschädigte nicht ein Verschulden des anderen beweisen, sondern nur dessen objektiven Verstoß gegen ein Schutzgesetz offen legen. Eine allgemeine Beweislastumkehr tritt ein, der Inanspruchgenommene muss sich entlasten. Die Ersatzpflicht nach § 823 Abs. 2 BGB tritt nur ein, wenn die Verletzung des Schutzgesetzes verschuldet ist.

Im übrigen braucht sich die Voraussehbarkeit im Rahmen des Verschuldens nicht auf die schädigenden Folgenden zu erstrecken. Es reicht aus, dass der Verstoß gegen ein Schutzgesetz vorausgesehen werden konnte. Der Schuldner kann sich nicht darauf berufen, dass er keine Kenntnis von der gesetzlichen Bestimmung hatte.

zu f) Der geltend gemachte Schaden muss schließlich auf der Rechtsgutverletzung beruhen (haftungsausfüllende Kausalität). Das heißt, es muss ein Ursachenzusammenhang z. B. zwischen Schädigung und Unfallverletzung vorliegen. Dem Schädiger werden alle aus der schuldhaft begangenen Rechtsgutverletzung verursachten Schäden angerechnet, soweit sie noch adäquat sind. Adäquat sind dabei alle Handlungsfolgen, die nicht ganz außerhalb jeglicher Wahrscheinlichkeit liegen.

Beispiel:
Bei einem Berufstätigen kann davon ausgegangen werden, dass dieser auch künftig seinen Lohn/Gehalt zuzüglich Tariferhöhungen bezogen hätte. Man könnte auf die Lohn- und Gehaltsentwicklung eines in dem selben Unternehmen gleichartig Beschäftigten abstellen. Wenn der Geschädigte vor dem Verkehrsunfall nicht regelmäßig gearbeitet hatte, besteht u. U. keine Wahrscheinlichkeit dafür, dass er künftig einer regelmäßigen Arbeit nachgegangen wäre.

2. § 7 StVG

Der Geschädigte hat nach den Grundsätzen des Beweisrechts nicht nur den Schaden, sondern auch das Verschulden des für den Schaden Inanspruchgenommenen zu beweisen. Die Grundsätze der Verschuldungshaftung helfen dem Geschädigten bei vielen Verkehrsunfällen, zu seinem Schadenersatz zu gelangen, allerdings nur, wenn er die Schuld des anderen beweisen kann.

Für die Fälle, in denen ein rechtswidriges und schuldhaftes Handeln des Täters nicht nachgewiesen werden kann, wurde vom Gesetzgeber eine Haftung ohne Verschulden eingeführt (Gefährdungshaftung). Die Vorschriften der Gefährdungshaftung entsprechen dem § 823 Abs. 1 BGB insofern, als sie die Rechtsgutverletzung voraussetzen. Die Schadenersatzpflicht tritt jedoch ohne Rücksicht auf Verschulden bzw. unrecht ein. Die Gefährdungshaftung gilt auch für den Bereich des Kraftfahrzeugverkehrs. Die entsprechenden Gesetzesnormen sind im Straßenverkehrsgesetz enthalten. Am wichtigsten sind §§ 7, 18 StVG.

Das Straßenverkehrsgesetz enthält Vorschriften, die ein verschuldensunabhängige Haftung des Fahrzeughalters (§ 7) bzw. des Fahrzeugfahrers (§ 18) bewirken. Wegen der besonderen Gefährdung, die vom Fahrzeugverkehr fraglos ausgeht, hat der Gesetzgeber ebenso wie er es schon vorher für den Schienenverkehr getan hatte, eine so genannte Gefährdungshaftung eingeführt. Nach § 7 Abs. 1 StVG haftet der Halter eines Kraftfahrzeugs für jeden beim Betrieb seines Fahrzeugs verursachten Personen- und Sachschaden. Schmerzensgeld gibt es aber aus den Gefährdungstatbeständen nicht; die Deliktstatbestände des BGB sind daher auch beim Verkehrsunfall wichtig!

Der Halter hat nach § 7 Abs. 2 StVG nur dann eine Möglichkeit aus der Haftung herauszukommen, wenn er nachweist, dass der Unfall für ihn ein unabwendbares Ereignis bzw. höhere Gewalt (ab In-Kraft-Treten des Schadensersatzänderungsgesetzes im Sommer 2002) war. Dies darf er allerdings nur, wenn kein technischer Fehler seines Fahrzeugs schadenursächlich war. Fällt z. B. ein Rad ab, so ist dem Halter der Unabwendbarkeitsnachweis verwehrt, egal warum das Rad sich löste.

Betrachtet man die veröffentlichte Rechtsprechung zum Unabwendbarkeitsnachweis, so könnte man zunächst meinen, dass dieser von der Rechtsprechung sehr streng genommen wird. Nur dann, wenn der Unfall auch dem Idealfahrer passiert wäre, soll eine Führung des Unabwendbarkeitsnachweises in Betracht kommen. Jedes auch nur geringe Fehlverhalten des Fahrers stellt eine Abweichung des konkreten Fahrverhaltens von dem eines Idealfahrers dar. Man könnte daher meinen, der Unabwendbarkeitsnachweis könne nur selten geführt werden.

Dies ist aber in der Praxis nicht der Fall, z. B. ist der klassische Auffahrunfall für den Voranfahrenden praktisch immer unvermeidbar. Bei der Vorfahrtsverletzung ohne Komplikationen ist der Unfall für den Vorfahrtsberechtigten auch ein unabwendbares Ereignis bzw. tritt die sonst zu berücksichtigende Betriebsgefahr hinter das (grobe) Verschulden des Verursachers zurück.

Ist die Unfallsituation jedoch nicht ganz klar, so sollte der Anwalt den Mandanten besser von Anfang an darauf hinweisen, dass er möglicherweise die Betriebsgefahr seines Fahrzeugs auf sich behalten wird (beachte unterschiedliche Betriebsgefahr je nach Fahrzeugtyp).

§ 7 StVG enthält folgende Tatbestandsmerkmale:

a) Kfz im Sinne des § 7
b) Haltereigenschaft
c) Unfall beim Betrieb eines Kraftfahrzeugs
d) Haftungsrechtlicher Zusammenhang zwischen Betrieb des Kraftfahrzeuges und Schaden
e) Keine Entlastungsmöglichkeit nach § 7 Abs. 2

zu a) Kraftfahrzeug im Sinne des § 7

Kraftfahrzeuge im Sinne des § 7 StVG werden in § 1 StVG definiert. Danach sind alle Landfahrzeuge, die mit Maschinenkraft laufen, Kfz. Ob die Fahrzeuge Räder haben, ist dabei nicht entscheidend. Sowohl Motorschlitten, als auch Pistenbulli sind deswegen Kraftfahrzeuge.

Eine weitere Abgrenzung trifft aber § 8 StVG:

Die harte Haftung des StVG trifft keine Fahrzeuge, deren Höchstgeschwindigkeit bauartbedingt unter 20 km/h bleibt.

zu b) Haltereigenschaft

Nach landläufiger aber falscher Auffassung ist der Eigentümer in jedem Fall Halter. § 7 StVG sieht dies anders:

Halter ist, wer den Nutzen des Fahrzeugs hat und für die Kosten aufkommt. Es muss dabei ein eigenes wirtschaftliches Interesse bestehen. Wer das hat, ist Halter. Haben mehrere gemeinsam dieses Interesse, so sind alle Halter. Halter sind demnach z. B. der Leasingnehmer und der Abzahlungskäufer, nicht aber der Leasinggeber und Abzahlungsverkäufer.

zu c) Unfall beim Betrieb eines Kraftfahrzeugs

Der Halter haftet, wenn der Schaden »beim Betrieb eines Kraftfahrzeuges« entsteht. »Betrieb« bedeutet dabei nicht, dass das Fahrzeug im technischen Sinne laufen müsste. Vielmehr ist es nach der Rechtsprechung ausreichend, wenn der Schaden im engen zeitlichen und örtlichen Zusammenhang mit dem Gebrauch des Fahrzeuges steht.

Wann das konkret der Fall sein soll, wird von der Rechtsprechung uneinheitlich beantwortet. So befindet sich z. B. nach einer Entscheidung des KG (VersR 77, 626) das durch eine vollautomatische Wachanlage gezogene Fahrzeug nicht in Betrieb. Dagegen meint das Amtsgericht Hamburg (VersR 75, 164) das ein am Hang geparktes Auto, welches wegrollt, sich in Betrieb befinden soll. Ebenfalls sollen nach wohl einhelliger Auffassung ein- und aussteigen zum Betrieb gehören, während andererseits ein abgeschlepptes Fahrzeug nur dann in Betrieb sein soll, wenn es noch gebremst und gelenkt werden kann (BGH VersR 63,47).

Tipp
Im Zweifel dehnt die Rechtsprechung den Betriebsbegriff eher aus. Will man aus der Haftung des § 7 heraus, so ist es empfehlenswert, in jedem Fall ein hilfreiches Rechtsprechungszitat (z. B. aus dem Jagusch/Hentschel) zu bringen.

T

zu d) Haftungsrechtlicher Zusammenhang zwischen Betrieb des Kraftfahrzeugs und Schaden

Zwischen dem Betrieb des Fahrzeugs und dem Schaden muss ein so genannter haftungsrechtlicher Zusammenhang bestehen. Der Schädiger haftet für alle im hinreichenden Zusammenhang mit der Verursachung stehenden Folgen. Er haftet auch für nur mittelbar verursachte Schadenfolgen. Das Hinzukommen von weiteren Ursachen ist meist unerheblich. So ist z. B. der Tod eines Unfallverletzten infolge unzureichender ärztlicher Behandlung dem Schädiger anzurechnen. Lediglich dann, wenn extreme Arztfehler mit ursächlich wurden, mit denen jemand nicht rechnen konnte, kann diese neue Ursache die alte Ursachenkette unterbrechen.

Hypothetische Kausalzusammenhänge sind dann beachtlich, wenn klar ist, dass die ohne den Unfall ursächlich gewordene Tatsache definitiv eingetreten wäre und den gleichen Schaden verursacht hätte. Dies kommt z. B. zum Tragen, wenn bei der Obduktion des Unfalltoten festgestellt wird, dass dieser ohnehin innerhalb von Monaten an Krebs verstorben wäre.

zu e) Keine Entlastungsmöglichkeit nach § 7 Abs. 2

Wie bereits oben angesprochen, ist die Haftung des Kfz-Halters bei unabwendbaren Ereignissen/höherer Gewalt ausgeschlossen (§ 7 Abs. 1). Es gibt allerdings eine Ausnahme zur Ausnahme:

Liegt das unabwendbare Ereignis/höhere Gewalt darin, dass ein technischer Mangel des Fahrzeugs den Schaden verursacht, dann kann sich der Halter nicht auf Unabwendbarkeit berufen. Der Fahrzeughalter ist voll beweispflichtig dafür, dass der Fahrer die erforderliche Sorgfalt eingehalten hat. In der Praxis bedeutet dies jedoch nicht, dass der Unabwendbarkeitsnachweis schon dann nicht zu führen ist, wenn ein ganz kleines Fehlverhalten des Fahrers vorliegt. Der Fahrer muss einfach vorausschauend fahren. So ist z. B. ein Kreuzungsunfall kein unabwendbares Ereignis mehr, wenn der Vorfahrtsberechtigte erkennen konnte, dass der mit hoher Geschwindigkeit fahrende nachrangige Fahrer seine Vorfahrt wahrscheinlich nicht beachten wird. Dagegen wird in der Regel eine geringe Geschwindigkeitsüberschreitung des Vorfahrtsberechtigten nicht dazu führen, dass eine Haftungsverteilung vorgenommen wird, da es dem Wartepflichtigen kaum gelingt zu beweisen, dass es bei Einhaltung der zulässigen Höchstgeschwindigkeit nicht zum Unfall gekommen wäre.

Im einzelnen werden uns diese Fallgruppen im Abschnitt E wieder begegnen.

Benutzt ein Dieb oder Schwarzfahrer das Auto des Halters, so ist der Dieb oder Schwarzfahrer schadenersatzpflichtig (§ 7 Abs. 2 StVG).

Der Fahrzeughalter haftet aber immer dann, wenn er durch sein Fehlverhalten die Schwarzfahrt möglich gemacht hat. Verlässt der Halter mal eben sein mit laufendem Motor abgestelltes Fahrzeug, um Zigaretten zu holen oder einen Brief einzuwerfen, so haftet er für die Schäden, die der Fahrzeugdieb dann mit dem Fahrzeug verursacht.

Nach § 14 Abs. 2 StVO muss der Halter sein Fahrzeug gegen die Benutzung durch Unbefugte sichern. Hier hat die Rechtsprechung sich teilweise perfide anmutende Entscheidungen einfallen lassen. So müssen z. B. Eltern nach einer Entscheidung des OLG München (VersR 85, 298) gegenüber ihren Sprößlingen jederzeit größtes Misstrauen an den Tag legen. So soll sich ein Vater hinsichtlich seines autobegeisterten Sohnes nicht dadurch entlasten können, dass er den Zündschlüssel abzieht. Eine Schwarzfahrt sei notfalls durch Ausbau der Batterie des Fahrzeugs zu verhindern.

Allerdings ist der Geschädigte gegenüber dem Halter für eine schuldhaft verursachte Schwarzfahrt beweispflichtig. Nur in einem Punkt trifft die Halterhaftung den Halter nicht: der Schwarzfahrer selbst kann immerhin gegenüber dem Halter keine Ersatzansprüche geltend machen. Gemäß analoger Anwendung der §§ 8, 8 a StVG ist die Halterhaftung hier ausgeschlossen.

3. § 18 StVG

In § 18 StVG ist die Haftung des Fahrers geregelt. Dieser hat das Gesetz merkwürdigerweise nicht entsprechend dem § 7 als Gefährdungshaftungstatbestand ausgestaltet. Vielmehr ist das Gesetz hier den Weg einer bloßen Beweislastumkehr gegangen. Kann der Fahrzeugfahrer nicht nachweisen, dass er beim Unfall die verkehrserforderliche Sorgfalt eingehalten hat, so ist er für den entstandenen Schaden verantwortlich.

Der § 18 StVG enthält folgende Tatbestandsmerkmale:

a) Fall des § 7 Abs. 1
b) Keine Entlastungsmöglichkeit nach § 18 Abs. 1 Satz 2

zu a) Bei der Fahrerhaftung ist analog zur o. g. Halterhaftung zu prüfen. Der Unfall muss mit einem Kraftfahrzeug im Sinne des § 7 verursacht worden sein. Der Verursacher muss Fahrer gewesen sein. Der Unfall muss sich beim Betrieb eines Kraftfahrzeuges ereignet haben. Es muss ein haftungsrechtlicher Zusammenhang zwischen Betrieb und Schaden bestehen. Wer Fahrer ist, lässt sich leicht festhalten: er hat nämlich das Lenkrad in der Hand. Eine Ausnahme gibt es allerdings auch hier. Nach § 3 Abs. 2 StVG gilt bei Übungs- und Prüfungsfahrten nicht der Fahrschüler, sondern der Fahrlehrer als Fahrer. Der Fahrlehrer muss sich nach § 3 Abs. 1 StVG das Verschulden des Fahrschülers anrechnen lassen.

zu b) Unterschiede zur Halterhaftung gibt es jedoch wie ausgeführt bei der Exkulpation. Der Fahrer wird frei, wenn er nachweist, dass der Unfall nicht durch sein Verschulden verursacht wurde. Wann ein solches Verschulden des Fahrers vorliegt, lässt sich nicht nach allgemeinen Grundsätzen entscheiden. Hier kommt es in erster Linie darauf an, ob der Fahrer die Sorgfaltspflichten, die im einzelnen in der StVO festgelegt werden – nämlich die Verkehrsregeln – eingehalten hat.

4. § 17 StVG

In § 17 StVG ist die Ausgleichspflicht für den Schaden geregelt, wenn mehrere Fahrzeuge unfallbeteiligt sind. Nach § 840 BGB haften die Ersatzpflichtigen als Gesamtschuldner, so dass nach § 421 BGB jeder einzelne von ihnen für den Gesamtschaden eintreten muss. Hier kann der Geschädigte seinen gesamten Schaden von einem Ersatzpflichtigen verlangen, selbst wenn der Verkehrsunfall durch mehrere Haftpflichtige verursacht wurde.

§ 17 StVG macht dabei die Ersatzpflicht der Fahrzeughalter sowie den Ersatzumfang untereinander von den gesamten Umständen insbesondere davon abhängig, »inwieweit der Schaden vorwiegend von dem einen oder dem anderen Teil verursacht worden ist«.

Beispiel:
Die Betriebsgefahr der Fahrzeuge und deren Umfang sowie evtl. Verschulden des Fahrzeughalters bzw. -führers sind bei einem Ausgleich nach § 17 StVG im einzelnen zu beachten. So kommt ein Schadenausgleich nach § 17 StVG auch dann in Frage, wenn einen der Unfallbeteiligten kein Verschulden trifft, wohl aber die Betriebsgefahr seines Fahrzeugs den Unfall mitverursacht hat (bereits BGH NJW 52, 1015; VersR 53, 148).

Kann nicht ermittelt werden, wer von mehreren Beteiligten als Verursacher möglicherweise rechtswidrig und schuldhaft den Unfall bewirkt hat, haften die zu ermittelnden Täter gemäß § 830 Abs. 1 Satz 2 BGB gesamtschuldnerisch. Der Geschädigte kann also seinen gesamten Schaden von einem Ersatzpflichtigen verlangen, selbst wenn der Verkehrsunfall durch mehrere Ersatzpflichtige verursacht wurde. Jeder einzelne ist für den gesamten Schaden verantwortlich. Die gesamtschuldnerische Haftung greift ebenfalls, wenn bei mehreren nicht gemeinschaftlichhandelnden Schädigern der Anteil des einzelnen an der Schadensverursachung nicht mehr festzustellen ist. Dabei ist es unerheblich, ob ihre Verkehrsgefährdungen gleichzeitig erfolgten. Wichtig für die gesamtschuldnerische Haftung ist jedoch der Nachweis, dass eine Ursächlichkeit des schuldhaften Verhaltens, das zur Bewirkung des Schadenereignisses generell geeignet war, nicht auszuschließen ist (BGH VersR 75, 714).

§ 17 StVG gibt die Prüfungserfolge bei Beteiligung mehrerer Fahrzeuge vor:

§ 17 I 2 geht von der Prämisse aus, dass bei Beteiligung mehrerer Fahrzeuge von jedem Fahrzeug genau die gleiche Betriebsgefahr ausgeht. Das führt bei völlig unklarer Verursachungssituation zu einer Verteilung $^{50}/_{50}$.

Davon gibt es aber folgende Abweichungen:

Bei Nachweis der Unabwendbarkeit bzw. der höheren Gewalt durch einen Beteiligten ist dieser aus dem Schneider. Da der Unabwendbarkeitsnachweis für den Schädiger schon Tatbestandsmerkmal des § 7 II ist, ist im Rahmen des § 7 I 2 dieses nur noch für den Geschädigten (Kläger!) zu prüfen.

Die Betriebsgefahr des beteiligten Fahrzeugs kann durch Fahrzeugart, Defekte oder schlichtes Verschulden an der Unfallverursachung erhöht sein.

Die Verursachungsbeiträge werden gequotelt. Dabei fällt die nicht erhöhte Betriebsgefahr eines Beteiligten gegenüber grober Fahrlässigkeit des anderen mit der Quote O ins Gewicht. Gegenüber einfachem Verschulden wird sie meist mit $^{1}/_{5}$ bis $^{1}/_{3}$ bewertet werden.

Aus vorstehendem ergibt sich folgende Beweislastverteilung bzw. Prüfungsfolge:

§ 7 I StVG (Halterhaftung)	Beweislast:
Haltereigenschaft	Kläger
Kraftfahrzeug	Kläger
beim Betrieb	Kläger
Keine höhere Gewalt (§ 7 II)	Beklagter
Ohne Wissen und Willen des Halters (§ 7 III)	Beklagter
§ 17 I S. 2 StVG	
Unabwendbarkeit für den Kläger	Kläger
Verschulden des Beklagten	Kläger
Verschulden des Klägers	Beklagter
Sonstige gefahrerhöhende Umstände	der, für den sie günstig sind
dann: Quotenbildung	

Ein gut begründetes Urteil in Verkehrsunfallsachen bei mehreren beteiligten Fahrzeuge ist wegen § 17 I S. 2 StVG etwas verschachtelt aufgebaut:

Die Klage ist zulässig, aber nur teilweise begründet.

Der mit der Klage geltend gemachte Anspruch ist gegen den Beklagten zu 1) (Fahrer) nach § 7 I StVG, gegen den Beklagten zu 2 (Halter) nach § 18 StVG und gegen den Beklagten zu 3) (Haftpflichtversicherer des Beklagten zu 2) aus §§ 1 i. V. m. 3 PflVG in Höhe von ... € begründet.

Der Unfall hat sich beim Betrieb des Fahrzeugs des Beklagten zu 1) i. S. d. § 7 I StVG ereignet. Die Beklagten konnten den ihnen obliegenden Nachweis der höheren Gewalt bzw. der Unabwendbarkeit (§ 7 II StVG) nicht erbringen, oder dass der Unfall nicht durch ein Verschulden des Beklagten zu 1) verursacht wurde. (§ 181 2 StVG).

Die Abwägung der Verursachungsbeiträge von Kläger und Beklagten zu 1) sowie Beklagten zu 2) ergibt eine quotale Aufteilung von $^4/_5$ zu Lasten der Beklagten (§ 17 I S. 2 StVG).

Der Kläger konnte den ihm obliegenden Unabwendbarkeitsnachweis nicht erbringen, denn...

Der Beklagte zu 1) hat den Unfall schuldhaft verursacht. Er hat entgegen § 8 I StVO die Vorfahrt des Klägers missachtet...

Hingegen ist ein Verschulden des Klägers nicht gegeben...

Weitere gefahrerhöhende Umstände zu Lasten des Klägers sind nicht ersichtlich...

Auch zu Lasten des Beklagten zu 1) ergeben sich keine weiteren gefahrerhöhende Umstände, insbesondere hat der Beklagte. zu 1) nicht...

Die Abwägung des Verschuldens des Beklagten zu 1) einerseits und der zu Lasten des Klägers in diesem Falle zu berücksichtigenden Betriebsgefahr andererseits führt zu dem Ergebnis, dass die Beklagten zu $^4/_5$ für die Folgen des Unfalls einstehen müssen.

Der dem Kläger entstandene Schaden beträgt insgesamt € ......

Diese Dogmatik ist etwas kompliziert. Sie führt jedoch dazu, dass Haftungsquoten nicht »pi mal Daumen« entstehen.

Dass der Begriff des unabwendbaren Ereignisses durch den Begriff »höhere Gewalt« ersetzt wurde, könnte dazu führen, dass nur noch bei von außen auf das Unfallgeschehen einwirkenden Ereignissen die Quote Null für einen Unfallbeteiligten herauskäme. Auch der sich absolut fehlerfrei verhaltende Fahrer würde somit immer mit einer Haftungsquote beteiligt sein, da höhere Gewalt nicht nur im Straßenverkehr ein äußerst seltenes Ereignis ist.

Eine Quotenbildung könnte dann nicht mehr in dem vorstehend geschilderten Aufbau, sondern nur noch über die Verursachungsbeiträge im Einzelfall erfolgen. Es bleibt daher zu hoffen, dass die Neuregelung durch die Fortschreibung der bisherigen Rechtssprechung zu § 7 Abs. 2 StVG und zu § 17 StVG zumindest in ihren Auswirkungen abgemildert wird.

III. Die Regelungen der StVO

1. Gebot der Rücksichtnahme

§ 1 I StVO stellt das allgemeine Gebot ständiger Vorsicht und Rücksichtnahme auf.

Nach § 1 II StVO hat sich jeder Verkehrsteilnehmer so zu verhalten, dass kein anderer gefährdet, oder mehr als nach den Umständen unvermeidbar, behindert oder belästigt wird.

Dieses Rücksichtnahmegebot steht über den einzelnen Verhaltensanforderungen der StVO. Es kann jeweils zur Auslegung konkreter Verhaltenspflichten herangezogen werden.

2. Vertrauensgrundsatz

Dem Rücksichtnahmegebot als Grundpflicht steht aber immerhin auch ein Grundrecht des sich ordnungsgemäß verhaltenden Verkehrsteilnehmers gegenüber:

Nach dem so genannten Vertrauensgrundsatz darf der Fahrer auf das Unterbleiben solcher Verkehrswidrigkeiten vertrauen, mit denen er bei verständiger Würdigung aller Umstände des konkreten Falls nicht zu rechnen brauchte (st. Rspr. vgl. BGH VersR 58, 611).

Nach dem Vertrauensgrundsatz darf in einem gewissen Maß darauf vertraut werden, dass auch andere Verkehrsteilnehmer sich regelgerecht verhalten.

Z. B. muss der Wartepflichtige nicht damit rechnen, dass der Vorfahrtsberechtigte mit völlig überhöhter Geschwindigkeit herannaht (OLG Hamm DAR 65, 348), der Befahrer einer Autobahn muss unter normalen Umständen nicht mit Fußgängerverkehr rechnen (bereits seit BGH VersR 58, 643). Und derjenige, der dem Rechtsfahrgebot genüge tut, darf damit rechnen, dass der Gegenverkehr dieses Gebot ebenfalls beherzigt (st. Rspr., seit BGH VersR 56, 515).

3. Ausnahmen zum Vertrauensgrundsatz

Nicht vertraut werden darf hingegen auf Gegebenheiten, bei denen mit Abweichungen vom Idealzustand üblicherweise gerechnet werden muss: So darf ein Fahrer nicht darauf vertrauen, dass der Gegenverkehr abblenden wird. Das Abblenden wird häufig vergessen, dass ein Vertrauen auf regelgerechtes Verhalten nicht schutzwürdig sein kann (BGH VersR 76, 729). Genauso verhält es sich mit dem Vertrauen auf das Verhalten von Kindern und von nicht verkehrstüchtigen Personen. Hier muss mit allem gerechnet werden, ein Vertrauen auf verkehrsrichtiges Verhalten darf es nicht geben (z. B. BGH DAR 89,120).

4. Einzelne Verhaltenspflichten der StVO

a) angemessene Geschwindigkeit (§§ 3, 4 StVO)

§ 3 konkretisiert das Rücksichtnahmegebot für die Geschwindigkeit: Nach dieser Vorschrift darf nur so schnell gefahren werden, dass die ständige Beherrschbarkeit des Fahrzeugs erhalten bleibt. Neben den in § 3 aufgezählten Höchstgeschwindigkeiten für bestimmte Verkehrssituationen gilt der Grundsatz, dass der Anhalteweg (Bremsweg + Reaktionszeit) nicht weiter sein darf, als die Sehweite. Auf schmalen Straßen ist ein Anhalteweg auf halbe Sichtweite geboten (BGH VersR 87, 1241). In unübersichtlichen Situationen kann auch eine noch weitere Herabsetzung der Geschwindigkeit erforderlich sein (BGH VersR 89, 1160).

Nur am Rande sei darauf hingewiesen, dass ABS den Bremsweg in keiner Fahrsituation verkürzt. Es garantiert lediglich die Lenkbarkeit des Fahrzeugs während der Bremsung. Durch die dafür notwendige intervallweise Freigabe blockierender Räder kann der Bremsweg auf Glatteis und Neuschnee gegenüber einem Fahrzeug ohne ABS, das einen Schnee- oder Eiskeil vor den blockierten Rädern herschieben und dadurch Bremswirkung erreichen kann, erheblich länger sein. Nicht zuletzt aus diesem Grund hatten Fahrzeuge der ersten ABS-Generation einen Schalter zum Stillegen der ABS-Funktion.

b) Rechtsfahrgebot (§ 2 II StVO)

Das Rechtsfahrgebot des § 2 II StVO wird in § 7 I StVO etwas abgemildert, um dem Verkehrsfluss auf modernen Straßen gerecht zu werden: Lässt die Verkehrsdichte auf einer geeigneten Straße es zu, so muss nicht zwingend möglichst weit rechts gefahren werden.

Auch sonst bedeutet das Rechtsfahrgebot nicht, dass am rechten Fahrbahnrand »geklebt« werden muss.: Vielmehr muss zum rechten Fahrbahnrand ein angemessener Sicherheitsabstand gewahrt bleiben. Ein ausgebrochener Fahrbahnrand rechtfertigt dabei auch im Einzelfall die Wahrung eines beträchtlichen Sicherheitsabstands. Allerdings entbindet dies selbstverständlich nicht von der Beachtung sonstiger Verhaltensregeln, z. B. der Erforderlichkeit eines Anhaltewegs auf halbe Sichtweite (z. B. OLG München VersR 76, 676) an unübersichtlichen Stellen.

c) Überholen (§ 5 StVO)

Überholt werden können nur fahrende Fahrzeuge, an stehenden fährt man vorbei (§ 6 StVO). Allerdings sind die Grundsätze zum Überholen auch auf das Vorbeifahren an auf der Fahrbahn stehenden Fahrzeugen anwendbar (BGH NJW 87, 322).

Überholt werden darf nur, wenn sicher ist, dass keinerlei Gefahr droht. Bei unklarer Verkehrslage besteht Überholverbot. Der Überholer hat sich in alle Richtungen zu vergewissern, dass der Überholvorgang eingeleitet werden kann. Er muss auch eine eventuelle Richtungsänderung des Überholten einkalkulieren.

Aber auch den Überholten treffen Sorgfaltspflichten, die allerdings nicht annähernd so weit reichen wie die des Überholers. Er muss notfalls seine Geschwindigkeit herabsetzen, auf jeden Fall darf er sie nicht erhöhen (BGH VersR 63, 190). Leichte Fahrlässigkeit des Überholten tritt hinter grober Fahrlässigkeit des Überholens zurück (BGH VersR 87, 188).

d) Begegnung

Bei der Begegnung bei schneller Fahrt ist ein Sicherheitsabstand von mindestens einem Meter einzuhalten (z. B. OLG Karlsruhe VersR 87, 693). Ferner ist das Rechtsfahrgebot und das Gebot, notfalls auf halbe Sicht anhalten zu können, einzuhalten.

e) Abbiegen (§ 9 StVO)

Wer abbiegen will, muss dies rechtzeitig und deutlich ankündigen; dabei sind die Fahrtrichtungsanzeiger zu benützen (§ 9 I StVO).

Das Anzeigen des Abbiegens war dann rechtzeitig, wenn andere Fahrzeugführer die Absicht rechtzeitig erkennen und ihr Verhalten darauf einstellen können.

Eine nochmals erhöhte Sorgfalt muss der in ein Grundstück Abbiegende wegen § 9 V einhalten: Er darf dies nur, wenn eine Gefährdung anderer Verkehrsteilnehmer gänzlich ausgeschlossen ist. Abbiegende müssen alle entgegenkommende Fahrzeuge – sei es auf oder neben der Fahrbahn – passieren lassen (§ 9 III).

Eine geringfügige Übertretung der Höchstgeschwindigkeit durch den Längsverkehr tritt hinter dem Verschulden eines unachtsamen Linksabbiegens zurück. Der

Geradeausfahrer trägt nicht einmal die Betriebsgefahr seines Fahrzeugs (BGH VersR 64, 514).

Nur in einem Punkt hat der Linksabbieger gegenüber dem Längsverkehr ein Vorrecht: Ist seine Sicht eingeschränkt, dann hat er das so genannte »Vortastrecht«, welches ihm ermöglichen soll, sich in die Kreuzung »hineinzutasten« (OLG Celle NZV 94, 1193). Verstößt der Längsverkehr gegen das Rechtsfahrgebot, so kann sein Verschulden im Einzelfall höher zu bewerten sein, als das des Linksabbiegers (OLG Celle NZV 94, 193).

f) Vorfahrt (§ 8 StVO)

An Kreuzungen und Einmündungen hat die Vorfahrt, wer von rechts kommt (§ 8 I StVO). Dieser Grundsatz gilt auf allen öffentlich zugänglichen Verkehrsflächen. Wer die Vorfahrt hat, hat diese auf der ganzen Fahrbahnbreite, auch ein krasser Verstoß gegen das Rechtsfahrgebot führt allenfalls zu einer Erhöhung der Betriebsgefahr des Vorfahrtberechtigten (OLG Hamburg VersR 87, 106).

Der Vorfahrtsberechtigte darf sich grundsätzlich auf den Vertrauensgrundsatz berufen (BGH VersR 61, 69). Im Einzelfall kann jedoch eine gravierende Geschwindigkeitsübertretung des Vorfahrtsberechtigten) seine Haftungsquote auf $^3/_4$ erhöhen (OLG Nürnberg VersR 89, 405) oder sogar den ersten Anschein für schuldhaftes Verhalten des Wartepflichtigen erschüttern (BGH VersR 86, 579).

Der Grundsatz »rechts vor links« gilt nicht bei Modifikation durch Verkehrszeichen, Lichtzeichenanlagen und Zeichen und Weisungen von Polizeibeamten nach § 36 StVO. Ferner gilt er nicht für Ausfahrten aus Feld- und Waldwegen sowie Zufahrten oder Ausfahrten zu Grundstücken (§ 10 StVO).

Nicht wesentlich für die Beurteilung, ob es sich bei einer Straße um eine bloße Zufahrt handelt, ist die Trennung durch einen abgeflachten Bordstein. Auch solche Straßen gewähren dem von rechts Kommenden Vorfahrt, jedoch kann mangelnde Erkennbarkeit wegen des vorhandenen Bordsteins die Haftungsquoten stark relativieren.

g) Wenden und Rückwärtsfahren (§ 9 V StVO)

Nach § 9 V StVO muss der Verkehrsteilnehmer beim Wenden und beim Rückwärtsfahren so verhalten, dass die Gefährdung anderer Verkehrsteilnehmer ausgeschlossen ist. Erforderlichenfalls muss er sich einweisen lassen. Wenden und Rückwärtsfahren gehören damit neben dem ebenfalls in § 9 V geregelten Abbiegen in ein Grundstück zu den Verhaltensweisen im Straßenverkehr, die am haftungsträchtigsten sind. Das Verschulden des Rückwärtsfahrenden bzw. Wendenden wird regelmäßig vermutet.

h) Verhalten gegenüber Kindern, Hilfsbedürftigen und älteren Menschen (§ 3 II a StVO)

Die Fahrzeugführer müssen sich nach § 3 II a StVO gegenüber Kindern, Hilfsbedürftigen und älteren Menschen, insbesondere durch Verminderung der Fahrgeschwindigkeit und durch Bremsbereitschaft so verhalten, dass eine Gefährdung dieser Verkehrsteilnehmer ausgeschlossen ist. Bei den in der Vorschrift genannten Personen muss immer damit gerechnet werden, dass diese sich falsch verhalten. Zwar gilt der Vertrauensgrundsatz auch gegenüber diesen Personen, jedoch ist der Fahrer ihnen gegenüber zu besonderer Sorgfalt verpflichtet. Bereits bei geringsten Auffälligkeiten muss der Fahrer durch Anwendung der erforderlichen Maßnahmen die Gefährdung verhindern. Befinden sich z. B. Grundschulkinder in der Nähe der Fahrbahn und der Fahrer wendet nicht durch Verringerung der Fahrgeschwindigkeit, Ausweichen ggf. Anhalten eine Gefährdung ab, so handelt er auch dann schuldhaft, wenn der Unfall nach normalen Kriterien ein unabwendbares Ereignis gewesen wäre (BGH VersR 85,1088).

Ein solches kann hingegen dann vorliegen, wenn ein Kind sich unvermittelt von der Hand der Mutter losreißt und auf die Straße springt (bereits BGH MDR 56, 434).

Ein unabwendbares Ereignis kann auch vorliegen, wenn der Fahrer das Kind nicht sehen konnte und auch nicht damit rechnen musste, dass ein Kind auf die Fahrbahn läuft (BGH VersR 90, 1366).

i) Radfahrer

Auch gegenüber Radfahrern gelten besondere Sorgfaltspflichten. Beim Überholen eines Radfahrers muss nach § 2 IV 2 StVO ein hinreichender Sicherheitsabstand gewahrt werden. Aber auch der Radfahrer muss die Vorschriften der StVO einhalten. Kinderfahrräder sind allerdings keine Fahrzeuge i. S. der StVO (§ 24 I StVO), so dass hier die Regeln über Fußgängerverkehr gelten.

j) Fußgänger

Der Vertrauensgrundsatz gilt auch bei Begegnungen des Fahrzeugverkehrs mit dem Fußgängerverkehr. Besondere Sorgfaltspflichten gegenüber bestimmten Teilnehmern des Fußgängerverkehrs wurden oben dargestellt. Zu den dort zitierten Hilfsbedürftigen gehören auch erkennbar Betrunkene. Mit betrunkenen Fußgängern muss der Fahrer zur Nachtzeit zumindest bei Vorliegen von bestimmten Indizien (Weinfest, Schützenfest, typische »Alkoholfeiertage« wie »Vatertag«) generell rechnen (z. B. BGH VersR 89, 119).

Sofern nicht die obigen Ausnahmetatbestände greifen, darf der Kraftfahrer jedenfalls auf folgendes Fußgängerverhalten vertrauen: Fußgänger müssen vorhandene Gehwege benutzen, soweit diese begehbar sind. Sind die Gehwege nicht begehbar – z. B. erkennbar noch nicht von Schnee geräumt, während die Straße bereits frei ist – ist der Fußgänger berechtigt, die Fahrbahn zu benutzen. Für den Fahrzeugverkehr gelten dann erhöhte Sorgfaltspflichten.

Ist kein Gehweg vorhanden, so müssen sich Fußgänger jedoch am Fahrbahnrand halten (§ 24 I 3 StVO). Bei schlechter Sicht, oder wenn die Verkehrsverhältnisse es erfordern, müssen Fußgänger hintereinander gehen. Außerorts kann die Sorgfaltspflicht des Fußgängers so weit reichen, dass er neben den Fahrbahnrand ausweichen muss (BGH VersR 64, 633). Auch in solch speziellen Konstellationen bleibt es jedoch beim Beweis des ersten Anscheins für ein Verschulden des Fahrzeugführers.

Fußgänger müssen vorhandene Fußgängerampeln und Zebrastreifen benutzen. Zwar besteht kein generelles Verbot, die Fahrbahn an anderer Stelle zu überqueren. Jedoch sind an Kreuzungen und Einmündungen vorhandene Fußgängerüberwege immer zu verwenden. Auch sonst muss sich ein Fußgänger, der die Fahrbahn trotz vorhandenen Überwegs an anderer Stelle überquert schon deswegen ein Mitverschulden zurechnen lassen (BGH VersR 90, 911). Autofahrer haben bei Unfällen an Überwegen immer schlechte Karten: Sind Fußgänger im Anmarsch, so dürfen sie sich nur langsam annähern, auf keinen Fall überholen (§ 26 III StVO) und müssen erforderlichenfalls anhalten. Ein Unfall mit Fußgängern am Überweg wird daher zu einer Inanspruchnahme des Fahrers führen, wenn dieser nicht nachweist, dass der bevorrechtigte Fußgänger zweifelsfrei erkennbar auf sein Vorrecht verzichtet hat (OLG Köln VersR 75, 477).

Bei jeder Fahrbahnüberquerung muss sich der Fußgänger erst vergewissern, dass kein Fahrzeug naht. Er muss die Fahrbahn quer zum Verkehr und möglichst zügig überschreiten (§ 25 III 1 StVO). Ist die Straße jedoch breit, so kann er erforderlich sein, dass er in der Mitte stehenbleibt und den Verkehr der anderen Straßenseite passieren lässt. Läuft ein Fußgänger vor ein Auto, dann spricht i. d. R. der Beweis des ersten Anscheins für das Verschulden des Fußgängers. Bei unklarer Sachlage bleibt es jedoch bei der Gefährdungshaftung des Fahrzeugs, allerdings muss ein Mitverschulden des Fußgängers beachtet werden (BGH VersR 89, 268). Selbstverständlich gelten die vorstehenden Regeln auch gegenüber dem Fahrradverkehr auf einem vorhandenen Radweg.

k) Inlineskater

In Rechtssprechung und Literatur besteht Einigkeit darüber, dass Inlineskates als »Spielgeräte« nicht unter § 31 StVO fallen. Nach der wohl noch herrschenden Meinung sind Inlineskates als »,ähnliches Fortbewegungsmittel«« i. S. d. § 24 StVO einzustufen . Damit müssen Inlineskater die Gehwege benutzen. Wo kein Gehweg vorhanden ist, müssen sie den linken Fahrstreifen befahren. Die Konsequenz ist, dass Inlineskater als Fußgänger eingeordnet werden (zum Meinungsstand, Schröder, Praxis Verkehrsrecht (PVR) 2001, 178 ff.).

Dem entgegen steht eine Entscheidung des OLG Oldenburg vom 15. 08. 2000 (OLG Oldenburg DAR 2000, 528). Das OLG argumentiert, dass Inlineskates nicht mit den, in § 24 genannten Fortbewegungsmitteln wie Rodelschlitten, Kinderwagen und Rollern vergleichbar seien. Inlineskates seien einfach schneller und hätten einen längeren Bremsweg und benötigten einen erheblichen Teil des Bürgersteigs.

In der Rechtssprechung ist anerkannt, dass es gegenüber Inlineskatern eine besondere Verkehrssicherungspflicht, die über die für Fußgänger und Radfahrer hinausgeht, nicht gibt (OLG Celle MDR 1999, 1323 m. w. N.). Ferner wird in der Rechtssprechung immer wieder darauf hingewiesen, dass zur Vermeidung von Gefährdungen Inlineskater gegebenenfalls mit Schrittgeschwindigkeit fahren müssen (OLG Celle aaO).

C. Die Grundlagen des Schadenersatzes

I. Die Grundsätze des § 249 BGB

1. Allgemeine Grundsätze

Art, Inhalt und Umfang sämtlicher Schadenersatzansprüche sind in den §§ 249 ff. BGB geregelt. Die Paragraphen sind aber keine Anspruchsgrundlagen, sondern Hilfsnormen, die die Anspruchsgrundlagen, welche Schadenersatzansprüche vorsehen, ergänzen. In §§ 249 ff BGB ist damit nicht die Haftungsbegründung, sondern nur die Haftungsausfüllung geregelt. Als grundsätzliche Vorschriften finden die §§ 249 ff. BGB nicht nur auf Deliktansprüche, sondern auch auf sämtliche Schadenersatzansprüche, gleich welcher Art, ob sie auf Vertrag, Delikt oder Gefährdung beruhen, Anwendung.

Das Schadenersatzrecht des BGB beruht auf folgenden theoretischen Grundgedanken: Nach dem **Ausgleichsgedanken** soll die Schadenersatzleistung die entstandenen Nachteile ausgleichen, aber auch nicht mehr. Sie hat keinen Strafcharakter, so dass zumindest grundsätzlich ein höheres Maß an Verschulden sich nicht auf der Schadensfolgenseite auswirken kann.

Das Schadenersatzrecht unterliegt außerdem dem so genannten **Rechtsfortwirkungsgedanken**. Das verletzte Recht selbst setzt sich sozusagen am Schadenersatzanspruch fort. Es gilt das Prinzip der so genannten **Totalreparation**. Grundsätzlich gilt für die Höhe des Ersatzes, dass auch bei leichtester Fahrlässigkeit der gesamte Schaden zu ersetzen ist. Ob der Schädiger wirtschaftlich leistungsfähig ist, spielt keine Rolle. Billigkeitsgesichtspunkte haben bei der Bemessung des Schadenersatzanspruches nichts zu suchen. Wichtig ist zunächst die Trennung zwischen **Vermögens- und Nichtvermögensschäden**. Vermögensschäden sind nach Maßgabe der §§ 249 bis 252 BGB voll zu ersetzen. Ein Nichtvermögensschaden (immaterieller Schaden) ist nur zu ersetzen, wo es das Gesetz ausdrücklich anordnet. Der Geschädigte hat bei immateriellen Schäden den Herstellungsanspruch nach § 249 BGB, soweit eine Naturalrestutition überhaupt möglich ist. Grundsätzlich besteht jedoch kein Anspruch auf Entschädigung in Geld nach § 253 BGB. Die einzige der wenigen überhaupt existierenden Vorschriften, die sich im Verkehrsunfallrecht auswirkt, ist § 847 BGB, der die Einzelheiten des Schmerzensgeldanspruchs regelt.

Vermögensschäden werden grundsätzlich nach wie vor nach der so genannten **Differenzhypothese** berechnet. Ein Vermögensschaden liegt dann vor, wenn der nach dem schädigenden Ereignis übriggebliebene Wert des Vermögens geringer ist, als der Wert vor dem Unfall. Diese Hypothese ist im Prinzip sehr einfach, hat allerdings den Nachteil, dass mit ihr einige Schadengruppen, die nach der modernen Auffassung der Rechtsprechung in die Schadenregulierung fallen sollen, nicht erfasst werden. Der BGH hat daher schon in den fünfziger Jahren den so genannten **Kommerzialisierungsgedanken** entwickelt, der in einer speziellen Ausprägung, auf die noch einzugehen sein wird, im Verkehrsunfallrecht sehr wichtig ist.

Nach der reinen Lehre des BGH, die er inzwischen aber selbst wieder eingeschränkt hat, war er zeitweise folgender Auffassung: In einer kommerzialisierten Welt, in der jeder nur dem Geld hinterherläuft, muss auch der Vermögensbegriff erweitert werden. Zum Vermögen im Sinne des Schadenersatzrechts gehören daher alle Lebensgüter, die kommerzialisiert sind, also alle, die man in irgendeiner Form kaufen oder mieten kann. Wenn ein solches Gut beeinträchtigt oder entzogen wird, dann soll der Nachteil, den der Geschädigte dadurch hat, auch dann ein Vermögensschaden sein, wenn sich bei einer auf das Gesamtvermögen bezogenen Differenzrechnung keine Einbuße feststellen lässt (z. B. BGH NJW 1956, 1235; der so genannte Seereisefall). Im Ergebnis würde das, wenn der BGH diese Rechtsprechung fortgesetzt hätte, etwa bedeuten, dass man auch für ein beschädigtes Surfbrett eine Nutzungsausfallentschädigung beanspruchen könnte.

Surfbretter kann man inzwischen an jedem Baggersee mieten, so dass die ständige Verfügbarkeit eines Surfbrettes eigentlich kommerzialisiert ist. Im Ergebnis müsste man dann nach »irgendwie« berechneten »Surfbrett-Ausfalltabellen« diesen Nutzungswert berechnen können. Der BGH hat am Ende festgestellt, dass dies alles zu weit führt, und hat sich neuerdings mit seiner Kommerzialisierungstheorie auf wenige Fallgruppen beschränkt.

Die wichtigste Fallgruppe liegt im Verkehrsunfallrecht: **Der Gebrauchsvorteil eines Pkw** soll in jedem Fall ein kommerzialisierter Vermögensschaden sein (BGHZ 40, 347; 45, 218; 65, 170). Nach ständiger Rechtsprechung kann der Geschädigte damit anstelle eines Mietwagens Nutzungsausfall begehren (zuletzt BGH NJW 1987, 50).

Ein Opfer gab es inzwischen beim Kommerzialisierungsgedanken des BGH auch unter den Fahrzeugen. Die ständige Nutzbarkeit eines Wohnwagens soll nach neuerer Rechtsprechung nicht kommerzialisiert sein (BGHZ 86, 128). Für Wohnwagen gibt es daher grundsätzlich keine Nutzungsausfallentschädigung mehr.

Eine weitere seit langem anerkannte Abgrenzung des Schadenbegriffs ist der so genannte **normative Schadenbegriff**. Dieser bedeutet, dass es Angriffspunkte geben muss, bei denen allgemeine Rechtsgrundsätze die Differenzhypothese korrigieren können und müssen. Beispielsweise ist nach der Lehre vom normativen Schaden nicht zu berücksichtigen, wenn der Verletzte während seiner Arbeitsunfähigkeit weiter Lohn bezieht oder Lohnersatzleistungen erhält. Im einzelnen wird auf die Beeinflussung der Differenzhypothese durch den normativen Schadenbegriff fallgruppenweise einzugehen sein.

Eine weitere wichtige Differenzierung besteht zwischen **unmittelbarem** und **mittelbarem Schaden**. Unmittelbarer, und damit so genannter Objektschaden ist jede nachteilige Veränderung am verletzten Rechtsgut selbst. Dazu gehören die Wiederherstellungskosten bzw. Wiederbeschaffungskosten, bei Beschädigung Reparaturkosten, bei Gesundheitsschäden Heilbehandlungskosten u. ä. Nach dem BGH gehört auch der merkantile Minderwert zum unmittelbaren Schaden (BGH VersR 69, 473).

Mittelbare Schäden sind die durch die Schadenursache verursachten weiteren Vermögenseinbußen, insbesondere der entgangene Gewinn (§ 252 BGB) und die Nutzungsausfallentschädigung. Schadenersatzpflicht nach dem BGB kommt für beide Schadensarten in Frage.

Die Unterscheidung wird jedoch bei zwei Punkten wichtig: Sie ist von Einfluss auf die Behandlung des Schadenumfangs bei **hypothetischer Kausalität**. Der reine Objektschaden ist hier zu ersetzen, während die hypothetische Kausalität bei Vermögensfolgeschäden zu berücksichtigen ist.

Im Versicherungsrecht beschränkt sich die Ersatzpflicht, wenn nichts anderes im Vertrag geregelt ist, zumeist auf den unmittelbaren Sachschaden (§§ 52, 53 VVG).

Eine weitere wichtige Unterscheidung ist die zwischen Nichterfüllungsinteresse und Vertrauensschaden, das heißt zwischen dem so genannten **positiven** und **negativen Interesse**.

Der Gläubiger des positiven Interesses (auch Erfüllungsinteresse) ist so zu stellen, wie er stehen würde, wenn der Schuldner vollständig ordnungsgemäß erfüllt hätte.

Hingegen ist beim negativen Interesse (auch Vertrauensschaden) der Gläubiger so zu stellen, als wenn er nicht auf die Gültigkeit des Geschäfts vertraut hätte, bzw. als wenn es gar kein Geschäft gegeben hätte, er nie vom potentiellen Geschäftspartner bzw. schädigenden Ereignis gehört hätte.

Wie bereits oben erwähnt, ist die ständige Möglichkeit zur Nutzung eines Kraftfahrzeuges allgemein als ein ersatzfähiger Schaden anerkannt. Der BGH hat sich inzwischen wieder für eine restriktivere Linie der **Kommerzialisierung von Gebrauchsvorteilen** entschieden. Der Eigentümer eines privat genutzten Kraftfahrzeuges, der die Verfügbarkeit seines Kraftfahrzeuges einbüßt, hat nach ständiger Rechtsprechung auch dann einen Anspruch auf Schadenersatz, wenn er kein Ersatzfahrzeug mietet (BGHZ 40, 345; 45, 212). Zwar rechtfertigt der Kommerzialisierungsgedanke nicht die Bejahung eines Schadens. Die Ersatzpflicht entspringt eher der gewohnheitsrechtlichen Erwägung, dass der sparsame und vorsichtige Eigentümer, der auf einen Mietwagen verzichtet, nicht schlechter gestellt werden soll als derjenige, der ein Ersatzfahrzeug mietet (BGHZ 66, 278; 86, 132). Voraussetzung für eine Schadenersatzpflicht ist ein Eingriff in den Gebrauchsgegenstand (BGHZ 55, 147). Beispielsweise besteht Ersatzpflicht aufgrund der Beschädigung bzw. des Totalschadens des Kraftfahrzeuges, verspäteter Rückgabe, verspäteter Lieferung des Kraftfahrzeuges bzw. des Kraftfahrzeugbriefes. Keinen Ersatzanspruch begründet dagegen der Nutzungsausfall aufgrund einer Verletzung des Geschädigten (BGHZ 55, 147). Weitere Voraussetzung für eine Ersatzpflicht ist, dass die Beeinträchtigung fühlbar ist. Dies bedeutet, dass der Wille zur Nutzung des Fahrzeuges sowie eine hypothetische Nutzungsmöglichkeit auch gegeben ist. Ist beispielsweise ein Zweitwagen vorhanden, besteht kein Anspruch auf Schadenersatz (BGH NJW 76, 286). Ein Ersatzanspruch entsteht also erst dann, wenn der Gebrauchsvorteil entfällt. Verzichtet der Geschädigte auf die Reparatur seines Fahrzeuges, entfällt der Ersatzanspruch.

Bei der Geltendmachung bzw. Höhe des Anspruches kann pauschal auf die **Tabellen nach Sanden/Danner/Küppersbusch** abgestellt werden. Diese Tabellen gliedern die Werte einer privaten Kraftfahrzeugnutzung für Pkw, Geländewagen und Transporter nach Hersteller, Typ und Modellreihe. Bei der Wertermittlung wird dabei von durchschnittlichen Miettarifen für Pkw ausgegangen, die um die Gewinnspanne des Kfz-Vermieters und die bei einer privaten Nutzung nicht anfallenden Kosten (Provisionen, Verwaltung, Versicherungsprämien u. ä.) gekürzt werden. Der so ermittelte Wert der privaten Kraftfahrzeugnutzung, als Schätzungsgrundlage beträgt 35–40% der üblichen Kraftfahrzeugmiete. Ist die Entschädigung für den Nutzungsausfall höher als die Miete des Mietwagens, kann der Geschädigte zusätzlich die Differenz beanspruchen (BGH NJW 70, 1120). Die Schadenersatzpflicht für entgangene Gebrauchsvorteile ist auch auf Behörden- und Nutzfahrzeuge ausgeweitet worden. Nach der Rechtsprechung besteht Ersatzpflicht u. a. für Polizei- und Behördenfahrzeuge, für Krankenwagen der Bundeswehr und für Müllwagen. Fällt ein gewerblich genutztes Kraftfahrzeug (z. B. Taxi, Lkw) aus, entspricht der Schaden dem entgangenen Gewinn (§ 252 BGB), den Vorhaltekosten eines Reservefahrzeuges bzw. den Mietkosten eines Ersatzfahrzeuges.

Fehlgeschlagene Aufwendungen können in Einzelfällen ersetzbar sein. Soweit für enttäuschtes Vertrauen gehaftet wird, kann der Anspruch auch Aufwendungen umfassen, die infolge des schädigenden Ereignisses nutzlos geworden sind. Dies zu einem allgemeinen Rechtsprinzip zu erheben wird jedoch von der Rechtsprechung abgelehnt. Die Schadenersatzpflicht kann nicht auf solche Schäden ausgeweitet werden, die auch bei einem pflichtgemäßen Verhalten des Schädigers entstanden wären. Der BGH hat z. B. bereits im Jahr 1955 die Pachtzahlungen eines verletzten Jagdpächters, der infolge seiner Verletzung nicht mehr seinem waidmännischen Hobbys frönen konnte, als nicht erstattungsfähig angesehen.

Anders sieht es die Rechtsprechung teilweise bei fehlgeschlagener **Genußmöglichkeit**. Fällt wegen eines Verkehrsunfalls z. B. der Theaterbesuch aus, so steht dem Geschädigten ein Ersatzanspruch in Höhe des Wertes der Theaterkarte zu.

Der bloße Ausfall der **Arbeitskraft** begründet keinen Vermögensschaden und stellt damit keine ersatzfähige Position dar. Es muss ein konkreter Verdienst- oder Gewinnausfall nachgewiesen werden. So hat das OLG Celle z. B. einen unfallverletzten Ordensbruder einen auf Ausfall seiner Arbeitskraft gestützten Schadenersatzanspruch abgelehnt (OLG Celle NJW 82, 618).

Der bloße Verlust von **Freizeit** ist nie ein Vermögensschaden. Der Geschädigte kann also, abgesehen von der durch die Rechtsprechung zuerkannten Pauschale, auch keine Ansprüche für die Zeit erheben, die er zur Abwicklung des Schadenfalles braucht.

Anders sieht es allerdings aus, wenn der Geschädigte durch überpflichtmäßige Anstrengungen weitere Schäden verhindert hat.

Entgangene **Urlaubsfreude** ist im Deliktsbereich keine Vermögensschadenposition (BGH VersR 92, 504). Die vertane Urlaubszeit kann allenfalls als Folgeschaden auftreten, so z. B. durch die Beschädigung oder nicht ordnungsgemäße Reparatur eines Kraftfahrzeuges. Gegebenenfalls kann bei der Bemessung eines Schmerzensgeldes berücksichtigt werden, dass der Geschädigte im Urlaub verletzt wurde. Dies könnte im Einzelfall ein höheres Schmerzensgeld rechtfertigen.

Wie bereits oben ausgeführt, erleidet ein Arbeitnehmer, der einen **Verdienstausfall** hat, auch dann einen Schaden, wenn er Leistungen mit Lohnersatzfunktion erhält. Diese gewährten Leistungen sind im Rahmen der Differenzhypothese nicht zu berücksichtigen, damit sie nicht dem Schädiger zu Unrecht als Entlastung zugute kommen.

Eine ergiebige Quelle höherer Ersatzleistungen kann der vielfach stiefmütterlich behandelte **Haushaltsführungsschaden** sein. Der Ehegatte oder Elternteil, der infolge einer Verletzung die ihm als Unterhaltsbeitrag obliegende Hausarbeit nicht leisten kann, hat Ansprüche auf Schadenersatz. Diese erstrecken sich auch dann auf die Höhe der Kosten einer Ersatzkraft, wenn eine solche nicht angestellt wird. Allerdings gilt diese Rechtsprechung noch nicht vollständig für die Partner einer nichtehelichen Lebensgemeinschaft (siehe hierzu Band 2 dieser Reihe S. 41 f. und unten F III).

2. Der Ersatz von Sachschäden

Schadensrechtlich muss nach § 249 Satz 2 BGB zwischen Zerstörung und Beschädigung einer Sache unterschieden werden. Der Anspruch auf Ersatz der Herstellungskosten wird nach dieser Vorschrift nur für den Fall der Beschädigung gewährt.

Ein Sachschaden beispielsweise im Sinne des § 7 StVG liegt vor, wenn durch ein regelwidriges Ereignis eine Sache vernichtet oder angegriffen wird.

Beispiel:
Zwei Fahrzeuge stoßen bei einem Unfall zusammen und werden beschädigt.

Gemäß § 249 BGB ist der Schaden grundsätzlich durch Naturalrestitution auszugleichen. Dies bedeutet, dass der gleiche wirtschaftliche Zustand herzustellen ist, der ohne das schädigende Ereignis bestehen würde (BGH NJW 85, 793). Dieses im gesamten Schadenersatzrecht geltende Prinzip gilt auch bei der Regelung von Kfz-Schäden. Dabei ist auf die hypothetische Weiterentwicklung des früheren Zustandes abzustellen. Die Forderungen nach Naturalrestitution zielt folglich nicht notwendigerweise auf »Wieder«-herstellung des führeren Zustandes ab. Die Ersatzansprüche können deswegen verschiedene Ausprägungen haben.

Beispiel:
Der Unfallgeschädigte kann u. a. Reparaturkosten, Bergungs-, Abschlepp-, Überführungskosten, Wertersatz bei Totalschaden, den technischen oder merkantilen Minderwert, die Beschaffung eines gleichwertigen Ersatzfahrzeuges bei Gebrauchtfahrzeugen, Vorhaltekosten für ein Reservefahrzeug, Miete für ein Ersatzfahrzeug, Nutzungs-, bzw. Verdienstausfall vom Ersatzpflichtigen verlangen.

Liegen die Voraussetzungen der §§ 249 Satz 2, 250 BGB vor, kann der Geschädigte »statt« der Herstellung Geldersatz verlangen. Ist die Herstellung ganz unmöglich oder unverhältnismäßig, hat der Ersatzpflichtige gemäß § 251 BGB »den Gläubiger in Geld zu entschädigen«. Der Schadenausgleich durch Geldersatz ist damit praktisch die Regel.

Beispiel:
Ohne den Unfall wäre das Fahrzeug nicht beschädigt. Der Ersatz des Schadens würde bedeuten, dass der Schädiger das Fahrzeug reparieren müsste, um den »früheren« Zustand wieder herzustellen. In der Praxis geht es jedoch – gerade in Verkehrsunfallsachen – nie um die Wiederherstellung des ursprünglichen Zustandes, sondern ausschließlich um die Zahlung von Geld.

Die Geldersatzpflicht kann sich allerdings auf unterschiedliche Rechtsnormen stützen. Beispielsweise fallen Mietwagenkosten bei Beschädigung des Fahrzeuges als Herstellungskosten unter § 249 Satz 2 BGB. Dagegen fallen Verlust, Totalschaden oder Nichtlieferung des Fahrzeuges unter § 251 Abs. 1 BGB, der nicht auf Restitution, sondern auf Kompensation des Schadens abzielt.

Der geschuldete Geldbetrag bemisst danach, was zur Herstellung notwendig ist. Zu ersetzen ist folglich der erforderliche Geldbetrag, das heißt die Aufwendungen, die ein verständiger, wirtschaftlich denkender Mensch in der Lage des Geschädigten für zweckmäßig und notwendig halten durfte (BGHZ 54, 85; 61, 349; NJW 92, 1619). Der tatsächliche Aufwand für die Ermittlung des objektiv erforderlichen Geldbetrages ist maßgebend. Entsprechend ist § 254 Abs. 2 BGB anzuwenden (BGHZ 63, 186; NJW 85, 794).

Im Rahmen der Verschuldenshaftung nach § 823 Abs. 1 BGB haftet der Schadenersatzpflichtige unbegrenzt. Im Rahmen der Gefährdungshaftung begrenzt § 12 Abs. 1 Nr. 3 StVG die Haftungssumme bei Sachschäden, »auch wenn durch dasselbe Ereignis mehrere Sachen beschädigt werden«, auf 50 000 €.

Wird eine gebrauchte Sache durch eine neue ersetzt oder durch den Einbau von neuen Teilen repariert, kann dies zu einer Werterhöhung führen. Diese Differenz ist grundsätzlich vom Geschädigten auszugleichen (BGHZ 30, 33).

Folgende Voraussetzungen müssen jedoch vorliegen:

1. Durch die Schadensbeseitigung muss eine messbare Vermögensmehrung eingetreten sein.
2. Die Werterhöhung muss sich für den Geschädigten wirtschaftlich günstig auswirken.
3. Die Vorteilsausgleichung muss dem Geschädigten zumutbar sein (BGHZ 30, 34) und darf nicht gegen rechtliche Wertungen verstoßen.

Liegt also eine Werterhöhung vor, werden i. d. R. Abzüge in bestimmter prozentualer Höhe nach dem Grundsatz »neu für alt« zum Ansatz gebracht. Dem Ersatzpflichtigen soll damit keine Leistung auferlegt werden, die über die Wiedergutmachung des Schadens hinaus zu einer Bereicherung des Geschädigten führt. Der Geschädigte muss vermögensmäßig so gestellt werden, wie er ohne den Unfall gestanden hätte – er darf aber auch nicht besser gestellt sein. »Abzüge neu für alt« können im Zusammenhang mit Reparaturkosten auftreten, wenn sich der Wert des Fahrzeuges durch die Reparatur erhöhte (KG VersR 85, 272). Zu beachten ist, dass durch eine Generalüberholung der Wert des Kraftfahrzeuges lediglich erhalten und nicht erhöht wird (schon LG Düsseldorf NJW 59, 1078).

Beispiel:
Ein Reifen, der gerade noch das gesetzlich vorgeschriebene Mindestprofil aufweist, wird bei einem Verkehrsunfall beschädigt. Im Zuge der Reparatur erhält der Geschädigte einen gänzlich neuen Reifen. Der Geschädigte stünde mit den Ersatz der ungekürzten Reifenkosten besser da als vor dem Unfall. Deshalb ist für den neuen Reifen ein erheblicher Abzug »neu für alt« vorzunehmen.

Beispiel:
Wird bei einem Fahrzeug eine Ganzlackierung durchgeführt, obwohl nur ein Kotflügel nachlackiert werden musste, ist die Wertverbesserung mit einem Abzug »neu für alt« zu berücksichtigen.

Der Geschädigte kann vom Ersatzpflichtigen auch einen etwaigen **technischen** oder **merkantilen Minderwert** verlangen, wenn das Fahrzeug nach Durchführung der Reparatur nicht in denselben Zustand wie vorher zurückversetzt worden ist.

Ein **technischer Minderwert** ergibt sich dann, wenn nach der erfolgten Instandsetzung Mängel vorliegen, die sich nicht beheben lassen bzw. unvermeidbar waren. Diese technischen Mängel müssen sich wertmindernd auf die Betriebssicherheit, die Lebensdauer, die Gebrauchssicherheit u. ä. auswirken. Der technische Minderwert wird bei älteren Fahrzeugen jedoch nicht durch geringe Farbunterschiede in der Lackierung begründet (OLG Frankfurt VersR 78, 378).

Der **merkantile Minderwert** ergibt sich dadurch, dass ein Fahrzeug, das bei einem Unfall nicht unerheblich beschädigt worden ist, im Verkaufsfall trotz ordnungsmäßiger Reparatur geringer bewertet wird als ein unfallfreies (BGHZ 35, 397). Der Schädiger hat auch dann den merkantilen Minderwert zu ersetzen, wenn der Geschädigte das Fahrzeug behält und weiter fährt, der Minderwert sich also nicht in einem Verkauf konkretisiert (BGHZ 35, 396). Voraussetzung für die Geltendmachung eines Minderwertes ist aber letztlich, dass ein Markt existiert, auf dem sich der Minderwert in Form eines geringeren Erlöses auch auswirken kann. Merkantile Wertminderungen kommen in erster Linie bei Pkw, Lkw und Motorräder in Betracht und werden bei Nutzfahrzeugen nur in Ausnahmefällen angenommen. Keine Objekte merkantilen Minderwerts sind Straßenbahnwagen (Köln VersR 74, 761), Krankenwagen (KG VersR 79, 260), Bundeswehrfahrzeuge (SchleswOLG VersR 79, 1037) und Bundeswehrpanzer. Analog dazu kommt auch für Nutzfahrzeuge, für die kein Gebrauchtwagenmarkt besteht, eine merkantile Wertminderung nicht in Betracht (KG VersR 79, 260, Krankentransportwagen).

Zu beachten ist, dass sich der Anspruch auf Schadenersatz in Geld grundsätzlich nach den Wert- und Preisverhältnissen im Zeitpunkt der Erfüllung richtet (BGHZ 79, 258). Von diesem Grundsatz abweichend bemisst sich der Minderwert jedoch nach dem Zeitpunkt der Wiederingebrauchnahme (BGH NJW 67, 552). Die Schadenersatzpflicht entfällt ganz, wenn die Wertminderung nur von vorübergehender Natur und inzwischen endgültig weggefallen ist (BGH NJW 78, 263). Ebenso entfällt die Wertminderung regelmäßig bei älteren Kraftfahrzeugen (z. B. bei Pkw, die älter als 5 Jahre sind oder mehr als 100 000 km Betriebsleistung erbracht haben). Wenn das Fahrzeug bis auf den Schrottwert abgenutzt ist, wird schließlich auch der merkantile Minderwert zu Null. Nach ständiger Rechtsprechung wird in der Regel ebenfalls keine Wertminderung angenommen bei erheblichen Vorschäden und Bagatellschäden, wenn die Reparaturkosten weniger als 10% des Wiederbeschaffungswertes betragen, es sei denn bei letzterem handelt es sich um einen Neuwagen. Zur Festlegung des Minderwertes wurden vom BGH entsprechende Grundsätze aufgestellt (BGH VersR 80, 46; LG Dresden SP 96, 284). Zu beachten ist hier insbesondere die Forderung nach einer kontinuierlichen, überregionalen Marktbeobachtung. Bei der Festlegung eines Minderwertes ist deswegen im allgemeinen ein Sachverständigengutachten den Tabellenberechnungen (z. B. Methode von Ruhkopf und Sahm, VersR 62, 593; Methode Halbgewachs/Berger) vorzuziehen.

Beispiel:
Stark nachgefragte Kraftfahrzeuge können bei sachgemäß durchgeführter Reparatur ohne größeren Preisabschlag wieder verkauft werden. Deswegen sollte man bei Bemessungen des Minderwertes der Schätzung eines Gutachtens, der das Fahrzeug vorher besichtigt hatte, einer tabellarischen Berechnung gegenüber den Vorzug geben (OLG Köln VersR 92, 973).

3. Der Ersatz von Personenschäden

Personenschäden sind auf der Basis der tatsächlich entstandenen Heilungskosten zu regulieren. Ersetzt werden die erforderlichen Kosten der Heilbehandlung. Erforderlich ist dabei die Behandlung, die den gewünschten Erfolg verspricht (siehe hierzu F III).

4. Der Ersatz von sonstigen Schäden

Die Schadenersatzpflicht gilt auch für Folgeschäden, sofern diese mit dem schädigenden Ereignis in einem adäquaten Ursachenzusammenhang stehen und in den Schutzbereich der verletzten Norm fallen. Schadenersatz für Schäden, die weder Sach- noch Personenschäden sind, kann aber nur aufgrund der Vorschriften des BGB geltend gemacht werden. Es muss demnach ein Verschulden des Kraftfahrers vorliegen.

Beispiel:
Ein Verletzter kann aufgrund eines Unfalls eine gepachtete Jagd nicht ausüben. Ihm steht wegen fehlgeschlagener Aufwendungen kein Ersatzanspruch zu (BGH NJW 91, 1421; immaterieller Schaden).

Beispiel:
Durch die polizeiliche Unfallaufnahme erleidet der Geschädigte einen Zeitverlust. Für den ihm dadurch entstandenen Vermögensschaden kann er keinen Ersatz geltend machen (LG Dortmund VersR 63, 246).

In dem umfangreichen Katalog der ersatzpflichtigen Vermögensschäden zählen zu den in der Praxis am häufigsten vorkommenden Schäden beispielsweise steuerliche Nachteile des Geschädigten. Zu ersetzen sind insbesondere die vom Geschädigten zu zahlende Umsatzsteuer (Hamm OLGZ 80, 20), soweit er nicht zum Vorsteuerabzug berechtigt ist, die Gewerbeertragsteuer, die der Geschädigte auf den Verdienstausfallschaden leisten muss (BGH NJW 67, 1462), die Einkommensteuer, die er auf Renten gemäß § 844 Abs. 2 BGB zu leisten hat (BGH NJW 79, 1501; NJW-RR 87, 604), der Verlust von Abschreibungsmöglichkeiten (BGH VersR 80, 529; 90, 749) sowie eventuelle Nachteile aus einer Erhöhung des Steuertarifs.

Grundsätzlich gehören auch höhere Versicherungsprämien bzw. der Verlust eines Beitragsnachlasses, die durch das schädigende Ereignis verursacht wurden, zum zu ersetzenden Schaden. Gewisse Einschränkungen gelten aber für den Verlust des Schadenfreiheitsrabattes in der Haftpflichtversicherung. Der Verlust des Schadenfreiheitsrabattes ist in der Kaskoversicherung als Sachfolgeschaden zu ersetzen (BGHZ 44, 387). In der Haftpflichtversicherung besteht dagegen gegen den Schädiger kein Ersatzanspruch, da die Rückstufung nicht auf dem vom Geschädigten erlittenen Schaden, sondern darauf beruht, dass auch dem Gegner Schäden entstanden sind (BGHZ 66, 398; VersR 78, 235).

Eine Schadenersatzpflicht besteht ferner auch für die durch die Geltendmachung und Durchsetzung des Schadenersatzanspruches entstehenden Kosten. Es gilt insoweit ein unselbstständiger materiell-rechtlicher Kostenerstattungsanspruch, der grundsätzlich rechtlich selbstständig neben dem Erstattungsanspruch aus der Zivilprozessordnung steht. Unter den materiell-rechtlichen Kostenerstattungsanspruch fallen insbesondere Rechsanwaltkosten (BGHZ 30, 154). Diese fallen auch bei Ansprüchen aus positiver Vertragsverletzung oder culpa in contrahendo (BGH NJW 86, 2244), bei Ersatzansprüchen aus § 823 BGB und § 7 StVG in den Schutzbereich der verletzten Norm. Die Schadenersatzpflicht besteht auch, wenn sich der Anwalt selbst vertritt. Voraussetzung ist aber, dass die Inanspruchnahme eines Anwaltes auch erforderlich war (Karlsruhe NJW-RR 90, 929).

Weitere schadenersatzpflichtige Kosten sind u. a. die Kosten für Sachverständigengutachten, soweit diese zu einer zweckentsprechenden Rechtsverfolgung notwenig sind (BGH NJW 74, 35), die Kosten eines Beweissicherungsverfahrens (Hamm NJW-RR 93, 1045) sowie Detektiv- und Dolmetscherkosten. Aufwendungen für Unfallzeugen sind wegen der Gefahr von Falschaussagen nur mit Einschränkungen zu ersetzen (Halvescheid DAR 82, 223).

II. Das Mitverschulden des Geschädigten nach §§ 254 I und II BGB

Nach § 254 I BGB kann der Ersatzanspruch des Geschädigten gemindert oder sogar auf Null reduziert sein, wenn ihn ein Mitverschulden trifft.

Sehr strittig ist dabei, ob mit Verschulden das gleiche gemeint ist wie im Deliktsrecht oder im § 276 BGB. Für die Praxis spielt der Streit jedoch keinerlei Rolle:

Im Ergebnis sind sich alle einig, dass es darauf ankommt, in welchem Verhältnis der Schaden dem Schädiger einerseits und dem Geschädigten andererseits zuzurechnen ist.

Dabei ist eine Quote zu ermitteln, also z. B. 30 : 70 oder 50 : 50.

Für die Ermittlung der »richtigen« Quote hilft letztlich oft nur die Kasuistik, d. h. ein vergleichbarter Fall muss gesucht werden.

Folgende generelle Mitverschuldungsprobleme treten auf:

1. Fehlverhalten des Verletzten

Der Geschädigte muss sich eine Minderung seines Schadenersatzanspruchs dann gefallen lassen, wenn er die Sorgfalt verletzt hat, die er vernünftigerweise zur

Wahrung seiner eigenen Interessen hätte an den Tag legen sollen. Hat er durch sein eigenes Verhalten eine Gefahrerhöhung für sich selbst hervorgerufen, so sind ihm die entandenen Folgen teilweise oder sogar vollständig zuzurechnen.

Wer ohne Sicherheitsgurt Auto oder ohne Helm Motorrad fährt, den trifft ein Mitverschulden, wenn ein Schaden eintritt. Dies gilt jedoch nur für Schäden, die durch die verlangte Sicherungsmaßnahme vermeidbar gewesen wären (Kausalität! z. B. BGH NJW 1980, 2125).

2. Mitverschuldensanrechnung bei Minderjährigen

§ 254 BGB ist auch bei bewusstem in Gefahr Begeben anwendbar: Wer z. B. ins Auto eines erkennbar Betrunkenen steigt, muss sich ein Mitverschulden anrechnen lassen, wenn es zu einem Unfall kommt. Minderjährige müssen sich eigenes Fehlverhalten nur anrechnen lassen, wenn sie nach § 828 BGB deliktsfähig sind und nach § 276 BGB schuldhaft gehandelt haben. Das bedeutet, der Minderjährige muss einsichtsfähig und einsichtsreif genug gewesen sein, seine Selbstgefährdung zu erkennen.

Im Schadensersatzrechtsänderungsgesetz soll auch § 828 BGB geändert werden. Die Neuregelung sieht vor, dass derjenige, der das siebente aber nicht das zehnte Lebensjahr vollendet hat, für den Schaden, den er bei einem Unfall mit einem Kraftfahrzeug, einer Schienenbahn oder einer Schwebebahn einem anderen zufügt nicht verantwortlich sein soll.

3. Anrechnung der Betriebsgefahr im Rahmen des § 254 BGB

Die Betriebsgefahr seines Kraftfahrzeuges wird dem Geschädigten angerechnet, es sei denn, es liegt ein unabwendbares Ereignis im Sinne des § 7 II StVG vor. Sind am Unfall zwei Kfz beteiligt, dann kommt § 254 I i. V. m. § 17 StVG zur Anwendung.

4. Mehr als zwei Unfallbeteiligte

Sind noch mehr Unfallbeteiligte vorhanden, wird es kompliziert:

Der BGH nimmt dann eine **Gesamtabwägung** vor, wenn mehrere Verursachungsbeiträge aus verschiedenen Richtungen im Schadenereignis zusammen gekommen sind. Die verschiedenen Schädiger stehen eigentlich dem Geschädigten als Gesamtschuldner nach § 840 BGB gegenüber. Treffen Geschädigten, Schädiger 1 und Schädiger 2 je $^1/_3$ Verschulden, so soll der Geschädigte insgesamt auch zwei Drittel des Schadens liquidieren dürfen und nicht nur $^1/_2$. Von jedem einzelnen Schädiger darf er jedoch nur maximal $^1/_2$ des entstandenen Schadens kassieren dürfen (Einzelabwägung), denn sonst ständen die Schädiger schlechter da als bei einem reinen Zweipersonenverhältnis Schädiger-Geschädigter (BGHZ 30, 203).

Dagegen sieht der BGH eine **Haftungseinheit**, wenn durch mehrere Schädigerbeiträge zunächst die Kausalkette in Lauf gesetzt worden ist und dann **später** der Beitrag des Geschädigten hinzugekommen ist, so dass der Schaden eintreten konnte.

Der Geschädigte soll dann in Abweichung von §§ 840 I; 421, 422 BGB von jedem Einzelschädiger nur seine Quote und von allen Schädigern nicht mehr verlangen dürfen als vom stärksten Einzelschädiger (BGHZ 61, 213).

5. Verletzung der Schadenminderungspflicht

Nach § 254 II BGB muss der Geschädigte die ihm zumutbaren Maßnahmen zur Abwendung oder Verringerung des Schadens treffen. Der Geschädigte darf z. B. keinen überteuerten Mietwagen nehmen (hierzu ausführlich FI). Beim Personenschaden muss er sich ernstlich um eine Verwertung der ihm verbleibenden Arbeitskraft bemühen und sich z. B. einer erforderlichen Operation unterziehen (dazu unten F III).

6. Mitverschulden durch eine Hilfsperson des Geschädigten

§ 254 II 1 BGB stellt klar, dass § 278 BGB Anwendung finden soll. Dies ist für § 254 II BGB, also die Schadenminderungspflicht unproblematisch: Hier erfolgt eine Anrechnung des Verschuldens des Erfüllungsgehilfen. Im Anwendungsbereich des § 254 I BGB – also bei der Schadensverursachung – gilt nach ständiger Rechtsprechung grundsätzlich nicht § 278 BGB, sondern § 831 BGB (seit BGHZ 1, 248). Allerdings wird – wie beim Verschulden – auch beim Mitverschulden der Anwendungsbereich des § 278 BGB erweitert, um zumindest in krassen Deliktsfällen, in denen eigentlich das Mitverschulden nach § 831 BGB zu beurteilen wäre, durch die Hintertür eine Exkulpation zu versperren:

Der Kunstgriff ist dabei folgender: Für die Anwendbarkeit des § 278 BGB soll es ausreichen sein, wenn ***etwas einer Verbindlichkeit ähnliches*** vorliegt. Gemeint ist damit eine der culpa in contrahendo ähnliche Situation (dazu bereits OLG Düsseldorf NJW 1973, 1801).

7. Mitverschuldensanrechnung beim gestörten Gesamtschuldnerausgleich

Gestörter Gesamtschuldnerausgleich liegt vor, wenn gegen einen Schädiger kraft Gesetzes oder kraft Vertrages ein Haftungsausschluss besteht.

Hier soll generell das Haftungsprivileg des Zweitschädigers erhalten bleiben, falls der Erstschädiger ihn regressieren will. Der Erstschädiger darf daher von vornherein auf seine eigene Haftungsquote verweisen, die ihn im Innenverhältnis zum Zweitschädiger trifft (hierzu ausführlich Bachmeier in PVR 2002, 70 m. w. N. und Schwab in JuS 1991, 18).

D. Die KH- und Kaskoversicherung

I. Die Verjährungsfristen für KH

In der KH-Versicherung gibt es wichtige Verjährungsfristen, die man kennen sollte. Im wesentlichen handelt es sich um die Fristen aus § 852 BGB (für Verschuldenshaftung) sowie § 14 StVG (für Gefährdungshaftung).

Sofern der Geschädigte Kenntnis vom Schaden und der Person des Ersatzpflichtigen hat, tritt die Verjährung nach drei Jahren und ohne Kenntnis nach dreißig Jahren seit Begehung der Handlung ein.

Kenntnis ist jedoch nicht gleichbedeutend mit »kennen müssen«. Beruht die Unkenntnis auf leichter Fahrlässigkeit, so wirkt sich dies nicht zum Nachteil des Geschädigten aus (BGH VersR 1985, 367). Die Berufung auf Unkenntnis durch den Geschädigten soll nur dann formalistisch und missbräuchlich sein, wenn dieser es unterlässt, auf Informationen (welche der Kenntnis entsprechen) zuzugreifen, die ihm offenstehen (vgl. BGH VersR 1987, 820 sowie BGH PVR 2001, 202).

Eine einfache Nachfrage ist dem Geschädigten zumutbar, ohne dass hieraus etwa eine Obliegenheit entstehen würde. Der Geschädigte schuldet somit nicht etwa besondere Anstrengungen irgend einer Art, mit der Zielstellung, den Schaden aufzuklären und der Schadenregulierung zuzuführen. Ob die Unkenntnis darauf beruht, dass Tatsachen oder gesetzlichen Bestimmungen nicht bekannt sind, ist für die Beurteilung der Frage, ob Kenntnis vorliegt oder nicht, ohne Bedeutung. Die Verjährungsfrist beginnt z. B. auch dann nicht zu laufen, wenn infolge fehlerhafter Beurteilung von Tatsachen der Geschädigte davon ausgeht, dass ihm ein Schadenersatzanspruch nicht zusteht. Die Frist beginnt in diesem Fall z. B. erst mit der erfolgten Belehrung über diesen Irrtum (vgl. BGH VersR 1986, 1080).

Kenntnis liegt hiernach immer dann vor, wenn der Geschädigte mit hinreichender Aussicht auf Erfolg eine Schadenersatzklage (Leistungs- oder Feststellungsklage) gegen eine bestimmte Person einreichen kann (BGH VersR 1990, 497). Diese muss bei verständiger Würdigung nicht risikolos sein, jedoch auf Grund der bekannten Tatumstände eine hinreichende Erfolgsaussicht bieten. Die ihm zumutbaren Erkenntnisquellen hat der Geschädigte hierbei auszunutzen, um Namen und Anschrift des Ersatzpflichtigen zu erfahren, sofern ihm dies ohne besondere Mühe möglich ist (vgl. BGH NJW 1985, 2022).

Die Beauftragung eines Rechtsanwaltes zur Ermittlung dieser Tatsachen bzw. Angaben oder umfangreicher Schriftwechsel bzw. Telefonate erfüllen das vorstehend genannte Merkmal »ohne besondere Mühe« jedoch nicht (BGH VersR 1991, 1032 m. w. N.).

Sind z. B. bei einem Verkehrsunfall mehrere Personen als Gesamtschuldner dem Geschädigten zum Schadenersatz verpflichtet, so kann die Verjährung zu unterschiedlichen Zeiten beginnen. Dies wäre z. B. dann der Fall, wenn der Geschädigte von der gemeinsamen Verursachung nicht zur gleichen Zeit Kenntnis erlangt hat (OLG Köln, VersR 1992, 334). Jedoch soll die Verjährung auch dann eintreten, wenn der Geschädigte Kenntnis davon erlangt, dass ein Anspruch gegen einen anderen Unfallbeteiligten besteht, der Anspruch jedoch irrtümlich gegenüber einem Dritten geltend gemacht wurde (BGH VersR 1990, 167). Ist eine Haftung nur nachrangig gegeben (§ 829 BGB), so tritt Verjährungsbeginn erst mit der Kenntnis des Geschädigten ein, dass der Erstschädiger nicht haftet (BGH VersR 1993, 436). Zur Ausgleichspflicht mehrerer Gesamtschuldner hat sich u. a. auch dass OLG Celle geäußert (OLG Celle PVR 2001, 267 m. w. N.).

Sollte bei einer Gesamtschuldnerschaft eine Unterbrechung der Verjährung gegenüber einem Gesamtschuldner eintreten, so wirkt dies nicht gemäß § 425 Abs. 2 BGB für die Schadenersatzansprüche gegen die übrigen Gesamtschuldner.

Sofern der Geschädigte übersehen kann, dass aus einer bestimmten Handlung ein Schaden entstanden ist, liegt Kenntnis des Schadens vor. Der Schaden ist insofern als Gesamtheit anzusehen, so dass auch solche Schadenfolgen als bekannt gelten, die im Zeitpunkt der Kenntniserlangung grundsätzlich als möglich voraussehbar waren.

Allerdings beschränkt sich die Unterbrechungswirkung bei gerichtlicher Geltendmachung hier auf diejenigen Ersatzansprüche, welche rechtshängig gemacht wurden (BGH NJW 1988, 965).

Eine besonderes Problem stellen somit die so genannten »**Spätschäden**« dar. In beständiger Fortsetzung seiner Rechtsprechung führte der BGH hierzu aus, dass von der Kenntnis des Schadens als Ganzes nur für solche Folgen nicht auszugehen ist, die nicht voraussehbar waren und sich unerwartet einstellen. Eine Verjährung tritt demnach für vorübergehende Verletzungsfolgen und später auftretende besonders schwere Gesundheitsschäden (Querschnittlähmung, Dauerschaden, später eintretende epileptische Anfälle usw.) nicht ein (BGH VersR 1991, 115).

T

Tipp
Zur Vermeidung eventueller Rechtsnachteile sollte daher sowohl bei gerichtlicher wie außergerichtlicher Geltendmachung Feststellungsklage bzw. Vorbehalt für Spätschäden berücksichtigt werden.

Sofern Spätschäden nicht vollständig ausgeschlossen werden können, sollte daher der Verjährung immer durch Herbeiführung eines Anerkenntnisses bzw. Feststellungsklage begegnet werden. Die Berufung auf die Verjährung kann im Ausnahmefall gegen die Grundsätze von Treu und Glauben verstoßen, wenn z. B. Spätschäden eingetreten sind, die zum Unfallzeitpunkt zwar in medizinischen Fachkreisen als möglich vorhersehbar gewesen sind, die aber zunächst – auch von den Ärzten – nicht für möglich gehalten wurden und im übrigen als außerordentlich schwer und existenzbedrohend zu betrachten sind (BGH NZV 1991, 143).

Als Ausfluss der Grundsätze von Treu und Glauben gilt die **Verwirkung** eines noch nicht verjährten Anspruchs. Die Voraussetzung hierfür ist in erster Linie Untätigkeit des Gläubigers über einen längeren Zeitraum sowie Schutzbedürftigkeit und -berechtigung des Schuldners (vgl. BGH NZV 1992, 356).

Weiterhin ist der von Amts wegen zu berücksichtigende Anspruchsverlust bei Eintritt der Verwirkung gem. § 15 StVG zu berücksichtigen. Zeigt der Geschädigte den Schaden nicht innerhalb von zwei Monaten ab Kenntnis von Schaden und Schadenersatzverpflichteten an, so tritt die o. g. Verwirkung ein. Dieses Wirkung tritt jedoch dann nicht ein, wenn der Ersatzpflichtige anderweitig (z. B. durch Anzeige des eigenen VN) Kenntnis vom Schaden erlangt hat. Es handelt es sich bei der Anzeige zwar um eine empfangsbedürftige Willenserklärung, sie kann jedoch formlos oder auch telefonisch erfolgen. Die Nichtwahrung der Frist im Wege der Einrede zu rügen und zu beweisen, ist Sache des Ersatzpflichtigen (vgl. Geigel, Der Haftpflichtprozess, S. 263). Die Ansprüche aus unerlaubter Handlung gehen durch die unterlassene Anzeige jedoch nicht verloren. Die Verjährung ist gem. § 852 Abs. 2 BGB für die Dauer der Verhandlungen gehemmt (BGH PVR 2001,204) . Die Frist beginnt erst dann wieder, wenn die eine oder andere Seite die Fortsetzung der Verhandlungen verweigert (BGH VersR 1985, 643). Zum Problem der Hemmung der Verjährung beim Verhandeln hat sich der BGH in einer neueren Entscheidung geäußert und dargestellt, dass jeder Meinungsaustausch ein Verhandeln ist (BGH PVR 2001, 204).

Werden z. B. durch Verschleppen oder Einschlafen Verhandlungen nicht mehr fortgeführt, so entfällt die Hemmung ab dem Zeitpunkt, zu dem eine Antwort spätestens zu erwarten gewesen wäre (BGH VersR 1990, 755).

Wird die Fortsetzung der Verhandlungen durch den Ersatzpflichtigen verweigert, so muss dies aus dessen Verhalten eindeutig erkennbar sein.

Grundsätzlich obliegt dem Ersatzpflichtigen die Wiederaufnahme von Verhandlungen, wenn z. B. wegen Gesundheitsschäden zunächst der Behandlungs- und Heilungsverlauf abgewartet werden sollte (BGH NJW – RR 1986, 650).

Gemäß § 3 Nr. 3 Satz 3 Pflichtversicherungsgesetz (PflVG) ist die Verjährung des Direktanspruches gehemmt, bis der Versicherer den Schadenersatzanspruch schriftlich abgelehnt hat. Die **Hemmung** kann weder durch Schädiger noch durch Geschädigten beendet werden, sondern nur durch schriftliche Ablehnung oder positive Entscheidung des Versicherers. Die vorbehaltlose und vollständige einfache Zahlung auf bestimmte Einzelpositionen stellt jedoch noch keine Entscheidung über den Haftungsgrund dar (BGH NJW – RR 1992, 606). Aus dem Abrechnungsschreiben muss sich vielmehr ergeben, dass die Regulierung des Schadenersatzanspruches damit beendet ist, da andernfalls die Hemmung nicht aufgehoben wird (vgl. Becker / Böhme, Kraftverkehrs-Haftpflicht-Schäden S. 360).

Ein »Einschlafen lassen« oder bloße – auch mehrjährige – Untätigkeit beseitigen die Hemmung nicht, so dass der Versicherer nur durch schriftliche Ablehnung der Gesamt- oder Restforderung die Wirkung der Hemmung beseitigen kann.

Der Antrag auf Prozess-Kostenhilfe (PKH) unterbricht die Verjährung zwar nicht, jedoch kann diese hierdurch gehemmt werden. Voraussetzung ist, dass das Gesuch vollständig und ordnungsgemäß begründet eingereicht wurde (BGH VersR 1989, 642). Da ein Klageentwurf in dieser Beziehung nichts bewirken würde, ist er entbehrlich. Durch Erhebung einer Klage (Leistungs- oder Feststellungsklage) wird die Verjährung **unterbrochen**, allerdings nur, soweit es den Streitgegenstand betrifft (BGH VersR 82, 582).

Tipp
Beachten Sie, dass eine Teilklage die Verjährung nur hinsichtlich des rechtshängigen Teils unterbricht. Der Hinweis: »Vorbehaltlich aller weiteren Rechte« ist für die Unterbrechung der Verjährung im Regelfall nicht ausreichend (BGH NJW – RR 88, 692).

Mit einer Feststellungsklage, dass der Beklagte dem Kläger den aus dem Unfall entstandenen Schaden zu ersetzen hat, ist der Schaden jedoch insgesamt als rechtshängig zu betrachten. Auch eine Feststellungsklage, welche den Anforderungen des § 256 ZPO nicht gerecht wird, unterbricht die Verjährung (BGH VersR 67, 903).

Ist mit der Möglichkeit zu rechnen, dass künftig weitere Schäden entstehen, die nicht bereits durch Rentenleistungen abgegolten werden, so ist der bis zur Klageerhebung feststehende und bezifferte Betrag mit der Leistungsklage geltend zu machen und bezüglich der möglichen künftigen Schäden Feststellungsklage einzureichen. Der Inhalt sollte selbstverständlich so abgefasst sein, dass der Schädiger auch den zukünftigen Schaden zu ersetzen hat.

T

Tipp
Bei der Feststellungsklage den Schädiger nicht zu Haftung oder Deckung verurteilen lassen, da dann eine weitere Leistungsklage erforderlich wird.

Die Folge der Feststellungsklage ist unter anderem, dass nach rechtskräftiger Entscheidung die in der Zukunft entstehenden Schäden der dreißigjährigen Verjährung des § 218 BGB unterliegen. In diesem Fall ist es auch völlig unerheblich, ob es sich um voraussehbare Schäden handelt oder um solche, deren Eintritt für möglich gehalten hat.

Die Klage des Geschädigten wirkt jedoch nur für diesen. Andere Ersatzberechtigte (Krankenkasse usw.), auf die eventuelle Schadenersatzansprüche gem. § 1542 RVO oder § 116 SGB X übergegangen sind, müssen vor Fristablauf ggf. selbst klagen, um den Eintritt der Verjährung zu verhindern.

Die Einreichung einer Klage im eigenen Namen, ohne Forderungsinhaber zu sein, unterbricht die Verjährung jedoch auch für den Fall nicht, dass der Kläger nunmehr während des Rechtsstreites die Forderung erwirbt und der bisherige Gläubiger sich mit der Prozessführung einverstanden erklärt (BGH VersR 85, 227).

Die Streitverkündung (§§ 70 ff. ZPO) unterbricht die Verjährung in der Regel nicht. Die Unterbrechung tritt ohnehin nur insoweit ein, als sie den Streitgegenstand dieses Rechtsstreites umfasst und sie vom Berechtigten herbeigeführt wird (BGH VersR 87, 390).

Sollte es in einem Verfahren zu einem Stillstand des Rechtsstreites kommen und das Ruhen des Verfahrens angeordnet werden, so beginnt ab diesem Zeitpunkt eine neue dreijährige Verjährungsfrist. Die durch die Klage hervorgerufene Verjährungsunterbrechung wird durch die o. g. Anordnung beendet.

Da ein Mahnbescheid die Verjährung nur dann unterbrechen kann, wenn dieser den darin benannten Anspruch so individualisiert, dass er eindeutig identifizierbar ist, kann hiervon nur abgeraten werden. Im Regelfall lässt sich dies durch einen Mahnbescheid nicht erreichen.

Die Verjährung kann zwar weder ausgeschlossen noch erschwert werden (§ 225 Satz 1 BGB), jedoch können die Parteien vereinbaren, auf die Einrede der Verjährung zu **verzichten**. Würde dem Geschädigten trotzdem die Einrede der Verjährung entgegengehalten, so könnte dem jederzeit der Arglisteinwand entgegengehalten werden (BGH VersR 86, 1080).

Tipp
Sollten die Ermittlungen zum Haftungsgrund oder zur Schadenshöhe länger dauern, so sollte schriftlicher Verjährungseinredeverzicht eingeholt werden.

T

Die Vereinbarung und Formulierung sollten so gewählt sein, dass sie eindeutig und kontrollierbar sind.

Muster
Die Parteien verzichten bis zum Abschluss der staatsanwaltschaftlichen Ermittlungen / Eintritt der Rechtskraft des Urteils in der Sache ... usw. auf die Einrede der Verjährung. An den Verzicht der Einrede sind die Parteien bis sechs Monate nach Abschluss .../ Eintritt ... gebunden. Eine erforderliche Klage ist innerhalb dieser Frist einzureichen.

M

Innerhalb der Verjährungsfrist des § 852 BGB (drei Jahre) kann dem Anspruchsteller im übrigen die Verwirkung (§ 242 BGB) seines Rechts z. B. auf Schadenersatz nicht entgegen gehalten werden. Diese Frist steht ihm ohne jede Einschränkung zu (vgl. Palandt, Rd.-Nr. 108 zu § 242 sowie BGH, DB 92, 2294).

Können Ansprüche nur gegen die Verkehrsopferhilfe geltend gemacht werden, so verjähren diese gem. § 12 (3) PflVG ebenfalls in 3 Jahren. Die Verjährung beginnt hierbei mit dem Zeitpunkt, in dem der Ersatzberechtigte von dem Schaden und von den Umständen Kenntnis hat, aus denen sich sein Ersatzanspruch gegen den Entschädigungsfond ergibt. Bei Anrufung der Schiedsstelle (§ 14 Nr. 3 PflVG) ist die Verjährung bis zum Eingang des Einigungsvorschlages gehemmt.

II. Fristen, Obliegenheiten, Grobe Fahrlässigkeit

1. Sofern der VN mit einer Kaskoentschädigung (Voll- oder Teilkasko) nicht einverstanden ist, muss zunächst die Sach- und Rechtslage festgestellt werden. Die Einschaltung eines Rechtsanwaltes zur Inanspruchnahme der eigenen Fahrzeugversicherung ist zwar möglich, die hierfür anfallenden Kosten sind jedoch schon nach allgemeinen Grundsätzen nur dann vom Gegner zu erstatten, wenn sie zur Rechtswahrung erforderlich sind. Grundsätzlich ist der Fahrzeugversicherer *nicht* verpflichtet, **Kosten für einen Rechtsanwalt oder den Sachverständigen** des Versicherungsnehmers (VN) zu erstatten. Die hierfür einschlägigen Bestimmungen sind § 15 AKB in Verbindung mit § 61 VVG. Eine Ausnahme ergibt sich nur, wenn sich der Versicherer in Verzug (Frist 2 Wochen, vergleiche § 15 AKB) befindet. Dann sind die o. g. Kosten nach allgemeinen Grundsätzen erstattungsfähig (vergleiche z. B. OLG Hamm NZV 91, 314). Sollte zur Feststellung der Leistungspflicht des Versicherers (VR) die Einsichtnahme in die polizeiliche Ermittlungsakte erforderlich sein, so beginnt die Frist erst 2 Wochen nach der Einsichtnahme.

D. h., der Versicherer hat also 2 Wochen Zeit seine Eintrittspflicht festzustellen und hat sodann noch 2 Wochen Frist zur Zahlung der Leistung (LG Köln r+s 2000, 191).

Bei einem Fahrzeugdiebstahl ist der VR gem. §§ 15 Abs. 1; 13 Abs. 7 AKB erst nach einem Monat zur Zahlung verpflichtet. Obwohl sich erfahrungsgemäß die VR im Regelfall bei einem Fahrzeugteilediebstahl bzw. bei einem Diebstahlversuch nicht auf diese Frist berufen, so ist sie eigentlich auch in diesen Fällen zu beachten.

T

Tipp
Da die Frist mit Eingang der Schadenanzeige beim VR beginnt, sollte sie möglichst unverzüglich erfolgen.

Im übrigen beträgt die Anzeigefrist für jeden Schadenfall gem § 7 I 2 AKB eine Woche.

Die Anmeldung des Kaskoschadensfalles durch den VN wird im Regelfall kein Problem darstellen. Im übrigen ist dies bereits eine Obliegenheit (vergleiche § 7 I 2 AKB).

So akzeptieren die meisten Versicherer eine telefonische Anzeige des Voll- bzw. Teilkaskoschadenfalles (z. B. nach Verbringung bzw. Vorstellung in der Werkstatt). Zugleich wird die weitere Vorgehensweise (Schadensfeststellung, Kostenübernahme usw.) abgestimmt. Dieses Vorgehen ist sinnvoll, da die verschiedenen Versicherer zum Teil nur Haussachverständige oder Sachverständige der eigenen Wahl akzeptieren und die Erforderlichkeit einer Begutachtung ebenfalls unterschiedlich geregelt ist. Bei zahlreichen Versicherern sind Gutachten bereits ab erforderlichen Reparaturkosten von ca. 1 500,– € erforderlich, bei anderen hingegen erst ab 3 500,– €. Oftmals werden VN nicht ausreichend über ihre Rechte informiert. Auch in der Fahrzeugversicherung ist die Entschädigung in Geld zu leisten, so dass selbstverständlich immer eine Auszahlung der festgestellten erforderlichen Reparaturkosten an den VN erfolgen kann. Dass sowohl Werkstätten als auch Versicherer hierüber nicht sehr glücklich sind, ändert nichts an dieser Rechtslage. Dies geht sogar soweit, dass der Restwert z. B. bei einem »unechten Totalschaden« (Reparaturkosten kleiner als Wiederbeschaffungswert aber größer als Wiederbeschaffungswert abzüglich Restwert) unberücksichtigt bleibt, sofern der zugrunde liegende Vertrag noch nicht angepasst wurde (s. o.).

> **Tipp**
> Gutachten erstellen lassen und z. B. in einer freien Werkstatt reparieren lassen.

T

Ob künftig eine Änderung der AKB durch die Versicherer vorgenommen wird, bleibt abzuwarten und ist durch vorherige Kontrolle der AKB durch den Rechsanwalt zu überprüfen. Dies ist auch deswegen zwingend erforderlich, weil es »,den AKB-Vertrag«« nicht mehr gibt. Gerade in den letzten Jahren hat es zahlreiche Anpassungen und Veränderungen bei den AKB der verschiedenen Versicherer gegeben. Ein Blick in die konkreten dem Vertrag zugrunde liegenden AKB ist daher unverzichtbar.

So ist z. B. von einigen Versicherern in den § 13 der AKB aufgenommen worden, dass die Mwst. im Schadenfall nur dann erstattet wird, wenn sie durch den Versicherten auch entrichtet wurde, was durch den Versicherten nachzuweisen ist. Die Frage, ob diese Klausel wirksam ist oder nicht, wurde durch die bisher damit befassten AG unterschiedlich bewertet AG Aachen – Mwst.-Klausel wirksam AG Freiburg – Mwst.-Klausel wirksam AG Koblenz – Mwst.-Klausel unwirksam (vgl. AG Aachen SP 2001, 174; AG Freiburg PVR 2001, 137 und AG Koblenz DAR 2000, 73). Nach dem LG Braunschweig soll es sich hierbei sogar grundsätzlich um eine überraschende Klausel i. S. d. § 3 AGBG handeln (LG Braunschweig r+s 2001, 406).

Es ist davon auszugehen, dass es zu dieser Problematik in nächster Zeit noch zahlreiche Entscheidungen geben wird und die Versicherer die Bedingungen entsprechend den gerichtlichen Vorgaben anpassen werden.

2. Es sind derzeit zwei Problemkreise von Bedeutung, die mehr oder weniger regelmäßig Anlass zum Streit geben.

- Obliegenheitsverletzung (a)
- Grobe Fahrlässigkeit (b)

a) Zur Rechtsnatur der **Obliegenheit** hat sich im wesentlichen die Voraussetzungstheorie durchgesetzt. Die sich in der Konsequenz aus der so genannten Verbindlichkeitstheorie ergebende »Schadenverhütungspflicht« soll nach §§ 61, 152 VVG jedoch gerade ausgeschlossen sein. Zu beachten ist, dass § 2 Abs. 2 AKB lex specialis gegenüber dem allgemeinen Vertragsrecht und damit auch dem Schuldrecht des BGB ist. Die Obliegenheitsverletzung kann nur dem VN bzw. dessen Repräsentanten entgegengehalten werden. Der rechtsgeschäftliche Vertreter muss mit dem Repräsentanten nicht identisch sein. Zur Prüfung der Repräsentantenstellung einige Beispiele, in denen eine Repräsentantenstellung bejaht wurde:

- der Ehemann, der das Fahrzeug überwiegend nutzt und auch die Schadenregulierung vornimmt (OLG Köln VersR 86, 1233)
- Handelsvertreter, der vertraglich die Kraftfahrzeughaltung übernommen hat (OLG Saarbrücken ZfS 87, 287)
- der Bruder und Mitgesellschafter, der umfangreiche Vollmachten im Geschäft hat (OLG Düsseldorf VersR 66, 1024)
- der Ehemann der Geschäftsführerin, der VN, dem das Fahrzeug zur Benutzung überlassen ist, da er in der Firma als Bauleiter tätig ist (LG Osnabrück ZfS 91, 2043),
- der Geschäftsführer einer GmbH hinsichtlich seines Dienstwagens (OLG Frankfurt ZfS 89, 62).
- der Sohn des VN bei unerlaubtem Entfernen vom Unfallort (eine dogmatisch überzeugende Begründung wurde jedoch nicht angegeben (OLG München ZfS 1999,155),
- Ehemann, der das Fzg. gekauft und finanziert hat, wenn das Fzg. auf ihn zugelassen ist und er sich bei der Unfallaufnahme als Halter angegeben hat (OLG Brandenburg r+s 1999, 59) sowie
- Ehemann, der sich unerlaubt von der Unfallstelle entfernte und gegenüber dem Versicherer wie ein VN auftritt wurde Repräsentanz aus Billigkeitsgesichtspunkten bejaht(!) (LG Limburg ZfS 1998, 42).

Andererseits wurde trotz bestehender Repräsentanz dem VN der Versicherungsschutz bestätigt , obwohl der Repräsentant den Unfall vorsätzlich herbeigeführt hat (OLG Nürnberg r+s 2001, 100).

Weiterführend zu diesem Problem jeweils mit zahlreichen weiteren Nachweisen kann hier nur auf die Aufsätze von Dr. Loorschelders sowie Kalb in VersR 99, 666 ff und ZfS 98,42 und 85 verwiesen werden.

Dagegen sollen keine Repräsentanten sein:

- Ehegatten, hier müssen im Einzelfall die besonderen Voraussetzungen nachgewiesen werden (BGH VersR 82, 465)
- der Lkw-Fahrer im üblichen Sinne, der auch hinsichtlich der einzelnen Fahrt von den Weisungen des VN abhängig ist (OLG Celle VersR 53, 33) sowie
- der Mitbenutzer des Kraftfahrzeuges ist nicht als Repräsentant anzusehen, solange ihm nicht die Obhut vollständig übertragen ist (OLG Hamm NZV 90, 118).

Die Abgrenzung ist im Einzelnen also schwierig.

> **Tipp**
> Der Richter wird sich hier wahrscheinlich am ehesten von einem Rechtsprechungszitat überzeugen lassen.

T

Zu den klassischen Obliegenheitsverletzungen zählen z. B. die Gefahrerhöhung (Nutzung des versicherten Fahrzeuges als Taxi bzw. Mietwagen), Fahren ohne gültige Fahrerlaubnis, Nachtrunk usw.

Diese in § 2 Abs. 2 AKB geregelten Obliegenheiten können jedoch nur dann zu einem Leistungsverweigerungsrecht des Versicherers führen, wenn dieser das Vorliegen einer objektiven Verletzung der Obliegenheit bewiesen hat. Verdachtsmomente, Hinweise oder Indizien sind hierfür nicht ausreichend. Zu diesem Beweis ist zwingend erforderlich, dass der Versicherer belegt, dass die Obliegenheitsverletzung durch den VN bzw. dessen Repräsentanten erfolgte, da Obliegenheitsverletzungen durch Dritte das Leistungsverweigerungsrecht nicht begründen (BGH 24.11.66 in NJW 67, 779).

> **Tipp**
> Der Versicherer hat hierfür den Vollbeweis zu erbringen.

T

In der Fahrzeugversicherung wird bei feststehender Obliegenheitsverletzung vorsätzliches Handeln des VN vermutet. Der VN hat die Vermutung des vorsätzlichen Verstoßes zu widerlegen (BGH NZV 1998,244).

Nach der Relevanzrechtsprechung kommt es nicht auf die konkrete, sondern generelle Eignung des Verstoßes an, die berechtigten Interessen des VR ernsthaft zu gefährden (BGH ZfS 1998,340 und OLG Köln NZV 1998,507).

Einige der am häufigsten anzutreffenden Obliegenheitsverletzungen sollen nachfolgend ohne Anspruch auf Vollständigkeit dargestellt werden.

So führten folgende Obliegenheitsverletzungen jeweils zur Leistungsfreiheit des VR:

- Falschangaben des VN durch Wissenserklärungsvertreter (OLG Hamm ZfS 1999, 108)
- Verschwiegene Vorschäden (OLG Karlsruhe ZfS 1999, 160)
- Verschweigen aktenkundiger Vorschäden (OLG Hamm NZV 1998, 210 auch ZfS 1999, 21)
- Verschwiegene Vorschäden (4 x fiktiv abgerechnet) trotz gutachterlicher Feststellung, dass keine Vorschäden ersichtlich sind (OLG Koblenz VersR 1999,1537)
- Beim Verstoß gegen die Verwendungsklausel, hier Selbstfahrvermietfahrzeug OLG Koblenz r+s 1999, 273
- Falsche Angaben zum Vorsteuerabzug (OLG Hamm r+s 1999, 144)
- Falsche Angaben zum Kaufpreis, hier statt EU-Reimport deutscher Listenpreis angegeben (OLG Hamm r+s 1999, 271)
- Unrichtige Angaben zu Ersatzschlüsseln (OLG Naumburg ZfS 1999, 159)
- Nachtrunk VN darlegungs- und beweispflichtig (KG ZfS 1998, 343)
- Nichtangabe von Zeugen (OLG Köln r+s 2000, 448)
- Unfallflucht (OLG Hamm ZfS 1999,107 Schuldunfähigkeit durch Schock vom VN zu beweisen OLG Köln r+s 1999, 231)
  - AG Langen r+s 1999, 358 bei Nichtbenennung des Fahrers
  - OLG Nürnberg r+s 2001, 14 trotz geringen Fremdschadens und eindeutiger Haftung
  - BGH r+s 2000, 94 trotz Einstellung des Strafverfahrens wegen Nichtfeststellung des Fahrers (Anm. KH-Regress 1.000,– DM und Leistungsfreiheit in der VK-Versicherung.)
- Falsche Km-Angaben (OLG Köln PVR 2001, 114 sowie r+s 2000, 145 – hier 39 statt 45 Tkm)
- OLG Karlsruhe ZfS 1999, 249–10 Tkm Abweichung bei 100 Tkm

Hingegen führte die Korrektur unrichtiger Angaben des VN zur Kilometerleistung zur Einstandspflicht des VR, sofern dieser noch keine Leistungen erbracht hat. Die eigenen Ermittlungs- und Sachverständigen-Kosten genügen hierfür nicht (OLG Köln NZV 1998, 251 und OLG Hamm VersR 2000, 356).

Keine Obliegenheitsverletzung ist jedoch die Nichtangabe von »Vorschäden« am Geländefahrzeug, wenn sich diese als bloße »Macken« darstellen und für ein Geländefahrzeug nicht untypisch sind. (OLG Koblenz VersR 2000, 356).

b) Neben den Obliegenheitsverletzungen, wird der Vorwurf der **groben Fahrlässigkeit** häufig durch die Versicherer erhoben. Zwar soll die Vollkaskoversicherung Schutz gegen die Folgen selbstverschuldeter Unfälle z. B. durch Fahrfehler bieten, dies jedoch nur, soweit diese nicht als unentschuldbar anzusehen sind.

Grobe Fahrlässigkeit liegt nach der Definition der Rechtsprechung jeweils dann vor, wenn die verkehrserforderliche Sorgfalt in besonders schwerem Maße verletzt wird, indem schon einfachste und naheliegende Überlegungen, die sich jedem durchschnittlich verständigen Menschen gewissermaßen von selbst aufdrängen nicht angestellt worden sind (vgl. Himmelreich, Halm, Bücken a. a. O. Rd.-Nr. 274 ff, 1430).

Die dem VN vorgeworfene Pflichtverletzung muss also schlechthin unentschuldbar sein und das übliche und tolerierbare Maß bei weitem überschreiten. Nach einer anderen Definition muss der VN also unbekümmert und leichtfertig mit den ihm obliegenden Sorgfaltspflichten umgegangen sein (BGH VersR 66,745).

Dem Begriff der groben Fahrlässigkeit wohnt neben dem objektiven Maßstab auch einen ein subjektiver Umstand bei. So kann trotz des Vorliegens eines objektiv schwerwiegenden Verkehrsverstoßes eine grobe Fahrlässigkeit ausscheiden, wenn der VN in der konkreten Lage überfordert war und er diese Überforderung nicht zu vertreten hat (OLG Frankfurt/M. ZfS 83, 245):

Daraus ergibt sich die Situation, dass bei einem rechtlich oder tatsächlich schwierigem Sachverhalt für den VN eher von leichter Fahrlässigkeit auszugehen ist und sich ein Fehlverhalten bei einfacher Sachlage als grob fahrlässig darstellt.

Es kommt also neben dem objektiven Kriterium immer auch auf die subjektive Vorwerfbarkeit des Handelns und der ihr vorausgegangenen Willensbetätigung an (vgl. Müller DAR 81, 5 mwN.).

Unter diesen Gesichtspunkten stellt jedoch das Vergessen eines von verschiedenen Handgriffen in einem zur Routine gewordenen Handlungsablauf ein Augenblicksversagen dar und ist nicht als grob fahrlässig anzusehen. Ein solches Verhalten kann auch einem VN unterlaufen der üblicherweise sorgfältig mit seinem Eigentum umgeht (BGH NJW 89,1354).

Tipp
Prüfen Sie in jedem Fall, ob die grobe Fahrlässigkeit dem VN bzw. dessen Repräsentanten entgegengehalten wurde.

T

Für weitergehende Fragen kann auf den Aufsatz von Terbille in r+s 2000, 45 ff verwiesen werden, der sehr gute dogmatische Erläuterungen zum Problem der groben Fahrlässigkeit enthält und darüber hinaus mit zahlreichen aktuellen Beispielen zu Einzelfragen versehen ist.

Einige häufige Beispiele für grobe Fahrlässigkeit werden nachfolgend wiederum ohne Anspruch auf Vollständigkeit dargestellt.

Der Klassiker ist das Fahren unter Alkohol. Ab 1,1 Promille (absolute Fahruntüchtigkeit) ist dieser Vorwurf schon fast automatisch durch die Versicherer zu erheben. Hierbei haben sie – durch die Rechtsprechung bestärkt – auch meist beste Gewinnaussichten. Sind bei deutlich unter 1,1 Promille weitere ernsthafte Ausfallerscheinungen (Einschlafen, unsichere oder aggressive Fahrweise usw.) zu verzeichnen, können Versicherer auch (NZV 96, 200 sowie VersR 96, 52) schon bei 0,61 bzw. 0,72 Promille gute Erfolgsaussichten haben.

Einige Beispiele für grobe Fahrlässigkeit sollen nachfolgend aufgeführt werden

- Rauchen ZfS 96, 61
- Telefonieren – OLG Köln r+s 2000, 495; LG Frankfurt/M NVersZ 2001, 518
- Rotlichtverstöße – OLG Hamm VersR 2000, 110; ZfS 1999, 107; r+s 2001, 187 – (bei Sonneneinstrahlung); OLG Stuttgart VersR 2000, 177 (Anfahren auf rechter Abbiegespur bei grünem Pfeil)
- Unbeschrankter Bahnübergang – OLG Frankfurt/M VersR 2000, 1272; OGH VersR 2000, 1572
- Stoppschild überfahren – OLG Hamm ZfS 1998,262; r+s 2000, 53
- Bücken nach heruntergefallenen Gegenständen – OLG Hamm r+s 2000, 229
- brennende Zigarette – OLG Zweibrücken r+s 1999, 406
- Suche nach Papieren im Handschuhfach – OLG Stuttgart VersR 1999, 1359; r+s 1999, 56
- Einfahrt in Einbahnstr. – OLG Hamm r+s 1999, 188
- Überholen einer Kolonne – OLG Düsseldorf r+s 1999, 311
- Rücksichtsloses rowdyhaftes Verhalten des VN – OLG Hamm r+s 2000, 54
- Ungesicherter Hund – OLG Nürnberg NZV 1998, 286
- Übermüdung – OLG Zweibrücken NZV 1998, 289
- Verwertung der eig. Aussagen ggü. Polizei – OLG Koblenz ZfS 1999, 130
- Geschwindigkeitsüberschreitung – LG Frankfurt/M SP 2001, 389 OLG Düsseldorf r+s 2001, 101–140 km/h statt 100 km/h
  OLG Nürnberg r+s 2000, 364–103 km/h innerorts, erlaubt 50 km/h
  OLG Koblenz VersR 2000, 720–50% nachts außerorts
  OLG Koblenz r+s 1999, 498–150 km/h statt 100 km/h
  OLG Hamburg VersR 1999, 1487- 77 km/h statt 50 km/h auf feuchter Fahrb.

- Alkohol – OLG Frankfurt /M VersR 1999, 883 3–3.3‰ – kein Hinweis auf Unzurechnungsfähigkeit
  OLG Düsseldorf r+s 2000, 363 – bei relativer Fahruntüchtigkeit ab 0,5‰
  LG Düsseldorf SP 2001, 173 – bei relativer Fahruntüchtigkeit, hier 0,94‰
  OLG Düsseldorf PVR 2001, 26 – bei 1,5‰ am nächsten Morgen
- Mitnahme alkoholisierten Beifahrers – LG Frankenthal VersR 2000, 721 – Beifahrer attackierte (befummelte) die Fahrerin von Beginn an
- Nichteinfahren der Kippermulde am LKW – OLG Düsseldorf r+s 2001, 101
- Beim Belassen von Reisegepäck im PKW – OLG Köln r+s 2000, 79 – auch wenn abgedeckt und PKW unbeaufsichtigt abgestellt wird (hier jedoch in Reiseversicherung)

Zu weiteren Beispielen für Fälle der groben Fahrlässigkeit sei noch auf die entsprechenden Ausführungen unter III. 2 zum Umfang der Teilkaskoversicherung verwiesen, bei denen hauptsächlich die grobe Fahrlässigkeit bei der Fahrzeugentwendung gesondert dargestellt werden, sowie auf die Übersicht von Halm mit einigen neueren Entscheidungen in der PVR 2001, 183.

Zum Telefonieren im Auto kann auch noch die Darstellung von Himmelreich empfohlen werden (PVR 2001, 268 ff. m. w. N.).

Eine die grobe Fahrlässigkeit verneinende Entscheidung des AG Dortmund v. 30. 04. 94 wurde in DAR veröffentlicht: Das Überfahren eines ca. 1 Sekunde alten Rotlichtes beim Parksuchverkehr sei keine grobe Fahrlässigkeit(AG Dortmund DAR 1995, 295). Auch beim Nachfahren hinter einem Gelenkbus und Überfahren einer Rotlichtampel durch übersehen derselben sah das OLG Hamm keinen Fall der groben Fahrlässigkeit (OLG Hamm PVR 2001, 161)

Weitere Beispiele in denen eine grob fahrlässige Verursachung des Unfalls abgelehnt wurde:

- Alkohol – OLG Köln VersR 1999, 577 – bei 0,9‰ um 04.30 Uhr wenn VN nicht in Kenntnis der relativen Fahruntüchtigkeit gehandelt hat
- Einnicken am Steuer – OLG Oldenburg VersR 1999, 1105, OLG Hamm NZV 1998, 210 – wenn nach kurzer Pause nur noch restliche kurze Strecke zurück gelegt werden soll
- Bücken nach heruntergefallener Brötchentüte – AG Frankfurt /M VersR 1999, 1275; jedoch a. A. OLG Jena VersR 1998, 838
- überhöhte Geschwindigkeit und Aquaplaning – OLG Hamm r+s 2001, 404 – ca. 110–130 km/h auf BAB
- Rotlichtverstoß – OLG Hamm r+s 2000, 232 – hier als Ausnahmetatbestand

- Bei sichtbaren Gepäckstücken in geparkten Fahrzeug und Entwendung des Fzg. – LG und OLG München ZfS 1998, 218
- Bei Schreckreaktion wegen Kleinwild (Fuchs) – OLG Zweibrücken VersR 2000, 884 – hier VK!, Bekräftigung der unterschiedlichen Voraussetzungen in TK und VK
- Beim nächtlichen Parken – BGH NZV 1998, 69 ordnungsgemäß gesichertes Luxusfahrzeug auf belebter und beleuchteter Hauptstr. im Ausland

Insbesondere zum Problemkreis des Aufhebens heruntergefallener Gegenstände während der Fahrt kann für weitergehende Fragestellungen nur der Aufsatz von Dr. M. Frank in der ZfS (ZfS 1997, 361 f. mwN) empfohlen werden.

T

Tipp
Möglichst genaue Darstellung aller entlastenden Tatsachen, vielleicht unter Überlassung von Skizzen, Fotos usw.

Eine mit zahlreichen weiteren Quellen versehene Checkliste zur Frage der groben Fahrlässigkeit und den Obliegenheitsverletzungen ist in der PVR abgedruckt und sollte ggf. ergänzend herangezogen werden, falls sich der konkrete Fall in den oben aufgeführten Listen nicht findet, sowie ergänzend die Darstellung von Halm in der PVR (Checkliste Kasko PVR 2001, 313 ff; sowie Halm PVR 2001, 183 ff. mwN.).

III. Der Umfang der Voll- und Teilkaskoversicherung

Was kann nunmehr gegenüber dem Fahrzeug- (voll- bzw. teil) Versicherer geltend gemacht werden?

In der Vollkaskoversicherung sind sämtliche Ansprüche aus der Teilkasko mitabgedeckt. Es ist auf die eindeutige Formulierung in § 12 Abs. 1, II AKB zu verweisen. Daraus folgt aber auch, dass z. B. der vollkaskoversicherte VN, der lediglich einen Teilkasko-Schaden (z. B. Glasschaden) erlitten hat, diesen selbstverständlich auch nur aus der Teilkaskoversicherung erstattet verlangen kann. Da es in der Teilkaskoversicherung ein Rabattklassensystem nicht gibt, erfolgt dann keine Rückstufung.

Tipp
Der VN kann auch bei einem Vollkasko-Schaden lediglich den TK-Schaden (z. B. Scheinwerfer, Spiegel, Frontscheibe etc.) geltend machen und die Reparaturkosten des »Blechschadens« zur Erhaltung des Rabatts selbst tragen. Dies kann durchaus von Vorteil sein, da im Regelfall nur die in der TK geringere Selbstbeteiligung zu berücksichtigen ist, statt der meist höheren Selbstbeteiligung in der Vollkasko und der Rabattverlust vermieden wird.

T

In der Vollkaskoversicherung werden die durch Unfall (§ 12 Abs. 1, IIe AKB) sowie mut- und böswillige Handlungen betriebsfremder Personen (§ 12 Abs. 1, II Lit.f AKB) erforderlichen Reparaturkosten bis zur Höchstgrenze erstattet. Die Höchstgrenze bildet gemäß § 13 AKB der Wiederbeschaffungswert des Fahrzeuges.

Auch hier hat es zahlreiche Anpassungen und Ergänzungen zu den AKB gegeben. So wird bei den meisten Verträgen nicht mehr der Wiederbeschaffungswert (WBW) die Höchstgrenze bilden, sondern diese Grenze nur noch im Reparaturfall darstellen. Beim fehlenden Nachweis der Reparatur stellt die entsprechende Klausel zur Begrenzung der Haftungshöchstgrenze auf den Wiederbeschaffungswert abzüglich Restwert keine unzulässige Klausel dar (OLG Hamm VersR 2000, 630; OLG Frankfurt/M. VersR 2000, 1010). Nur ergänzend und rein vorsorglich auch der Hinweis, dass es eine 130% Klausel weder in der VK noch TK-Versicherung gibt .Ein Anspruch hierauf besteht ebenfalls nicht.

Der Abzug der vertraglich vereinbarten Selbstbeteiligung ist immer zu berücksichtigen.

Bis zu welchem Zeitpunkt eine Neupreisentschädigung bzw. der 10%ige Abzug wegen fehlender Wegfahrsperre zu berücksichtigen ist, ist ebenfalls den AKB zu entnehmen.

Weiterhin werden in der Fahrzeugversicherung auch die Abschleppkosten bis zur nächstgelegenen Fachwerkstatt erstattet, sofern das Fahrzeug nicht mehr verkehrs- und betriebssicher ist. Diese Kosten sind zwar in den AKB nicht ausdrücklich aufgeführt, sie sind jedoch logischer Ausfluss des Anspruchs auf die Wiederherstellung. Auch im Totalschadensfall sind sie erstattungsfähig, sofern sie der Realisierung des Restwertes dienen.

Ein Anspruch besteht auf die Erstattung der Kosten für notwendige einfache Fracht- und Transportkosten der Werkstatt für die Beschaffung erforderlicher Ersatzteile. Auf die Erstattung von Expresszuschlägen besteht nach höchstrichterlicher Rechtsprechung kein Anspruch, da diese Kosten nicht für die Wiederherstellung erforderlich sind, sondern vielmehr der beschleunigten Wiederherstellung der Nutzungsfähigkeit dienen. Der Nutzungsausfall ist im Rahmen der Fahrzeugversicherung (Kasko) nicht gedeckt.

Inwieweit Kosten für einen selbstbeauftragten Sachverständigen erstattet werden, ist derzeit zwar in der Diskussion, soweit ersichtlich bisher nur vom OLG Karlsruhe zugunsten des VN entschieden.

Zu näheren Darstellung und Erläuterung sei weiterführend auf Otting in DAR 1996, 200 sowie 1996, 510 verwiesen. Im Ergebnis ist dem OLG Karlsruhe zwar zuzustimmen, dass nur in diesem Fall die Neutralität bezüglich der Schadenfeststellung gewahrt ist, der Versicherer wird sich jedoch (überwiegend mit Erfolg!) auf sein alleiniges Vorschlags- und Weisungsrecht berufen.

Sofern es zwischen Versicherungsnehmer und Versicherer zum Streit über die Höhe der erforderlichen Kosten kommt, kann auf zwei Wegen reagiert werden. Die erste Möglichkeit ist die **Klage**, da die Parteien auf das Sachverständigenverfahren gemäß § 14 AKB z. B. auch konkludent verzichten können (vergleiche Anmerkung 2 zu § 14 AKB in Stiefel / Hofmann mit weiteren Nachweisen). Möglich sind in diesem Verfahrensstadium sowohl Feststellungs- als auch Leistungsklage. Welche Klageart zulässig und möglich ist, muss daher zwingend zuvor geprüft werden.

T

Tipp
Feststellungsklage ist gemäß Entscheidung des BGH (VersR 1986, 675 = NJW – RR 86, 962) auch dann zulässig, wenn der Schaden schon beziffert werden kann.

Eine Klage auf Feststellung des grundsätzlichen Bestehens des Versicherungsvertrages ist jedoch nur dann zulässig, wenn das Bestehen des Versicherungsvertrages überhaupt bestritten wird (LG Bielefeld, VersR 1954, 489).

Die zweite Möglichkeit ist die **Anrufung des Sachverständigenausschusses** nach § 14 AKB. Jede Partei hat hierbei ein eigenes völlig gleichberechtigtes Vorschlagsrecht zur Benennung eines Sachverständigen. Es muss jedoch ein Sachverständiger für Kfz sein.

Andere Voraussetzungen wie z. B. Eintragung in das Sachverständigen-Verzeichnis oder öffentliche Bestellung sind nicht erforderlich. Weitere Probleme in diesem Sachverständigenverfahren sind z. B. Verfall des Vorschlagsrechtes bzw. Übergang auf die andere Partei (zu Formerfordernissen und Fristen weiterführend Stiefel / Hofmann Kraftfahrtversicherung § 14 AKB).

Die Anrufung des Sachverständigenverfahrens hemmt nicht die Verjährung gemäß § 8 AKB (6 Monate), so dass trotz Einleitung des o. g. Verfahrens vor Ablauf der 6-Monats-Frist Klage einzureichen ist.

Tipp
Feststellungsklage zur Fristwahrung einreichen und nach Abschluss des Sachverständigenverfahrens auf Leistungsklage umstellen oder Erklärung des Versicherers über Verzicht auf Einrede der Verjährung einholen.

Abschließend ist noch auf § 14 Abs. 5 AKB hinzuweisen, in dem die Kostentragungspflicht für vorstehend genanntes Verfahren eindeutig geregelt ist.

Weitere Kosten, die geltend zu machen sind, sind z. B. die Überführungskosten für Ersatzteile, sofern diese tatsächlich erforderlich waren. Expresszuschläge werden nicht erstattet, da diese nicht der Wiederherstellung des Fahrzeuges, sondern der schnelleren Herstellung der Nutzungsfähigkeit dienen. Standgelder oder Sicherstellungsgebühren werden ebenfalls nicht erstattet, da sie ebenfalls nicht unmittelbar der Wiederherstellung des Fahrzeuges dienen. Im Regelfall trifft dies auch auf Gebührenbescheide zu, die z. B. nach Unfällen von der Feuerwehr beim Verursacher geltend gemacht werden. Im Rahmen der Fahrzeugversicherung sind diese allenfalls nach § 63 Abs. 1 VVG (Rettungskosten) erstattungsfähig. Praktisch bedeutsam ist dies nur bei der Bergung des Fahrzeuges nach Unfall bzw. bei Brand. Nur in diesen Fällen sind die in Rechnung gestellten Kosten als für die Wiederherstellung des Fahrzeuges erforderlich anzusehen.

Hieraus folgt, dass Verschrottungskosten nicht erstattungsfähig sein können. Die von den Versicherern vorgenommenen Abzüge für Selbstbeteiligung, Verbrauchsmittel sowie neu für alt bzw. Wertverbesserungen beruhen auf der Vorschrift des § 13 AKB und sind damit als vertragsgemäßer Bestandteil berechtigt. Zu prüfen ist allenfalls das Vorliegen der Voraussetzungen für diese Abzüge. So sind die maßgebenden Fristen des § 13 Abs. 5 AKB jeweils gesondert zu prüfen. Andere als die hier aufgeführten Abzüge sind derzeit unzulässig.

Beachten Sie, dass gemäß § 13 Abs. 1 AKB der sich ermittelnde **Wiederbeschaffungswert** nicht nur auf das Fahrzeug insgesamt bezieht, sondern auch auf seine Teile. So kann es durchaus möglich sein, statt eines neuen Motors einen regenerierten oder gebrauchten Motor zu Zeitwert des beschädigten Motors einzubauen bzw. zu erstatten. Derzeit sind hierzu bereits Klauselanpassungen bei einzelnen Versicherern in Vorbereitung, die – insbesondere unter dem Gesichtspunkt »zeitwertgerechte Instandsetzung« – die Verwendung (soweit möglich) vorschreiben.

T

> **Tipp**
> Auch insoweit sei nochmals darauf hingewiesen, dass bereits seit der Deregulierung des Versicherungsmarktes zum 1. Januar 1995 die AKB nicht mehr allgemein verbindlich sind und deshalb die konkreten -dem Vertrag zugrunde liegenden AKB – durch sie geprüft werden müssen.

Ebenso ist es mit der Restwertanrechnung im Totalschadensfall. Ob der hierfür einschlägige § 13 Abs. 5 AKB in alter Fassung (keine Restwertanrechnung) oder ggf. durch die Versicherer geänderten Fassung gilt, ist ebenfalls im einzelnen durch sie zu überprüfen.

Bei Leasingfahrzeugen ist die Entschädigungsleistung im Totalschadensfall (Wiederbeschaffungswert) nach den beim Eigentümer (Leasinggeber!) gegebenen Verhältnisse zu erstatten (vergleiche OLG Karlsruhe VersR 1991, 1222).

III. 1. Die Teilkaskoversicherung

Die Darstellung folgt § 12 Abs. 1 I a-d, Abs. 2 AKB der unverbindlichen Empfehlung des Gesamtverbandes der Deutschen Versicherungswirtschaft e. V. (GDV).

1. § 12 Abs. 1 I a AKB

Dieser unterteilt sich nochmals in Brand- und Explosionsschäden. Bei den Brandschäden tritt zunächst schon das Problem auf, dass es entgegen dem sonstigen Sprachgebrauch nicht erforderlich ist, dass ein Feuer den Schaden verursacht hat. Da nicht Feuer, sondern Brandschäden versichert sind, ist auch er Schaden durch allerdings unmittelbare Einwirkung von Hitze oder Rauch gedeckt. Auf die Verursachung kommt es nur insoweit an, als der Brand nicht durch den VN oder eine mitversicherte Person verursacht sein darf. Tatbestandsvoraussetzung ist jedoch immer, dass das Fahrzeug selbst unmittelbar vom Feuer erfasst oder durch Brandeinwirkung beschädigt wird. Nur mittelbare Verursachung ist jedoch nicht ausreichend. Dies gilt auch für den Explosionsschaden. Auch hier muss ein ursächlicher Zusammenhang unmittelbarer Art bestehen, wobei der unmittelbare Zusammenhang auch bei größerer Entfernung vom Explosionsort noch gegeben sein kann.

Eine Entschädigungspflicht besteht jedoch dann nicht, wenn Umstände für eine vorsätzliche Herbeiführung des Brandes durch den VN sprechen oder dieser unvollständige bzw. unwahre Angaben machte (OLG Hamm r+s 1999, 144 sowie r+s 2001, 185 und OLG Hamburg ZfS 1998, 18 – mit ausführlichem Fragekatalog)

2. § 12 Abs. 1 I b AKB

Entwendung bedeutet Gewahrsamsbruch unter Herstellung fremden Gewahrsams. Damit fällt die Herstellung des Gewahrsams z. B. durch eine Täuschungshandlung (Betrug o. ä.) nicht unter den Versicherungsschutz. Allerdings liegt kein solcher Betrug vor, wenn der Täter den Gewahrsam als angeblicher Angestellter des Parkhauses zum Waschen des Fahrzeuges erlangte. Hier wird der Gewahrsamsbruch nicht mit der Übergabe des Schlüssels erlangt, sondern erst mit dem Durchschleusen durch die Auslasskontrolle (BGH VersR 1975, 225). Zur Abgrenzung zwischen Diebstahl, Unterschlagung und nicht gedecktem Betrug vgl. OLG Karlsruhe und OLG Frankfurt (OLG Karlsruhe ZfS 1999, 251 und OLG Frankfurt/M PVR 2001, 115).

Daraus folgt allerdings auch, dass ein Verlieren des Fahrzeuges, Beschlagnahme, Pfändung oder Sicherung als Faustpfand nicht unter den o. g. Deckungsschutz fallen. Gedeckt ist jedoch auch der Diebstahlsversuch. Der Begriff der Entwendung geht hierbei noch über die strafrechtlichen Tatbestände hinaus. Das heißt, dass für die Teilkaskoversicherung die subjektiven Voraussetzungen einer mit Strafe bedrohten Handlung nicht vorliegen müssen. Es genügt z. B. auch die Wegnahme des Fahrzeuges in der fehlerhaften Annahme, dass die Wegnahme berechtigt sei (BGH VersR 1981, 345).

Dementsprechend fällt z B. auch die Wegnahme mitversicherter Teile (Werkzeug, Ersatzreifen o. ä.) in der Werkstatt unter den Begriff der Entwendung (BGH VersR 1965, 742).

In welchem Verhältnis die verschiedenen Teilkaskofälle (Entwendung, Brand usw.) stehen, war lange umstritten. Der BGH vertritt seit längerem die Auffassung, dass der VN für den zweiten Versicherungsfall (z. B. Brand) zu entschädigen ist, wenn der erste meist vorausgehende Versicherungsfall (Diebstahl) durch diesen nicht bewiesen werden kann. Dies gilt jedoch dann nicht, wenn der Versicherer den Beweis führt, dass dieser erste Versicherungsfall schuldhaft herbeigeführt wurde (§ 61 VVG).

Zu beachten ist jedoch, dass für diese Fallgestaltung keine Umkehr der Beweislast – entgegen § 61 VVG – stattfindet. Die erhebliche Wahrscheinlichkeit für die Vortäuschung hat nur indizielle Bedeutung für die Beweisführung des Versicherers (BGH VersR 1985, 330).

Diese Frage muss daher zwingend mit geprüft werden (OLG Hamm VersR 1986, 586).

Beweispflichtig für Verlust und Entwendung ist der VN. Hierbei kann er sich der Regeln des Anscheinsbeweises bedienen. Zu beachten ist jedoch, dass diese nur bei typischen Geschehensabläufen den Erfahrungssatz begründen. Andernfalls muss aus bewiesenen Indizien mit hinreichender Wahrscheinlichkeit auf die Entwendung geschlossen werden können. Dieser so genannte Beweis auf erste Sicht (BGH VersR 1991, 1047) ist somit vom o. g. Anscheinsbeweis zu unterscheiden. Ein Mindestmaß an Tatsachen, aus denen sich das äußere Bild einer Entwendung ergibt, ist daher unverzichtbar (BGH VersR 1980, 829).

Sollte der Tatrichter nach Anhörung des VN seinen Ausführungen keinen Glauben schenken, so müssen die Gründe hierfür in einer revisionsgerichtlich nachprüfbaren Weise dargelegt werden (BGH VersR 1991, 917).

Zur besonderen Beachtung: Ab welcher Schadenhöhe eine polizeiliche Anzeigepflicht besteht, ist seit der Deregulierung des Versicherungsmarktes ebenfalls nicht mehr einheitlich geregelt und daher durch den VN zu überprüfen. Grundlage ist hierbei § 7 Abs. III AKB. Die Anzeigepflicht als Obliegenheit ist im Regelfall bei Beträgen zwischen € 150,– und € 500,– vorzunehmen.

Zur Frage der Entwendung wird meistens um die beiden großen Probleme der groben Fahrlässigkeit sowie um die Beweisproblematik gestritten. Insbesondere zur Frage der groben Fahrlässigkeit wird es hierbei häufig darum gehen, dass der VR dem VN vorwirft, sein Fahrzeug in einer den Dieb begünstigenden Weise abgestellt hat.

Nach einer Entscheidung des BGH (VersR 1974, 26) liegt grobe Fahrlässigkeit dann vor, wenn der VN den vertragsgemäßen Standard an Sicherheit gegenüber der Diebstahlgefahr durch sein Verhalten – Tun oder Unterlassen deutlich unterschritten hat. Einige neuere Urteile zu dieser im Einzelfall schwierig abzugrenzenden Problematik sollen im folgenden kurz dargestellt werden.

Kein Fall der groben Fahrlässigkeit liegt vor,

- wenn ein Auto am Flughafen (auch für 2 Wochen) abgestellt wird (OLG Bamberg ZfS 1995, 422).
- Parken mit eingeschalteter Alarmanlage auf belebter und beleuchteter Verkehrsstraße in Mailand (BGH DAR 1996, 237).
- Liegenlassen des Fahrzeugscheines – wenn von außen nicht erkennbar und für den Dieb nicht entschlussfördernd – (BGH VersR 1996, 621).
- Nichteinrasten des Lenkradschlosses (OLG Hamm ZfS 1996, 99)

- unbemerkter Verlust eines Fahrzeugschlüssels (BGH NZV 1995, 395)
- beim Belassen des Fahrzeugschlüssels auf dem Kofferraumschloss in der Tiefgarage (OLG Düsseldorf r+s 1999, 229) – a. A. für öffentl. Parkplatz s. u.
- beim Einwurf der Autoschlüssel in den Briefschlitz der Glastür des Autohauses (OLG Hamm r+s 2000,403)
- beim Abstellen von Gepäckstücken mit Kfz.-Brief auf der Rückbank im Ausland(OLG München VersR 1999, 1360)
- beim unachtsamen Umgang mit Autoschlüssel, Diebstahl der Fzg.-papiere und -schlüssel aus Jackentasche, welche ca. 30 m entfernt vom Fzg. abgelegt war (LG Trier r+s 2001, 15)
- beim Belassen des Kfz.-scheines hinter der Sonnenblende trotz Duplizierung des Schlüssels (OLG Franfurt/M VersR 2000, 758)

Um Fälle der groben Fahrlässigkeit handelt es sich jedoch,

- wenn Ersatzschlüssel in serienmäßigen Verstecken unter der Motorhaube verwahrt werden (OLG Nürnberg NZV 1995, 154)
- oder das Fahrzeug mit eingeschlagener Seitenscheibe mehrere Wochen unrepariert stehengelassen wird
- bei Aufbewahrung des Fahrzeugbriefes im Handschuhfach (OLG Düsseldorf VersR 2000, 1492)
- bei Falschangaben zum Erwerb, Kauf – statt Schenkung (OLG Bremen VersR 1999, 1142)
- bei Falschangabe zur eingeschalteten Wegfahrsperre, wenn Fzg. darüber nicht verfügt (OLG Frankfurt/M VersR 2000,629)
- beim Verschweigen von Vorschäden (OLG Koblenz VersR 2000,1234)
- bei Entwendung der Schlüssel aus dem ungesicherten Außenbriefkasten einer Werkstatt mit frei zugänglichem ungesicherten Werkstattgelände (OLG Köln r+s 2001,189)
- beim Belassen der Schlüssel in unbeaufsichtigt zugänglicher Umkleidekabine (OLG Koblenz VersR 2000, 224)
- bei Schlüsselverlust (OLG Köln r+s 1999, 189)
- beim Belassen des Schlüssels im Kofferraumschloss auf öffentl. Parkplatz (OLG Braunschweig VersR 2000, 449 und OLG Hamm VersR 2000, 1233) a. A. für Tiefgarage s. o.
- bei verschwiegener Verkaufsabsicht (LG Hannover ZfS 1998, 263).

Da der redliche VN gegenüber dem unredlichen VN der Regelfall ist (siehe BGH DAR 1996, 235), ist es im Falle des Diebstahls völlig ausreichend, wenn der VN lediglich das äußere Bild des Diebstahls schlüssig vorträgt.

Sind konkrete Tatsachen unstreitig bzw. bewiesen, die den VN als unglaubwürdig erscheinen lassen bzw. die dazu geeignet sind, schwerwiegende Zweifel an dessen Glaubwürdigkeit zu unterstützen, so ist unter diesen Voraussetzungen nicht mehr von dessen Redlichkeit auszugehen. Voraussetzung ist nicht, dass die Unredlichkeit im Zusammenhang mit dem zu beurteilenden Diebstahl steht. Wechselnde und zum Teil unrichtige Angaben des VN zu den Fahrzeugschlüsseln haben dann jedoch keine Konsequenz für den Entschädigungsanspruch , wenn das äußere Bild der Entwendung feststeht (OLG Karlsruhe ZfS 1998, 468). Ebenso stehen dem VN keine Beweiserleichterungen nach Freispruch im Strafverfahren wegen Versicherungsbetruges zu (OLG Düsseldorf VersR 2000, 484).

Abschließend kann zu dieser Thematik nur noch auf den Aufsatz von Ri. a. LG Dr. Hohlweck in r+s 2000, 89 ff mwN. verwiesen werden.

Ebenfalls strittig ist die Frage, ob die Mutwillenshandlungen (Vandalismusschäden) nach Entwendung bzw. Entwendungsversuch des Kfz. oder seiner mitversicherten Teile aus der TK-Versicherung zu erstatten sind. Die Frage wurde bejaht vom LG Essen und verneint vom LG Aachen (LG Essen ZfS 1998, 102 f; a. A. LG Aachen ZfS 1998, 102 f. hierzu auch KG ZfS 1997, 102)

Auch bei der Entwendung deckt die Versicherung nicht nur den Verlust, sondern auch die bei der Entwendung verursachten Beschädigungen des Fahrzeuges und seiner unter Verschluss verwahrten oder an ihm befestigten Teile (laut Teileliste!). Auch eine Beschädigung dieser Sachen ist im Falle der Entwendung mitversichert. auch die beim versuchten Diebstahl (in Teilkasko gedeckt!) verursachten Vandalismusschäden (sonst nur in Vollkasko gedeckt) sind als erstattungsfähig anzusehen(LG Köln NZV 1991, 315 und LG Mainz NZV 1991, 396). Aus der Art der Beschädigung kann nach LG Köln oftmals bereits auf die Absicht des Täters geschlossen werden (LG Köln aaO).

In diese Richtung geht auch die Entscheidung des LG Kiel, welches die lediglich anlässlich und nicht durch die Diebstahlshandlung selbst verursachten Vandalismusschäden als nicht im Rahmen der TK, sondern nur aus der VK als erstattungsfähig ansah (LG Kiel VersR 1999,1361)

Hierzu kann weiterführend nur auf den Aufsatz von Maier in r+s 1999, 50 ff verwiesen werden, dem die Autoren im Ergebnis zwar nicht zustimmen können, der jedoch mit zahlreichen Beispielen und Nachweisen versehen ist. Maier will hier einen Trend der Gerichte ausmachen, dass Vandalismusschäden in der Tk-Versicherung zu erstatten sind und setzt sich hierbei mit einer anders lautenden Entscheidung des AG Bad Homburg (AG Bad Homburg r+s 1998, 495) auseinander. Er geht davon aus, dass es »nicht außerhalb der Lebenserfahrung und Wahrscheinlichkeit liegt, dass ein Dieb das Fahrzeug nachfolgend noch demoliert« und der Vandalismusschaden daher durch Entwendung entstanden ist.

Woher diese Lebenserfahrung und Wahrscheinlichkeit kommen bleibt jedoch leider im Dunkeln und kann angesichts der eigenen Feststellungen Maiers in der Rd-Nr. 10 auch nicht nachvollzogen werden. Maier kommt hier selbst zu dem Ergebnis », dass der Vorteil einer Regulierung aus der Tk-Versicherung ... für den VN in einer geringeren Selbstbeteiligung sowie darin [liegt], dass eine tarifliche Hochstufung vermieden wird««.

Die von Maier vorgetragenen Punkte vermögen daher weder inhaltlich noch rechtsdogmatisch zu überzeugen.

Hierzu genügt ein Blick in den Aufbau des § 12 AKB. Gedeckt sind in der TK-Versicherung die Beschädigung, die Zerstörung und der Verlust des Fahrzeuges sowie seiner unter Verschluss verwahrten Teile gem. § 12 Abs. 1 I b durch Entwendung, insbesondere Diebstahl. Ob daraus bereits folgt, dass der VN hierfür auch die Beweislast trägt, kann hierbei offen bleiben. Denn gem. § 12 Abs.1 II a AKB sind darüber hinaus auch mut- oder böswillige Handlungen Betriebsfremder gedeckt, jedoch nur in der Vk-Versicherung.

Dass eine mut- oder böswillige Handlung dann in der Tk-Versicherung gedeckt sein soll – wie Maier unterstellt – lässt sich der Systematik und Begründung nicht entnehmen. Im Ergebnis wird wohl auch weiterhin davon auszugehen sein, dass die durch den Diebstahl (oder Versuch) verursachten Schäden sowie die bei Gelegenheit des Diebstahls verursachten Schäden auch weiterhin in der Tk-Versicherung gedeckt sind und die erkennbar nicht mit dem Diebstahl in Zusammenhang stehenden Schäden nur in der Vk-Versicherug reguliert werden können, wie das AG (a. a. O.) und so auch das AG Aachen und KG überzeugend dargestellt haben (AG Aachen r+s 1998, 275; KG r+s 1998, 275).

Eine Lösegeldzahlung für den entwendeten PKW ist jedoch als Rettungskosten erstattungsfähig, wenn der VN das äußere Bild der Entwendung nachgewiesen hat und er über die angemessene Lösegeldzahlung vorher den VR informiert hat. Eine Zustimmung des VR ist nicht erforderlich (OLG Saarbrücken ZfS 1998, 341). Nach absolut einhelliger Meinung besteht jedoch kein Anspruch auf Kostenerstattung für das Auswechseln der Schließanlage nach einem Schlüsselverlust, da dies keine Rettungsmaßnahme i. S. § 62 VVG ist, sondern eine Schadenverhütungsmaßnahme (AG Hannover VersR 1999, 1487).

3. § 12 Abs. 1 I c AKB

Hier sind Schäden durch bestimmte, nämlich die dort abschließend aufgezählten Naturgewalten von der Teilkaskoversicherung erfasst. Auch in diesem Fall sind der Systematik entsprechend die bei Beschädigung, Zerstörung und Verlust des Fahrzeuges und der unter Verschluss verwahrten bzw. an ihm befestigten Teile laut Teileliste gedeckt. Sämtliche Naturgewalten müssen unmittelbar einwirken. Beweispflichtig ist hierfür nach den zur Entwendung bereits dargestellten Regeln der VN. Zum Nachweis des **Sturmes** (ab Windstärke von 8 Beaufort) dürften im Regelfall ohne weiteres z. B. Zeitungsmitteilungen o. ä. ausreichend sein. Sollte der Versicherer weitere Nachweise fordern, so können diese z. B. beim Deutschen Wetterdienst (DWD) durch Einholung eines entsprechenden gebührenpflichtigen zeitlich und örtlich konkretisierten Wettergutachtens erbracht werden.

> **Tipp**
> Die Einholung eines Wettergutachtens sollte ggf. mit dem Versicherer vorher abgestimmt werden.

Gegebenenfalls sollte der Versicherer aufgefordert werden, ein solches Wettergutachten unabhängig von der Frage der Eintrittspflicht dem Grunde nach auf eigene Kosten einzuholen.

Eine unmittelbare Einwirkung von Sturm ist nur dann gegeben, wenn Gegenstände auf oder gegen das Fahrzeug geworfen werden. Kein Teilkaskoschaden ist die Kollision mit einem infolge Sturm bereits umgestürzten Baum oder Ast (OLG Hamburg VersR 1972, 241). Wird der Ast jedoch plötzlich, infolge des Sturmes, vor das Fahrzeug geworfen, dass dieses nicht mehr abgebremst werden kann, so liegt (OLG München DAR 1969, 103) ein entschädigungspflichtiger Schaden vor. So auch für Überschwemmung (BGH VersR 1964, 712). Anders jedoch für durch Sturm ausgelöste Lawine (BGH VersR 1984, 28), da dieser eine eigene Zerstörungskraft innewohnt.

So wurde der Nachweis des Sturmschadens als nicht geführt angesehen, da der Unfall auch durch Aquaplaning oder einen Fahrfehler verursacht gewesen sein könnte (OLG Köln r+s 1999, 451).

Für weitere Studien zu dieser Thematik kann nur der Aufsatz in der VersR 2000, 679 ff empfohlen werden.

Hagelschäden sind im Regelfall wegen der Häufung und des meist gleichgelagerten Schadenbildes in der Regulierungspraxis relativ unproblematisch, so dass auf eine nähere Darstellung verzichtet wird. Beim **Blitzschlag** kann auf die zum

Sturm gemachten Aussagen verwiesen werden. Auch hier ist Unmittelbarkeit der Einwirkung erforderlich. Hierunter soll auch das Herabfallen von Teilen eines vom Blitz getroffenen Baumes oder Gebäudes fallen.

Eine **Überschwemmung** ist gegeben, wenn Wasser im erheblichen Umfang, mit meist schädlichen Wirkungen, nicht auf dem normalen Weg abfließt, sondern auf im Regelfall nicht in Anspruch genommenem Gelände in Erscheinung tritt und dieses überflutet (BGH VersR 1964, 712). Der BGH hat es auch als unmittelbare Folge der Überschwemmung angesehen, wenn dadurch das Erdreich über der Garage abrutscht und das in der Garage befindliche Fahrzeug zerstört (VersR 1964, 712).

Ausnahmsweise gedeckt ist in der Teilkaskoversicherung auch der so genannte Wasserschlag des Motors, wenn dieser unmittelbar durch die Überschwemmung entstanden ist. Dies ist grundsätzlich jedoch nur der Fall, wenn die Überschwemmung so plötzlich auftritt, dass der Motor nicht mehr abgestellt werden kann. Wird der Wasserschlag durch den VN »bewusst oder unbewusst« in Kauf genommen, um das Fahrzeug vor einer drohenden Zerstörung – z. B. bei weiter ansteigenden Wassermassen – zu retten, so können diese Kosten als Rettungskosten im Sinne der §§ 62, 63 VVG vom Versicherer erstattet verlangt werden.

4. § 12 Abs. 1 I d AKB

Bei Wildschäden wird häufig um zwei Problemkreise gestritten. Der erste Problemkreis betrifft den Bereich des Zusammenstoßes des Kfz mit anderem als Haarwild und der zweite Punkt den Fall des fehlenden Zusammenstoßes.

Voraussetzung für die Schadenregulierung ist immer der Zusammenstoß des in Bewegung befindlichen Fahrzeuges mit Haarwild im Sinne § 2 Abs. 1 Nr. I Bundesjagdgesetz (vergleiche Schönfelder Reg.-Nr. 28). Das Auto muss, das Haarwild darf in Bewegung sein.

Die mancherorts zur Plage gewordenen Marderschäden durch Bisse in Reifen oder Kabel lösen somit bereits nach der Definition des Wildschadens keine Erstattungspflicht des Versicherers aus. Einige Versicherer erstatten diese jedoch im Rahmen einer bestehenden Voll- oder auch Teilkaskoversicherung.

Bei fast allen VR ist eine Entschädigung jedoch auf Marderschäden an Kabeln und Schläuchen begrenzt und eine Einstandspflicht für Folgeschäden ist ausgeschlossen. D. h., der infolge eines (zunächst unbemerkten) Kabelschadens verursachte Motorschaden wird nicht erstattet. Auch Schäden an den Gelenkmanschetten oder Reifen werden nicht erstattet, da es sich bei beiden Teilen zwar um Gummilösungen handelt, nicht jedoch um Kabel oder Schläuche.

Auch für den Fall des Zusammenstoßes z. B. mit streunenden Hunden, Katzen, Flügelwild gemäß § 2 Abs. 1 Nr. II Bundesjagdgesetz oder entsprungenen Nutztieren wie Kühen oder Pferden besteht somit keine Leistungspflicht der TK-Versicherung. Im letztgenannten Fall besteht daher allenfalls die Möglichkeit, sich an den Halter des Tieres und seine Tierhalterhaftpflichtversicherung zu wenden. Einige VR haben jedoch auch Kollisionen mit (allen) Wirbeltieren in ihre Bedingungen eingeschlossen. Ob dies zutrifft kann nur ein Blick in die AKB verraten oder eine (telefonische) Nachfrage beim VR. Wird der die Entschädigungspflicht des Versicherers auslösende Schadensfall entgegen § 7 Abs. 3 AKB bzw. § 6 Abs. 3 VVG nicht bei der Polizei oder dem zuständigen Forst- bzw. Jagdamt angezeigt, so wird sich der Versicherer gemäß geschäftsplanmäßiger Erklärung (Pfarr BAV 1969, 79 Ziff. 14) nicht auf die Obliegenheitsverletzung berufen, wenn diese weder auf die Feststellung des Versicherungsfalles dem Grunde nach, noch auf die Feststellung der Höhe Einfluss hat.

Ein Anspruch des Jagdpächters auf Entsorgungskosten für das beim Unfall getötete Wild besteht übrigens nicht (AG Gießen NZV 1998, 509 sowie ergänzend NZV 1998, 493).

Der zweite Problemkreis betrifft den Fall des missglückten Brems- bzw. Ausweichmanövers. Auch hier kommen dem VN die bereits zur Entwendung dargestellten Beweiserleichterungen zugute. Sofern also der Beweis dafür erbracht worden ist, dass die Überraschungs- und Schreckreaktion durch ein oben bezeichnetes Wild ausgelöst wurde und der Zusammenstoß wegen der erheblichen Gefahr für Fahrer und Fahrzeug unbedingt vermieden werden musste, so sind diese Kosten zwar nicht im Rahmen des § 12 AKB als Wildschaden, jedoch als Rettungskosten gemäß §§ 62, 63 VVG erstattungsfähig (vergleiche hierzu z. B. die Entscheidung des LG Passau DAR 1997, 28).

Paradox, aber wegen der erheblichen Missbrauchsgefahr leider nicht erstattungsfähig, sind die Fälle des geglückten Ausweichmanövers.

AG Tecklenburg ZfS 1998, 470	Das Ausweichen vor einem Tier nach Alkoholgenuss (0,8‰) ist grob fahrlässig
OLG Zweibrücken r+s 2000, 366	keine grobe Fahrlässigkeit bei Ausweichen vor Kleinwild (Anspruch jedoch nur aus Vollkasko!
OLG Koblenz VersR 2000, 1359	Das Erschrecken infolge auf der Fahrbahn stehenden Rehs schließt gewollte Rettungshandlung nicht aus
OLG Köln SP 1999, 25	Keine Rettungskosten für Motorradfahrer der wegen Hasen ausweicht

OLG Hamm ZfS 2001, 461	Rettungskosten bejaht für Motorradfahrer der wegen Fuchs ausweicht
OLG Köln ZfS 1999, 66	keine Rettungskosten für PKW-Fahrer bei Ausweichen vor Kleinwüchsigem Fuchs
LG Dresden ZfS 1999, 269	Keine Rettungskosten bei Ausweichen vor Reh trotz glatter Straße
OLG Hamm ZfS 1998, 181	Kein Rettungskostenersatz bei Ausweichen vor Hasen wenn der Fahrer kein Repräsentant ist, trotz Kollision
OLG Karlsruhe r+s 1999, 404	Keine Rettungskosten bei Ausweichen vor Fuchs
LG Verden ZfS 1998, 263	Rettungskosten beim Ausweichen vor Fuchs bejaht – mit Anm., da Urteil im Widspr. zur überwiegenden Meinung in der Rechtspr. steht

Bemerkenswert in diesem Zusammenhang auch die Entscheidungen des OLG Köln, welches den Ersatz von Rettungskosten zweimal verneinte und einmal bejahte (r+s 2000, 96; 190; 495)

Eine sehr gute dogmatische Darstellung zu den (hier bejahten) Rettungskosten für Motorradfahrer lässt sich der Entscheidung des OLG Hamm entnehmen (OLG Hamm SP 2001, 387)

Für den Wildunfall kommen dem VN keine Beweiserleichterungen zu gute (OLG Jena VersR 2000, 578).

Weiterhin ist zu beachten, dass bei einem grob fahrlässigen Irrtum darüber, ob die Rettungsmaßnahme für geboten gehalten werden durfte, das Verhalten des jeweiligen Fahrers auch dann schadet, wenn er nicht Repräsentant ist (OLG Hamm VersR 1999, 46 mit ausführlichen Erläuterungen).

Nach Auffassung der Autoren ist es jedoch nicht möglich, dem Kläger der seine Tk-Versicherung wegen eines Wildausweichschadens in Anspruch nehmen wollte, eine Entschädigung aus der Vk-Versicherung zuzusprechen (LG Potsdam – Az. 1 O 349 / 00 unveröffentlicht – nicht rechtskräftig). Der Anspruch aus der Vk-Versicherung ist sicherlich gerechtfertigt, der Kläger wollte diese jedoch nicht in Anspruch nehmen, sondern ausschließlich die Tk-Versicherung, die jedoch – auch nach Auffassung des LG – wegen grober Fahrlässigkeit nicht eintrittspflichtig gewesen ist. Zu den unterschiedlichen Voraussetzungen der groben Fahrlässigkeit in TK und VK vgl. II.

Für weitere Fragen kann an dieser Stelle nur noch auf die entsprechende Darstellung von Ra. Schröder zu den Wildschäden verwiesen werden (PVR 2001, 296 ff. mwN.).

5. § 12 Abs. 2 AKB

In der Regulierungspraxis der Versicherer sowohl zu den **Glas**- als auch den **Schmorschäden** an der Verkabelung gibt es kaum Probleme.

Zur Verglasung gehören alle Teile, deren Funktion durch Lichtdurchlässigkeit oder Spiegelwirkung gekennzeichnet sind, auch wenn diese inzwischen nicht mehr aus Glas sondern aus Plaste oder ähnlichen Stoffen bestehen. Sofern diese Teile nicht einzeln verwendet werden können (z. B. Scheinwerferglas) gehören zu den notwendigen Herstellungskosten auch die Kosten für den Ausbau bzw. Zubehörteile (z. B. Frontschutzscheibe incl. geklebten Innenspiegel und Dichtgummis!). Allerdings gehören Vignetten (z. B. Autobahnen in Schweiz und Österreich) nicht zu diesen Kosten.

Soweit ersichtlich hast bisher nur AG Köln entschieden, das gem. § 12 Abs. 2 AKB nur Bruchschäden an der Verglasung erfasst sind und keine Beschädigungen an der hier aus Kunststoff bestehenden Heckscheibe des Cabriolets (AG Köln VerR 2000, 1412).

Auch der nur teilkaskoversicherte VN kann im Totalschadensfall den Glasbruchschaden erstattet verlangen, sofern eine Teilkaskoversicherung für das Fahrzeug bestand. Bis zu welcher Höhe ist jedoch heftig umstritten, so dass bei entsprechendem Erfordernis die einzelnen denkbaren Varianten und Lösungsansätze z. B. bei Stiefel / Hofmann (Kraftfahrt-Versicherung Rand Nr. 26 ff zu § 13 AKB) nachzulesen sind.

T

Tipp
Eigene Teilkaskoversicherung auch beim Totalschaden oder echter Mithaftungsquote in Anspruch nehmen.

III. 2. Die Vollkaskoversicherung

Die Kaskoversicherung soll Schutz vor den finanziellen Folgen selbstverschuldeter Unfälle bieten. Ein Rundum-Sorglos-Paket stellt sie jedoch nicht dar, da vom VN erwartet wird, keine unentschuldbaren (Fahr-) Fehler zu machen (= grob fahrlässig).

Die einzelnen Beispiele zur groben Fahrlässigkeit und zu den Obliegenheitsverletzungen welche auch hier zur Leistungsfreiheit des VR führen, wurden bereits unter II. 1 und 2 dargestellt.

Die VK-Versicherung steht ihrer Definition nach für von außen plötzlich mit mechanischer Gewalt auf das Fahrzeug einwirkende Beschädigungen ein. Obwohl diese Formulierung eindeutig ist, so werden auch immer wieder Schäden durch andere Einwirkungen geltend gemacht. Das Schulbeispiel hierfür ist die Einwirkung chemischer Substanzen auf den Fahrzeuglack, das Zerkratzen der Sitze durch den Hund oder durch umgestürzte Ladung verursachte Schäden.

Auch reine Brems- und Betriebsschäden sind nach dieser Definition in der VK-Versicherung nicht versicherbar.

So ist der infolge eines Reifenplatzers verursachte Schaden am Fahrzeug versichert, soweit er auf eine Kollision z. B. mit der Straße oder einem Baum o. ä. zurückzuführen ist, nicht jedoch der geplatzte Reifen selbst. Sofern die hierdurch verursachten Schäden in einem engen zeitlichen Zusammenhang stehen, werden diese auch als ein Schaden erfasst. D. h., in vorstehendem Beispiel handelt es sich auch dann nicht um zwei Schadenfälle, wenn das Fahrzeug zunächst auf die Straße aufschlägt (Vorderachsschaden), dann weiterrutscht und nunmehr noch mit dem Heck gegen einen Begrenzungspfosten stößt (Heckschaden).

Dementsprechend wird auch der zunächst am eigenen Fahrzeug verursachte Frontschaden (z. B. durch Auffahrunfall) und der durch den infolge Unaufmerksamkeit des Nachfolgers verursachte Heckschaden als ein einheitlicher Schaden angesehen (aber nur in der VK-Versicherung).

Die Unterscheidung ist durchaus von Bedeutung, da bei getrennter Betrachtungsweise eine zweimalige Stufung (SFR-Verlust!!) erfolgen müsste und eine zweimalige Berücksichtigung der Selbstbeteiligung.

Wichtig ist jedoch, dass die Schäden in einem engen zeitlich-räumlichen Zusammenhang stehen müssen.

Lange Zeit umstritten war die Frage, ob es sich um einen Unfall- oder Betriebsschaden handelt, wenn das Zugfahrzeug durch den gezogenen Hänger beschädigt wird. Das AG Hamburg hat diese Frage für den im Gespannbetrieb ungeübten Fahrer zugunsten des VN entschieden (AG Hamburg NZV 1998, 379).

Welche Leistungen werden nun im einzelnen übernommen? Zunächst werden natürlich die Reparaturkosten durch den VR geschuldet. Hier tut sich jedoch schon häufig das erste Problem auf, da der Wiederbeschaffungswert des Fahrzeuges die absolute Höchstgrenze bildet. Eine 130% Grenze gibt es in Kasko-Versicherung nicht.

Auch eine Abtretung der Reparaturkosten an die Werkstatt und gleichzeitige Ersatzbeschaffung eines anderen Fahrzeuges ist in der Kasko-Versicherung nicht möglich. Zum einen bedürfen Abtretungen in der Kasko-Versicherung der Bestätigung durch den VR, zum anderen ist die Ersatzleistung auf den Wiederbeschaffungsaufwand begrenzt.

Nicht ersetzt werden die im § 13 Abs. 6 AKB genannten Kosten für Überführungen, Zulassungskosten, Schmierstoffe, Verbrauchsstoffe, Nutzungsausfall, Mietwagenkosten sowie Wertminderungen. Auch Gebührensbescheide der Feuerwehr sind in der Kasko-Versicherung nur dann erstattungsfähig, wenn sie der Wiederherstellung des Fahrzeuges dienen (z. B. für Bergung des Fzg.), nicht jedoch für Reinigungsarbeiten an der Unfallstelle, da diese nicht der Wiederherstellung dienen.

Bei den Reparaturkosten sind darüber hinaus bei entsprechendem Alter des Fahrzeuges Abzüge auf Ersatzteile und Lackierung gem § 13 Abs. 5 AKB zulässig.

Zu erstatten sind über die unmittelbaren Reparaturkosten hinaus auch die Kosten für die Bergung des Fahrzuges sowie die Abschleppkosten. Die Abschleppkosten sind jedoch nur bis zur nächstgelegenen Fachwerkstatt zu übernehmen. D. h., ein Verbringen des Fahrzeuges an den Heimatort ist vom Versicherer nur dann zu übernehmen, wenn es sich hierbei um die nächstgelegene Werkstatt handelt.

Sofern das Fahrzeug an einem anderen Ort repariert wird, stellt sich regelmäßig die Frage, wer die Kosten für die Abholung trägt. Die entsprechenden Regelungen hierfür finden sich teilweise in den AKB, sind jedoch auch teilweise in den Umfang der bei Vollkasko-Versicherungen fast automatisch eingeschlossenen Schutzbriefleistungen gewandert. Sie sollten dort also nachgelesen werden.

Die im § 12 Abs. 1 II lit. b AKB genannte Einstandspflicht für Schäden durch mut- oder böswillige Handlungen verursachte Schäden spielt in der Praxis kaum eine Rolle. Auch hier gilt zum Umfang der Versicherung das Vorgenannte.

Bedeutung erlangt diese Regelung erst in Abgrenzung zu den im Rahmen der Teilkasko-Versicherung insbesondere beim Einbruchdiebstahl verursachten Schäden(vgl. II).

Abschließend kann hier nur noch auf die Checkliste zur Vollkasko-Versicherung in der PVR verwiesen werden in welcher auch die bedeutendsten Fälle zur groben Fahrlässigkeit und zu den Obliegenheitsverletzungen nochmals beispielhaft aufgeführt sind (PVR 2001, 313 ff.).

III. 3. Das Quotenvorrecht

Die Grundlage des Quotenvorrechts ist § 67 Abs.1 Satz 2 VVG: Der Anspruchsübergang auf den Versicherer bei Zahlung an den Versicherungsnehmer darf nicht zu dessen Lasten gehen. Das Quotenvorrecht (QVR) regelt also, wer in welcher Reihenfolge auf eine Forderung zugreifen kann, die durch eine feste Deckungshöchstsumme oder eine Mithaftung beschränkt ist.

D. h., die vom VK-Versicherten gezahlte Prämie zahlt sich bei einer bestehenden Mithaftung zu seinen Gunsten aus, da er seinen kongruenten Sachschaden (s. u.) zu 100% ersetzt bekommt und sich der eigene Verschuldensanteil nur bei den Nebenkosten (s. u.) auswirkt.

Für ihn stellt sich die Abrechnung am einfachsten dar, da er bei einer Mithaftung von 30% nur seinen Kongruenten Schaden (zu 100%) ermitteln muss und bei den nichtkongruenten Leistungen vom 100% Betrag den auf seinen Mithaftungsanteil (hier 30%) entfallenden Anteil abziehen muss.

Eine in der VK-Versicherung bestehende Selbstbeteiligung wird sich im Regelfall für ihn nicht auswirken.

Wann ist das QVR zu prüfen?

Bei Körper- und Sachschäden, soweit eine Legalzession auf den Versicherer besteht.

Wie wird das QVR im einzelnen berechnet?

Die Schadenpositionen des Geschädigten werden unterteilt in diejenige, für die eine gleichartige Leistung des Versicherers besteht und in diejenigen, für die das nicht der Fall ist. Die gleichartigen (kongruenten) Leistungen sind bei der hier dargestellten Kasko-Versicherung:

- die Reparaturkosten,
- Wertminderung,
- Abschleppkosten,
- Sachverständigengebühren,
- An- und Abmeldekosten sowie
- Umrüstkosten (LG Frankfurt ZfS 1990, 126; BGH VersR 1985, 441).

Die nichtkongruenten Leistungen sind alle weiteren Nebenkosten wie z. B. :

- Die Mietwagen- und
- Anwaltskosten sowie
- Rabattverlust,
- Nutzungsausfall und die
- Unkostenpauschale usw.

Diese Kosten werden also nur im Rahmen der Haftungsquote erstattet, so dass sich der eigene Verschuldens- oder Mithaftungsanteil nur bei diesen Positionen auswirkt.

Beispiel: Der Schädiger haftet zu 60 %, zu 40 % liegt Mitverschulden des Geschädigten vor:

Reparaturkosten	€ 3.500,–
Sachverständigenkosten	€ 500,–
Nutzungsausfall	€ 400,–
Gesamtschaden	€ 4.400,–.

Der Nutzungsausfall wird im Rahmen der Quote (60 % = € 240,–) erstattet. Der Differenzbetrag von € 160,– geht zu Lasten des mitschuldigen Geschädigten, da diese Position kein quotenbevorrechtigter Anspruch ist. Zahlt die Kaskoversicherung nun den restlichen Schaden von € 4.000,– abzüglich von € 500,– Selbstbeteiligung, bleibt ein Schaden von € 500,– übrig. Der Haftpflichtversicherer rechnet nun wie folgt ab:

Schadenersatzanspruch bei 60 % Haftung von Gesamtfahrzeugschaden von € 4.000,–	€ 2.400,–

abzgl. Eigenschaden des Geschädigten	€ 500,–
somit Leistung an Kaskoversicherer	€ 1.900,–
Leistung an Geschädigten auf Fahrzeugschaden	€ 500,–.

Der Geschädigte hat somit erhalten:

vom Kaskoversicherer	€ 3.500,–
vom KH-Versicherer des Schädigers	€ 500,–
somit Fahrzeugschaden voll	€ 4.000,–
sowie bei Nebenkosten	€ 240,–
Gesamt	€ 4.240,–.

Der Schädiger hat insgesamt erstattet:

an Geschädigten auf Fahrzeugschaden	€ 500,–
an Geschädigten auf Nebenkosten	€ 240,–
an Kaskoversicherer	€ 1.900,–
Gesamt	€ 2.640,–.

Dies entspricht genau 60 % des Gesamtschadens inklusive Nebenkosten des Geschädigten. Der kaskoversicherte Geschädigte wird also beim Fahrzeugschaden voll entschädigt. Ob der Kaskoversicherer vertragsgemäße Abzüge wie Selbstbeteiligung, neu für alt, usw. vornimmt, ist für ihn bedeutungslos, da sich diese Abzüge für ihn nicht mehr auswirken. Die Mithaftung wirkt sich dementsprechend nur noch bei den nicht quotenbevorrechtigten Positionen Nutzungsausfall, Mietwagen, Unkostenpauschale aus. Nur dort bekommt er seine Mitverursachung zu spüren.

Zu weiteren Beispielen, Abrechnungsschreiben und dem QVR bei Personenschäden siehe Stegmann, Formularbuch Verkehrsunfall, Band 2 dieser Reihe, Seite 117 f. und 199 f.

Wie sieht die interne Abrechnung zwischen den Versicherern aus?

a) Geschädigter wendet sich zuerst an den KH-Versicherer

– Abrechnung nach Sach- und Rechtslage

Reparaturkosten	€ 5.000,–
Wertminderung	€ 500,–
SV-Gebühren	€ 500,–
Nutzungsausfall	€ 300,–
Pauschale	€ 20,–
Gesamt	€ 6.320,–

Die unterstellte Quote beträgt 50 %. Daraus folgt, als Gesamtentschädigung vom KH-Versicherer € 3.160,–.
Für das QVR kommen jedoch nur in Betracht (Reparaturkosten, Wertminderung, Sachverständigengebühren) € 3.000,–.
Der Kaskoversicherer wird den Restschaden nunmehr wie folgt abrechnen:

Der Kaskoversicherer wird den Restschaden nunmehr wie folgt abrechnen:

Reparaturkosten	€ 5.000,–	
Sachverständigengebühren	€ 500,–	
Zwischensumme	€ 5.500,–	
abzgl. Selbstbeteiligung	€ 500,–	
Gesamt:	€ 5.000,–	(Wertminderung bleibt außer Betracht)
abzgl. anrechenbarer KH-Leistung	€ 3.000,–	
abzgl. Wertminderung	€ 500,–	(diese stehen dem Geschädigten wegen des
abzgl. Selbstbeteiligung	€ 500,–	positiven QVR voll zu)
Zwischensumme	€ 1.000,–	

Der Kaskoversicherer kann demzufolge nur wie folgt abrechnen:

KH-Leistung	€ 3.000,–
abzgl. Selbstbeteiligung	€ 500,–
abzgl. Wertminderung	€ 500,–
Gesamt	€ 2.000,–

Abzurechnen ist demnach noch:

Kaskohöchstentschädigung	€ 5.000,–
abzgl. anrechenbarer KH-Leistung	€ 3.000,–
Restbetrag	€ 2.000,–

Dieser Betrag ist noch an den Geschädigten durch den Kaskoversicherer auszugleichen.

Kontrollrechnung:	KH-Leistung	€ 3.160,–
	zzgl. Kaskoleistung	€ 3.000,–
	Gesamt	€ 6.160,–.

Dies entspricht 100 % des Schadens. Die Mithaftung wirkt sich wiederum nur bei den Nebenkosten für den Geschädigten aus.

– Gehören beide Versicherer dem Standard-Teilungsabkommen KF/KH an, verhält sich die Abrechnung im Beispiel gemäß Schiedsspruch 433 c KF/KH 2/80 unabhängig von der Haftungsquote in jedem Fall wie folgt:

Kaskohöchstentschädigung	€ 5.000,–
hiervon. gem. Abkommen 50 %	€ 2.500,–.

Da der Kaskoversicherer bei Anwendung des KF/KH-Teilungsabkommens nicht mehr als 50 % seiner Höchstentschädigung zu erstatten hat, ist der nachstehende Differenzbetrag intern durch den KH-Versicherer an den Kaskoversicherer zu erstatten.

Kaskoleistung	€ 3.000,–
Höchstleistung lt. Abkommen	€ 2.500,–
Differenz	€ 500,–.

Dieser Betrag ist wie vorstehend beschrieben auszugleichen.

b) Geschädigter wendet sich zuerst an Kaskoversicherer

– nach Sach- und Rechtslage:

Reparaturkosten	€ 8.000,–
Sachverständigengebühren	€ 500,–
abzgl. Selbstbeteiligung	€ 500,–
Gesamtzahlung	€ 8.000,–.

Haftungsquote 75 %.

QVR-Positionen	Reparaturkosten	€ 8.000,–
	Sachverständigengebühren	€ 500,–
	Wertminderung	€ 500,–
	Gesamt	€ 9.000,–
	abzgl. Kaskoleistung	€ 8.000,–
	verbleib. Eigenschaden des Geschädigten	€ 1.500,– (WM & SB).

Die Nebenkosten sollen zunächst außer Betracht bleiben, da diese dem QVR nicht unterfallen.

Dieser verbleibende Eigenschaden ist zunächst zzgl. der Nebenkosten (Mietwagen, Nutzungsausfall, Pauschale, etc. x Haftungsquote) an den Geschädigten auszugleichen. Der Geschädigte hat wiederum 100 % seines QVR-Schadens ausgeglichen bekommen und die Nebenkosten anteilmäßig entsprechend der Haftungsquote. Der interne Regress ist dann zwischen den Versicherern wie folgt durchzuführen:

QVR für KH-Versicherer	€ 9.000,–
hiervon 75 % gem. Quote (= Höchstentschädigung)	€ 6.750,–
abzgl. erstatteter Eigenschaden bei Abrechnung nach Sach- und Rechtslage	€ 1.000,–
verbleib. Eigenschaden des Geschädigten	€ 5.750,–.

Der KH-Versicherer hat somit genau 75 % des quotenbevorrechtigten Schadens ausgeglichen. Der Differenzbetrag von € 375,– (aus WM) geht damit wegen des positiven QVR des Geschädigten zu Lasten des Kaskoversicherers.

– Abrechnung nach Teilungsabkommen:

Der Ausgleich ist wiederum so durchzuführen, dass der Kaskoversicherer (unabhängig von der Haftungsquote) 50 % seiner Höchstleistung erhält. In

o. g. Beispiel somit	€ 8.000,–
hiervon 50 %	€ 4.000,–.

Sollten diese kurzen Ausführungen für die Lösung eines konkreten Problems nicht ausreichen, so wird der Aufsatz in der ZfS 1999, 45 mwN. empfohlen.

IV. Der Auslandsunfall

Für den Fall der Unfallverursachung durch ein Fahrzeug mit ausländischem Kennzeichen in Deutschland befindet sich der richtige Ansprechpartner in Hamburg. Es handelt sich hierbei um das deutsche Büro Grüne-Karte-e. V., Glockengießerwall 1, 20095 Hamburg. Dieses Büro prüft die Ansprüche und wird dann eine deutsche Versicherung mit der Regulierung beauftragen. Für die Frage der Einstandspflicht ist nach der so genannten »Kennzeichenregelung« nicht mehr der Versicherungsnachweis durch die Grüne Karte erforderlich, sondern die Angabe des amtlichen Kennzeichens und der entsprechenden Länderbezeichnung ist im Regelfall völlig ausreichend. Hiermit ist die Fiktion verbunden, dass ein ordnungsgemäßer Versicherungsschutz für dieses Fahrzeug im jeweiligen Heimatland besteht.

Auf das Bestehen bzw. mängelfreie Bestehen einer Heimatpolice kommt es hierbei nicht mehr an (vergleiche Rundschreiben GK $^{11}/_{95}$).

Für inzwischen 24 europäische Staaten ist das Mitführen der Grünen Karte somit nicht mehr vorgeschrieben. Das Kennzeichen und die Länderbezeichnung sind dann völlig ausreichend. Nach Möglichkeit sollte die Versicherungsnummer und der Versicherer jedoch benannt werden, wenn dies möglich ist. Andernfalls könnte dies wegen der dann erforderlichen Ermittlungen zu Verzögerungen bei der Bearbeitung führen. Gleiches gilt für den Fall, dass das unfallverursachende Fahrzeug eine Rosa-Grenzversicherung hatte. Auch hier sind bei der Schadenmeldung gegen das deutsche Büro Grüne Karte das Kennzeichen, Nationalität und Versicherer zu benennen. Beachten sie für den Fall der erforderlichen Klage, dass nicht das mit der Abwicklung beauftragte Versicherungsunternehmen zu verklagen ist, sondern der Verein Deutsches Büro Grüne-Karte-e. V., vertreten durch den Vorstand (Anschrift siehe oben).

Tipp
Sollte sich herausstellen, dass das gegnerische Fahrzeug doch nicht versichert gewesen ist, so können die Ansprüche gegebenenfalls immer noch über den Verein Verkehrsopferhilfe geltend gemacht werden.

T

1. Auslandsunfall

Der Fall, dass ein in Deutschland zugelassenes Fahrzeug einen Unfall im Ausland verursacht, wird in fast allen Europäischen Staaten inzwischen durch das jeweilige Grüne-Karte-Büro reguliert, so dass darzustellende Besonderheiten praktisch nicht mehr vorkommen.

Abgesehen davon, dass auch in Deutschland Schadenersatzansprüche im Regelfall nicht durch ein einmaliges Telefonat anzumelden, abzuarbeiten und sofort vollständig zu regulieren sind, ist der deutsche Autofahrer sowohl beim Umfang des Schadens als auch den Regulierungsfristen im europäischen Rahmen verwöhnt. Bei fachgerechter Geltendmachung von Schadenersatzansprüchen (mit oder ohne Rechtsanwalt) erfolgt ein Ausgleich der berechtigten Forderungen meist problemlos.

Wer bereits selbst einen Unfall im Ausland hatte oder ein entsprechendes Mandat betreute, wird sicherlich bestätigen, dass dies im Ausland häufig anders aussieht. Gerade in den letzten Jahren hat es zwar beachtliche Änderungen gegeben (z. B. bei den Deckungssummen, bei der Ablösung des Grüne-Karte-Abkommens durch das Kennzeichen-Abkommen), mit dem deutschen Schadenersatzrecht lassen sich diese Anpassungen trotzdem nicht vergleichen. Gut beraten ist und wird auch weiterhin nur der sein, wer selbst entsprechende Vorsorge trifft, z. B. durch eine geeignete Rechtsschutzversicherung, Kurz- oder Auslandskrankenversicherung oder auch Auslands-Kaskoversicherung. Zwar gehören inzwischen fast alle Europäischen Staaten dem Grüne-Karte-Abkommen bzw. dem Kennzeichen-Abkommen an, trotzdem erfolgt die Regulierung nach den jeweiligen Länderbestimmungen (Artikel 38 EGBGB und BGH, in VersR 1987, 818).

In der Praxis wird oft übersehen, dass in der Regel die Schadenersatzansprüche gegen ausländische Verursacher nur im Unfallstaat verfolgt werden. Der deutsche Autofahrer muss sich also an den ausländischen Schädiger bzw. dessen Haftpflichtversicherung wenden, um seinen Schadenersatz zu bekommen. Kurz gesagt: wer einen Unfall durch ein nicht in Deutschland zugelassenes Kfz erleidet (egal ob in Deutschland oder im Europäischen Ausland), bekommt zwar Schadenersatz, diesen jedoch nur nach dem am Unfallort geltenden Recht.

T

Tipp

Dies ändert sich zum Teil durch die **4. KH-Richtlinie** der EU. Danach benennt jeder Staat der EU einen Schadensregulierungsbeauftragten in allen anderen EU-Staaten. Die Schadensbearbeitung und -regulierung erfolgt dann im Wohnsitzstaat des Geschädigten. Das anwendbare Recht wird weiterhin das Recht des Unfallortes, also des Auslandes sein.

Der Abschluss einer Haftpflichtversicherung ist in fast allen Europäischen Staaten vorgeschrieben. Dahinter steht der allen Rechtsordnungen gemeinsame Grundgedanke, dass Schäden bzw. Einbußen, die an Gesundheit oder Eigentum verursacht werden, eines Ausgleiches bedürfen. Darüber, was als Einbuße anzusehen ist, gehen die Meinungen in den einzelnen Staaten erheblich auseinander. Besonders deutlich wird dies im Sachschadenbereich. Ein französischer Fahrer, der beim Ausparken einen Kratzer oder eine Beule am Kotflügel verursacht, wird nicht deswegen einfach weiterfahren, weil er Fahrerflucht begehen will, sondern weil in seinen Augen ein Schaden nicht entstanden ist. Kratzer bzw. kleinere Beulen an Stoßstange oder Kotflügel werden dort als allgemein üblich und unvermeidbar betrachtet, so dass niemand auf die Idee käme, deswegen den Kotflügel zu erneuern.

Die meisten Rechtsordnungen bleiben deutlich hinter dem deutschen Schadenersatzrecht zurück. Dies liegt am jeweiligen Haftungsrecht und an der Ausgestaltung der Kfz-Haftpflichtversicherung. Die in Deutschland auszugleichenden »Einbußen« werden im Ausland entweder nicht als Vermögenschaden empfunden, oder es werden tatsächliche Einbußen nicht als ausgleichsfähig angesehen (so z. B. auch die Rechtsanwaltskosten zur außergerichtlichen Geltendmachung und Durchsetzung von Ansprüchen). Rechtschutzversicherungen übernehmen diese Kosten jedoch oftmals unabhängig hiervon.

Das ohnehin in den meisten Europäischen Staaten langwierige Verfahren wird oftmals dadurch noch verzögert, dass sich der Geschädigte oder gar sein Rechtsanwalt zunächst an das Deutsche Büro Grüne-Karte e. V. (ehemals HUK-Verband genannt) wendet. Dies ist – wie bereits dargestellt – nicht möglich.

Sofern der Mandant rechtsschutzversichert ist, trägt die Rechtschutzversicherung im Regelfall auch dann die Kosten des ausländischen Korrespondenzanwaltes, wenn die entsprechende Rechtsordnung solche Kosten üblicherweise nicht als erstattungsfähig ansieht.

Tipp
Holen Sie vorher die Deckungszusage vom Rechtsschutzversicherer ein.

Auf die Hilfe eines ausländischen Rechtsanwaltes sollte keinesfalls verzichtet werden, da nicht nur ausländisches Recht gilt – das dieser sicherlich am besten kennt –, sondern die Korrespondenz mit den ausländischen Versicherern auch in deren jeweiliger Sprache zu führen ist. Es ist in einigen Staaten Praxis, dass auf Schreiben in deutscher Sprache überhaupt nicht oder erst nach Monaten geantwortet wird. Um das ohnehin langwierige Verfahren nicht zu verzögern, sollten nach Möglichkeit alle Originalunterlagen (Rechnungen, Gutachten, Unfallprotokoll, Fotos etc.) bereits beigefügt werden.

Sollte der Mandant nicht rechtschutzversichert sein, so ist er am besten gleich darauf hinzuweisen, dass er unter Umständen die Rechtsanwaltskosten selbst zu tragen hat, da diese als Folgeschaden nicht von allen ausländischen Rechtssystemen anerkannt sind.

Ergänzend kann auf die sehr gute Darstellung von Ass. Luckhaupt verwiesen werden. Insbesondere die schematischen Darstellungen erleichtern das Verständnis wesentlich (Ass. Luckhaupt PVR 2001, 126).

T

Tipp
Die Adressenliste ausländischer Korrespondenzanwälte kann z. B. über die ADAC-Zentrale angefordert werden. Diese korrespondieren im Regelfall in Deutsch.

2. Verkehrsopferhilfe

Durch Verordnung des Bundesjustizministers von 1965 (BGBL 1965 I, 2093) nimmt im staatlichen Auftrag der Verein Verkehrsopferhilfe (Glockengießerwall 1, 20095 Hamburg) als private Einrichtung der Versicherungswirtschaft die Entschädigung in den nachfolgend aufgeführten Fällen vor, wenn ein Verkehrsopfer seinen Schaden nicht anderweitig ersetzt bekommen kann.

Das heißt, zunächst ist immer die gegnerische KH-Versicherung, die eigene Kranken-, Sozial- oder Kasko-Versicherung in Anspruch zu nehmen.

Nur für den Fall, dass von dort keine Regulierung erfolgt, haftet die Verkehrsopferhilfe (VOH) im Rahmen der gesetzlichen Mindestdeckungssummen (geändert seit 01.07.97). Bei Personen- und Sachschäden durch unversicherte Fahrzeuge sowie bei vorsätzlich herbeigeführten Unfällen deckt sie bei Personenschäden mit 2,5 Mio. € (bei mehreren Verletzten oder Getöteten insgesamt 7,5 Mio. €) und bei Sachschäden (Fahrzeugschäden, Sachverständigengebühren, Abschleppkosten, Mietwagen oder Nutzungsausfall usw.) bis 0,5 Mio € (neu ab 07/97 vgl. Anlage). Bei unbekanntem Verursacher (z. B. bei Unfallflucht) werden durch die VOH ebenfalls Personen- und Sachschäden erstattet. Allerdings sind die Leistungen in diesem Fall deutlich eingeschränkt. So wird ein Schmerzensgeld z. B. nur in Härtefällen erstattet. Die Sachschäden an Fahrzeuginhalt, Ladung, Gepäck, Brille, Motorrad-Kombi, Helm etc. werden in diesem Fall immer abzüglich einer Selbstbeteiligung von 500,– € erstattet. Allerdings ist der wohl größte Posten in diesem Bereich – der Fahrzeug- und Fahrzeugfolgeschaden (SV-Gebühren, Abschleppkosten, Mietwagenkosten etc.) – wegen der erheblichen Missbrauchsgefahr hiervon vollständig ausgeschlossen.

Voraussetzung ist in allen Fällen, dass der Geschädigte zumindest den Versuch nachweist, den Schuldigen – soweit bekannt bzw. ermittelbar – selbst zur Kasse gebeten haben, bis zu welchem Verfahrensstadium ist jedoch vom Einzelfall abhängig. Meist genügt als Nachweis eine schriftliche Zahlungsaufforderung unter Fristsetzung an den Schädiger. Die Durchführung eines Mahn- oder gerichtlichen Verfahrens gegen den Schädiger ist in aller Regel nicht erforderlich.

Die Anmeldung der Ansprüche beim Verein VOH kann danach formlos erfolgen. Allerdings hat der Geschädigte seine Ansprüche nachzuweisen. Ihm kommen insoweit keinerlei Beweiserleichterungen zugute. Der Verein VOH hat z. B. auch zu prüfen, ob der Schaden eventuell durch andere, z. B. Radfahrer, Fußgänger oder Tiere, verursacht wurde, da in diesen Fällen keine Eintrittspflicht besteht. Auch eventuell noch bestehende Nachhaftungen sind hierbei zu prüfen. Nur bei Schäden, die durch motorisierte Fahrzeuge verursacht wurden, besteht im o. g. Rahmen die Eintrittspflicht. Sollte der Antrag des Geschädigten endgültig abgelehnt werden, so ist dieser immer mit einer Rechtsmittelbelehrung zu versehen. Danach muss bei weiterer Geltendmachung der Ansprüche zunächst zwingend die Schiedsstelle angerufen werden. Erst nach deren ablehnender Entscheidung kann der Weg zu den ordentlichen Gerichten beschritten werden.

Dieser einklagbare Anspruch auf Entschädigung besteht auch für ausländische Unfallopfer, sofern sie zum Zeitpunkt des Unfalls bzw. Schadens einen festen Wohnsitz in Deutschland hatten. Ausländische Touristen oder Geschäftsreisende erhalten nur dann Schadenersatz von der VOH, wenn in ihrem Heimatland ebenfalls ein entsprechender Hilfsfond existiert, aus dem auch deutsche Staatsbürger in vergleichbaren Fällen entschädigt werden. Da angesichts der rasanten Änderungen in Europa in Zukunft mit einer entsprechenden Erweiterung zu rechnen ist, sollte im Zweifelsfall die aktuelle Liste beim Verein VOH angefordert werden.

Staat	Deckungssumme in Landeswährung: Sachschaden	Deckungssumme in Landeswährung: P.-Schaden	Reparaturkosten	Wertmind.	Gutachterkosten	Mietwagen	Nutzungsausfall	Schmerzensgeld	Rechtsanwaltskosten
Belgien	unbegrenzt		ja(1)	ja (2)	ja (3)	ja (4)	ja (5)	ja	nein(6)
Bulgarien	unbegrenzt		ja (7)	ja (8)	nein (9)	nein (10)	nein	ja (11)	nein (6)
Dänemark	13 Mio. Dkr.	67 Mio Dkr.	ja (12)	ja (13)	ja	nein (14)	nein	ja (15)	nein (6)
Finnland	20 Mio. Fmk.	unbegrenzt	ja	nein	ja (3)	ja (16)	ja (5)	ja (5)	nein (6)
Frankreich	3 Mio. FF	unbegrenzt	ja (17)	ja (18)	ja (19)	nein (14)	ja (19)	ja (20)	nein (6)
Griechenland	14 Mio. Dr.	70 Mio. Dr.	ja (21)	ja (18)	nein (3)	nein (14)	nein (22)	ja (11)	nein (6)
Großbrit.	250.000 Pf.	unbegrenzt	ja (23)	ja (24)	ja	ja	ja	ja	ja (25)
Italien	einh. Zwischen 1,5–5 Mrd. Lit.		ja (23)	nein	ja (18)	nein (14)	ja (5)	ja	nein (24)
Kroatien	600.000–1,2 Mio Kuma	1–2 Mio. Kuma	ja (23)	nein (18)	ja	nein (14)	nein	ja	nein (25)
Niederlande	2 Mio. Hfl.		ja	ja	ja (18)	nein (14)	nein (14)	ja	ja (26)
Norwegen	1 Mio. Nkr.	unbegrenzt	ja	nein (18)	ja (3)	ja	nein	ja (27)	nein (28)
Österreich	12 Mio. pauschal		ja (21)	ja (29)	ja	ja	nein	ja	ja (30)
Polen	11,5 Mrd. Zloty		ja (31)	nein (32)	ja (3)	nein (14)	nein	ja	nein (6)
Portugal	50 Mio. Esc.		ja (21)	nein	ja (3)	nein (14)	nein (33)	ja	nein (6)
Rumänien	40 Mio. Lei	unbegrenzt	ja	nein	nein	nein	nein	nein (34)	nein (6)
Rußland	keine Versich. vorgeschrieben		ja (35)	ja	nein	nein	nein	ja (36)	nein (6)
Schweden	300 Mio. Skr.		ja	nein (18)	ja	nein (14)	ja	ja	ja (37)
Schweiz	4 Mio. Sfr.		ja	ja	ja	nein (14)	ja (22)	ja	ja (11)
Slowakei	unbegrenzt		ja (23)	nein	nein (3)	nein (14)	nein	ja (38)	nein (39)
Spanien	4,4 Mio. Ptas.	16 Mio. Ptas	ja (21)	nein (18)	nein (9)	nein	nein	ja	nein (6)
Tschechien	unbegrenzt		ja (23)	nein	nein (9)	nein (14)	nein	ja	nein (39)
Türkei	25 Mio. TL	100 Mio. TL	ja (21)	ja (40)	ja	nein (14)	nein	ja	nein (6)
Ungarn	unbegrenzt		ja (21)	ja (41)	ja	nein (14)	nein	ja	nein (42)

Legende

1) fiktiv nur bei Bagatellschaden
2) Höchsalter 1 Jahr, max. 15.000 Km
3) wird von Vers. in Übereinstimmung mit Geschädigten festgelegt
4) aber Nachweis über Erforderlichkeit, 10–20% Abzug f. ersparte Eigenkosten.
5) eigene Tabelle
6) keine außergerichtllichen Anwaltskosten
7) meist nur inländ. Werkstätten und Rechnungen anerkannt
8) aber nur bei Einbau gebrauchter Teile
9) bisher überwiegend nur eigene Sachverständigen-Organisationen anerkannt
10) nur ausnahmsweise bei Nachweis dringenden Bedarfs
11) nur bei mittleren bis schweren Verletzungen
12) MwSt. jedoch nur bei tatsächlichem Anfall (Reparaturnachweis)
13) Höchstgrenze 2 Jahre und erhebl. Reparaturumfang
14) nur bei beruflicher Erforderlichkeit (nicht Fahrt Wohnung-Arbeitsstelle)
15) aber genormte Pauschalsätze
16) max. 85% der angefallenen Kosten
17) dt. Rechnungen sollten Übersetzung enthalten
18) nur bei hochwertigen bzw. sehr neuen Fahrzeug
19) zwischen 2–6% der Reparatursumme sofern nicht vom SV beziffert
20) verschiedene Anspruchsgrundlagen
21) bei Reparaturen im Ausland meist Kürzung auf inländisches Niveau
22) wird teilw. jedoch gerichtlich zugesprochen
23) oft Probleme bei fiktiver Schadenabrechnung
24) es besteht kein genereller Anspruch, Kosten werden aber häufig übernommen
25) nur in seltenen Ausnahmefällen
26) Notwendigkeit muß nachgewiesen werden
27) nur bei erheblichen Schaden mit mind. 15% Invaliditätsgrad
28) nur, wenn unbedingt erforderlich
29) Fahrzeugalter bis 2–3 Jahre
30) meist pauschal ca. 10% der Schadensumme
31) keine Abrechnung nach Kostenvoranschlag
32) nur techn. Wertminderung
33) meist nur wenn beruflich. bedingter Bedarf nachweisbar ist
34) bei Beeinträchtigung der Lebensgestaltung ausnahmsw. möglich
35) Abzüge »neu für alt« möglich
36) inzwischen möglich, wird ausschl. v. Gericht festgelegt
37) mit Stundensatz an unterer Grenze
38) Berechnung durch Arzt nach Punktetabelle
39) uneinheitlich, oft nur bei Vergleichen
40) Feststellung durch SV
41) Fahrzeug Alter bis 3–4 Jahren
42) nur bei Verzug der Versicherung

E. Die Unfallkonstellationen und ihre Folgen

Wichtig für die Beurteilung eines jeden Unfalles ist immer die umfassende Darstellung der Besonderheiten dieses Einzelfalles. Die Gründe, weshalb von den allgemeinen Grundsätzen abzuweichen ist, sollten umfassend dargelegt werden. Oftmals wird sich schon die Frage nicht eindeutig beantworten lassen, um welche Unfallkonstellation es sich bei dem Unfall handelt. Urteile bzw. Auslegungen zu einem anderen Unfallhergang können dann mit herangezogen werden.

Beispiel:
Handelt es sich um einen Auffahrunfall für den Auffahrenden oder um eine Vorfahrtsverletzung, wenn der Vorausfahrende gerade aus einer untergeordneten Straße auf die Hauptstraße aufgefahren ist?

Ob dieser Fall der einen oder anderen Fallgruppe zuzuordnen ist, wird von den näheren Umständen des Einzelfalles, möglicherweise auch von der Beweissituation, abhängen und eventuell überhaupt nicht aufklärbar sein. Dies hätte zur Konsequenz, dass bei Unaufklärbarkeit des Sachverhaltes nur die Betriebsgefahren der Fahrzeuge zu berücksichtigen wären.

Wie sich hier die Änderungen des 2. Schadensersatzrechts-Änderungsgesetzes auswirken werden (Stichwort höhere Gewalt), ist noch offen und wird zu gegebener Zeit zu beurteilen sein. Heitmann hat hierzu bereits 1996 die zu erwartenden Auswirkungen insbesondere bei der Versicherungswirtschaft untersucht und ist u. a. zu dem Ergebnis gekommen, dass allein im Personenschadenbereich ein Anstieg der Leistungen / Aufwendungen um ca. 35 % zu erwarten ist. Dem stehen jedoch wohl auch weiterhin nur Einsparungen im Sachschadenbereich von unter 1 % und Einsparungen bei den Schadenregulierungskosten durch Streitvermeidung von ca. 3–4 % jeweils bezogen auf den Gesamtschadenaufwand der Verssicherungswirtschaft gegenüber. Heitmann folgert allein daraus einen zusätzlichen Prämienmehrbedarf von ca. 26 % (Lutz Heitmann, Reform des Schadenrechts für Verkehrsunfälle, Nomos-Verlag 1996).

Grundsätzlich kann auch beim Verkehrsunfall nur dann Schadenersatz verlangt werden, wenn ein Sachverhalt vorgetragen wird, der auch vollständig die Voraussetzungen der jeweiligen Haftungsnorm erfüllt. Der BGH führte hierzu aus, dass derjenige, der sich zu seinen Gunsten darauf beruft, die rechtsbegründenden Tatsachen nicht nur zu behaupten, sondern auch zu beweisen hat und der Gegner die rechtshindernden, »vernichtenden« und »hemmenden« Tatsachen (vgl. BGH NJW 1983, 2018). Die Darlegungs- und Beweislast bleibt beim Verkehrsunfall zu Lasten des Anspruchstellers bestehen. Hierbei sind sämtliche entscheidungserheblichen Tatsachen beweisbedürftig, soweit sie bestritten sind. Dies sollte dem VN/Mandanten entsprechend dargestellt werden. Insbesondere auch im Hinblick darauf, dass dieser als Partei nicht Zeuge zum eigenen Unfallhergang sein kann. Etwas anderes gilt dann, wenn der VN/Mandant die Forderung ganz oder teilweise abtritt.

Von diesen grundsätzlichen Beweisregeln gibt es die Ausnahme des so genannten Anscheinsbeweis. Dieser kann nur dann vorliegen, wenn bereits nach der allgemeinen Lebenserfahrung von einer bestimmten feststehenden Ursache auf einen bestimmten Erfolg oder im Umkehrfall von einem bestimmten Erfolg auf eine bestimmte feststehende Ursache geschlossen werden kann. Das heißt, der Anscheinsbeweis setzt somit einen »typischen Geschehensablauf« und einen »typischen Erfolg« voraus. Durch bloße Behauptung eines anderen Geschehensablaufes ist die Erschütterung des Anscheinsbeweises nicht möglich. Der andere Geschehensablauf muss dargelegt und bewiesen werden. Gelingt dies nicht, so bleibt der Anscheinsbeweis mit all seinen Folgen bestehen (vgl. BGH VersR 1989, 54; 87, 1241). Ist der Anscheinsbeweis zwar erschüttert, ohne dass die Voraussetzungen für eine Beweislastumkehr bereits vorliegen, so wird im Regelfall von einer ungeklärten Sachlage ausgegangen und die Haftung im Verhältnis 1:1 geteilt (vgl. KG in VersR 78, 155). Einige der wichtigsten Beweisregeln sind nachfolgend dargestellt.

I. Allgemeines zur Bildung der Haftungsquote

Wie bereits dargestellt, handelt es sich bei einem Verkehrsunfall um ein individuelles Ereignis, das auch nur so angemessen bewertet werden kann. Der Versuch, aus so genannten **Quotentabellen** (vgl. Hamburger Quotentabelle von Busch / Jordan in VersR 1985, 519 ff.; Münchner Quotentabelle von Krumbholz / Paul / Brüseken in NZV 1988, 168 ff.) die Quoten zu ermitteln, ist als gescheitert zu betrachten, da dies eine zu starke, rein schematische Anwendung darstellt. Die korrekte bzw. angemessene Bildung der Haftungsquote stellt somit das zentrale Problem der Schadenregulierung dar.

In der Rechtsprechung haben sich, ausgehend von bestimmten typischen Geschehensabläufen, bestimmte Haftungsquoten herausgebildet. Diese sind jedoch nicht starr zu übertragen, sondern vielmehr ist deren Anwendbarkeit auf den

Einzelfall zu prüfen. Den **Besonderheiten des Einzelfalles** kommt die entscheidende Bedeutung für eine angemessene Quotierung zu. Um welche Besonderheiten es sich handeln könnte und inwiefern diese auf den Geschehensablauf Einfluss hatten, muss genau ermittelt werden. Dafür ist die Unfalldarstellung bzw. Sachverhaltsermittlung wichtig.

Zu diesen Besonderheiten zählen z. B.: Sichtverhältnisse (Tageslicht, Regen, Nebel etc.), Fahrzeuggröße (Betriebsgefahren möglicherweise unterschiedlich), Unfallörtlichkeit (LZA, Vorfahrtszeichen), Straßenart (BAB, Bundesstraße, innerorts), gefahrene Geschwindigkeit, spielendes Radio, ungesicherter Hund usw.

T

Tipp
Der Sachverhalt sollte so prägnant und aussagekräftig wie möglich erfasst und dargestellt werden.

Ist die Sachverhaltsdarstellung zu knapp, ergibt sich möglicherweise ein falsches Bild, bei dem spätere Ergänzungen als Schutzbehauptungen zurückgewiesen werden könnten. Bedenken Sie immer, dass im Verkehrsunfallrecht die Bildung einer Quote der Regelfall ist, da beide Fahrzeuge der Gefährdungshaftung unterliegen. Die Frage des Mitverschuldens gem. § 254 BGB ist im Verkehrsunfallrecht erst später zu prüfen. Diese Prüfung sollte deshalb besonders sorgfältig erfolgen, weil der Geschädigte / Beteiligte möglicherweise sein Verhalten anpasst (z. B. Verzicht auf Mietwagen, frühzeitige Inanspruchnahme der Kaskoversicherung im Rahmen des Quotenvorrechts, etc.). Darüber hinaus löst eine klageweise Durchsetzung der Forderungen des Mandanten Kosten zu dessen Lasten aus, wenn die Forderungen z. B. auf einer falschen Haftungsquote beruhen. Bei jedem Verkehrsunfall sollte – sofern zwei Kfz beteiligt sind – immer die Betriebsgefahr berücksichtigt werden. Die Betriebsgefahr muss sich jeder Fahrzeughalter entgegen halten lassen, sofern ihm nicht der Unabwendbarkeitsnachweis im Sinne des § 7 Abs. 2 StVG gelingt. Die Betriebsgefahren können unterschiedlich sein, da sie alle durch die Eigenheiten des Fahrzeuges begründeten Gefahrenumstände erfasst. Ein Lkw hat eine größere Betriebsgefahr als ein Pkw, da er unübersichtlicher, schwerer, breiter und in seiner Gesamtheit gefährlicher ist. Die Betriebsgefahr kann durch die gefahrene Geschwindigkeit, die Fahrbahnbenutzung usw. erhöht oder auch gemindert sein. Auch verkehrsgerechtes oder –widriges Verhalten des Fahrzeuges spielt eine Rolle. Die Betriebsgefahr eines verkehrswidrig geparkten Fahrzeuges entfällt im Regelfall nicht, da der Nachweis der Unabwendbarkeit nur bei verkehrsgerechtem Verhalten geführt werden kann. So wurde eine Mitverursachung von 30% bei einem verbotswidrig im Ein- und Ausfahrtbereich einer Tiefgarage geparkten PKW festgestellt, da sich dies auf das Fahrverhalten der anderen Verkehrsteilnehmer ausgewirkt hat (AG Frankfurt/M ZfS 1998, 458). Für ein verkehrswidrig geparktes Fahrzeug wird regelmäßig die Führung des Unabwendbarkeitsnachweises nicht zu führen sein. Die Konsequenz hieraus ist, das die Betriebsgefahr des geparkten Fahrzeuges meist nicht entfallen kann. Hierbei ist auf den Zweck der Vorschrift bzw. den Schutzbereich der Norm abzustellen. So wird selbst bei einem ordnungswidrig geparkten Fahrzeug dann die Betriebsgefahr wohl nicht erfolgreich angewandt werden können, wenn bei einem vorbeifahrenden Lkw plötzlich die nicht ordnungsgemäß verriegelte Hecktür aufschlägt und das ordnungswidrig geparkte Fahrzeug beschädigt.

T

Tipp
Schutzbereich der Norm prüfen.

So ist z. B. das Rechtsfahrgebot nur Schutzzweck für den gleichgerichteten (auch Gegen-) Verkehr, nicht jedoch für den Querverkehr. Allerdings stellte das OLG eine Mithaftung von 20 % aus der Betriebsgefahr (BG) des Vorfahrtberechtigten bei einem Verstoß gegen das Rechtsfahrgebot bei einer Vorfahrtverletzung fest (OLG Jena DAR 2000, 374)

Auch die gefahrene Geschwindigkeit ist an dieser Stelle zu berücksichtigen. Ein Unabwendbarkeitsnachweis wird bei Überschreitung der Autobahnrichtgeschwindigkeit kaum gelingen.

T

Tipp
Wer die größere Gefahr geschaffen hat, hat dafür überwiegend einzustehen.

Erst im Anschluss an diese Prüfung ist das Verschulden gem. § 254 BGB zu prüfen. Auch hier sind nach Möglichkeit wieder alle Umstände mit Bezug zum Unfall zu berücksichtigen. Sollte das Verschulden einer Seite besonders schwerwiegend sein, kann der Einzelfall gebieten, dieser die Ersatzpflicht für den Gesamtschaden (des anderen) aufzuerlegen. So wird den Fahrer des auffahrenden Fahrzeuges regelmäßig die volle Einstandspflicht treffen, sofern dem Vordermann kein Verschulden nachzuweisen ist und diesem nur die einfache Betriebsgefahr seines Fahrzeuges entgegenzuhalten wäre. Wenn einem Geschädigten mehrere Verursacher gegenüber stehen, kann dieser seinen Schaden nach § 421 BGB wahlweise von der einen oder anderen Seite vollständig erstattet verlangen und muss sich nicht auf eine möglich Mithaftung oder Quote des anderen verweisen lassen. Eine solche Gesamtschuldnerschaft kommt z. B. in Betracht, wenn bei einem unklaren Verkehrsunfall zwischen zwei Fahrzeugen noch ein drittes (z. B. geparktes) Fahrzeug geschädigt wird. Einige allgemeine Beispiele für vorgenommene Quotierungen wollen wir bereits an dieser Stelle erläutern und dürfen für einige häufig anzutreffende Sachverhalte auf die ausführlicheren Erläuterungen zu E II-VIII verweisen.

So wird bei einer festgestellten Alkoholisierung eines beteiligten Fahrzeugführers eine Mithaftung häufig nicht entfallen können (so AG Wildeshausen ZfS 1999, 375 bei 0,28‰).

Das Wenden gem § 9 Abs. 5 StVO stellt jedoch eine so große Gefahr dar, dass regelmäßig von der Alleinhaftung des Wendenden auszugehen ist (OLG Köln VersR 1999, 993). Hingegen wurde trotz verkehrswidrigen Wendens bei durchgezogener Linie und Sperrfläche der Sturz eines Kradfahrers wegen zu geringen Seitenabstandes und eines Bremsfehlers für diesen nicht als unabwendbar gewertet (OLG Köln r+s 1999,412–2/3 zu Lasten des Wendenden).

Da der Nachweis der Unabwendbarkeit durch einen Fahrzeugführer nicht geführt werden konnte, wurde diesem eine Mithaftung von 20% bei einer Frontalkollision mit dem im Gegenverkehr ins Schleudern geratenen Kfz. zugesprochen (AG Rendsburg ZfS 1998, 205).

Trotz Einhaltung der eigenen Fahrspur sah das Gericht bei einer Frontalkollision auf der Bundesstr. eine Mithaftung von 25% als gerechtfertigt an (OLG Frankfurt/M VersR 1999, 770 – auch Ausführungen zum hier nicht verletzten Rechtsfahrgebot). Auch die Frontalkollision mit einem unbeleuchteten Motorrad bei Dunkelheit führte zur Feststellung der Haftung des Motorradfahrers aus der Betriebsgefahr und Verschulden (BGH r+s 2000, 280 – Quote nicht mitgeteilt).

Beim verbotswidrigem Anfahren vom linken Fahrbahnrand und einer erheblichen Geschwindigkeitsüberschreitung in einer 30-Zone (hier 68 km/h) wurde der überwiegende Haftungsanteil mit 2/3 jedoch beim Geradeausfahrer gesehen (OLG Hamm r+s 1999, 194). Demgegenüber wurde die alleinige Verursachung bei an einem Hindernis im Wohngebiet (30-Zone) bei Schnee- und Eisglätte zu schnell Vorbeifahrenden gesehen (LG Kiel ZfS 1998, 205).

Einen Anscheinsbeweis für ein Verschulden des Fahrers bei plötzlich auftretendem Glatteis gibt es laut OLG Köln jedoch nicht, weshalb die Klage des Beifahrers vollständig abgewiesen wurde (OLG Köln DAR 1998, 317; so auch OLG Schleswig r+s 1998, 37). Zu beachten ist jedoch, dass es sich hierbei um eine Ausnahme vom Regelfall handelt, da Glatteis üblicherweise vorhersehbar ist.

Für einen Linksabbieger auf einer ampelgeregelten Kreuzung der mit dem Gegenverkehr kollidierte wurde davon ausgegangen, dass eine größere Wahrscheinlichkeit für einen Verkehrsverstoß des Linksabbiegers spricht (OLG Hamm VersR 1999, 1509–Quote 2/3 zu Lasten Linksabbieger). Eine Quote von 50% wurde bei einem Linksabbieger in eine Grundstückseinfahrt und Kollision mit dem verkehrswidrig die Busspur nutzenden Gegenverkehr festgestellt (OLG Hamm NZV 2001, 429).

Besonderen Regeln unterliegen insoweit auch Unfälle auf der BAB. So wurde jeweils von einem Mitverschulden des Pannenhelfers ausgegangen. Mithaftung von 1/3 bei einer auf dem Standstreifen der BAB durchgeführten Reparatur der Panne (OLG Hamm VersR 2000, 643). Ebenso wurde ein Mitverschulden des verletzten Pannenhelfers festgestellt, der an einem nur mit Warnblinklicht gesichertem Fahrzeug ein Abschleppseil anbringen wollte (BGH r+s 2001, 21 – Keine Quote mitgeteilt, aber wohl ca 1/3). Bei der Hilfe beim Wegschieben eines PKW von der BAB zur wenige Meter entfernten Ausfahrt wurde jedoch keine Mithaftung gesehen (OLG Braunschweig r+s 2001, 410).

Die vorstehend genannten Grundsätze sind bei Unfällen mit Fußgängern und Radfahrern nicht ohne weiteres anwendbar. Es haben sich hierzu besondere Grundsätze herausgebildet (siehe E VII). Grundsätzlich haben sich auch Fußgänger verkehrsgerecht zu verhalten, und ein Verstoß dagegen kann ihnen im Rahmen des Mitverschuldens über § 9 StVG in Verbindung mit § 254 BGB angerechnet werden. Gem. § 3 Abs. 2 a StVO sind Fahrzeugführer gegenüber Kindern, Hilfsbedürftigen und älteren Menschen zu besonderer Sorgfalt verpflichtet. Bei einem Unfall mit diesen Personen trifft den Fahrzeugführer regelmäßig nach den Regeln des Anscheinsbeweises die volle Haftung (vgl. LG Köln in VersR 1984, 796). Auch für Radfahrer gilt der Grundsatz, dass diese sich verkehrsgerecht zu verhalten haben. Allerdings lässt verkehrswidriges Verhalten eines Radfahrers die Haftung aus der Betriebsgefahr und möglicherweise Verschulden auf Seiten des Fahrzeugführers meist nicht vollständig entfallen. Eine – nur mit Vorsicht zu verallgemeinernde – Ausnahme hiervon bildet die Entscheidung des OLG Schleswig (r+s 1991, 216). Das OLG stellt hierzu fest, dass die Benutzung des Gehweges in falscher Fahrtrichtung durch einen Fahrradfahrer so schwerwiegend ist, dass dahinter die Betriebsgefahr eines aus einer Grundstücksausfahrt kommenden Pkw vollständig zurücktritt.

In einer anderen Verkehrsunfallsache, bei der ebenfalls ein Radfahrer beteiligt war, wurde das Urteil des OLG aufgehoben und die Sache insbesondere zur Sachverhaltsaufklärung durch den BGH zurückverwiesen. Der BGH hat diesen Fall zum Anlass genommen, auf die möglichst vollständige, zeitnahe und exakte Sachverhaltsaufklärung hinzuweisen. Insbesondere vorgerichtliche Versäumnisse hierzu sind in gerichtlichen Verfahren später kaum noch zu reparieren (BGH, NZV 1990, 385 – sehr empfehlenswert).

Zu Inlineskatern war lange Zeit umstritten ob diese aufgrund der erzielbaren Geschwindigkeiten als Fahrzeuge anzusehen sind oder als Sportgeräte. Diese Frage ist nunmehr zu Gunsten der Sportgeräte entschieden. Eine Mithaftung kann den Inlineskater gleichwohl treffen, wenn z. B. die Nichtbeachtung des Vorrechts beim Überqueren einer Straße durch ein linksabbiegendes Fahrzeug für den Skater erkennbar ist (OLG Karlsruhe VersR 1999, 590).

Das OLG Oldenburg ging jedoch davon aus, dass Inlinskater außerhalb geschlossener Ortschaften den rechten Fahrbahnrand zu nutzen haben und versagte dem Inlineskater ein Schmerzensgeld, da kein Verschulden des entgegenkommenden Motorroller-Fahrers feststellbar gewesen ist (Quote 40 % des Motorrollers aus BG)(OLG Oldenburg PVR 2001, 25 mwN. – incl. Checkliste und Quotentabelle!).

Eine Mithaftung von 25% kommt auch bei einem verbotswidrig geparktem Fahrzeug in Betracht (AG Hattingen SP 2001, 372 mwN. – Hier Rückwartsfahrer auf Parkplatz). Ebenso führt das unvorsichtige Türoffnen zu einer Mithaftung (AG Marl SP 2001, 371)

Die Betriebsgefahr von Schienenfahrzeugen kann im Regelfall nicht entfallen und ist daher eigentlich immer zu berücksichtigen (OLG Hamm r+s 2000, 150–Mithaftung aus BG sowie ergänzend Filthaut mit einer Darstellung zur Gefährdungshaftung der Bahn bei vorsätzlich verursachten Schäden in NZV 1998, 89 ff.)

Nachfolgend sind einige der häufigsten Unfalltypen und die Grundsätze der Bildung der Haftungsquote sowie Gründe für das Abweichen von der typischen Quote anhand ausgewählter Beispiele aus der Praxis dargestellt.

II. Der Auffahrunfall

Grundsatz: Den Auffahrenden trifft die volle Einstandspflicht- die Betriebsgefahr des Vorausfahrenden tritt vollständig zurück.

In den meisten Fällen spricht der Beweis ersten Anscheins für das alleinige Verschulden des Auffahrenden: Der Auffahrende war entweder zu schnell, zu unaufmerksam oder hatte keinen ausreichenden Sicherheitsabstand.

Erst wenn der Anscheinsbeweis erschüttert ist, treten wiederum die allgemeinen Beweislastregeln in Kraft. Dies würde bei Unaufklärbarkeit des Sachverhaltes dann lediglich zur Berücksichtigung der Betriebsgefahren und somit einer Quote von 50 : 50 führen. Ob der Anscheinsbeweis erschüttert ist, ist unter Berücksichtigung der Beweislastregeln für den Anscheinsbeweis zu prüfen. Eine **Erschütterung des Anscheinsbeweises** kommt nur in Betracht, wenn Tatsachen vorgetragen und bewiesen sind, welche die ernsthafte Möglichkeit eines abweichenden (atypischen) Geschehensablaufes begründen (vgl. OLG Köln VersR 1991, 1195 ff.). Die bloße Behauptung, der Vordermann habe kurz vor dem Unfall in die Fahrspur des Auffahrenden gewechselt und abrupt vor der Ampel gebremst, reicht hierfür nicht aus. Der Auffahrende hatte vorgetragen, dass der Vorausfahrende die Beweislast dafür trage, dass er sich schon geraume Zeit auf der Fahrspur befunden habe. Dies ist als zu weitgehend abgelehnt worden. Der Auffassung des OLG Celle (VersR 1982, 960 ff.), welches bei einem Auffahrunfall zu einer Haftung von 50 : 50 aus der Betriebsgefahr der Fahrzeuge kam, ist daher nicht zu folgen. Soweit ersichtlich, steht diese Entscheidung auch isoliert und dürfte inzwischen überholt sein. Das OLG kam im Ergebnis der Beweisaufnahme dazu, dass der Unfallhergang nicht mehr feststellbar ist. Durch die bloße Möglichkeit eines anderen Geschehensablaufes (hier Spurwechsel des Vorausfahrenden) könne kein Anscheinsbeweis zu Lasten des Vorausfahrenden sprechen.

Tipp
Die Umstände, welche für eine ernsthafte Möglichkeit eines anderen Geschehensablaufes sprechen, müssen feststehen und dürfen nicht nur behauptet werden.

Beispiel:
Solche Umstände bestehen beim Einfädeln von der Beschleunigungsspur auf die Hauptfahrbahn der BAB vor dem verklagten Lkw. LG und OLG hatten der Klage des Vorausfahrenden zunächst unter Hinweis auf die Regeln des Anscheinsbeweises stattgegeben. Der BGH hat diese Entscheidung jedoch aufgehoben, weil ein anderer Geschehensablauf hier angesichts der Beweislage feststand. Eine Quotierung zu Lasten des Auffahrenden von 50 : 50 wurde nur deshalb vorgenommen, weil diesem der Nachweis der Unabwendbarkeit nicht gelang (BGH VersR 1982, 672 ff.).

Falsch ist die Auffassung, dass Verkehrsteilnehmer die Pflicht hätten, den rechten Fahrstreifen der BAB freizumachen und auf den linken bzw. mittleren Fahrstreifen zu wechseln hätten, wenn andere auf die BAB auffahren wollen. Eine solche Verpflichtung besteht nach der StVO nicht. So wurde der auf die BAB Einfahrende trotz eines Auffahrunfalls zur vollen Haftung verurteilt, da in Wirklichkeit somit kein Auffahrunfall sondern vielmehr eine Vorfahrtsverletzung vorlag. Ein Verschulden des Auffahrenden hatte nicht vorgelegen und die Betriebsgefahr des Sattelzuges trat vollständig hinter das grob überwiegende Verschulden des Einfahrenden zurück. Diese Haftungsverteilung ist somit ohne weiteres vertretbar (vgl. OLG Koblenz VersR 1994, 361; OLG Hamm NZV 1992, 320; OLG Hamm r+s 1993, 413 ff jedoch abweichend. OLG Hamm r+s 2000, 452).

Auch bei den leider immer wieder auftretenden Ketten- oder Serienauffahrunfällen gibt es keinen Anscheinsbeweis, weil es hier bereits an der Typizität des Geschehensablaufes fehlt (OLG Düsseldorf VersR 1999, 729 sowie AG Rostock SP 2001, 370).

Ebenfalls eigentlich keine Auffahrunfälle sind die Fälle, in denen ein Spurwechsel des Vorausfahrenden in die Fahrspur des Auffahrenden erfolgt. Liegt auf Seiten des Auffahrenden z. B. »nur« ein Verstoß gegen die Autobahnrichtgeschwindigkeit von 130 km/h vor, so wird diesem trotzdem der Nachweis der Unabwendbarkeit regelmäßig nicht gelingen. Bei wesentlicher Überschreitung dieser Richtgeschwindigkeit wird die Betriebsgefahr mit einem Anteil von ca. 20–30 % zu bewerten sein.

Beispiele:

❑ OLG Hamm NZV 1990, 269	Betriebsgefahr tritt zurück
❑ OLG Hamm NZV 2000, 373	20 % Betriebsgefahr bei 160 km/h
❑ OLG Köln NZV 1992, 34	25 % Betriebsgefahr bei ca. 200 km/h
❑ OLG Hamm NZV 1992, 33	25 % Betriebsgefahr bei ca. 170 km/h
❑ OLG Hamm in DAR 1994, 154	25 % Betriebsgefahr bei ca. 180 km/h
❑ OLG Nürnberg r+s 1993, 373	30 % Betriebsgefahr bei 234 km/h
❑ OLG Schleswig NZV 1993, 152	75 % Betriebsgefahr bei 210 km/h

(Sehr instruktiv, da die Regeln des Anscheinsbeweises für beide Varianten dargelegt und erörtert werden.)

Auf der Autobahn gilt das Sichtfahrgebot. Ein Verstoß hiergegen führt zu einer Mithaftung. Eine Berufung auf § 18 Abs. 6 StVO ist unzulässig, da diese Vorschrift nur dann anwendbar ist, wenn das vorausfahrende Fahrzeug auf der selben Fahrspur fährt wie das nachfolgende. Für Fahrzeuge in verschiedenen Fahrspuren der Autobahn ist diese Vorschrift nicht anwendbar (vgl. OLG Köln NZV 1993, 271 ff.).

Daneben gibt es eine Fülle weiterer Tatsachen, die Ausnahmen vom Grundsatz der Alleinhaftung des Auffahrenden zu lassen. So z. B. das Bremsen des Vordermannes ohne zwingenden Grund. Hierzu zählen auch z. B. Bremsungen für so genannte Kleintiere, wie z. B. Frösche, Tauben etc. (Verstoß gegen § 4 Abs. 1 Satz 2 StVO). Weiterhin zählen hierzu das kurzfristige Wechseln des Fahrstreifens bzw. das kurzfristige Ausscheren zum Überholen (Verstoß gegen §§ 5, 7 StVO) und die Verkürzung des Anhalteweges für den Hintermann durch vorherigen eigenen Auffahrunfall. Auch das vorsätzliche und widerrechtliche Herbeiführen des Versicherungsfalles durch abruptes Abbremsen und Auffahrunfall kann die Haftung des Auffahrenden entfallen lassen (AG Aachen r+s 1999, 286- hier zur Versagung des Deckungsschutzes in der Rechtsschutzversicherung).

Das Abbremsen nach dem Anfahren an einer LZA wegen eines Sonderrechtsfahrzeuges ist jedoch verkehrsbedingt, da jeder Verkehrsteilnehmer hiermit rechnen muss. Auch das so genannte Anfahrprivileg (verkürzter Sicherheitsabstand) führt zu keiner Entlastung des Auffahrenden.

Innerhalb des Bereiches von 31 Metern hinter Kreuzungen ist davon auszugehen, dass eigentlich kein Auffahrunfall, sondern eine Vorfahrtverletzung vorliegt (AG Brandenburg/H SP 2001, 154)

Die Haftung für Verschulden bzw. für die Betriebsgefahr entfällt nicht, wenn z. B. schuldhaft ein Hindernis im Sinne von § 32 StVO geschaffen oder das Fahrzeug verkehrswidrig abgestellt wurde (§ 12 StVO). Insbesondere in den letztgenannten Fällen kommt es häufig zu Verstößen gegen Beleuchtungs- oder andere Sicherungspflichten (vgl. §§ 15, 17, 34 StVO), welche die Alleinhaftung des Auffahrenden entfallen lassen (vgl. BGH VersR 1989, 54 – instruktiv, auch zur Beweislastregel!).

Auffahrunfälle

Lfd. Nr.	Quelle	Sachverhalt	Quote
1	OLG Koblenz VersR 80, 753	Auffahrunfall auf Pkw, der vor Einfahrt auf Vorfahrtsstraße nochmals anhält (die Tatsache, dass ein davor befindliches Fahrzeug bereits angehalten hatte, kann den Auffahrenden nicht entlasten).	100 : 0 zu Lasten des Auffahrenden
2	OLG Köln NZV 93, 271 f.	Vorausfahrender Pkw kam bei Dunkelheit beim Überholversuch ins Schleudern und bleibt quer an der linken Fahrspur der BAB stehen. Der spätere Auffahrer fährt mindestens 134 km/h statt erlaubter 100 km/h (vgl. Übersicht gegen Sichtfahrgebot!).	60 : 40 zu Lasten des Auffahrenden
3	OLG Schleswig VersR 95, 476 (empfehlenswert, auch wegen Hinweisen zu Anscheinsbeweisregeln)	Vorausfahrendes Gespannfahrzeug kommt bei Dunkelheit ins Schleudern und bleibt entgegen der Fahrtrichtung ohne Beleuchtung auf der Überholspur der BAB liegen.	80 : 20 zu Lasten des Gespannfahrzeuges
4	OLG Düsseldorf SP 94, 337	Die Beklagte hatte ihren Pkw auf einer Bundesstraße plötzlich abgebremst, weil ihr einfiel, dass sie in die falsche Richtung fährt.	75 : 25 zu Lasten des Auffahrenden
5	OLG Hamm NZV 93, 435	Der Vordermann bremste seinen Pkw aus ungeklärtem Grund plötzlich mit Vollbremsung bis zum Stillstand ab.	75 : 25 zu Lasten des Auffahrenden
6	KG NZV 93, 478	Taxi bremst plötzlich schnell ab, um Fahrgast aufzunehmen.	75 : 25 zu Lasten des Auffahrenden

Lfd. Nr.	Quelle	Sachverhalt	Quote
7	OLG Köln DAR 94, 28	Vordermann hat wegen Taube auf der Fahrbahn scharf gebremst.	60 : 40 zu Lasten des Auffahrenden
8	OLG Hamm VersR 93, 1030 f.	Vordermann bremst auf Überholspur der BAB plötzlich grundlos bis zum Stillstand ab.	100 : 0 zu Lasten des Vorausfahrenden
9	AG Menden DAR 95, 409 f.	Vordermann »würgt« beim Auffahren auf LZA Fahrzeug ab.	75 : 25 zu Lasten des Auffahrenden
10	OLG Hamm NZV 94, 193	Auffahrunfall auf BAB wegen Spurwechsel. Auffahrer hatte Richtgeschwindigkeit von 130 km/h um ca. 50 km/h überschritten. Vgl. hierzu grundsätzlich das so genannte »Richtgeschwindigkeitsurteil« des BGH r+s 92, 228 sowie die Besprechung des Urteils bei Reif VersR 92, 716 und Gebhardt in DAR 92, 295.	75 : 25 zu Lasten des Vorausfahrenden
11	OLG Hamm r+s 93, 373	Lkw fährt von Beschleunigungsspur auf rechten Fahrstreifen der BAB auf, obwohl ein Lkw auf dieser fährt und vertraut auf Fahrspurwechsel nach links, weil Blinker entsprechend gesetzt ist.	66,6 : 33,4 zu Lasten des Vorausfahrenden
12	KG VersR 75, 837	Auffahren auf ein Kfz, welches wegen eines in zweiter Spur verkehrswidrig anhaltenden Fahrzeuges bis zum Stillstand abbremsen muss.	75 zu Lasten des Auffahrenden 25 zu Lasten des in zweiter Spur Haltenden
13	OLG Karlsruhe VersR 82, 1205	Wegen defekter Bremsleuchten auf anhaltendes Fahrzeug aufgefahren (BG ist höher anzusetzen).	66,6 : 33,4 zu Lasten des Vorausfahrenden

Lfd. Nr.	Quelle	Sachverhalt	Quote
14	OLG Frankfurt VersR 86, 1086	Vorausfahrender bremst wegen Reifenschaden plötzlich stark ab.	50 : 50
15	OLG Düsseldorf VersR 78, 331	Vorausfahrender bremst bei Phasenwechsel der LZA bei »Gelb« ab, obwohl ein zügiges Durchfahren möglich und zulässig war.	66,6 : 33,4 zu Lasten des Vorausfahrenden
16	OLG Hamm VersR 87, 491	Mopedfahrer prallt bei Dunkelheit, Regen und Sichtbehinderung durch Blendung eines entgegen-kommenden Fahrzeuges mit ca. 40 km/h auf unbeleuchtet abgestellten Lkw mit Hänger, der ca. 1,7 m in die Fahrspur ragt.	66,6 : 33,4 zu Lasten des Lkw
17	OLG Hamm ZfS 90, 338	Radfahrer fährt bei Dunkelheit auf unbeleuchteten Lkw.	50 : 50
18	LG Koblenz SP 2001, 165	PKW fährt auf unbeleuchteten Anhänger zu Lasten Auffahrer auf, BG tritt zurück	100 : 0
19	OLG Celle r+s 2000, 323	Auffahrunfall bei Regen und Dukelheit auf abgest. Anhäger ohne Beleuchtung, nur mit ausgeklappten Warntafeln	100 : 0 zu Lasten Auffahrer
20	KG VersR 1998, 518	Kein Anscheinsbeweis bei zeitl. und örtl. Zusammenhang mit Spurwechsel	50 : 50
21	AG Stuttgart ZfS 1998, 414	Fahrspurwechsel ohne Rückschau	100 : 0 zu Lasten Spurwechsler
22	OLG Zweibrücken NZV 1998, 24	Auffahrunfall am Stauende, Kein Warnblinker	66,6 : 33,4 zu Lasten Auffahrer

Lfd. Nr.	Quelle	Sachverhalt	Quote
23	OLG Hamm r+s 2000, 452	Keine Geschwindigkeitsverminderung durch auffahrenden LKW beim Einfahren auf BAB	66,6 : 33,4 zu Lasten des Einfahrenden
24	AG Hildesheim ZfS 1999,374	Auffahrunfall auf linker Spur der BAB bei verdeckt fahrendem Fzg und anhalten wegen Wadenkrampf	66,6 : 33,4 Zu Lasten Vorausfahrer
25	OLG Hamm NZV 1998, 115	Auffahrunfall nach Schleudern des Vorausfahrenden	100 : 0 zu Lasten Vorausfahrer
26	AG Eckernförde ZfS 1998,247	Auffahren bei nicht verkehrsbedingtem Abbremsen	50 : 50
27	AG Krefeld SP 2001, 373	Abbremsen wegen Enten	
28	AG Limburg SP 2001, 373	Abbremsen bis zum Stillstand wegen Igel	66,6 : 33,4 zu Lasten des Auffahrenden
29	OLG Hamm r+s 1999, 237	Abbremsen beim Anfahren an LZA wegen Sonderrechtsfahrzeug	100 : 0 zu Lasten des Auffahrenden
30	OLG Frankfurt/M PVR 2001, 323	Anhalten auf Abbiege-/Einfädelspur einer BAB um sich zu orientieren (Karte!) ist nicht verkehrsbedingt	60 : 40 zu Lasten des Auffahrenden
31	OLG Koblenz PVR 2001, 323	Auffahren mit 100 km/h und Abblendlicht in Unfallstelle nach Massenkarambolage	66,6 : 33,4 zu Lasten des Auffahrenden
32	OLG Hamm PVR 2001, 23	Auffahren nach Spurwechsel (Anscheinsbeweis und Anforderungen an Unabwendbarkeitsnachweis)	80 : 20 zu Lasten des Auffahrenden
33	OLG Köln VersR 1998, 1430	Auf BAB einfahrendes Kfz. schleudert gegen Mittelplanke und bleibt quer liegen, Auffahrer ca. 160 km/h (keine Anrechung BG !)	100 : 0 zu Lasten des Einfahrenden

Lfd. Nr.	Quelle	Sachverhalt	Quote
34	OLG Frankfurt/M DAR 2001, 163 (Revision nicht angenommen)	Auffahrunfall bei Dunkelheit auf BAB, Ausführungen zum Sichtfahrgebot und Anscheinsbeweis	100 : 0 zu Lasten des Auffahrenden
35	OLG Nürnberg NZV 2000, 128	Auffahren auf verunfallten querstehenden PKW auf BAB, Verstoß gegen Sichtfahrgebot	75 : 25 zu Lasten des Erstverursachers (Vorausfahrer)
36	OLG Koblenz NZV 1999, 129	Auffahrunfall im Gegenverkehr der BAB wegen dort liegender Teile aus Erstunfall (2 Fahrz. halten verkehrsbedingt)	80 : 20 zu Lasten des Erstverursachers (= Gegenverkehr)
37	OLG Hamm r+s 1998, 459	Auffahren nach Spurwechsel außerorts, Hergang nicht mehr aufklärbar	50 : 50
38	OLG Hamm NZV 2000, 85	Auffahren nach Spurwechsel innerorts bei mehreren Fahrspuren Ausführungen zu § 7 StVO	100 : 0 zu Lasten des Spurwechslers
39	OLG Hamm NZV 2000, 373	Auffahren nach Spurwechsel auf BAB bei 160 km/h	80 : 20 zu Lasten des Spurwechslers
40	OLG Düsseldorf NZV 1998, 203	Kein Anscheinsbeweis bei Mehrfachauffahrunfall	75 : 25 zu Lasten des Erstverursachers (gesteigerte BG)
41	OLG Koblenz NJW-RR 1999, 175	Mehrfachauffahrunfall	66,6 : 33,4 zu Lasten des Erstverursachers (gesteigerte BG)

III. Der Linksabbieger- und Überholerunfall

Gerade bei diesen Unfällen ist es wichtig, keine vorschnelle Haftungsentscheidung zu treffen. Die Schadenersatzpflicht richtet sich auch bei diesen Unfällen danach, inwieweit der Schaden von dem einen oder anderen Beteiligten verursacht wurde (§ 17 StVG). Diese Verursachungsbeiträge sind zu gewichten, und erst dann kann eine Haftungsquote festgelegt werden. Die Betriebsgefahren der beteiligten Fahrzeuge und der Verschuldensgrad der Fahrzeugführer sind von entscheidender Bedeutung.

T

Tipp
Betriebsgefahr und Verschulden sind für alle Beteiligten zu prüfen.

Die Betriebsgefahr richtet sich im wesentlichen nach der Größe des Fahrzeuges *und* der Art der Verkehrsteilnahme. Die Faustregel, je schwerer ein Fahrzeug ist, desto höher ist auch seine Betriebsgefahr, wurde bereits dargestellt. Dies ist bei der Betriebsgefahr jedoch nicht der einzige zu prüfende Umstand, da die Betriebsgefahr immer aus der konkreten Situation heraus zu prüfen ist. Das heißt, dass die Betriebsgefahr mit zunehmender Geschwindigkeit erhöht wird, die Schwere (Schwerfälligkeit) kann von Bedeutung sein oder der konkrete Verkehrsvorgang. Der Gesetzgeber hat mit der Straßenverkehrsordnung aufgeführt, welche konkreten Verkehrsvorgänge als besonders gefährlich anzusehen sind. Dies betrifft z. B. das Wenden, Rückwärtsfahren, Ausfahren aus Grundstücken, das Überholen. Bei all diesen Verkehrsvorgängen hat sich der Fahrzeugführer laut StVO so zu verhalten, dass eine *Gefährdung* anderer Verkehrsteilnehmer ausgeschlossen werden kann. Die Folge hieraus ist, dass der jeweilige Fahrzeugführer bei einer Kollision eine höhere Betriebsgefahr angerechnet bekommt, da er durch das Verlassen/Verändern der eigenen Fahrspur eine Gefahr für die anderen Verkehrsteilnehmer darstellt. Der Linksabbieger unterbricht den Verkehrsfluss auf der eigenen Fahrspur und ruft möglicherweise Irritationen beim Gegenverkehr hervor. Der Überholer gefährdet nicht nur sich selbst durch die Benutzung der Gegenfahrbahn und die Geschwindigkeitserhöhung, sondern auch den Gegenverkehr und den Überholten, weil dieser den Überholer zeitweise nicht wahrnehmen kann.

Das heißt, bei der Berücksichtigung der Betriebsgefahr bei einer solchen Kollision wird regelmäßig die Gewichtung zugunsten des einfach nur geradeaus fahrenden Fahrzeugführers ausfallen. Neben der Betriebsgefahr ist dann auch noch der Grad des Verschuldens bei den beteiligten Fahrzeugführern zu prüfen. Das mögliche Verschulden der Fahrzeugführer führt regelmäßig nicht nur zu einer Erhöhung der Betriebsgefahr des jeweiligen Fahrzeuges, sondern gemäß § 254 Abs. 2 BGB auch zu einer anderen Haftungsverteilung. Bitte beachten sie jedoch unbedingt, dass sie das Verschulden nur dann einwenden können, wenn dies nachgewiesen oder unbestritten ist. Eine Gewichtung des Verschuldens ist jedoch erfahrungsgemäß sehr schwierig.

Bei den Linskabbiegerunfällen sind entsprechend diesen Grundsätzen drei Unfallkonstellationen von Bedeutung, bei der sich jeweils eine Änderung der Haftungsverteilung ergibt. Es handelt sich um das Linksabbiegen auf

1. einer Kreuzung / Einmündung innerstädtisch,
2. einer Kreuzung / Einmündung außerorts sowie
3. in eine Grundstückseinfahrt.

In jedem Fall muss der Linksabbieger folgende Pflichten erfüllen:

- vorherige Rückschau
- deutliche und rechtzeitige Ankündigung (durch Lichtzeichen – Blinker)
- deutliche und rechtzeitige Ankündigung (durch Einordnen zur Fahrbahnmitte)
- zweite Rückschau (Schulterblick)

Die vorstehenden Pflichten des Abbiegers dienen dazu, die typischen Gefahren dieses Verkehrsvorganges zu minimieren. Selbstverständlich korrespondieren diese mit den Pflichten des Überholers und sind daher sowohl beim Verschulden als auch bei der Betriebsgefahr wechselseitig zu prüfen. Die Pflichten des Überholers sind:

- grundsätzlich nur links überholen
- bei unklarer Verkehrslage besteht Überholverbot
- gegebenenfalls Ankündigung der Überholabsicht, insbesondere auch für den Vorausfahrenden
- Abbieger, welche sich unter Zeichensetzung links eingeordnet haben, sind *rechts* zu überholen

Bei den Linksabbieger-/Überholerunfällen treffen häufig beide Verkehrsverstöße zusammen. So wird durch den Überholer oft trotz erkennbar unklarer Verkehrslage überholt und der Linksabbieger wird im Regelfall gegen seine zweite Rückschaupflicht verstoßen. Für letzteres spricht insbesondere die stattgefundene Kollision, da bei Beachtung der zweiten Rückschaupflicht der Unfall im Regelfall vermieden wird.

Beispiel
Das OLG kam bei nachfolgendem Unfall zu einer Haftung von $^{2}/_{3}$ zu Lasten des Linksabbiegers und gibt in der Begründung gute Argumentationshilfen für vergleichbare Fälle.
Ein Linksabbieger fuhr innerorts zunächst rückwärts aus einem Parkplatz und in einem Zuge ca. 15 m weiter rückwärts, um in eine dort befindliche Seitenstraße nach links abzubiegen. Der Überholer (Motorradfahrer) hatte erst nach einer Rechtskurve Sicht auf das noch rückwärtsfahrende bzw. an der Mittellinie stehenden Fahrzeug (blieb im übrigen ungeklärt) des Linksabbiegers. Erst zu diesem Zeitpunkt wurde der linke Blinker gesetzt und sofort nach Links abgebogen, obwohl der Motorradfahrer zu diesen Zeitpunkt bereits den Überholvorgang (trotz unklarer Verkehrslage!) eingeleitet hatte. Der Linksabbieger hatte das beabsichtigte Linksabbiegen nicht rechtzeitig genug im Sinne von § 9 Abs. 1 StVO angezeigt und darüber hinaus seine zweite Rückschaupflicht verletzt. Durch das Linksabbiegen war daher die Betriebsgefahr des Pkw deutlich erhöht. Die Mitverursachung durch den Überholer hatte ein deutlich geringeres Gewicht und beruhte darüber hinaus auf einer Fehleinschätzung der durch den Linksabbieger geschaffenen Verkehrssituation (OLG Düsseldorf VersR 1995, 1504).

Zu einer etwas abweichenden Quote kam das OLG Braunschweig (DAR 93, 345) bei einem innerstädtischen Linksabbieger, ohne dass der Linksabbieger sich deutlich zur Mitte einordnete. Der Überholer konnte hingegen den Verkehrsraum nicht ausreichend überblicken und hat damit bei unklarer Verkehrslage überholt. Der Verstoß gegen die zweite Rückschaupflicht beim Linksabbieger stand fest, da er andernfalls den Pkw des Überholers hätte sehen müssen. Das geringfügig höhere Verschulden des Linksabbiegers wurde hier mit 60 % bewertet.

Das OLG Schleswig (NZV 1994, 30) kommt beim Linksabbiegen in einen Feldweg zu einer Quote von 75 % zu Lasten des Linksabbiegers. Dieser verlangsamte die Geschwindigkeit, fuhr jedoch äußerst *rechts* und setze den Blinker erst unmittelbar vor Einleitung des Abbiegevorganges. Durch die Geschwindigkeitsverminderung bestand eine unklare Verkehrslage für den Überholer, welche nicht unberücksichtigt bleiben konnte.

Eine sehr gute Argumentationshilfe (auch wegen der weiteren darin aufgeführten Entscheidungen) stellt das Urteil des Kammergerichts vom 04. 03. 1993 (NZV 1993, 272 f) dar. Das LG hatte dem Linksabbieger zunächst eine Haftung von einem Drittel auferlegt, welche das KG auf 50 % abänderte. Unseres Erachtens wäre in diesem konkreten Fall aber wohl auch die vom LG festgestellte Quote durchaus vertretbar gewesen. Der Sachverhalt stellte sich so dar, dass der Linksabbieger im Zugverband (abgeschlepptes Kfz) auf einer Kreuzung außerorts zunächst links blinkte (auch das abgeschleppte Kfz – keine Warnblinker), sich links zur Mitte einordnete und nach passieren des Gegenverkehrs den Abbiegevorgang einleitete, ohne sich mittels der Rückschaupflicht von der Verkehrsfreiheit zu überzeugen. Das KG kam ebenfalls zu der Auffassung, dass das Verschulden des Überholers schwer wiegt, angesichts des die Kreuzung nur langsam räumenden Zugverbandes eine gleichmäßige Haftungsverteilung jedoch sachgerecht sei.

Problematisch sind die Fälle, in denen der Linksabbieger den Abbiegevorgang abbricht, um in die nächst gelegene Einfahrt einzufahren bzw. er zweimal hintereinander links abbiegt. In beiden Fällen wird vom Linksabbieger eine besondere Vorsicht erwartet. So muss er z. B. beim zweimaligen Linksabbiegen kurz hintereinander den Blinker zunächst kurz ausschalten und sodann erneut bestätigen, um den Nachfolgeverkehr eine eindeutige Zeichengebung und damit entsprechende Reaktion zu ermöglichen(vgl. auch AG Brandenburg/H SP 2001, 154). Dies gilt auch dann, wenn zunächst ein Spurwechsel zum Einordnen vorgenommen wird, um danach abzubiegen. Eine kleine Auflistung von entsprechenden Urteilen und Quoten befindet sich im Anschluss an die nachfolgende Darstellung der Linksabbieger-/Überholerunfälle.

Im Regelfall wird das vorausfahrende Fahrzeug die alleinige Haftung treffen, wenn der Überholvorgang des Nachfolgenden bereits weiter fortgeschritten ist. Dass der Überholer bereits neben dem Überholten sein muss, um gegebenenfalls die eigene Überholabsicht des Vorausfahrenden zurücktreten zu lassen, ist dementsprechend nicht erforderlich. Der Vorausfahrende hat vielmehr seine erheblichen Sorgfaltspflichten dahingehend wahrzunehmen, dass er sich vor Beginn des eigenen Überholvorganges vergewissern muss, dass er seinerseits hierbei nicht rückwärts nahende schnellere Verkehrsteilnehmer gefährdet (BGH VersR 1987, 156 – instruktiv, auch zu den sonstigen Sorgfaltsanforderungen).

Ein so genanntes Vortrittsrecht des Vorausfahrenden nach einem Überholverbot besteht nach inzwischen weit überwiegender Auffassung nicht mehr. Das heißt, der Vorausfahrende darf nicht darauf vertrauen, dass ihm ein vorrangiges Überholrecht zusteht. Allerdings heißt dies auch nicht uneingeschränkt, dass nach Ende eines Überholverbotes das Recht des »Schnelleren« gilt. Vielmehr ist in diesem Fall die gesteigerte Sorgfalt eines Idealfahrers als Maßstab anzulegen: dem Vordermann ist die Chance zum eigenen Überholen einzuräumen. Hat der Überholende ordnungsgemäß und unter Beachtung der Möglichkeit des Ausscherens des Vordermannes den eigenen Überholvorgang korrekt begonnen, dann bleibt sein Vorrang erhalten. Nur wenn Ansatzpunkte dafür vorliegen, dass der Vorausfahrende seinerseits nach Ende des Überholverbotes ansetzt, so ist das eigene Überholen wegen der unklaren Verkehrslage verboten (vgl. OLG München, VersR 1993, 987 – zum Fall des Doppelüberholens, informativ auch für alle anderen Überholerunfälle).

Es können bei diesen Unfällen häufig zwei Anscheinsbeweise gegeneinander streiten. Zunächst der Anscheinsbeweis gegen den Auffahrenden und sodann der Anscheinsbeweis gegen den Ausscherenden. Sollte eine exakte Sachverhaltsaufklärung nicht möglich sein, so wird unter Berücksichtigung der Regeln des jeweiligen Anscheinsbeweises oftmals nur die Berücksichtigung der beiderseitigen Betriebsgefahren möglich sein.

T

Tipp
Keine vorschnelle Anwendung des Anscheinsbeweises.

Das Hauptaugenmerk kann daher nur auf eine möglichst genaue Sachverhaltsaufklärung unter Berücksichtigung der Regeln des Anscheinsbeweises (wer hat was zu beweisen bzw. zu widerlegen) gerichtet werden. Um dies zu erleichtern, sollen nachfolgend einige Entscheidungen zu dieser Problematik dargestellt werden. Eine tabellarische Übersicht findet sich unten im Anschluss an die Übersicht zu den Linksabbiegerunfällen.

Beispiele

1. So wurde die Klage eines mit 170 km/h fahrenden Motorradfahrers auf Schadenersatz vollständig abgewiesen. Die Beklagte fuhr mit ihrem Pkw hinter einem mit 90 km/h fahrenden Lkw und zeigte das beabsichtigte Überholen ordnungsgemäß und so korrekt an, dass der Kläger (zu diesem Zeitpunkt noch 300 m entfernt) den Unfall durch leichtes Abbremsen vollständig hätte verhindern können (OLG Frankfurt r+s 1993, 296).
2. In einem anderen Fall wurde dem auf der BAB zum Überholen Ausscherenden eine Haftung von 75 % auferlegt. Dem auf dem linken Fahrstreifen Überholenden war kein Mitverschulden entgegen zu halten, allerdings wurde die Richtgeschwindigkeit von 130 km/h um 50 km/h überschritten (dies entspricht rund einem Viertel). Diese Überschreitung war mit ursächlich und konnte daher nicht unberücksichtigt bleiben (OLG Hamm DAR 1994, 154).
3. Das OLG Schleswig bestätigte in einem Urteil, die volle Haftung des ausscherenden Pkws, weil dieser bei Beginn seines Überholvorganges bereits erkennbar von dem Motorradfahrer überholt wurde. Da das eigene Ausscheren darüber hinaus nicht rechtzeitig und deutlich angekündigt wurde, konnte auch die Betriebsgefahr des Motorrades vollständig zurücktreten (OLG Schleswig VersR 1986, 977).
4. Ähnlich auch das OLG, welches ausführte, dass der Unfall für den überholenden Motorradfahrer in die Nähe eines unabwendbaren Ereignisses rückte (OLG Düsseldorf DAR 1993, 258).

Wie hieraus zu ersehen ist, sind bei diesen Unfällen im Regelfall immer die nachfolgenden Punkte aufzuklären und erst danach sollte die Quote gebildet werden:

1. Geschwindigkeit des ausscherenden Fahrzeuges
2. Geschwindigkeit des nachfolgenden (überholenden) Fahrzeuges!
3. Abstand zwischen beiden Fahrzeugen bei Ausscherbeginn!
4. Ende eines Überholverbotes (durch Verkehrszeichen oder sonstige Unmöglichkeit)?
5. Lag evtl. eine unklare Verkehrslage für den Überholer vor?

Erst wenn diese Punkte erfasst und geprüft sind, wird eine der Sach- und Rechtslage entsprechende Beurteilung möglich sein. Die weit überwiegende Mehrzahl der vorstehend genannten Punkte sind auch in den Fällen des Ausscherens (ohne Überholabsicht) anzuwenden. In diesen Fällen wird davon ausgegangen, dass bei bereits weit fortgeschrittenem Überholvorgang eine Alleinhaftung des Ausscherenden besteht. Eine Mithaftung kommt nur in Betracht, wenn der Überholer mit überhöhter Geschwindigkeit gefahren ist, mit dem Ausscheren zu rechnen war, kein ausreichender Sicherheitsabstand vorhanden gewesen ist oder der Überholer eine Kolonne in einem Zug überholt.

Übersicht Linksabbiegerunfälle:

Lfd. Nr.	Quelle	Sachverhalt	Quote
1	LG Augsburg r+s 1983, 142	Traktor biegt links ab, zwei Fahrzeuge warten, drittes Fahrzeug überholt	50 : 50
2	OLG Bamberg r+s 1985, 191	Keine zweite Rückschau des Linksabbiegers, Überholer überholt trotz Verbot (weiße Linie)	25 % zu Lasten Linksabbiegers 75 % zu Lasten Überholer
3	OLG Köln r+s 1985, 264	Linksabbieger hat »Überholer glatt übersehen«	75 % zu Lasten Linksabbieger 25 % zu Lasten Überholer (kein Nachweis Unabwendbarkeit)
4	OLG Hamm r+s 1986, 60	Abbieger ordnet sich nicht ein, keine zweite Rückschau, Überholer zu schnell	50 : 50
5	OLG Celle VersR 1986, 349	Linksabbieger verhält sich ordnungsgemäß, Überholer trotz Rückstau mit überhöhter Geschwindigkeit	100 % zu Lasten Überholer
6	OLG Nürnberg VersR 1987, 108	Linksabbieger auf Bundesstraße will in Grundstück einfahren, Überholer (Motorrad) ca. $^1/_5$ zu hohe Geschwindigkeit, Linksabbieger verhielt sich ordnungsgemäß	80 % zu Lasten Linksabbieger 20 % zu Lasten Überholer (wegen überhöhter Geschwindigkeit)
7	OLG Düsseldorf r+s 1987, 339	Linksabbiegender Traktorfahrer mit defektem Blinklicht am Hänger	$^2/_3$ zu Lasten Linksabbieger $^1/_3$ zu Lasten Überholer, da Unfall bei Abgabe eines Warnsignales (Hupe) nicht unabwendbar
8	LG Kassel VersR 1987, 575	Überholer überholt trotz Überholverbot (Z. 276 StVO)	$^2/_3$ zu Lasten Überholer $^1/_3$ zu Lasten Linksabbieger wegen Verletzung zweiter Rückschaupflicht

Lfd. Nr.	Quelle	Sachverhalt	Quote
9	OLG Frankfurt DAR 1988, 243	Linksabbieger will in Grundstück einfahren, Motorradfahrer überholt (Zufahrt dient nicht dem fließenden Verkehr)	100 % zu Lasten Linksabbieger
10	OLG Stuttgart r+s 1988, 329	Linksabbieger ohne zweite Rückschau, Überholer zu schnell und mit 1,5 % BAK	20 % zu Lasten Linksabbieger 80 % zu Lasten Überholer
11	OLG Karlsruhe VersR 1988, 413	Linksabbieger auf Bundesstraße in Einfahrt zur Erdbeerplantage, erster Überholer kann noch nach rechts ausweichen, zweiter Überholer kollidiert	50 : 50 Betriebsgefahren beider Fahrzeuge erhöht Verschuldensgrad ebenfalls gleichwertig
12	OLG Frankfurt NZV 1989, 155	Überholer überholt 6 fast zum Stillstand gekommene Fahrzeuge hinter Linksabbieger im Überholverbot	100 % zu Lasten Überholer
13	LG Ellwangen VersR 1990, 435	Linksabbieger nutzt erst zweite Parkplatzeinfahrt, Blinker gesetzt und eingeordnet, aber Verstoß gegen zweite Rückschau	50 : 50
14	OLG Hamm NZV 1993, 313	Überholer überholt Kolonne von 2 Fahrzeugen, erstes Fahrzeug (Traktor) biegt links ab	$^2/_3$ zu Lasten Überholer wegen unklarer Verkehrslage $^1/_3$ zu Lasten Linksabbieger wegen Verletzung zweiter Rückschaupflicht
15	OLG Nürnberg DAR 1995, 330	Linksabbieger innerorts und ohne Betätigung Blinker, Kollision mit Überholer im Überholverbot und vorhandener durchgehender Sperrlinie	50 : 50
16	LG Bad Kreuznach r+s 1988, 294	Abbieger in Grundstück schert erst nach links aus und biegt dann rechts ab. Kollision mit »Rechtsüberholer«.	50 : 50

Lfd. Nr.	Quelle	Sachverhalt	Quote
17	OLG Karlsruhe VersR 1989, 1058	Lkw biegt in Firmengrundstück nach links ein, stehenbleiben wegen Hindernis, Hänger versperrt Gegenfahrspur, Kollision mit Pkw im Gegenverkehr	75 % zu Lasten Linksabbieger 25 % zu Lasten Gegenverkehr wegen Verstoß gegen Sichtfahrgebot
18	OLG Oldenburg NZV 1993, 233	Rechtsabbieger in Haarnadelkurve blinkt zuerst links um auszuholen und dann rechts um abzubiegen, Kollision mit Rechtsüberholer bei nur ca. 2,75 m Verkehrsraum für diesen	75 % zu Lasten des Abbiegenden 25 % zu Lasten Überholer wegen unklarer Verkehrslage (leichtes Abbremsen zumutbar)
19	OLG Celle NZV 1994, 193	Kreuzungsunfall zwischen Linksabbieger und Motorrad im Gegenverkehr, Linksabbieger tastet sich wegen ebenfalls linksabbiegendem Lkw bis zur Sichtlinie vor, Lkw versperrt Fahrtrichtung für Nachfolger, Gegenverkehr überholt rechts und kollidiert mit Linksabbieger	$^2/_3$ zu Lasten des Gegenverkehrs $^1/_3$ zu Lasten Linksabbieger
20	OLG Hamm NZV 1994, 318	Kollision zwischen linksabbiegendem Pkw und entgegenkommendem, erheblich zu schnellem Motorrad (hier 95 km/h statt 50 km/h)	25 % zu Lasten Linksabbieger 75 % zu Lasten Motorradfahrer
21	LG Essen SP 2001, 156	linksabbiegender PKW in Grundstückseinfahrt und verspätet reagierender Motorradfahrer	2/3 zu Lasten Überholers
22	AG Kassel SP 2001, 372	Linksabbieger in Grundstück und Überholer innerstädtisch	50 : 50
23	OLG Düsseldorf NZV 1998, 72	Linksabbieger setzte rechtzeitig Blinker und 2. Rückschaupflicht erfüllt	Alleinhaftung des vorschriftswidrigen Überholers

Lfd. Nr.	Quelle	Sachverhalt	Quote
24	OLG Karlsruhe r+s 1999, 275	Linksabbieger ohne Rückschau und Kolonnenüberholer bei unklarer Verkehrslage	50 : 50
25	OLG Düsseldorf NZV 1998, 502	Linksabbieger in Grundstück rechtzeitig geblinkt und zur Mitte eingeordnet, zu schnell fahrender Überholer	50 : 50
26	OLG Koblenz r+s 1999, 502	Linksabbieger in Waldweg und Sturz nicht sichtbaren Mottorrades im Gegenverkehr	Alleinhaftung Motorradfahrer
27	OLG Celle ZfS 1999, 56	Links blinkendes Fzg. bei unklarer Verkehrslage Überholt (Unfall ohne Berührung)	80 : 20 zu Lasten Überholer
28	OLG Celle VersR 2000, 378	Überholer kommt wegen Links blinkendem und zur Fahrbahnmitte fahrendem Fzg. von Fahrbahn ab	50 : 50
29	KG NZV 2001, 426	Linksabbieger kollidiert mit in gleicher Richtung fahrender Staßenbahn	50 : 50
30	OLG Celle PVR 2001, 283	Linkabbieger auf Ampelkreuzung bei noch (!) gelb blinkendem Abbiegepfeil und Rotlichtverstoß des Geradeausfahrers	66,6 : 33,4 zu Lasten des Linksabbiegers
31	OLG Karlsruhe NZV 1999, 166	Krad überholt bei unklarer Verkehrslage eine Kolonne und kollidiert außerorts mit Linksabbieger in Feldweg	50 : 50
32	OLG Köln NZV 1999,333	Überholer bei unklarer Verkehrslage innerorts kollidiert mit Linksabbieger der 2. Rückschaupflicht verletzt	50 : 50

Übersicht Überholunfälle

Lfd. Nr.	Quelle	Sachverhalt	Quote
1	OLG Hamm r+s 1985, 266	Überholer fährt zu schnell und reagiert verspätet (Vortrittsrecht des Ausscherenden verneint)	$^{2}/_{3}$ zu Lasten des Ausscherenden $^{1}/_{3}$ zu Lasten Überholer
2	OLG Köln r+s 1986, 280	Pkw überholt Fahrzeugkolonne (60–70 km/h) auf 6,3 m breiter Landstraße mit ca. 130 km/h, Ausscherender fährt zur Sichtgewinnung leicht nach links	100 % zu Lasten Überholer
3	OLG Schleswig VersR 1986, 977	Pkw schert aus, um vor ihm fahrenden Pkw zu überholen, ohne dies rechtzeitig und deutlich anzukündigen, Motorradfahrer überholt zu diesem Zeitpunkt bereits erkennbar	100 % zu Lasten des Ausscherenden
4	LG Kassel NZV 1990, 76	Pkw will unmittelbar nach Überholverbot (Kurve) Mähdrescher überholen, nachfolgendes Krad überholt gleichzeitig	70 % zu Lasten des Ausscherenden 30 % zu Lasten des Überholers
5	LG Augsburg r+s 1993, 251	PKW biegt ohne zweiten Rückblick nach links in ein Grundstück ein, ein anderes Fahrzeug überholt trotz unklarer Verkehrslage eine Fahrzeugkolonne	50 : 50
6	OLG Düsseldorf DAR 1993, 258	Pkw schert ohne rechtzeitige und deutliche Ankündigung aus Kolonne aus, obwohl nachfolgender Motorradfahrer bereits ein Fahrzeug überholt hat	100 % zu Lasten des Ausscherenden

Lfd. Nr.	Quelle	Sachverhalt	Quote
7	OLG Frankfurt r+s 1993, 296	Pkw überholt ordnungsgemäß auf BAB mit ca. 120 km/h, Überholer (Motorrad) fährt auf linker Spur mit ca. 170 km/h	100 % zu Lasten Überholer
8	OLG München VersR 1993, 987	Ausscherender überholt auf 5,8 m breiter Straße zwei Radfahrer, Nachfolger will Vorausfahrenden ebenfalls überholen	100 % zu Lasten des nachfolgendes Überholers (Überholverbot wegen unklarer Verkehrslage)
9	OLG Hamm DAR 1994, 154	Pkw schert auf BAB zum Überholen aus, Überholer kein Mitverschulden, aber deutlich schneller als Richtgeschwindigkeit	75 % zu Lasten des Ausscherenden 25 % zu Lasten Überholer
10	OLG Hamm r+s 1995, 296	Pkw schert aus Kolonne aus, rückwärtiges Kfz hatte bereits 3 Sekunden früher mit Überholvorgang begonnen	$^{2}/_{3}$ zu Lasten des Ausscherenden $^{1}/_{3}$ zu Lasten des Überholers
11	LG Bielefeld SP 1999, 7	Überholer kollidiert mit Überholten	100 : 0 zu Lasten Überholer, da Anscheinsbeisweis gegen ihn spricht
12	LG Halle/S SP 1999, 6	Überholer kollidiert mit rechtzeitig blinkendem Spurwechsler (Reißverschl.) – bei unklarer Verkehrslage zu schnell –	100 : 0 zu Lasten des Überholers
13	OLG Karlsruhe PVR 2001, 261	Überholer einer Kolonne muss mit ausscherenden Fahrzeugen rechnen (instruktiv zur Frage der unklaren Verkehrssituation für den Überholer)	50 : 50
14	OLG Celle DAR 1999, 453	Kolonnenüberholer außerorts kollidiert mit ausscherendem Fahrzeug	50 : 50

Lfd. Nr.	Quelle	Sachverhalt	Quote
15	OLG Hamm NZV 2000, 372	Überholer (Motorrad) kollidiert mit Gegenverkehr Streifkollision	66,6 : 33,4 zu Lasten des Überholers
16	OLG Hamm NZV 2000, 42	Überholer auf BAB mit ca 150 km/h verunfallt ohne Berührung des Spurwechslers	75 : 25 zu Lasten des Spurwechslers

IV. Die Vorfahrtsverletzung

Das Vorfahrtsrecht soll den Vorrang an Kreuzungen und Einmündungen regeln. Leider führen die Vorfahrtsverletzungen die Unfallstatistik nicht nur von ihrer Anzahl her an, sondern auch von der Schwere der Verletzungen, insbesondere bei Personenschäden. Der Schutz der Fahrzeuginsassen durch entsprechende technische Sicherungen (seitliche Verstärkungen, Seitenairbags usw.) hat sich erst in den letzten Jahren durchgesetzt. Für die Zukunft ist sicherlich mit einem entsprechenden Rückgang zu rechnen. Das die Vorfahrtsverletzungen jedoch ihren Spitzenplatz in der Unfallstatistik räumen werden, ist eher unwahrscheinlich.

Für den Vorfahrtsberechtigten gilt der Vertrauensgrundsatz. Das heißt, er darf darauf vertrauen, dass die Anderen (Wartepflichtigen) seinen Vorrang beachten werden. Der Vertrauensgrundsatz gilt selbst dann, wenn der Wartepflichtige für ihn überhaupt noch nicht sichtbar ist. Worauf der Vorrang beruht (LZA, Verkehrszeichen, Grundsatzregel »Rechts vor Links«, über- bzw. untergeordnete Straße), ist unerheblich. Vorfahrts- und Vorrangregeln sind nicht nur in § 8 StVO, sondern auch in §§ 2 Abs. 3, 6, 9, 10, 18, 19, 26, 35, 36, 37, 38 StVO geregelt. Das Vorfahrtrecht gilt auch für den die Vorfahrtstraße Verlassenden gegenüber der trichterförmig von rechts einmündenden Straße fort (OLG München ZfS 1998, 374).

Was ist nun eigentlich eine Vorfahrtsverletzung?

Die Vorfahrt stellt das Recht auf ungehinderte Weiterfahrt im Interesse der Aufrechterhaltung des Verkehrsflusses dar. Die Vorfahrt regelt somit für jedermann erkennbar, auf welcher der sich kreuzenden oder einmündenden Straßen der Verkehr weiter fließen soll. Eine Vorfahrtsverletzung ist gegeben, wenn das Recht des Vorfahrtsberechtigten auf ungehinderte Weiterfahrt beeinträchtigt wird. Der Tatbestand ist demnach durch Kreuzen der Fahrspuren, seitliches Abdrängen (auch ohne Berührung) oder eine erzwungene Bremsung (ebenfalls ohne Berührung) erfüllt. Ob es sich um eine Vorfahrtsverletzung handelt, ist also weniger als räumliches, sondern mehr als zeitliches Problem zu betrachten. Somit kann eine Vorfahrtsverletzung auch außerhalb des unmittelbaren Kreuzungsbereiches vorliegen. So lag eine Vorfahrtsverletzung und keine Begegnungskollision bei einem Frontalzusammenstoß ca. 30 m außerhalb des Kreuzungsbereiches zwischen einem Motorradfahrer und einem Pkw vor, mit der Konsequenz einer Haftungsverteilung von 80/20 zu Lasten des Auffahrenden (OLG Köln ZfS 1990, 4).

Tipp
Auch hier zeigt sich wieder: Die Übergänge zwischen einzelnen Unfallkonstellationen sind fließend. Eine genaue Sachverhaltsaufklärung und -darstellung sind und bleiben das A+O einer ordentlichen Schadenregulierung.

Dies ist deshalb von erheblicher Bedeutung, weil bei der Vorfahrtsverletzung der Beweis des ersten Anscheines dafür spricht, dass der wartepflichtige Fahrer das Vorfahrtsrecht des anderen schuldhaft verletzt hat (OLG Frankfurt r+s 1990, 411).

Wie bereits bei den Auffahrunfällen dargestellt, ist bei der Vorfahrtsverletzung diese Beweisregel eine erhebliche Vereinfachung zugunsten des Vorfahrtsberechtigten. Der gegen den Wartepflichtigen sprechende Anscheinsbeweis kann nur durch Nachweis von Umständen ausgeräumt werden, aus denen sich die ernsthafte Möglichkeit eines atypischen Geschehensablaufes ergibt. Auch gilt selbstverständlich wieder, dass diese Umstände nachgewiesen und nicht nur behauptet sein müssen. Der Wartepflichtige hat also bei einer typischen Kreuzungskollision den Anschein der schuldhaften Vorfahrtsverletzung gegen sich. Sofern der Bevorrechtigte sich ordnungsgemäß verhalten hat, geht die Rechtsprechung von einer alleinigen Haftung des Wartepflichtigen aus. Zwar haftet der Vorfahrtsberechtigte grundsätzlich für die von seinem Fahrzeug ausgehende Betriebsgefahr, auf den Nachweis der Unabwendbarkeit verzichtet die Rechtsprechung jedoch, da dieser im Regelfall nicht zu führen sein wird. Von der Rechtsprechung wird regelmäßig davon ausgegangen, dass die Betriebsgefahr des Vorfahrtsberechtigten hinter das Verschulden des Wartepflichtigen vollständig zurücktritt und der Wartepflichtige daher allein für dieses Unfall haftet (vgl. LG Hamburg r+s 1989, 147). Erst dieser Vertrauensgrundsatz ermöglicht überhaupt einen fließenden Verkehr, da sich der Vorfahrtsberechtigte ansonsten ständig darauf einstellen müsste, dass seine Vorfahrt möglicherweise missachtet wird. Das heißt in der Praxis, dass der Vorfahrtsberechtigte seine Aufmerksamkeit nur auf die Straße vor sich zu richten braucht, nicht aber auf mögliche Vorfahrtsverletzer. Sofern sich Vorfahrtsverstöße des Wartepflichtigen nicht aufdrängen, kann er von der Berücksichtigung seiner Vorfahrt ausgehen.

Die Anforderungen an die Sorgfaltspflichten des Wartepflichtigen sind sehr hoch. Von ihm wird erwartet, dass er alles ihm mögliche unternimmt, um einen Unfall zu vermeiden. So wird verlangt, dass er sich gegebenenfalls in die Kreuzung hineintasten, eventuell sein Fahrzeug schräg stellen muss, um mehr Einsicht zu gewinnen oder bei Unklarheit über eine Behinderung je nach den Umständen die Kreuzung zügig zu verlassen oder sofort anzuhalten hat.

Es spricht deshalb für eine Vorfahrtsverletzung, wenn sich ein Auffahrunfall im Kreuzungsbereich ereignet, weil der Wartepflichtige noch nicht die auf der Hauptstraße übliche Geschwindigkeit erreicht hat (OLG München NZV 1989, 438).

In den Fällen der so genannten »**halben Vorfahrt**« (Vorfahrtsberechtigter muss bei gleichrangigen Straßen selbst Vorfahrt von rechts beachten) gilt der Vertrauensgrundsatz jedoch nicht ausnahmslos. So muss der Vorfahrtsberechtigte seine Geschwindigkeit darauf einstellen, die Vorfahrt eines von rechts Kommenden zu beachten. Er kann nur dann verzichten, wenn die Straße für ihn weithin einsehbar ist. Kommt es in allen andern Fällen zu einer Kollision, so wird die Betriebsgefahr seines Fahrzeuges gegenüber dem Wartepflichtigen nicht entfallen können, da bei eigener Beachtung der Vorfahrt ein Unfall vollständig vermeidbar wäre. Die Regelung bei »halber Vorfahrt« ansonsten die Kreuzung nur mit angepasster Geschwindigkeit zu befahren, schützt auch den Wartepflichtigen (vgl. BGH VersR 1985, 784; 1977, 917 sowie OLG Nürnberg ZfS 1999, 373).

Tipp
Keine Mithaftung des Vorfahrtsberechtigten bei »halber Vorfahrt«, wenn dieser freie Sicht nach rechts hat.

T

Sofern eine überhöhte Geschwindigkeit des Vorfahrtsberechtigten bewiesen ist (insbesondere bei schlechter Sicht, Nebel usw.), ist der Anscheinsbeweis für das Verschulden des Wartepflichtigen widerlegt. Dies gilt um so mehr, wenn der Wartepflichtige den Bevorrechtigten im Moment des Einbiegens noch nicht wahrnehmen konnte. In diesem Fall liegt eigentlich kein Verstoß gegen § 8 Abs. 2 Satz 2 StVO vor (BGH VersR 1994, 492). Eine Haftung des auffahrenden Pkw wurde nur aus der Betriebsgefahr zu 50 % bejaht, da der Unabwendbarkeitsnachweis nicht geführt werden konnte, obwohl der bevorrechtigte Motorradfahrer 10 km/h zu schnell war (OLG Hamm NZV 1996, 69 f).

Das Mitverschulden des Vorfahrtsberechtigten bei einer Geschwindigkeitsüberschreitung wird nach Auffassung der Autoren von der Rechtsprechung wohl nach der Faustregel entschieden, Geschwindigkeitsüberschreitung in % = dem Mithaftungsanteil.

Sollte es infolge einer nachgewiesenen Geschwindigkeitsüberschreitung des Vorfahrtsberechtigten zur Kollision kommen, so wird häufig (ähnlich den Auffahrunfällen) dem Vorfahrtsberechtigten ein Mithaftungseinwand entgegen zu halten sein. Die Höhe des Mithaftungsanteiles hängt von den Umständen des Einzelfalles ab. So hat das OLG Karlsruhe bei einer 60%igen Geschwindigkeitsüberschreitung des Vorfahrtsberechtigten diesem bereits die volle Haftung auferlegt. Das OLG und KG haben eine solche volle Haftung des Vorfahrtsberechtigten jedoch erst bei 95%iger bzw. 100%iger Geschwindigkeitsüberschreitung für gerechtfertigt erachtet (vgl. OLG Hamm SP 1997, 241 sowie KG DAR 1992, 433).

Eine umfassende Übersicht über typische und untypische Quotierungen findet sich u. a. bei Splitter (a. a. O. S. 169).

Grundsätzlich ist davon auszugehen, dass ein Mithaftungseinwand immer dann erhoben wird, wenn sich diese Geschwindigkeitsüberschreitung auch unfallursächlich ausgewirkt hat. Der Mithaftungsanteil wird regelmäßig mit mindestens 25 % bemessen. Zu prüfen ist sowohl die räumliche als auch die zeitliche Vermeidbarkeit. Zeitliche Vermeidbarkeit meint, ob der Unfall bei Einhaltung der ordnungsgemäßen Geschwindigkeit für den Berechtigten vermeidbar gewesen wäre. Ist dies nicht der Fall, so wird ihm ein Mitverschulden nicht entgegen zu halten sein. Im Regelfall wird die Führung des Unabwendbarkeitsnachweises nicht gelingen, da Unabwendbarkeit verkehrsgerechtes Verhalten voraussetzt. Somit wird die Betriebsgefahr des eigenen Fahrzeuges bei der Quotierung nicht unberücksichtigt bleiben. Die nachfolgende Tabelle erleichtert eine angemessene Quotierung bei Geschwindigkeitsüberschreitungen. Sie muss mit den Umständen des Einzelfalles nach oben bzw. unten angepasst werden.

OLG Stuttgart	NZV 1994, 194	88 km/h statt erlaubter 50 km/h	Alleinhaftung Vorfahrtsberechtigter
OLG Schleswig	NZV 1993,113	120 km/h statt 60 km/h	80 % Mithaftung des Vorfahrtsberechtigten
OLG Oldenburg	DAR 1994,29	86 km/h statt 70 km/h	50 % Mithaftung
OLG Köln	NZV 1994, 320	65 km/h statt 50 km/h	25 % Mithaftung des Vorfahrtsberechtigten
OLG Köln	VersR 1992, 110	70 km/h statt 60 km/h	25 % Mithaftung des Vorfahrtsberechtigten
OLG Köln	VersR 1991, 1416	95 km/h statt 70 km/h	25 % Mithaftung des Vorfahrtsberechtigten
OLG Nürnberg	VersR 1999, 247	92 km/h statt 80 km/h	$^{1}/_{3}$ Mithaftung des Vorfahrtberechtigten
LG Neubrandenburg	ZfS 1999, 234	20%-ige Geschwindigkeitsüberschreitung	25% Mithaftung des Vorfahrtberechtigten

LG Hildesheim	ZfS 1999,328	100 km/h statt 70 km/h Überholverbot	bei 50% Mithaftung des Vorfahrberechtigten
LG Augsburg	SP 1999, 5	85–105 km/h statt 80 km/h	35% Mithaftung des Vorfahrtberechtigten (auch verspät. Reakt.)
AG Branden-burg/H (vgl. Tab. Nr. 43)	SP 2001, 154	60 km/h statt 50 km/h	25 % Mithaftung des Vorfahrtberechtigten

Grundsätzlich braucht sich der Wartepflichtige auch nicht einweisen zu lassen. Gemäß § 10 StVO ist nur in Ausnahmefällen ein Einweiser erforderlich. Dies ist dann der Fall, wenn von dem Einbiegevorgang für den bevorrechtigten Verkehr ungewöhnliche Gefahren ausgehen. Solche Gefahren liegen nur vor, wenn wegen der Größe und Schwerfälligkeit des Fahrzeuges das Abbiegen längere Zeit benötigt *und* die Wahrnehmbarkeit wegen erheblich eingeschränkter Sichtverhältnisse besonders erschwert ist (BGH VersR 1994, 492).

Der Wartepflichtige darf sich unter Berufung auf § 8 Abs. 2 Satz 3 StVO vielmehr so in die Kreuzung hineintasten, bis er die Vorfahrtsstraße einsehen kann. So hat der Benutzer der Vorfahrtsstraße zu geparkten, sichtbehindernden Fahrzeugen einen solchen seitlichen Abstand einzuhalten, dass die Wahrnahme für den Wartepflichtigen ermöglicht wird (BayObLG VM 1990, 50 – keine Quote, da Bußgeldverfahren).

Mithaftung

Hat sich der Vorfahrtsberechtigte ordnungsgemäß verhalten, ist von der alleinigen Haftung des Wartepflichtigen auszugehen. Ist dem Vorfahrtsberechtigten jedoch ebenfalls ein Verkehrsverstoß entgegen zu halten, muss gem. § 254 BGB die Haftung gegeneinander abgewogen werden.

Tipp
Keine vorschnelle Anwendung des Anscheinsbeweises zu Lasten des Wartepflichtigen. Dies birgt die Gefahr einer falschen Regulierung in sich.

T

Typische Fälle für einen Verkehrsverstoß des Bevorrechtigten sind:

- zu hohe Geschwindigkeit,
- das falsche (zu frühe) Setzen des Blinkers,

- Fahren ohne Beleuchtung bei Nacht,
- »Sorglosigkeit« trotz erkennbarer Vorfahrtsverletzung,
- Missachtung von Warnsignalen von Sonder-Einsatzfahrzeugen,
- grundloses Linksfahren,
- »Rücksichtslosigkeit« bei Gefahrenstellen usw.

Eine Verletzung der allgemeinen Rücksichtspflicht aus § 1 StVO kommt in Betracht, wenn der Vorfahrtsberechtigte sich die Vorfahrt erzwingen will. Dies ist gegeben, wenn andere die Kreuzung noch räumen wollen, Fahrzeuge auf der Kreuzung stehen geblieben sind oder das Fahrzeug wegen der Größe die Kreuzung nur langsam verlassen kann.

Den sog. »unechten Nachzügler« beim Passieren einer ampelgeregelten Kreuzung nach Verkehrsstockung o. ä. trifft jedoch im Regelfall die volle Haftung (OLG München ZfS 1999, 10). Auch beim Vorbeifahren an Kolonnen (Stau) kommt eine Mithaftung des Hauptstraßenbenutzers in Betracht, wenn der Wartepflichtige die ihm gebildete Lücke nutzt und sich langsam in die bevorrechtigte Fahrspur hineintastet. Dem Bevorrechtigten wird eine Mithaftung von im Regelfall 25 – ca. 50 % angerechnet. (vgl. OLG Karlsruhe VersR 1989, 1209; OLG Köln VersR 1989, 98).

Setzt der Hauptstraßenbenutzer vor der Einmündung oder Kreuzung seinerseits den Blinker nach rechts, so ist dies allein noch kein Grund für eine Mithaftung des Vorfahrtsberechtigten. Es müssen vielmehr weitere Umstände hinzutreten, die beim Wartepflichtigen die begründete Annahme auslösen, dass der Bevorrechtigte vor ihm nach rechts abbiegen wird. Dies ist regelmäßig anzunehmen, wenn der Vorfahrtsberechtigte auch seine Geschwindigkeit reduziert, z. B. um in die nachfolgende Straße oder die Supermarkteinfahrt hinter der Kreuzung abzubiegen.

Das OLG sieht hierin sogar einen Vertrauensgrundsatz bei fehlerhaftem Blinken und kam im Ergebnis zu einer Quote von 60% zu Lasten des Vorfahrtberechtigten (OLG München ZfS 1999, 10).

Sämtliche vorstehende Quotierungen gelten nur für Verkehrsunfälle im öffentlichen Verkehrsraum. Für möglicherweise gleich- oder ähnlich gelagerte Fälle auf **nicht öffentlichem Verkehrsraum** (Betriebsgelände, Parkplätze, Parkhäuser usw.) gelten nicht die Vorfahrtregelungen, sondern in ungleich stärkerem Umfang der § 1 StVO (siehe dazu auch das nächste Kapitel).

Bei einem nicht durch den Spurwechsel erklärbaren Lenkeinschlag der Räder ging das Gericht sogar von einem vorsätzlich herbeigeführten Unfall aus (OLG Hamm r+s 2000, 66). Auch hieran kann man sehen, welche Bedeutung die Feststellung und Dokumentation der Unfallspuren (Unfallfotos!!) für die Schadenbearbeitung besitzen.

Übersicht über mögliche Quotierungen bei verschiedenen Konstellationen der Vorfahrtsverletzungen:

Lfd. Nr.	Quelle	Sachverhalt	Quote
1	OLG Frankfurt r+s 1990,411	Kreuzungskollision Anscheinsbeweis	100 % zu Lasten des Wartepflichtigen
2	BGH VersR 1994, 492	nicht wartepflichtiger Linksabbieger fährt auf Hauptstraße auf (kein Verkehrsteilnehmer sichtbar)	50 : 50
3	OLG Köln r+s 1994, 11	vorfahrtsberechtigter Überholer auf linker Spur, rechtsabbiegender Wartepflichtiger	75 % zu Lasten des Vorfahrtsberechtigten
4	OLG Karlsruhe DAR 1989, 422	Vorfahrtsberechtigter fährt 7 m hinter Kreuzung auf wartepflichtigen Rechtsabbieger auf	100 % zu Lasten des Rechtsabbiegers (wartepflichtig)
5	LG Aachen VersR 1992, 333	Überfahren einer Sperrfläche durch Vorfahrtsberechtigten, Linksabbieger fährt durch Lücke	66,6 % zu Lasten des Vorfahrtsberechtigten
6	OLG Köln NZV 1991, 429	wartepflichtiger Rechtsabbieger kollidiert mit in Fahrbahnmitte fahrendem Vorfahrtsberechtigten	75 % zu Lasten des Wartepflichtigen
7	OLG Köln VersR 1992, 977	wartepflichtiger Linksabbieger kollidiert mit Hauptstraßenbenutzer	100 % zu Lasten des Wartepflichtigen (nach Anscheinsbeweis)
8	OLG Schleswig NZV 1994, 439	deutlich überhöhte Geschwindigkeit des Hauptstraßenbenutzers bei dichtem Nebel, Wartepflichtiger überquert Hauptstraße mit Zugverband	70 % zu Lasten des Vorfahrtsberechtigten
9	OLG Köln VersR 1989, 639	Vorfahrtsberechtigter fährt nicht äußerst rechts, wartepflichtiger Rechtsabbieger (Betriebsgefahr kann nicht entfallen)	80 % zu Lasten des Wartepflichtigen

Lfd. Nr.	Quelle	Sachverhalt	Quote
10	OLG Karlsruhe DAR 1997, 26	Rechtsabbieger kollidiert unmittelbar nach Kreuzung mit entgegenkommenden Linksabbieger (Grenzfall zum Spurwechsel!)	50 : 50
11	OLG Frankfurt NZV 1990, 472	Vorfahrtsberechtigter biegt links ab (verlässt Hauptstraße) und schneidet hierbei Kurve, Kollision mit Wartepflichtigem ca. 3,5 m vor der Einmündung	60 % zu Lasten des Vorfahrtsberechtigten
12	OLG Dresden VersR 1995, 234	Vorfahrtsberechtigter blinkt rechts, Wartepflichtiger fährt an	70 % zu Lasten des Vorfahrtsberechtigten
13	OLG Celle ZfS 1995, 86	Vorfahrtsberechtigter blinkt rechts, Wartepflichtiger fährt an	50 : 50
14	OLG Karlsruhe DAR 1996, 56	Gleichrangige Straßen, Vorfahrtsberechtigter bei »halber Vorfahrt« zu schnell	75 % zu Lasten des Wartepflichtigen
15	BGH VersR 1977, 15	»Nachzügler« will Kreuzung räumen	66,6 % zu Lasten des Vorfahrtsberechtigten
16	OLG Hamm NZV 1991, 31	»Nachzügler« will Kreuzung räumen	50 : 50
17	LG Bielefeld DAR 1995, 486	Spurwechsel, Reißverschlussverfahren bei Wegfall einer Fahrspur (hier Fahrbahneinengung wegen Baustelle)	80 % zu Lasten des Spurwechslers
18	OLG Schleswig VersR 1980, 490	Reißverschlussverfahren, Erzwingen des Vorranges	50 : 50
19	KG VersR 1986, 60	Reißverschlussverfahren, Erzwingen des Vorranges	50 : 50
20	KG VersR 1983, 839	Vorfahrtsberechtigter fährt bei Nacht ohne Beleuchtung (Umkehrung Anscheinsbeweis!)	100 % zu Lasten des Vorfahrtsberechtigten

Lfd. Nr.	Quelle	Sachverhalt	Quote
21	OLG Nürnberg SP 1999, 9	Vorfahrt des äußerst linksfahrenden Busses (Gegenverk) durch Querverkehr verletzt	50 : 50
22	OLG Hamm SP 2001, 368	Rechtsabbieger und entgegenkommender Überholer	75 % zu Lasten des Rechtsabbiegers
23	OLG Nürnberg ZfS 1998, 373	Sichtbehinderung des Wartepflichtigen durch Hecke	50 : 50 jeweils nur aus BG
24	OLG München ZfS 1999, 10	fehlerhaftes Blinken des Vorfahrtberechtigten, da nach der Kreuzung anhalten will	60 % zu Lasten des Vorfahrtberechtigten
25	LG Limburg ZfS 1998, 203	fehlerhaftes Blinken des Vorfahrtberechtigte (Parkplatzausfahrt)	75 % zu Lasten des Vorfahrtberechtigten
26	OLG Köln SP 2001, 253	Schuldhafte Vorfahrtverletzung des Wartepflichtigen	100 % zu Lasten des Wartepflichtigen
27	OLG Hamm NZV 1998, 246	Schutz des Querverkehrs bei nahegelegener Fußgängerampel	2/3 zu Lasten des Rotlichtfahrers
28	LG Detmold SP 1999, 5	Kurvenschneiden des Linksabbiegeden Vor-Fahrtberechtigten	60 % zu Lasten des Vorfahrtberechtigten
29	OLG Hamm NZV 1998, 26	Kurvenscheiden des Vorfahrtberechtigten (re. vor li.), Wartepflichtiger zu schnell	50 : 50
30	LG Halle/S ZfS 1999, 55	Überholen einer Kolonne bei unklarer Verkehrslage (stockender Verkehr) Lückenunfall	50 : 50
31	OLG München ZfS 1997, 245	Vorfahrtsberechtigter noch nicht sichtbar und zu schnell (außerorts ca. 112 km/h)	66,6 % zu Lasten des Vorfahrtberechtigten
32	OLG Hamm r+s 2001, 282	Vorfahrtberechtigter noch nicht sichtbar und zu schnell (innerorts ca. 80 km/h)	100 % zu Lasten des Vorfahrtberechtigten

Lfd. Nr.	Quelle	Sachverhalt	Quote
33	LG Nürnberg-Fürth ZfS 1999, 233	Vorfahrtberechtigter zu schnell (innerorts ca. 75 km/h)	80 % zu Lasten des Vorfahrtberechtigten
34	KG NZV 2000, 377	Vorfahrtberechtigter zu schnell (innerorts 62 km/h, jedoch nicht Unfallursächlich)	100 % zu Lasten des Wartepflichtigen
35	OLG Hamm DAR 2000, 63	Wartepflichtiger überschreitet Mittellinie beim Einbiegen Unfall ohne Berührung	80 % zu Lasten des Wartepflichtigen
36	OLG Hamm DAR 1997, 277 (a. A. BGH VersR 1982, 701 & OLG Braunschweig NZV 1994, 408)	Vorfahrtberechtigter überfährt Rotlicht der Fußgängerampel	66,6 % zu Lasten des Vorfahrtberechtigten
37	LG Gießen VersR 1998, 1169 (vgl. Anm. zu Nr. 36)	Vorfahrtberechtigter LKW überfahrt Rotlicht der Fußgängerampel	50 : 50
38	OLG Karlsruhe DAR 1996, 56	»Halbe Vorfahrt»	75 % zu Lasten des Wartepflichtigen
39	OLG Düsseldorf VersR 1997, 1251 (vgl. Anm. zu Nr. 40)	»Unechter« Nachzügler auf Ampelkreuzung	100 % zu Lasten des Nachzüglers
40	OLG Koblenz NZV 1998, 465	»unechter« Nachzügler auf Ampelkreuzung (Unterschied zw. echten und unechtem Nachzügler)	100 % zu Lasten des Nachzüglers
41	OLG Köln NZV 1997, 269 (vgl. Anm. zu Nr. 40)	»echter« Nachzügler auf Ampelkreuzung	66,6 % zu Lasten des Vorfahrtberechtigten

Lfd. Nr.	Quelle	Sachverhalt	Quote
42	OLG München DAR 1998, 474	Wartepflichtiger darf darauf vertrauen, dass ein rechts blinkender Vorfahrtberechtigter nach rechts abbiegen wird	60 % zu Lasten des Vorfahrtberechtigten
43	AG Brandenburg/H SP 2001, 154	Auffahren des Vorfahrt-	75 % zu Lasten des Wartepflichtigen berechtigten innerhalb der 31-Meter-Grenze (Vorfahrtberechtigter 60 km/h statt 50 km/h)

V. Rückwärtsfahren und Parkplatzunfälle

1. Rückwärtsfahren

Urteile zu Verkehrsunfällen beim Rückwärtsfahren finden sich in der Literatur nicht häufig. Ein Grund dafür, dass sich Gerichte nur selten mit diesem Unfalltyp auseinander zu setzen haben, dürfte unzweifelhaft die im Regelfall unkomplizierte Schadenabwicklung durch die Haftpflichtversicherer sein. Größere Schadenfälle, insbesondere im Personenschadenbereich, finden sich bei diesem Unfalltyp nicht oft.

Die schnelle und unkomplizierte Bearbeitung durch die Versicherer beruht auf der Ausgestaltung des § 9 Abs. 5 StVO. Danach werden dem rückwärts Fahrenden besondere Sorgfaltspflichten auferlegt und ihn trifft daher die volle Haftung. Hierfür spricht wiederum der Beweis des ersten Anscheins. Aus § 9 Abs. 5 StVO ergibt sich, dass dem Schutzbereich nicht nur der gleichgerichtete (fließende) Verkehr unterfällt, sondern jeder Verkehrsteilnehmer (z. B. auch Kleinkinder, Radfahrer usw.).

Das Rückwärtsfahren wird vom Gesetzgeber als so gefährlich angesehen, dass es nur dann zulässig sein soll, wenn der Fahrzeugführer sich zuvor davon überzeugt hat, dass nicht nur der hinter dem Fahrzeug liegende Gefahrenbereich frei ist, sondern auch der seitliche und beide Bereiche von Gefährdungen frei bleiben. Bei erkennbaren Gefährdungen Anderer muss er sofort anhalten können. Es gibt keinen Vertrauensgrundsatz dahingehend, dass der Rückwärtsfahrer auf die weitere Gefahrenfreiheit vertrauen dürfe.

Nicht zutreffend ist die Behauptung, dass der Rückwärtsfahrer sich einweisen lassen müsse. Ein Einweiser ist nur dann erforderlich, wenn der Verkehrsraum (auch der seitliche) hinter dem eigenen Fahrzeug nicht überblickt werden kann (vgl. OLG Nürnberg VersR 1991, 114). Ob dies darauf beruht, dass eine Einsichtnahme wegen der Bauart des Fahrzeuges oder wegen sonstiger baulicher Bedingungen (z. B. Garagenausfahrt) nicht möglich ist, ist ohne Bedeutung. Zur Haftung des Einweisers bei fehlerhafter Zeichengebung vgl. BGH VRS 20, 161.

So ließ das OLG das Argument nicht gelten, dass eine Sichtbehinderung durch die Kopfstützen vorgelegen habe und gab dem Fahrer die Empfehlung, dass er dann das Rückwartsfahren hätte unterlassen sollen (OLG Hamm VersR 1999, 1384),

Es gilt der Grundsatz, dass ein Fahrzeugführer allein haftet, wenn er rückwärts fährt und einen hinter seinem Fahrzeug die Fahrbahn überquerenden Fußgänger anfährt. Zu einer abweichenden Quote von 20 % Mithaftung des (alkoholisierten) Fußgängers kam das OLG Schleswig aufgrund der vorhergegangenen (verbalen) Auseinandersetzung (OLG Schleswig DAR 1993, 150).

Sehr instruktiv setzte sich das OLG Köln auch mit den Regeln des Anscheinsbeweises auseinander und stellte im entschiedenen Fall dar, dass ein solcher nur für typische Geschehensabläufe greifen könne (OLG Köln VersR 1992, 332 f). Mit einem Rückwärtsfahren über mehr als 10 m entgegen der Einbahnstraßenregelung brauche ein aus einem Grundstück Ausfahrender jedoch nicht zu rechnen (Quote: $^{3}/_{4}$ zu Lasten des rückwärts Fahrenden).

Sofern beide Verkehrsteilnehmer rückwärts fahren, hat das OLG Köln eine Quote von 60 % zu Lasten des rückwärts aus der Einfahrt auf die Straße Einfahrenden für angemessen gehalten (OLG Köln NZV 1994, 321).

Dem Betrieb des rückwärts aus einem Parkplatz ausfahrenden Kfz. wurde auch der Schaden des dadurch beim Ausweichen (ohne Berührung) verunfallten anderen Kfz. zugerechnet (OLG München ZfS 1999, 317)

Grundsätzlich ist nur gegenüber dem fließenden Verkehr diese erhöhte Sorgfalt beim Rückwärtsfahren anzuwenden. Da in Parkhäusern, auf Parkplätzen usw. kein »fließender« Verkehr stattfindet, können diese Regelungen dort nur eingeschränkt angewandt werden.

Die Haftungsquote kann sich je nach Unfallort erheblich ändern. Da das Rückwärtsfahren auf Bundesautobahnen grundsätzlich als so gefahrträchtig angesehen wird, dass es vollständig verboten ist, ist in diesem Fall immer von der vollen Haftung des trotzdem rückwärts Fahrenden auszugehen.

Beim rückwärtigen Einparken in Parkbuchten neben der Straße kann gegebenenfalls sogar von einem Auffahrunfall des nachfolgenden Verkehrs ausgegangen werden, da der rückwärts Einparkende meist über eine längere Strecke und Zeitraum wahrnehmbar ist und sich daher alle anderen Verkehrsteilnehmer rechtzeitig darauf einrichten können. Das AG quotierte jedoch mit dem Argument, das rückwärtige Einparken sei immer noch ein Rückwärtsfahren i. S. des § 9 StVO und deshalb könne beim Überholtwerden trotz enger Straßenverhältnisse die Mithaftung aus Betriebsgefahr und Verschulden nicht entfallen (AG Frankfurt/M SP 2001, 157).

Beim rückwärtigen Ausparken, insbesondere aus Grundstücken oder ähnlichem, kommt eine Mithaftung des vorbeifahrenden (bevorrechtigten) Verkehrs dann in Betracht, wenn kein ausreichender seitlicher Sicherheitsabstand eingehalten wird oder trotz der Erkennbarkeit der Situation unangemessen nicht reagiert wird. Welche Quoten sich im einzelnen ergeben können, ist anhand der nachfolgenden Tabelle dargestellt.

Rückwärts Fahren

Lfd. Nr.	Quelle	Sachverhalt	Quote
1	LG Duisburg VersR 1980, 75	Fußgänger überquert hinter Pkw die Fahrbahn	100 % zu Lasten des Rückwärtsfahrenden
2	OLG Frankfurt VersR 1982, 1079	Pkw fährt rückwärts aus Parklücke auf die Fahrbahn	100 % zu Lasten des Rückwärtsfahrenden
3	AG Düsseldorf r+s 1985, 85	Pkw biegt nach links in Parktasche ab und kollidiert auf der Gegenfahrbahn mit rückwärts fahrendem Kfz	100 % zu Lasten Rückwärtsfahrer
4	OLG München NZV 1989, 277	Rückwärtsfahrer aus Grundstücksausfahrt kollidiert mit rückwärts fahrendem Straßenbenutzer	50 : 50
5	OLG Köln NZV 1990, 72	Pkw fährt rückwärts vom Parkplatz auf Straße; Zeuge hält mit Pkw an, weiterer Pkw überholt Zeugen und kollidiert mit Rückwärtsfahrer	$^{1}/_{3}$ zu Lasten Rückwärtsfahrer $^{2}/_{3}$ zu Lasten Überholer
6	OLG Hamm NZV 1990, 393	Rückwärts ausparkendes Kfz kollidiert mit auffahrendem Pkw (Fahrer mit 2,25 % BAK)	80 % zu Lasten des Rückwärtsfahrers 20 % zu Lasten des Auffahrenden
7	OLG Nürnberg VersR 1991, 114	Pkw fährt auf Privatweg rückwärts; Kollision mit Kleinkind, nachdem sich Pkw-Fahrer zunächst mit der Mutter unterhalten hatte	100 % zu Lasten Rückwärtsfahrer
8	LG Nürnberg – Fürth NZV 1991, 357	Beim rückwärtigen Ausparken aus Parkbox Kollision mit Vorbeifahrendem	60 % zu Lasten des Rückwärtsfahrenden 40 % zu Lasten des Vorbeifahrenden
9	OLG Köln VersR 1992, 332	Pkw fährt in Einbahnstraße ca. 10 m rückwärts, zweites Fahrzeug fährt aus Grundstückseinfahrt auf Hauptstraße auf	75 % zu Lasten Rückwärtsfahrer 25 % zu Lasten des Einfahrenden

Lfd. Nr.	Quelle	Sachverhalt	Quote
10	OLG Oldenburg NZV 1992, 487	Rückwärtsfahrer in Einbahnstraße kollidiert mit ausfahrendem Rechtsabbieger	100 % zu Lasten des Rückwärtsfahrer
11	OLG Schleswig DAR 1993, 150	Alkoholisierter Fußgänger wird nach vorausgegangener Auseinandersetzung durch auffahrenden Pkw geschädigt	80 % zu Lasten des Auffahrenden 20 % Mithaftung des Fußgängers
12	OLG Hamm DAR 1993, 347	Lkw-Zug fährt nachts außerorts rückwärts in Grundstück ein (kein Warnblinklicht); Pkw im Gegenverkehr kollidiert mit Fahrspur versperrendem Hänger	100 % zu Lasten Rückwärtsfahrer (u. E. hätte Verstoß gegen Sichtfahrgebot nicht unberücksichtigt bleiben dürfen)
13	OLG Köln NZV 1994, 321	Rückwärtsfahrer aus Grundstückseinfahrt kollidiert mit Rückwärtsfahrer auf Hauptstraße	60 % zu Lasten des rückwärts Ausfahrenden 40 % zu Lasten des rückwärts fahrenden Straßenbenutzers
14	OLG München VersR 1994, 1488	Lkw fährt mit Hänger rückwärts aus Grundstückseinfahrt; Mopedfahrer bremst erst ca. 10 m vor dem Hänger (nachts, innerorts, neblig)	$^2/_3$ zu Lasten des Rückwärtsfahrenden $^1/_3$ zu Lasten des Mopedfahrers
15	OLG Hamm VersR 1999, 1384	Rückwartsfahren trotz Sichtbehinderung durch Kopfstützen	100% zu Lasten Rückwärtsfahre
16	AG Essen SP 2001, 371	PKW fährt rückwärts aus Grundstücksausfahrt Kollision mit fließendem Verkehr	50%
17	OLG Frankfurt/M VersR 1998, 206 auch NJW 1998, 548	Rückwärts fahrender PKW erfasst 4 jähr. Mädchen, dass über Str. rennt	100 % zu Lasten des PKW Fahrers (BG & Verschulden)

Lfd. Nr.	Quelle	Sachverhalt	Quote
18	OLG Hamm r+s 2000, 103	Rückwartsfahrer auf BAB (wegen verpasster Ausfahrt) veranlasst Spurwechsel des Nachfolgers und dadurch Ausweichreaktion des mit 160 km/h fahrenden Unfall-Beteiligten	75 % zu Lasten des Rückwärtsfahrers 25 % Mithaftung des Auffahrenden aus BG
19	AG Frankfurt/M SP 2001, 157	Rückwärts einparkender PKW kollidiert mit rechts überholendem Kfz.	80 % zu Lasten des Rückwärtsfahrers

2. Parkplatzunfall

Wenn bei Parkplatzeinfahrten das Schild: »Hier gilt die StVO« steht, hat dies nur sehr eingeschränkte Bedeutung. Sofern bei der Einfahrt nichts erkennbar geregelt ist, wird von der Rechtsprechung ohnehin die StVO mit ihren allgemeinen Vorschriften angewandt (vgl. Hentschel § 1 Rd.-Nr. 16).

Bei den meisten Parkplätzen und Parkhäusern wird bereits bei der Einfahrt darauf hingewiesen, dass Schrittgeschwindigkeit in den Fahrspuren einzuhalten ist. Dies bedeutet gleichzeitig, angesichts der besonderen Situation immer mit rückwärts ausparkenden Fahrzeugen zu rechnen und deshalb ständig bremsbereit zu sein. Bei Einhaltung dieser Vorschriften wird ein Unfall regelmäßig vermeidbar sein, so dass die Bildung einer Haftungsquote je nach den Verursachungsanteilen sachgemäß ist. Hierbei wird grundsätzlich davon auszugehen sein, dass das rückwärts ausparkende Fahrzeug einen höheren Haftungsanteil zu tragen hat. Zu einer Quote von 100 % zu Lasten des rückwärts Ausparkenden kam jedoch das LG Hagen (ZfS 1992, 44).

Auf Parkplätzen und in Parkhäusern steht das Gebot der gegenseitigen Rücksichtnahme gemäß § 1 Abs. 2 StVO im Vordergrund. Bei diesen Unfällen wird daher die gemäß § 254 BGB in Verbindung mit § 17 StVG vorzunehmende Schadenverteilung nach den Verursachungsbeiträgen nicht anhand der §§ 8 Abs. 1 oder 10 StVO erfolgen können, sondern gemäß § 1 Abs. 2 StVO. Diese Pflicht zur gesteigerten Rücksichtnahme trifft beide Verkehrsteilnehmer und dürfte im Regelfall auch von beiden Verkehrsteilnehmern verletzt worden sein. Die größere Gefahr geht zwar zu Lasten des ausfahrenden Kfz, der Vorbeifahrende wird jedoch oftmals mit überhöhter Geschwindigkeit fahren und sich dies auch entgegenhalten lassen müssen. Grundsätzlich gilt auf diesen Plätzen als Höchstgeschwindigkeit die »Schrittgeschwindigkeit bei steter Bremsbereitschaft« gemäß § 3 Abs. 1 StVO für das die Fahrgasse benutzende Fahrzeug. Sehr instruktiv wurde dies z. B. in der Entscheidung des OLG Oldenburg dargestellt. Zur Begründung der Quote (hier 50 %) wurde besonders darauf hingewiesen, dass der Benutzer der Fahrgasse (auch bei Fahrbahncharakter) mit ausparkenden Fahrzeugen rechnen muss und sich nicht auf eine freie Fahrstrecke verlassen darf (OLG Oldenburg VersR 1993, 496). Bei den sonstigen Unfällen auf Parkplätzen wird in Anlehnung an gleichgelagerte Unfallkonstellationen im sonstigen Straßenverkehr denjenigen der höhere Haftungsanteil treffen, der z. B. gegen das Rechtsfahrgebot verstößt oder bei einer Kreuzungskollision mit einem von rechts kommenden Fahrzeug zusammenstößt.

Diese Grundsätze der Schadenverteilung gelten auch auf anderem Gelände, wie z. B. Großmärkten, Kasernen, Firmengelände, Tiefgaragen, Großbaustellen, Flughäfen usw. Typisch für die Anwendbarkeit der vorstehend genannten Regelungen ist hierbei, dass der Unfallort nicht vorrangig dem fließenden Verkehr dient. So hat z. B. das OLG Hamm eine Quote von 50 % bei einer Kreuzungskollision auf einem Kasernengelände für angemessen gehalten (OLG Hamm NZV 1993, 477).

Die Berufung auf ein Vorfahrtsrecht ist den Beteiligten somit im Regelfall versagt. Sehr instruktiv wurde dies in der Entscheidung des AG dargestellt. Bei der Kollision zwischen zwei Parkdeckbenutzern haften die Beteiligten nicht nach der Vorfahrtsregel Rechts vor Links, sondern nach dem Gebot der Rücksichtnahme (§ 1 StVO und § 17 StVG) (AG Osnabrück DAR 1993, 303 [Quote 50 : 50] sowie AG Wiesbaden ZfS 1998, 457).

Auch bei der Vorbeifahrt an Parktaschen bzw. beim Ausparken aus einer solchen wird meist von einem Mitverschulden ausgegangen. Das Verhalten der Beteiligten beurteilt sich nach dem Gebot der Rücksichtnahme.

So hat das LG Nürnberg-Fürth in einer Entscheidung von 1990 dem rückwärts aus einer Parkbucht eines Firmenparkplatzes Herausfahrenden eine Haftung von 60 % für den Unfall auferlegt und aufgeführt, dass ein Vorfahrtsrecht des Vorbeifahrenden gerade nicht besteht. Dieser hätte durch Einhaltung des § 1 StVO (ständige Bremsbereitschaft *und* Schrittgeschwindigkeit) den Unfall ebenfalls vermeiden können. Ähnlich entschied das OLG Stuttgart mit einer Quote von $^2/_3$ zu Lasten des rückwärts Ausfahrenden gegenüber dem Vorbeifahrenden, wenn dieser ca. 15–20 km/h gefahren ist (OLG Stuttgart NJW-RR 1990, 670). Weitere Entscheidungen zu dieser Problematik:

- ❑ OLG Hamm r+s 1994, 52
- ❑ OLG Köln r+s 1994, 53
- ❑ OLG Oldenburg VersR 1993, 496.

Sollte mit dieser Darstellung eine befriedigende Lösung ihres Problems noch nicht möglich sein, so kann ergänzend nur auf den Aufsatz von RA Splitter verwiesen und dieser auch grundsätzlich zur Lektüre empfohlen werden (Splitter ZfS 2000, 236 ff. mwN.).

Übersicht über mögliche Quotierungen:

Parkplatzunfälle

Lfd. Nr.	Quelle	Sachverhalt	Quote
1	KG NZV 1988, 65	Kreuzungskollision auf öffentlichem Parkplatz zwischen Kfz A auf Zufahrtsstraße (mit hoher Geschwindigkeit) und von links kommenden Pkw B	$^2/_3$ zu Lasten Pkw A $^1/_3$ zu Lasten Pkw B
2	OLG Karlsruhe DAR 1990, 348	Kollision auf Großmarktgelände bei Ausfahrt aus markiertem Parkplatz – Vorbeifahrer ca. 50 km/h	50 : 50
3	OLG Stuttgart NJW-RR 1990, 670	Kollision auf markiertem Kundenparkplatz beim rückwärtigen Ausparken mit Vorbeifahrer (ca. 15–20 km/h)	$^2/_3$ zu Lasten Rückwärtsfahrer $^1/_3$ zu Lasten Vorbeifahrer
4	LG Nürnberg-Fürth NZV 1991, 357	Auf Firmenparkplatz rückwärts ausparkendes Kfz A kollidiert mit mehr als 5 km/h vorbeifahrendem Pkw B	60 % zu Lasten Rückwärtsfahrer 40 % zu Lasten Vorbeifahrer
5	LG Saarbrücken ZfS 1992, 222	Kreuzungskollision auf Privatparkplatz (StVO gilt, max. Höchstgeschwindigkeit 20 km/h), Vorfahrtsberechtigter fährt mind. 40 km/h	50 : 50
6	OLG Köln VersR 1992, 719	Kreuzungskollision auf Kasernengelände, Rechtsabbieger kollidiert mit in Fahrbahnmitte fahrendem Vorfahrtsberechtigten	75 % zu Lasten Rechtsabbieger 25 % zu Lasten Vorfahrtsberechtigtem
7	AG Osnabrück DAR 1993, 303	Kollision in Parkhaus, Pkw A biegt auf Ausfahrtstraße in Parkdeck ein, Pkw B kommt von rechts	50 : 50 nähere Unfallumstände nicht aufklärbar
8	OLG Hamm NZV 1993, 477	Kreuzungskollision auf Kasernengelände zwischen Unimog (ca. 20–30 km/h) und vorfahrtberechtigten Pkw	50 : 50

Lfd. Nr.	Quelle	Sachverhalt	Quote
9	OLG Oldenburg VersR 1993, 496	Kollision zwischen Ausparker auf Parkplatz und Fahrgassenbenutzer, der nicht Schrittgeschwindigkeit bei ständiger Bremsbereitschaft fährt (trotz Straßencharakter)	50 : 50
10	OLG Köln VersR 1993, 589	Kreuzungskollision auf Werksparkplatz zwischen Kfz und von rechts kommenden Pkw	$^2/_3$ zu Lasten des Kfz $^1/_3$ zu Lasten des »vorfahrtsberechtigten Pkw«
11	OLG Hamm r+s 1994, 52	Kreuzungskollision auf Warenhaus-Parkplatz; Pkw A kommt aus Parkboxenzufahrt, Pkw B kommt von links auf Hauptweg (Hauptweg und Parkboxenzufahrt sind ähnlich ausgestaltet)	$^1/_3$ zu Lasten Pkw A $^2/_3$ zu Lasten Pkw B
12	LG Braunschweig DAR 1994, 202	Auffahrunfall auf Parkplatz zwischen rückwärts einparkenden Pkw und Auffahrer	$^2/_3$ zu Lasten Rückwärtsfahrer $^1/_3$ zu Lasten des Auffahrenden
13	OLG Köln NZV 1994, 438	Kollision auf Tankstellengelände; Pkw A fährt mit 10 km/h zwischen Tanksäulenreihe hindurch und kollidiert mit von links kommenden Pkw B, der nach rechts einbiegen will	80 % zu Lasten Pkw B 20 % zu Lasten Pkw A
14	OLG Köln VersR 1995, 719	Kreuzungskollision auf Parkplatz (StVO gilt), Vorfahrtsberechtigter nicht in ständiger Bremsbereitschaft	75 % zu Lasten des Vorfahrtverletzers 25 % zu Lasten Vorfahrtsberechtigten
15	AG Detmold ZfS 1999, 54	Kreuzungskollision auf Großparkplatz, »Vorfahrt-Berechtigter« mit ca 25 km/h zu schnell	75 % zu Lasten des Vorfahrtberechtigten 25% zu Lasten des Wartepflichtigen
16	OLG Oldenburg ZfS 1999, 234	Kreuzungskollision, beide Fahrzeuge ca. 15 km/h	50 : 50

Lfd. Nr.	Quelle	Sachverhalt	Quote
17	AG Bad Bramstedt ZfS 1999, 55	Rückwärts Ausparkender kollidiert mit ca. 20–25 km/h Vorbeifahrendem	66.6 % zu Lasten des Rückwärtsfahrers
18	OLG Koblenz VersR 2000, 199	Beim Ausparken aus Parkbox keine Regel »re. vor li.«	50 : 50 (sehr Empfehlenswert)
19	OLG Frankfurt/M VersR 1999, 864	Einfahren in den fließenden Verkehr aus Parkbucht	75 % zu Lasten des Einfahrenden
20	AG Hattingen SP 2001, 372	Rückwärtiges Ausparken auf Privatparkplatz und Kollision mit verbotswidrig geparktem Fzg.	75 % zu Lasten des Ausparkenden
21	OLG Oldenburg ZfS 1999, 235	Ob rechts vor links gilt, ist für Ermittlung der Haftungsquote unerheblich, da beide den Anderen nicht gesehen haben	50 ; 50 (jeweils aus BG und Verschulden)

VI. Steinschlag- und Streugutschäden

In der Literatur finden sich nur wenige Entscheidungen, die sich mit dieser Problematik auseinandersetzen. Die Gründe hierfür sind unterschiedlicher Natur:

– Die meisten dieser Schäden bewegen sich im Bagatellschadenbereich, so dass bei gerichtlicher Geltendmachung eine Berufung im Regelfall nicht möglich ist.

– Es handelt sich oft um Glasschäden, die bei Streit über die Schadenverursachung bzw. Einstandspflicht des Haftpflichtversicherers von den meisten Geschädigten über die eigene Teilkaskoversicherung zu Regulierung eingereicht werden, um dem Streit mit dem Haftpflichtversicherer aus dem Weg zu gehen.

– Die verursachten Lackschäden werden oft als normale Abnutzung hingenommen bzw. durch Selbsthilfe kostengünstig beseitigt.

– Seit der grundlegenden Entscheidung des BGH von 1988 (NJW 1988, 3090 f) ist die Frage der Haftung dem Grunde nach für solche Schadenfälle recht präzise herausgearbeitet, so dass durch den Haftpflichtversicherer schnell eine Entscheidung getroffen wird, die – ordentlich begründet – von den Geschädigten mehr oder minder akzeptiert wird.

Der BGH hat in dieser, richtungsweisenden Entscheidung die Grundsätze für eine mögliche Haftung herausgestellt. Schäden, die durch das Auswerfen von Streugut entstehen, werden von der Halterhaftung des § 7 StVG erfasst. Dies ist bis zu dieser Entscheidung von einigen Oberlandesgerichten anders gesehen worden. Eine Güterabwägung – wie in älteren Entscheidungen vorgenommen – hat nun nicht mehr stattzufinden.

Diese Güterabwägung beruhte darauf, dass die Halterhaftung des § 7 Abs. 1 StVG nicht eingreifen sollte, wenn das Bestreuen der winterglatten Straßen im Interesse der Allgemeinheit geboten sei. Die in einigen älteren Entscheidungen noch vertretene Auffassung, dass solche Schäden als unvermeidbar hinzunehmen sind und dies ein »Opfer für das Gemeinwohl« darstellt, ist damit überholt.

Eine Schadenersatzpflicht entfällt nach der Entscheidung des BGH nur, wenn der Schaden unabwendbar im Sinne des § 7 Abs. 2 StVG gewesen ist. Dies ist der Fall, wenn sich – auch nach dem Schadenbild – der Schaden auch bei vorsichtigem Streuen nicht vermeiden ließ. Die Beweislast trägt der Halter des Streufahrzeuges. Dass das Streugerät technische einwandfrei sein muss, dürfte sich wohl von selbst verstehen, da andernfalls der Schaden wiederum auf einem Fehler in der technischen Beschaffenheit beruhen würde. Der BGH hat gefordert, dass die Streubreite zumindest so reguliert werden muss, dass geparkte Fahrzeuge nicht (direkt) getroffen werden. Ein mögliches Abspringen einzelner Steine von der Fahrbahn gegen das Fahrzeug bzw. ein Aufwirbeln durch andere vorbeifahrende Fahrzeuge ist im Regelfall jedoch unvermeidbar.

Wodurch der Schaden verursacht wurde, lässt sich meist anhand des Schadenbildes ermitteln. So wird bei abgesprungenem Streugut bzw. aufgeschleuderten Steinen nur ein Lackschaden an einzelnen Stellen vorhanden sein. Beim direkten Auftreffen ist eine viel höhere Schadendichte über die gesamte Fahrzeugbreite festzustellen.

Tipp
Schadenumfang möglichst durch Fotos belegen.

T

Bei Vorliegen eines solchen Schadenbildes kann eine Ersatzpflicht entfallen, wenn die Schadenverursachung durch ein konkretes Fahrzeug nicht nachgewiesen ist. So kam das OLG Hamm (VersR 1984, 851) im Ergebnis der Beweisaufnahme zu einer Abweisung der Schadenersatzklage, weil die Verursachung durch den Halter des beklagten Fahrzeuges gerade durch die Zeugenaussage nicht nachgewiesen war. Der Kläger hatte den Schaden erst Tage nach dem Streuvorgang (bei einer Autowäsche) bemerkt. Der Zeuge konnte sich nicht an das Streufahrzeug erinnern, sein eigenes Fahrzeug (daneben geparkt) hatte keine Schäden aufgewiesen. Da der Schaden somit zu einem anderen Zeitpunkt vom Kläger unbemerkt verursacht worden sein konnte, wurde die Schadenersatzklage abgewiesen.

Der Beklagte hatte vorgetragen, dass das angebliche Verursacherfahrzeug nur zum Streuen von Tausalzen eingerichtet ist und Granulat keine Verwendung finden könne. Durch Tausalze hätte dieser Schaden ohnehin nicht verursacht werden können.

Schäden an Front-, Heck- oder Seitenscheiben von Fahrzeugen sind angesichts der technischen Ausrüstung der heutigen Streufahrzeuge kaum nachvollziehbar. Sämtliche Streuer sind mit einem so genannten Auswurfschutz versehen, der ein Streuen des Streumittels nach oben verhindert. Darüber hinaus sind die durch die Fliehkraft hervorgerufenen Geschwindigkeiten nur relativ gering und das Granulat im Regelfall so leicht, dass Beschädigungen an der Verglasung kaum eintreten können. Solche Schäden sind allenfalls vorstellbar, wenn das geschädigte Fahrzeug sich in Bewegung befunden hat oder durch das Streufahrzeug Streugut durch die eigenen Bereifung aufgeschleudert wird. Dies könnte unabwendbar im Sinne des § 7 Abs. 2 StVG sein bzw. auch ein Mitverschulden des Geschädigten begründen.

Der BGH führte aus, dass die Prüfung der Frage der mitwirkenden Betriebsgefahr des geschädigten Pkw offen bleiben könne, da diese angesichts des Schadenherganges (Streuvorgang / geparktes Fahrzeug) vernachlässigbar gering sei.

Bei den Stichworten »Schaden durch aufgeschleuderten Stein oder ähnliches« wird zunächst geprüft, ob es sich eventuell um höhere Gewalt bzw. ein unabwendbares Ereignis im Sinne des § 7 Abs. 2 StVG handelt (vgl. Hentschel a. a. O. § 7 Rd.-Nr. 32 m. w. N.).

Dies ist immer dann der Fall, wenn der Halter des Fahrzeuges den Nachweis erbringen kann, dass der Fahrer seines Fahrzeuges auch bei äußerst möglicher Sorgfalt den Schaden nicht abwenden konnte. Dies meint nicht absolute Unvermeidbarkeit, sondern ein sachgemäßes, geistesgegenwärtiges Handeln erheblich über dem Maßstab der im Verkehr erforderlichen Sorgfalt hinaus (entspricht dem Idealfahrer, vgl. BGH VersR 1992, 714 ff).

Diese Sorgfaltspflichten sind nicht erfüllt, wenn das Fahrzeug z. B. durch einen steinigen Fahrbahnbereich vor einer Baustelle oder einer unbefestigten Straße fährt. War das Fahrzeug möglicherweise vorher auf einer Baustelle im Einsatz, kann dem Fahrer die Verpflichtung obliegen, die Reifen (insbesondere Zwillingsbereifung) auf eingeklemmte Steine zu kontrollieren. Zum Umfang und zu den Voraussetzungen dieser Kontrollpflicht siehe das Urteil des AG Halle, wo diese sehr instruktiv dargestellt wurden (AG Halle VersR 1996, 211).

Sofern Steine oder andere Gegenstände sich durch Größe oder Farbe deutlich von der Fahrbahn abheben, ist ebenfalls eine angemessene Reaktion (Ausweichen, Geschwindigkeitsverlangsamung oder ähnliches) vom Fahrzeugführer zu fordern. Eine Mithaftung des nachfolgenden Fahrzeuges ist zu berücksichtigen, wenn der Sicherheitsabstand zum vorausfahrenden Fahrzeug zu gering ist. Das heißt, auf einer erkennbar schlechten Straße (Baustellenbereich oder ähnliches) muss der Sicherheitsabstand vergrößert, notfalls auch die eigene Geschwindigkeit deutlich vermindert werden.

Als Orientierungshilfe hierzu siehe die nachfolgende Tabelle:

Steinschlagschäden

Lfd. Nr.	Quelle	Sachverhalt	Quote
1	AG Bad Neustadt r+s 1983, 231	Durch Pkw aufgeschleuderter Splitt ca. 200 m hinter Baustelle	Keine Haftung
2	OLG Köln ZfS 1983, 353	Pkw schleudert bei ca. 90–100 km/h (auf BAB) zuvor nicht sichtbaren Stein auf	Keine Haftung
3	OLG Köln ZfS 1987, 195	Pkw schleudert auf BAB handtellergroßes Metallstück auf	Keine Haftung
4	AG Stuttgart – Bad Cannstatt ZfS 1987, 195	Pkw ca. 160 km/h schleudert auf BAB liegendes Warndreieck auf	Keine Haftung
5	LG Düsseldorf ZfS 1987, 196	Faustgroßer Stein wird auf BAB von Lkw aufgeschleudert	100 % Haftung
6	AG Augsburg ZfS 1987, 196	Kinderfaustgroßer Stein wird innerorts von Pkw aufgeschleudert	Keine Haftung
7	AG Landsberg ZfS 1987, 196	Innerorts entgegenkommendes Fahrzeug schleudert Stein auf	100 % Haftung
8	AG Seligenstadt ZfS 1987, 197	Durch Lkw auf BAB aufgeschleuderter Stein	Keine Haftung
9	LG Dortmund ZfS 1987, 291	Überholender Pkw (ca. 160 km/h) auf BAB schleudert Stein auf	100 % Haftung
10	OLG Hamm NZV 1990, 231	Pkw überholt mit ca. 160 km/h und schleudert Eisenteil (85×25×15 cm) auf; Fahrzeug des Geschädigten gerät bei Dunkelheit und Regen außer Kontrolle	50 : 50
11	AG Groß-Gerau ZfS 1991, 185	Durch Lkw auf BAB aufgeschleuderter Stein	Keine Haftung
12	AG Backnang ZfS 1991, 185	Durch Lkw innerorts aufgewirbelter Stein	Keine Haftung
13	AG Rheinberg ZfS 1991, 185	Durch Lkw innerorts aufgewirbelter Stein	Keine Haftung

14	AG Halle VersR 1996, 211	Lkw schleudert trotz Schmutzfänger Stein auf (sehr instruktiv, da Sorgfaltsanforderungen zur Reifenkontrolle dargestellt werden)	Keine Haftung
15	AG Hannover ZfS 1999, 374	das Hochschleudern auf der Fahrbahn liegender Gegenstände ist unabwendbar	keine Haftung

Streugutschäden

Lfd. Nr.	Quelle	Sachverhalt	Quote
1	OLG Hamm VersR 1984, 851	Streuschaden durch unbekannten Verursacher (Beklagtem war Verursachung nicht nachweisbar)	Keine Haftung
2	LG Hildesheim ZfS 1987, 259	Geschädigtem kommt Streufahrzeug mit unangepasster Geschwindigkeit entgegen	100 % Haftung
3	OLG Hamm NJW 1988, 863	Entgegenkommender Pkw hält äußert rechts und wird durch ausgeworfenes Streugut beschädigt	100 % Haftung
4	BGH VersR 1988, 1053	Ordnungsgemäß geparktes Fahrzeug wird durch ausgeworfenes Streugut beschädigt	100 % Haftung
5	OLG Braunschweig VersR 1989, 95	Ordnungsgemäß geparktes Fahrzeug wird durch ausgeworfenes Streugut beschädigt	100 % Haftung

VII. Der Fußgänger- und Radfahrerunfall

1. Fußgänger

Die besonderen Verhaltensanforderungen gegenüber Kindern, Hilfsbedürftigen und älteren Menschen sind in § 3 Abs. 2 a StVO geregelt. Der Begründung des Bundesministers für Verkehr lässt sich leicht entnehmen, weshalb sich diese Regelung im § 3 der StVO mit der Überschrift »Geschwindigkeit« wiederfindet. Für den Fahrzeugführer handelt es sich beim Schutz dieses Personenkreises im Regelfall um ein reines Geschwindigkeitsproblem, so dass die hieraus abzuleitende Handlungsanweisung in den § 3 StVO gehört (vgl. Jagusch / Hentschel a. a. O. Rd.Nr. 10 a zu § 3).

Die Fahrzeugführer haben sich so zu verhalten, dass eine »Gefährdung dieser Verkehrsteilnehmer ausgeschlossen« ist. Bei Erkennen einer solchen geschützten Person ist daher eine Geschwindigkeitsverlangsamung auch unter Herstellung der Bremsbereitschaft gegebenenfalls nicht ausreichend. Durch die Ausgestaltung als Gefährdungstatbestand ist vielmehr klargestellt, dass hier das äußerste an Sorgfalt zur Vermeidung der Gefährdung gefordert wird. Welches Maß hierbei anzuwenden ist, ist stark vom jeweiligen Einzelfall abhängig. Auch bei diesen Unfällen kommt der möglichst exakten und umfassenden Sachverhaltsfeststellung eine zentrale Bedeutung zu. Von diesen Umständen hängt ganz überwiegend die hieraus abzuleitende rechtliche Würdigung ab. Welche Umstände entscheidungserheblich sind und welche nicht, hängt ebenfalls ganz wesentlich vom Einzelfall ab. Einige aufzuklärende Umstände sollen nachfolgend genannt werden:

- Laufrichtung des Fußgängers von rechts nach links oder umgekehrt
- Fußgänger am Fahrbahnrand
- Betreten der Fahrbahn von der Seite (evtl. zwischen stehenden Fahrzeugen)
- Nächste Ampel, Fußgängerüberweg?
- Wo und wie wurde der Fußgänger erfasst?
- Welche Verletzungen liegen beim Fußgänger vor?
- Bekleidung des Fußgängers (Kontrast zum Hintergrund)
- Erkennbares Alter des Fußgängers
- Unfallort (außer-/innerorts), Einkaufszone, Spielstraße, Entfernung zu Schule, Kindergarten, Sport- bzw. Spielplatz usw.
- Sichtverhältnisse für Fußgänger und Fahrzeugführer
- Tageszeit und Tag (z. B. Christi Himmelfahrt, Neujahrstag, Fastnacht)
- Geschwindigkeit des Fahrzeuges
- Reaktion des Fahrzeugführers

Sofern Kinder beteiligt sind, ist insbesondere aufzuklären, wie dass Verhalten des verletzten Kindes unmittelbar vor dem Unfall gewesen ist. Darüber hinaus ist auch von entscheidender Bedeutung, ob der Fahrzeugführer das Kind überhaupt wahrnehmen konnte und ob er möglicherweise mit dem Auftauchen von Kindern rechnen musste. Diese mögliche Erkennbarkeit kann z. B. darauf beruhen, dass der Unfallort in der Nähe einer Schule, eines Spielplatzes o. ä. liegt oder das Kind aufgrund anderer Umstände vorher wahrgenommen wurde bzw. mit Kindern gerechnet werden musste.

Ist dem Fahrzeugführer bei einer Kollision mit einem Erwachsenen ein Verschulden nicht nachweisbar, kann die Betriebsgefahr seines Fahrzeuges vollständig hinter dem Verschulden des Fußgängers oder Radfahrers zurücktreten. Ist an dem Unfall jedoch eine der im § 3 Abs. 2 a StVO genannten Personen beteiligt, dann wird die Betriebsgefahr auch bei fehlendem Verschulden häufig nicht entfallen.

Bei diesen Unfällen kommt der Prüfung des Vertrauensgrundsatzes eine zentrale Bedeutung zu.

T

Tipp
Prüfen Sie, ob beide Unfallbeteiligten auf verkehrsgerechtes Verhalten vertrauen durften.

Sofern für den Fahrzeugführer Anlass zum Misstrauen bestand, wird ihm ein Mitverschulden entgegenzuhalten sein. Gegenüber einem Erwachsenen wird der Haftungsanteil aus Betriebsgefahr und Verschulden mindestens ein Drittel betragen und im Verhältnis zu einem bereits deliktsfähigem Kind mindestens die Hälfte. Der Haftungsanteil eines Erwachsenen wird demgegenüber bei eigenem Mitverschulden mindestens ein Drittel betragen.

Der BGH hat in einer Entscheidung ausführlich dargelegt, dass ein Kraftfahrer auch bei einer Straßenbreite von 11,3 m verpflichtet ist, die gesamte vor ihm liegende Fahrbahn, insbesondere auch die Gegenfahrbahn zu beobachten, soweit dies möglich und zumutbar ist. Die Revision führte zur Aufhebung und Zurückverweisung, wobei anhand der Hinweise des BGH eine Quote von 50 % zu Lasten des Fahrzeugführers aus Betriebsgefahr und Verschulden anzunehmen ist.

In diesem Fall überquerte die Fußgängerin die Straße bei Nacht schrägwinklig, nachdem sie zuvor aus einem dem Beklagten entgegenkommenden und haltenden Kfz ausgestiegen war (BGH NJW 1987, 2377 ff).

Ein ganz wesentlich zu prüfender Punkt ist die Frage der räumlichen und zeitlichen Vermeidbarkeit des Unfalles. Auch dieses Problem wurde vom BGH sehr ausführlich dargestellt und erläutert, dass zu prüfen ist, ob der Fahrzeugführer bei rechtzeitiger Reaktion und Einhaltung der zulässigen Geschwindigkeit noch vor der Kollisionsstelle durch Bremsen das Fahrzeug zum Stehen hätte bringen können (räumliche Vermeidbarkeit). Sodann ist die Frage zu prüfen, ob der Fahrzeugführer bei rechtzeitiger Reaktion und Einhaltung der zulässigen Geschwindigkeit die Kollisionsstelle eventuell später erreicht hätte (zeitliche Vermeidbarkeit). Im zugrunde liegenden Fall hatte das OLG nur die räumliche Vermeidbarkeit geprüft und die Klage der Fußgängerin auf 50 % Schadenersatz und Schmerzensgeld abgewiesen. Nach den Hinweisen des BGH ist von einer 50 %igen Haftung des Fahrzeugführers aus Betriebsgefahr und Verschulden auszugehen (BGH NZV 1992, 359).

Im übrigen gilt im Regelfall der Beweis des ersten Anscheins zu Lasten des Fahrzeugführers, dass er nicht rechtzeitig reagiert hat oder/und nicht rechtzeitig auf Sicht gefahren ist, wenn ein Fußgänger die Fahrbahn von links nach rechts überquert. Die Nichtbeachtung einfacher und jedem einleuchtender Regeln des Straßenverkehrs durch Fußgänger kann jedoch die Haftung auch aus der Betriebsgefahr entfallen lassen.

In einem Fall überquerte eine Fußgängerin die Straße zwischen verkehrsbedingt haltenden Fahrzeugen von links nach rechts und wurde von einem entgegenkommenden Pkw erfasst. Das OLG wertete dies als grob fahrlässig, da sie die Straße an einer besonders gefährlichen Stelle überquerte, obwohl in sichtbarer Entfernung ein Fußgängerüberweg vorhanden war (OLG Hamm r+s 1993, 251).

Die Bildung der Haftungsquote bei Fußgängerunfällen ist komplex und recht kompliziert. Wichtig ist jedoch, dass die Betriebsgefahr des beteiligten Fahrzeuges nur dann zurücktreten kann, wenn den Fußgänger ein erhebliches Verschulden trifft und auf der anderen Seite die Betriebsgefahr nicht erhöht gewesen ist. Das heißt, dass unabhängig von der Frage des Verschuldens alle Umstände zu prüfen sind, die zu einer erhöhten Betriebsgefahr in der konkreten Situation beigetragen haben könnten.

Welche dies sein können, hat der BGH bei einer Aufhebung und Zurückverweisung beispielhaft dargestellt. Ein Fahrzeugführer, der in der Nähe eines Weinfestes unterwegs ist, müsse damit rechnen, dass Fußgänger möglicherweise angetrunken sind und daher zu unberechenbarem Verhalten neigen. Als Fahrzeugführer dürfe man bereits ganz allgemein nicht darauf vertrauen, dass Fußgänger die Bankette nutzen und nicht auf die Straße treten werden. Der BGH führte hierzu weiterhin aus, dass auch wenn dem Fahrzeugführer ein Verschulden nicht nachgewiesen werden könne, bei der Abwägung der Verursachungsanteile berücksichtigt werden müsse, dass beim Durchfahren der Rechtskurve das rechte Bankett nicht vollständig ausgeleuchtet werde, der Fahrzeugführer durch den Gegenverkehr geblendet werde und Ausweichmöglichkeiten wegen der Schmalheit der Straße und der Breite des Fahrzeuges nicht bestünden.

Demgegenüber ist der Verstoß gegen § 25 Abs. 1 StVO (Linksgehpflicht) jedoch kein so schwerwiegendes Verschulden, dass die Betriebsgefahr des Fahrzeuges dahinter zurückstehen könnte (vgl. BGH VersR 1989, 490).

Bei erkennbar alkoholisiertem Fußgänger handelt es sich im übrigen um eine »hilfsbedürftige Person« im Sinne des § 3 Abs. 2 a StVO, so dass hier die Regeln für den Beweis des ersten Anscheines anwendbar sind (vgl. LG Köln VersR 1984, 796). Allerdings heißt dies nicht, dass deswegen – wie das LG meint- ein Alleinverschulden des Fahrzeugführers vorliegt. Der Fahrzeugführer muss lediglich den Beweis des ersten Anscheins für seinen Verschuldensanteil widerlegen. Zu den Sorgfaltspflichten gegenüber erkennbar alkoholisierten Fußgängern hat der BGH in einer Entscheidung einige Hinweise auf mögliche Schwerpunkte gegeben und die Sache im übrigen aufgehoben und zurückverwiesen (BGH VersR 2000, 199 ff – Quote nicht genannt, aber voraussichtlich 50%).

Unfälle mit Kindern stellen nicht nur ein besonders trauriges Kapitel dar, sondern sie sind darüber hinaus auch besonders schwer aufklärbar und rechtlich zu würdigen. Auf die Pflicht zur besonderen Sorgfalt und Rücksichtnahme gegenüber Kindern wurde bereits hingewiesen. Wichtig ist hierbei jedoch, dass sich nur derjenige auf einen solchen Verstoß gegen § 3 Abs. 2 a StVO berufen kann, dem gegenüber die Pflicht zur erhöhten Sorgfalt ausgelöst wurde (vgl. BGH VersR 1990, 1366).

Im zugrundeliegenden Fall wurde die Sorgfaltspflicht durch ein sichtbares siebenjähriges Kind ausgelöst, dieses wurde jedoch nicht geschädigt, sondern vielmehr ein für den Fahrzeugführer nicht sichtbares 4 $^{1}/_{2}$jähriges Kind, welches plötzlich zwischen zwei geparkten Fahrzeugen von rechts nach links auf die Fahrbahn lief. Da der Fahrzeugführer mit dem Auftauchen des geschädigten Kindes nicht rechnen musste, hat der BGH die auf Schmerzensgeld gerichtete Klage abgewiesen. Aus dieser Entscheidung kann somit grundlegend abgeleitet werden, dass ein Verstoß gegen die Sorgfaltspflichten des § 3 Abs. 2 a StVO grundsätzlich nur dann in Betracht kommt, wenn Anhaltspunkte für eine konkrete Gefährdung bestehen. Dies ist z. B. der Fall, wenn:

- Kinder gesehen wurden,
- Kinder bei entsprechender Aufmerksamkeit hätten gesehen werden können oder
- mit dem Auftauchen von Kindern hätte gerechnet werden müssen.

Auch ohne Anhaltspunkte für eine konkrete Gefährdung muss jeder Fahrzeugführer sein Fahrverhalten entsprechend einrichten (Geschwindigkeitsverminderung unter Herstellung der Bremsbereitschaft), wenn dies z. B. durch Zeichen 136 zu § 40 StVO angezeigt ist. Grundsätzlich ist dieses Zeichen auch ohne zeitliche Einschränkung zu beachten. Auch um 20.15 Uhr ist von jedem Fahrzeugführer die Einhaltung der vorstehend genannten Sorgfaltspflichten im Geltungsbereich dieses Verkehrszeichens zu beachten (vgl. BGH DAR 1994, 152).

Nur selten wird bei einem Kinderunfall der Nachweis eines unabwendbaren Ereignisses gelingen. In einem vom BGH aufgehobenen und zurückverwiesenen Fall wurde deutlich herausgestellt, dass für eine angemessene rechtliche Würdigung die genaue Sachverhaltsaufklärung erforderlich ist. Hierzu zählte im zugrundeliegenden Fall eines zehnjährigen Radfahrers, der auf einem schmalen Bürgersteig fuhr und durch Verlust des Gleichgewichtes auf die Straße fiel, wo er vom nachfolgenden Fahrzeug verletzt wurde, auch die Aufklärung, wie das Verhalten des Kindes vor dem Unfall gewesen ist (Unsicherheiten im Fahrverhalten), wie breit der Gehweg ist (ob Hindernisse vorhanden waren, die ein Umfallen auf die Fahrbahn wahrscheinlich machten) usw. (vgl. BGH VersR 1987, 1034).

Tipp
Alle Umstände möglichst ausführlich und anschaulich darstellen.

In einem anderen Fall wurde festgestellt, dass das Verschulden (hier 70 %) eines achtjährigen Kind, welches plötzlich zwischen zwei geparkten Fahrzeugen auf die Fahrbahn lief, nicht mit dem eines Erwachsenen zu vergleichen ist. Die Betriebsgefahr des Pkw hat ein so erhebliches Gewicht (hier 30 %), dass diese nicht zurücktreten könne. Instruktiv hat die Sorgfaltsanforderungen der BGH bei einem 8-jährigen Kind als Radfahrer auf dem Gehweg dargestellt (BGH PVR 2001, 155 – ohne Quote, da Zurückverweisung).

Häufig wird bei Unfällen mit Kindern eingewandt, dass dem Kind ein Mitverschulden entgegenzuhalten ist, weil die Aufsichtsperson Sorgfaltspflichten verletzt hat. Dies ist jedoch nicht möglich, wie das Kammergericht sehr instruktiv und mit vielen weiteren Nachweisen in einer Entscheidung bei einem $3\,^{3}/_{4}$jährigen Kind darlegte (vgl. KG DAR 1996, 72 ff). Ein Mitverschulden aus grob verkehrswidrigem Verhalten der Klägerin war auch nicht ansatzweise zu erkennen, da diese lediglich an der Hand ihrer Großmutter die Straße überquerte.

Bei Unfällen mit erkennbar älteren Menschen sollte unbedingt das Urteil des BGH vom 19. 04. 1994 herangezogen werden. Der BGH hat hier besonders deutlich herausgestellt, dass die Schutzvorschrift des § 3 Abs. 2 a StVO schon dann eingreift, wenn nach der Lebenserfahrung damit zu rechnen ist, dass der ältere Mensch die Verkehrssituation nicht mehr voll übersehen und meistern kann. Es bedarf keiner konkreten Anhaltspunkte für die Verkehrsunsicherheit des älteren Menschen. Geklagt hatte ein Motorradfahrer gegen eine 73 jährige Fußgängerin, der – auch nach der Überzeugung des BGH – ein Mitverschuldensvorwurf zu machen war. Dies konnte jedoch die Betriebsgefahr des Motorrades und das Verschuldens des Klägers wegen der Geschwindigkeitsüberschreitung (95 bis 110 km/h statt erlaubter 70 km/h) nicht entfallen lassen. Das LG hatte zunächst zwei Drittel zu Lasten der Fußgängerin zugrunde gelegt, das OLG bildete eine Quote von 60 % zu Lasten der Fußgängerin. Der BGH hob das Urteil auf und verwies zurück (BGH VersR 1994, 739 ff – Quote blieb offen, wird unseres Erachtens jedoch mit mindestens 60 % zu Lasten des Motorradfahrers gehen).

Fußgänger

Lfd. Nr.	Quelle	Sachverhalt	Quote
1	BGH VersR 1977, 337	82 jähriger Fußgänger überquert ca. 3–15 m hinter Fußgängerüberweg die Fahrbahn, Fahrzeugführer rechnet nicht mit Fußgänger	$^2/_3$ zu Lasten Pkw (Betriebsgefahr + Verschulden) $^1/_3$ Mitverschulden Fußgänger
2	OLG Saarbrücken VersR 1986, 927	5 jähriges Kind läuft plötzlich auf 6 m breite Wohnstraße, spielende Kinder waren für Pkw vorher erkennbar	100 % zu Lasten Pkw (Betriebsgefahr + Verschulden)
3	OLG Karlsruhe NJW-RR 1986, 774	$9^3/_4$jähriges Kind rennt vom Gehweg auf die Fahrbahn und kollidiert mit Pkw	75 % zu Lasten des Kindes 25 % zu Lasten des Pkw-Fahrers (kein Verschulden)
4	OLG Hamm NJW-RR 1987, 1250	4 jähriges Kind läuft von Grundstück auf Wohnstraße und kollidiert mit Pkw	keine Quote genannt, da nur SMG geltend gemacht wurde (kein Verschulden des Kfz)
5	OLG Köln VersR 1989, 206	8 jähriges Kind läuft grob fahrlässig trotz Zeichen 136 zu § 40 StVO von rechts nach links über Fahrbahn und kollidiert mit Pkw	85 % zu Lasten Pkw (Betriebsgefahr + Verschulden) 15 % zu Lasten des Kindes
6	KG VersR 1989, 491	8 jähriges Kind überquert bei Dunkelheit und Rotlicht die Straße, Kollision mit Pkw	100 % zu Lasten des Kindes
7	BGH VersR 1990, 99	Fußgänger überquert innerorts ca. 3 m hinter Fußgängerfurt bei grün die Fahrbahn, Pkw missachtet Rotlicht	100 % zu Lasten Pkw
8	OLG Hamm NZV 1990, 473	8 jähriges Kind überquert Fahrbahn (Verstoß gegen § 25 (3) StVO) von rechts nach links	$^2/_3$ zu Lasten des Pkw aus Betriebsgefahr, kein Verschulden $^1/_3$ Mitschuld des Kindes

Lfd. Nr.	Quelle	Sachverhalt	Quote
9	OLG Celle NZV 1991, 228	16 jähriger Behinderter läuft bei Einfahren des KOM auf gegenüberliegende Straßenseite, 30 km/h bei Hinweis auf naheliegende Schule zu schnell	$^2/_3$ zu Lasten des Pkw (Betriebsgefahr + Verschulden) $^1/_3$ Mithaftung Fußgänger
10	OLG Düsseldorf NZV 1992, 189 f	9 jähriges Kind läuft vor Straßenreinigungsmaschine (gelbes Rundumlicht) auf die Straße und wird von überholendem Klein-Lkw erfasst	25 % zu Lasten des Klein-Lkw (nur aus Betriebsgefahr) 75 % zu Lasten des Kindes
11	OLG Bamberg VersR 1992, 1531	Fußgänger betritt Fahrbahn zwischen geparkten Fahrzeugen von rechts nach links	Keine Haftung des Fahrzeugführers
12	OLG Hamm r+s 1993, 251 f	Fußgängerin überquert Fahrbahn grob fahrlässig innerorts von links nach rechts, kein Verschulden des Fahrzeugführers	Keine Haftung des Pkw (Betriebsgefahr tritt vollständig zurück)
13	OLG Bamberg NZV 1993, 268	10 jähriges Kind springt an Bushaltestelle plötzlich vor von links nahenden KOM	$^2/_3$ zu Lasten des Kindes $^1/_3$ zu Lasten KOM (kein Verschulden)
14	OLG Oldenburg NZV 1994, 26	Fußgänger überquert (grob unachtsam) innerorts vor herannahendem Pkw Straße von links nach rechts	60 % zu Lasten Fußgänger 40 % zu Lasten Pkw (Betriebsgefahr und Verschulden)
15	OLG Düsseldorf NZV 1994, 70	Fußgänger überquert nachts mit 2,28 Promille Straße innerorts von links nach rechts (kein besonders schweres Verschulden des Fußgängers)	75 % zu Lasten Fußgänger 25 % zu Lasten Pkw (nur aus Betriebsgefahr)
16	OLG Oldenburg r+s 1994, 253 f	7 jähriges Kind überquert Fahrbahn von rechts nach links (Nachlaufen), beiderseits der Fahrbahn befinden sich Kinder	100 % zu Lasten Pkw (Betriebsgefahr + Verschulden)

Lfd. Nr.	Quelle	Sachverhalt	Quote
17	BGH VersR 1994, 739	77 jährige Frau überquert außerorts 7,5 m breite Straße, Motorradfahrer stürzt bei Ausweichbewegung mit 95 km/h statt erlaubter 70 km/h	Keine Quotierung durch BGH, da Aufhebung und Zurückweisung (wohl $^1/_3$ zu Lasten Fußgänger)
18	OLG Hamm r+s 1995, 336	17 jährige Fußgängerin überquert nachts innerorts 12,5 m breite Straße von rechts nach links	75 % zu Lasten Fußgängerin 25 % zu Lasten Fahrzeugführerin (nur aus Betriebsgefahr)
19	OLG Hamm r+s 1995, 379	Fahrzeugführer (1,22 Promille) fährt nachts außerorts bei 80 km/h mit Abblendlicht in links stehende Fußgängergruppe (Blendung wegen Gegenverkehr)	75 % zu Lasten Pkw 5 % zu Lasten Fußgänger (Mithaftung, weil grasbewachs. Randstreifen nicht genutzt wurde)
20	OLG Hamm Vers R 1995, 1113	Erwachsener Fußgänger überquert nachts Bundesstraße vor Fahrzeugkolonne bis zur Straßenmitte, Pkw-Fahrer (1,3 Promille) überholt trotz Überholverbot mit 75 km/h (erlaubt 50 km/h)	100 % zu Lasten Pkw
21	OLG Hamm NZV 1996, 70	13 jähriges Kind überquert innerhalb des Geltungsbereiches Verkehrszeichen 136 zu § 40 StVO (Kinder) Fahrbahn von rechts nach links	75 % zu Lasten des Kindes 25 % zu Lasten Pkw (nur aus Betriebsgefahr)
22	OLG München VersR 1996, 1506	Pkw überholt Fahrzeugkolonne (Stau) auf Gegenfahrbahn, erwachsener Fußgänger überquert Straße zwischen haltenden Kfz von rechts nach links und hat Gegenfahrbahn zur Hälfte überquert	100 % zu Lasten Pkw
23	BGH r+s 2000, 409 auch PVR 2001, 48	Fußgänger überquert Str. ca. 40 m hinter Ampel Spurwechsel über 2 Fahr-Spuren (nicht unfallursächlich !!??)	3/5 zu Lasten des Fußgängers 2/5 zu Lasten des PKW-Fahrers nur aus BG !!??

Lfd. Nr.	Quelle	Sachverhalt	Quote
24	OLG Hamm VersR 1999, 1433	Alkoholisierter Fußgänger (1,94‰) der nachts kriechend vor das an Ampel anfahrende Kfz. gerät	Keine Haftung des Kfz.
25	OLG Hamm r+s 2001, 412	Alkoholisierter Fußgänger der bei Dunkelheit und Regen plötzlich auf Fahrbahn läuft	keine Haftung des Kfz.
26	OLG Dresden r+s 2001, 411	alkoholisierter Fußgänger der plötzlich auf die Straße Tritt, ohne nahegelegene Fußgängerfurt (mit Ampel) Zu nutzen	keine Haftung des Kfz.
27	OLG Hamm VersR 2000, 375	Alkoholisierter Fußgänger (2‰) der nachts plötzlich von der rechten in die zu seinem Schutz gewählte linke Fahrspur läuft	keine Haftung des Kfz.
28	BGH r+s 2000, 64	Alkoholisierung des Fußgängers war für Kraftfahrer erkennbar, damit war der Fußgänger hilfsbdürftig i. S. § 3 (2) a StVO	50% Mithaftung des Fußgängers 50% Haftung aus BG und Verschulden
29	OLG Schleswig r+s 1999, 454	nicht sichtbares Kind läuft in Wohngebiet (30 er Zone) seitlich gegen Fzg.	100% Haftung aus BG des Kfz.
30	OLG Hamm r+s 2001, 61	9 jähriges Kind betritt ohne Rücksicht auf Verkehr die Fahrbahn an Verkehrsinsel	66,6 % Haftung des Kfz. aus BG und Verschulden
31	OLG Hamm r+s 2001, 456	10 jähriges Kind läuft unachtsam vor dem Linienbus, Krad fuhr Erlaubte 70 km/h	66,6 % Haftung des Kindes 33.4 % Haftung des Krades aus BG
32	OLG Düsseldorf r+s 2000, 65	15-jährige wird ohnmächtig und fällt plötzlich auf die Fahrbahn	100 % Haftung des Kfz. aus BG

Lfd. Nr.	Quelle	Sachverhalt	Quote
33	KG ZfS 1999, 317 (zum SMG wegen Schockschaden vgl. Nr. 19 SMG-Tab.: sonstiges)	10-jähriges Kind tritt bei Stau zwischen Fzg. vor anfahrenden LKW und verstirbt nach Kollision	50 : 50
34	OLG Karlsruhe NJW-RR, 1987, 1249 (zum SMG Nr. 18 der SMG-Tabelle: sonstiges)	ältere Person überquert Str. innerorts zunächst bis zur Mitte und läuft plötzlich vor Motorradfahrer weiter, der nur mit Hinterrad bremst	60% zu Lasten des Motorradfahrers (BG+Verschulden)

2. Radfahrer

Der Sachverhalt ist so genau wie möglich zu erfassen und darzulegen, um dem Sachbearbeiter, RA bzw. Richter eine korrekte rechtliche Würdigung zu ermöglichen. Je ausführlicher dies bezogen auf den konkreten Geschehensablauf erfolgt, desto einfacher ist die Bildung der Quote. Zunächst ist daher (neben dem Alter des Radfahrers) aufzuklären, ob

- der Gehweg benutzt wurde (zulässig?),
- der Radweg benutzt wurde (in zulässiger oder verkehrter Richtung) oder
- die Fahrbahn benutzt wurde (trotz Radweg?).

Sofern der Gehweg benutzt wurde, können sich erwachsene Radfahrer nicht darauf berufen, dass dies gemäß § 2 Abs. 5 StVO für Kinder bis 8 Jahre vorgeschrieben ist, da Erwachsene somit nicht unter den Schutzbereich dieser Norm fallen. Das OLG Schleswig hat die Betriebsgefahr des aus einem Grundstück auf die Straße auffahrenden Kfz gegenüber einem erwachsenen Radfahrer, der den Gehweg in falscher Fahrtrichtung (!) benutzte, vollständig zurücktreten lassen (OLG Schleswig r+s 1991, 261 sowie OLG München ZfS 1997, 171).

Das KG geht bei solchen Unfällen jedoch regelmäßig nur von einem Mitverschulden des Radfahrers aus (vgl. KG DAR 1993, 257).

Das OLG Köln hat ein Mitverschulden des Radfahrers wegen Benutzung der Fahrbahn trotz vorhandenem Gehweg jedoch nicht als anrechnungsfähig angesehen, weil der Radweg in einem erkennbar schlechten Zustand gewesen ist. Es fehlte somit der Rechtswidrigkeitszusammenhang (OLG Köln VersR 1995, 64).

Anders sah dies jedoch das OLG Hamm mit der Begründung, die Nichtbenutzung des Radweges sei unfallursächlich, da Radwege gerade der Entmischung zwischen Radfahrern und Kfz dienen (OLG Hamm r+s 1994, 296).

Weit auseinander gehen die Auffassungen bei der Frage, ob Radfahrern, die den Radweg in der verkehrten Richtung nutzen, ein Vorfahrtsrecht zusteht. Die überwiegende Meinung geht davon aus, dass dies das Vorfahrtsrecht nicht entfallen lässt (dies wohl in Anlehnung an das weiter bestehende Vorfahrtsrecht auch bei Nutzung des falschen Fahrstreifens durch einen Pkw).

So kam das OLG zu dem Ergebnis, dass das Vorfahrtrecht des Radfahrers auch bei verbotswidrigem Benutzen des linken Radweges erhalten bleibt. Eine Haftung des von links kommenden wartepflichtigen PKW sah das Gericht unter Beachtung des Mitverschuldenanteils des Fahrradfahrers nur aus der Betriebsgefahr (BG) des Kfz. als gerechtfertigt an und wies im Ergebnis die nur auf Schmerzensgeld gerichtete Klage des Radfahrers ab (OLG Düsseldorf NZV 2000, 506).

Anders sah dies jedoch das OLG Bremen, das hierzu ausführte, dass der Radfahrer in diesem Fall dem Verkehrsteilnehmer gleichgestellt werden müsse, der eine Einbahnstraße in verkehrter Richtung befährt (OLG Bremen VersR 1997, 765).

Sofern Radfahrer Fußgängerüberwege (Zeichen 350 zu § 42 StVO) bzw. die Fußgängerfurt bei LZA (§ 37 StVO) überqueren, fallen sie nicht unter den Schutzbereich der Norm. Ob dies beim Fahrzeugführer das Verschulden und eventuell die Betriebsgefahr des Fahrzeuges vollständig zurücktreten lassen kann, hängt von den Umständen des Einzelfalles ab.

Zu den zu prüfenden Sorgfaltsanforderungen gegenüber Kindern kann nur auf die Entscheidung des BGH verwiesen werden, die darstellt, dass es nicht nur auf die Beurteilung zur Vermeidbarkeit des Unfalls in zeitlich-räumlicher Hinsicht ankommt, sondern auch, ob dann eventuell geringere Schäden zu erwarten gewesen wären (BGH r+s 2001, 23)

Als Orientierung für Quotierungen bei Radfahrerunfällen vergleiche folgende Tabelle:

Radfahrer

Lfd. Nr.	Quelle	Sachverhalt	Quote
1	LG Hannover DAR 1988, 166	Radfahrer benutzt Radweg in verkehrter Richtung und kollidiert mit wartepflichtigem Pkw	$^2/_3$ zu Lasten Pkw $^1/_3$ zu Lasten Radfahrer
2	OLG Düsseldorf r+s 1989, 215	Radfahrer weicht teilweise (verkehrswidrig) auf Radweg geparktem Pkw aus und kollidiert mit diesem	$^2/_3$ zu Lasten Radfahrer $^1/_3$ zu Lasten Pkw
3	OLG Hamm NZV 1989, 270	13 jähriger Radfahrer auf 5,20 m breiter Landstraße wird trotz Gegenverkehr von Pkw mit ca. 70 km/h ohne ausreichenden Sicherheitsabstand überholt	100 % zu Lasten des Pkw (Betriebsgefahr + Verschulden)
4	OLG Hamm NZV 1990, 26 ff	Radfahrer verlässt Radweg zum Linksabbiegen (nicht verkehrswidrig), Kollision mit Motorrad, das zunächst Pkw überholte (lesenswert, da mit interessanten Anmerkungen)	Keine Haftung des Radfahrers
5	OLG Schleswig r+s 1991, 261	Erwachsener Radfahrer benutzt Gehweg (in falscher Richtung!?) und kollidiert mit aus Grundstück ausfahrenden Pkw	100 % zu Lasten Radfahrer
6	OLG Hamburg r+s 1991, 413	Erwachsener Radfahrer fährt auf Gehweg und kollidiert mit aus Toreinfahrt kommenden Pkw	$^1/_3$ zu Lasten des Radfahrers $^2/_3$ zu Lasten des Pkw (Betriebsgefahr + Verschulden)
7	OLG Karlsruhe NZV 1992, 33	Jugendlicher Radfahrer kollidiert mit Pkw (ca. 50 km/h), der gesperrten Wirtschaftsweg befährt	50 : 50
8	OLG Bremen NZV 1992, 35	Radfahrer auf Radweg kollidiert mit wartepflichtigem Rechtsabbieger (Pkw)	100 % zu Lasten des Pkw

Lfd. Nr.	Quelle	Sachverhalt	Quote
9	OLG Karlsruhe NZV 1992, 189 f	Erwachsener Radfahrer fährt auf vorfahrtsberechtigter aber für Fahrzeuge aller Art gesperrten Straße, Kollision mit wartepflichtigem Pkw	$^2/_3$ zu Lasten des Radfahrers $^1/_3$ zu Lasten des Pkw (Klage war nur auf 80 % Schadenersatz gerichtet!)
10	LG Osnabrück VersR 1992, 466 f	9 jähriges Kind verletzt Vorfahrt des Pkw (interessant, wegen Versuch der altersmäßigen Quotierung!)	60 % zu Lasten Radfahrer 40 % zu Lasten Pkw (nur Betriebsgefahr)
11	OLG Hamm VersR 1992, 1269	Radfahrer fährt nachts bei Regen auf 5,5 m breiter Wohnstraße gegen unbeleuchtet geparkten Lkw	$^2/_3$ zu Lasten des Lkw (Betriebsgefahr + Verschulden) $^1/_3$ zu Lasten des Radfahrers
12	KG DAR 1993, 257	14 jähriger Radfahrer befährt Radweg in verkehrter Richtung und kollidiert mit aus Grundstück ausfahrendem Pkw	75 % zu Lasten des Pkw 25 % zu Lasten des Radfahrers
13	OLG Karlsruhe SP 1993, 374	13 jähriger Radfahrer verletzt Vorfahrt des Motorradfahrers	100 % zu Lasten Radfahrer
14	OLG Oldenburg NZV 1994, 74	15 jähriger Radfahrer überquert Fahrbahn, ohne auf den übrigen Verkehr zu achten	$^2/_3$ zu Lasten Radfahrer $^1/_3$ zu Lasten Pkw (aus Betriebsgefahr)
15	OLG Oldenburg r+s 1994, 93 f	6 jähriges Kind fährt mit Kinderfahrrad am rechten Straßenrand einer Wohnstraße, Pkw-Fahrerin überholt, als das Kind plötzlich nach links abbiegt	100 % zu Lasten des Pkw (Betriebsgefahr + Verschulden)
16	OLG Hamm r+s 1994, 296	Radfahrer benutz grundlos nicht den Radweg, sondern die Fahrbahn und kollidiert mit überholendem Pkw	25 % zu Lasten des Radfahrers 75 % zu Lasten des Pkw (aus Betriebsgefahr und Verschulden)
17	OLG Köln VersR 1995, 64	Erwachsener Radfahrer benutzt erkennbar schlechten Radweg nicht, sondern fährt auf Fahrbahn	100 % zu Lasten Pkw

Lfd. Nr.	Quelle	Sachverhalt	Quote
18	OLG Hamm NZV 1996, 449	Radfahrer fährt auf Gehweg und überquert bei grün die Fußgängerfurt, Kollision mit rechtsabbiegendem Klein-Lkw	$^2/_3$ zu Lasten des Klein-Lkw (Betriebsgefahr + Verschulden) $^1/_3$ zu Lasten des Radfahrers
19	OLG Hamm NZV 1997, 123	Radfahrer befährt Radweg in verkehrter Richtung und kollidiert auf Kreuzung mit Pkw (wartepflichtig)	$^2/_3$ zu Lasten des Pkw (Betriebsgefahr + Verschulden) $^1/_3$ zu Lasten des Radfahrers
20	OLG Hamm NZV 1998, 202	Fahrradfahrer hockt bei Dunkelheit neben Fahrrad um Panne zu reparieren, Kfz. verstieß gegen Sichtfahrgebot	50 % zu Lasten des Kfz 50 % Mitverschulden des Fahrradfahrers
21	OLG Nürnberg VersR 1999, 247	Motorradfahrer fuhr 95 km/h statt 80 km/h und kollidiert mit kreuzendem wartepflichtigen Fahrradfahrer	33,4 % zu Lasten des Motorrades aus BG und Verschulden 66,6 % Mithaftung Fahrradf.
22	OLG Hamm ZfS 1999, 373	Zu den Haftungsabwägungen bei Kollision 10 jähriger Fahrradfahrer mit LKW	50 % Haftung des LKW 50 % Mithaftung des Kindes
23	LG Hamburg SP 1999, 7	Vom Gehweg kommender Fahrradfahrer kollidiert mit linksabbiegendem PKW	100 % Haftung des Fahrradfahrers
24	OLG Hamm VersR 1999, 1432 & r+s 1999, 368	Radfahrer nutzt Radweg in verkehrter Richtung und Weicht auf Fahrbahn aus, weil Jeep Radweg versperrt	50 % zu Lasten des Fahrradfahrers 50 % zu Lasten des Kfz. aus BG und Verschulden
25	AG Augsburg ZfS 2001, 446	Aus Tiefgarage ausfahrender PKW überquert Gehweg und kollidiert mit 16 jährigem verbotswidrig Gehweg nutzenden Radfahrer	80 % zu Lasten des Fahrradfahrers 20 % zu Lasten des PKW aus BG
26	OLG Karlsruhe VersR 2000, 1556	8 jähriger Fahrradfahrer auf Gehweg, der plötzlich in Fahrbahn einfährt	75 % zu Lasten des PKW aus BG und Verschulden

Lfd. Nr.	Quelle	Sachverhalt	Quote
28	OLG Hamm r+s 2000, 195	12 jähriger Radfahrer auf Gehweg entgegenkommend beabsichtigt erkennbar für Kraftfahrer die Fahrbahn zu wechseln	75 % zu Lasten des PKW aus BG und Verschulden
29	AG Düsseldorf SP 1996, 129	Radfahrer auf ampelgeregelter Kreuzung (Nachzügler)	100 % zu Lasten des Radfahrers
30	OLG München ZfS 1997, 171	Zusammenstoß PKW bei Grundstücksausfahrt mit verbotswidrig Gehweg nutzendem Fahrradfahrer	100 % zu Lasten des Fahrradfahrers
31	OLG Naumburg PVR 2001, 285	Fahrradfahrer kommt aus Parkplatzeinfahrt und stößt gegen fehlerhaft blinkendes aber stehendes Fahrzeug	80 : 20 zu Lasten des Fahrradfahrers (Kfz. nur BG!)
32	OLG München r+s 1996, 53	Öffnen der Tür durch Beifahrer und Kollision mit vorbeifahrendem Radfahrer der sich ohne ausreichenden zwischen geparkten Fzg. durchzwängt	66,6 % zu Lasten des Beifahrers (gem. § 823 BGB iVm. § 14 StVO) 33,4 % zu Lasten des seitlichen Sicherheitsabstand Radfahrers 33,4 % zu Lasten des Halters (nur BG !)
33	OLG Hamm NZV 2000, 126	Öffnen der Tür durch Beifahrer in Taxi und dadurch Sturz der rechts vorbeifahrenden 78 jährigen Radfahrerin	100 % zu Lasten des Beifahrers (gem. § 823 BGB iVm. §14 StVO) 100 % zu Lasten des Fahrers und Halters (nur aus BG !)

VIII. Der Unfall mit Sonderfahrzeugen

Unfälle mit Sonderfahrzeugen (Polizei, Feuerwehr, Rettungsfahrzeuge, Zoll, BGS usw.) können wegen der Sonderrechte nicht mit den »normalen Haftungsquoten« beurteilt werden, sofern sie sich im Einsatz befinden. Die Nutzung der Sondersignale ist nur unter bestimmten Voraussetzungen möglich. Diese Voraussetzungen sind in § 35 StVO geregelt. Eine Überprüfung, ob die Sonderrechte zulässigerweise in Anspruch genommen wurden, ist an Ort und Stelle nicht möglich. Sollte die unberechtigte Nutzung jedoch feststehen bzw. gerichtlich festgestellt worden sein, so kann dies bei einem Verkehrsunfall z. B den Verschuldensanteil erhöhen, bis hin zur möglichen Alleinhaftung. Grundsätzlich ist die Inanspruchnahme der Sonderrechte nicht an die Abgabe der Sondersignale (vgl. § 38 StVO) gebunden. Sie können auch von Privatfahrzeugen (z. B. freiwillige Feuerwehr bei Alarmierung) oder auch bei Übungs- und Rückfahrten in Anspruch genommen werden. Bei der Frage, ob die Inanspruchnahme der Sonderrechte erforderlich und angemessen ist, steht dem Fahrzeugführer bzw. dem Einsatzleiter ein nicht unerheblicher Ermessensspielraum zu. Diese müssen oftmals aufgrund telefonischer Vorabinformationen die Entscheidung treffen, ob hier höchste Eile geboten ist oder nicht.

Oftmals werden die Begriffe Sonder- und Wegerecht sprachlich einheitlich verwendet, obwohl zwischen beiden erhebliche Unterschiede bestehen.

Die Sonderrechte, welche von den Vorschriften der StVO befreien, stehen jedem Verkehrsteilnehmer zu, der sich im entsprechenden Einsatz befindet. Es bedarf hierbei weder eines Amtsfahrzeuges, noch der Nutzung von Sondersignalen. Die Nutzung der Sonderrechte ändert jedoch die Verkehrsregeln nicht, sondern sie befreien nur von den Pflichten der StVO. Da die Sonderrechte gemäß § 35 Abs. 8 StVO ohnehin nur unter gebührender Berücksichtigung der öffentlichen Sicherheit und Ordnung ausgeübt werden dürfen, folgt bereits hieraus, dass andere dadurch weder gefährdet noch geschädigt werden dürfen.

Typische Beispiele für zulässige Sonderrechte sind: Fahren entgegen Fahrverboten, Parken im Halte- oder Parkverbot, Halten / Parken auf Grünflächen, Nichteinhaltung von Höchstgeschwindigkeiten, Linksfahren, Rechtsüberholen usw.

Typische Beispiele für unzulässige Sonderrechte stellen dagegen dar: Überfahren einer roten LZA trotz Querverkehr, Nichtbeachten der Vorfahrt trotz Vorrangverkehr, Überholen an unzulässiger Stelle trotz oder wegen Nichteinsehbarkeit des Gegenverkehrs, usw.

Kommt es bei der Inanspruchnahme der Sonderrechte zu einem Unfall mit einem anderen Verkehrsteilnehmer, so wird die Haftungsquote hierfür nach den allgemeinen Grundsätzen ermittelt, wobei Betriebsgefahr und möglicherweise Verschulden beim Nutzer der Sonderrechte erhöht sein werden.

Auch die Inanspruchnahme von Wegerechten gemäß § 38 Abs. 1 StVO befreit nicht von den Bestimmungen der StVO für das Wegerechtsfahrzeug (im Regelfall dürfte es sich hier um ein Dienstfahrzeug handeln), sondern es ordnet nur für die anderen Verkehrsteilnehmer an, diesem Fahrzeug sofort freie Bahn zu schaffen. Auch hier kann eine Prüfung der Berechtigung vor Ort nicht durchgeführt werden. Bei der gerichtlichen Überprüfung wird dem Nutzer des Wegerechts ein weiter Ermessensspielraum bei der erforderlichen Vorausbetrachtung eingeräumt.

Das KG ist sogar der Auffassung, das eine etwa fehlende Berechtigung zum Sondereinsatz des Wegerechtsfahrzeuges bei der Haftungsabwägung gem § 17 StVG grundsätzlich außer Betracht zu bleiben hat und die Nachweispflicht für die Beachtung der Sorgfaltspflichten den Sonderrechtsfahrer trifft (KG Berlin NZV 1998, 27).

Nur die Nutzung beider Sondersignale (blaues Blinklicht und Einsatzhorn) schafft das Sonderrecht. Die Nutzung nur eines Signals schafft zwar kein Vorrecht, stellt jedoch für den übrigen Verkehr zumindest ein Warnzeichen dar, welches je nach der konkreten Verkehrssituation möglicherweise zu einer Mithaftung führen kann. Einem vorausfahrenden Verkehrsteilnehmer ist jedoch kein Vorwurf zu machen, dass er das hinter ihm befindliche Polizeifahrzeug nicht wahrnimmt, wenn dieses nur mit Blaulicht fährt.

Oftmals wird durch Unfallbeteiligte eingewandt, dass diese das Signalhorn nicht gehört hätten. Dies kann jedoch durch entsprechende Versuche überprüft werden. Die hierzu bereits mehrfach durchgeführten Überprüfungen und Versuche haben jedoch fast immer ergeben, dass sich die Sondersignale aufgrund ihrer Lautstärke und des Frequenzbandes von allen übrigen Geräuschen und Wahrnehmungen abheben und somit bei Beachtung der im Verkehr erforderlichen Sorgfalt auch wahrnehmbar sind. Die Signale sind hierbei oft zunächst nicht richtungsmäßig zuzuordnen (insbesondere innerorts), sie mahnen jedoch zu erhöhter Aufmerksamkeit und Vorsicht, gegebenenfalls unter Herstellung der Bremsbereitschaft. Fahrzeugführer haben jedoch dafür Sorge zu tragen, dass sie Sondersignale (insbesondere Einsatzhorn) wahrnehmen können (vgl. KG NZV 1992, 456), ggf. sind starke Innengeräusche auch durch erhöhte Aufmerksamkeit auszugleichen.

Welches Verhalten die Sondersignale bei den anderen Verkehrsteilnehmern auslösen, wird von den Umständen des Einzelfalles abhängen. So wird die ungehinderte Durchfahrt entweder durch rechtsseitiges Heranfahren (auch bei Sonderfahrzeugen im Gegenverkehr!) oder Schaffen einer Gasse durch Ausweichen nach links, Herstellen der Bremsbereitschaft vor Überqueren einer Kreuzung (auch bei eigenem Vorrang), ggf. auch das Überfahren einer roten Ampel zur Schaffung der Gasse (möglicherweise in Abstimmung mit dem Nebenfahrzeug) usw. möglich sein.

Ungewöhnliche Fahrmanöver oder erkennbare Schreck- bzw. Paniksituationen bei vorausfahrenden bzw. entgegenkommenden Fahrzeugführern mahnen jedoch wiederum den Nutzer des Wegerechts zu erhöhter Aufmerksamkeit und eventueller Herstellung der Bremsbereitschaft, da er immer mit Fehlverhalten anderer wegen der besonderen Situation rechnen muss. Er hat den anderen Verkehrsteilnehmern im übrigen eine ausreichende Reaktionszeit einzuräumen, weshalb die Sondersignale möglichst frühzeitig zu geben sind. Erst wenn davon auszugehen ist, dass die anderen Verkehrsteilnehmer die Sondersignale wahrgenommen haben und berücksichtigen werden, darf er davon ausgehen, dass ihm nunmehr das Wegerecht eingeräumt wurde.

Die Sorgfaltsanforderungen an den Nutzer des Wegerechts beim Überfahren von Kreuzungen (mit oder ohne LZA) sind durch die Rechtsprechung sehr genau herausgearbeitet wurden, weshalb diese nachfolgend kurz dargestellt werden sollen.

Durch das Wegerechtsfahrzeug sind die Sondersignale so rechtzeitig zu geben, dass alle anderen Verkehrsteilnehmer ausreichend Zeit haben, sich darauf einzustellen. Erst nach der Vergewisserung, dass die anderen Verkehrsteilnehmer das Wegerechtsfahrzeug wahrgenommen haben und ihr eigenes Vorrecht aufgeben, darf die Kreuzung überquert werden. Hierzu darf – bei Einfahrt in den Kreuzungsbereich – höchstens Schrittgeschwindigkeit gefahren werden, notfalls ist vor Einfahrt noch anzuhalten, um eine angemessene Reaktionszeit zu ermöglichen. Hiervon wird wohl nur dann abgewichen werden können, wenn es sich um eine große, weiträumig einsehbare Kreuzung handelt oder das Einsatzfahrzeug an zweiter oder dritter Stelle eines Konvois fährt oder alle anderen Fahrzeuge durch Anhalten das Wegerecht erkennbar einräumen. Ist hingegen erkennbar, dass andere Fahrzeuge ihr Vorrecht ersichtlich nicht aufgeben werden oder können, darf nicht weitergefahren werden, da die Sondersignale nicht von der Einhaltung der StVO befreien.

Ein Fehler ist auch das Einbeziehen des Fahrers des Sonderrechtsfahrzeuges in die Klage, da eine persönliche Haftung im Regelfall nicht gegeben ist. Eine Haftung besteht im übrigen nur für den materiellen Schaden, so dass die Ansprüche auf immateriellen Schadenersatz derzeitig noch nach Amtshaftungsgrundsätzen (§ 839 BGB i. V. m. Art. 34 GG) geltend gemacht werden müssen. Auch hier ist mit Inkrafttreten des 2. SchÄndG eine Änderung geplant, so dass der Anspruch dann schon gem. § 7 StVG gegen den Halter geltend gemacht werden kann.

Für weitere Fragen kann die Darstellung v. Ri. a. AG K. Jung empfohlen werden (PVR 2001, 230 ff. mwN.).

Eine erste Übersicht über mögliche Quoten bei Unfällen mit Sonderrechtsfahrzeugen soll die nachfolgende Tabelle geben.

Sonderfahrzeuge

Lfd. Nr.	Quelle	Sachverhalt	Quote
1	BGH VersR 1975, 380	Wegerechtsfahrzeug überquert rote LZA	50 : 50
2	OLG Düsseldorf VersR 1988, 813	Fahrzeug der Klägerin stand in zweiter Spur vor roter LZA, Wegerechtsfahrzeug nähert sich von hinten, Klägerin weicht nach rechts auf den freien Fahrstreifen aus, hier Kollision mit Wegerechtsfahrzeug	100 % zu Lasten Klägerin
3	AG Wilhelmshaven VersR 1988, 859	Wegerechtsfahrzeug fährt unter missbräuchlicher Nutzung der Sondersignale bei Rotlicht in Kreuzung ein	75 % zu Lasten Wegerechtsfahrzeug
4	OLG Köln VersR 1985, 372	Wegerechtsfahrzeug fährt unter Nutzung der Sondersignale bei Rot in unübersichtliche Kreuzung ein, kein Nachweis über rechtzeitige Wahrnahme der Sondersignale	80 % zu Lasten Wegerechtsfahrzeug 20 % zu Lasten des anderen Pkw
5	OLG Düsseldorf NZV 1992, 489	Wegerechtsfahrzeug fährt mit Sondersignalen bei Rot oder Rot/Gelb mit ca. 50 km/h in Kreuzung ein (ob berechtigt blieb offen), Pkw-Fahrerin hätte Signale rechtzeitig wahrnehmen können	$^{2}/_{3}$ zu Lasten Wegerechtsfahrzeug $^{1}/_{3}$ zu Lasten Pkw
6	KG VersR 1989, 268	Wegerechtsfahrzeug fährt bei Rot mit ca. 70 km/h in unübersichtliche Kreuzung ein, Pkw-Fahrer konnte Sondersignale nicht rechtzeitig wahrnehmen	100% zu Lasten Wegerechtsfahrzeug

Lfd. Nr.	Quelle	Sachverhalt	Quote
7	OLG Hamm DAR 1996, 93	Wegerechtsfahrzeug fährt bei Rot mit ca. 65 km/h in Kreuzung ein, Pkw-Fahrer konnte Sondersignale nicht rechtzeitig wahrnehmen	100% zu Lasten Wegerechtsfahrzeug
8	OLG Köln VersR 1996, 905	Wegerechtsfahrzeug fährt nachts bei Rot nur mit Blaulicht in Kreuzung ein, keine Pflicht des Klägers dem Fahrzeug das Vorrecht einzuräumen	100% zu Lasten Wegerechtsfahrzeug
9	KG VersR 1987, 822	Wegerechtsfahrzeug fährt bei Rot nur mit Blaulicht in Kreuzung ein, Kollision mit Pkw	100% zu Lasten Wegerechtsfahrzeug
10	OLG Jena VersR 2000, 1256	Sonderrechtsfahrzeug (Kehrmaschine) kollidiert mit Straßenbahn	75 % zu Lasten der Straßenbahn 25 % zu Lasten des Sonderrechtsfahrzeuges
11	LG Itzehoe VersR 2000, 71	Rotlichtverstoß des Sonderrechtsfahrzeuges bei 40 km/h, kein Verschulden des Unfallbeteiligten	100 % zu Lasten des Sonderrechtsfahrzeuges
12	OLG Nürnberg NZV 2001, 430	Rotlichtverstoß des Sonderrechtsfahrzeuges	75 % zu Lasten des Sonderrechtsfahrzeuges
13	OLG Hamm VersR 1997, 1547	Rotlichtverstoß des Wegerechtsfahrzeuges (Blaulicht & Martinshorn)	66,6 % zu Lasten des Wegerechtsfahrzeuges

F. Die einzelnen Schadenpositionen

I. Sachschäden

Bei Sachschäden bestimmt das Stadium, in dem sich die Regulierung befindet, die Vorgehensweise:

T

Tipp
Das unmittelbar nach dem Unfall erteilte Mandat eröffnet bessere Möglichkeiten, eine schnelle und vollständige Regulierung durchzusetzen. Voraussetzung hierfür ist die offensive Bearbeitung. Dazu gehört, dass die allgemeinen Informationen beschafft und der konkrete Schaden festgestellt werden.
Oft werden Sie allerdings erst beauftragt werden, wenn sich die Regulierung verzögert oder die gegnerische Haftpflichtversicherung Abzüge bei einzelnen Schadenpositionen vornimmt.

Das folgende Kapitel zeigt die Anspruchsvoraussetzungen für die einzelnen Schadenpositionen sowie die geeigneten Nachweise und Argumentationshilfen, um diese effektiv geltend zu machen.

Die im Verkehrsunfallrecht ergangenen Urteile sind weder regional einheitlich noch weisen sie die sonst übliche Hierarchie auf. Abgesehen von wenigen Grundsatzurteilen des BGH (zum Beispiel ältere Entscheidungen zur Wertminderung (vgl. BGH VersR 1961, 1043) oder zum Nutzungsausfall (vgl. BGHZ 40, 345)) bietet eine Flut von Einzelfallentscheidungen Argumente für alle am Verkehrsunfall im weiteren Sinne Beteiligten und deren oft widerstreitenden Interessen.

Die KH-Versicherer sind bemüht, die gerichtliche Auseinandersetzungen zu vermeiden, müssen aber andererseits ihre schadenbedingten Aufwendungen gering halten, um mit ihren Prämien und Umlagen auf dem Markt bestehen zu können.

Dies führt in der Tendenz zur »Risikominimierung«: Die erhobenen Ansprüche werden oft teilweise ausgeglichen, so dass sich entweder nur die Amtsgerichte damit befassen müssen oder nach der landgerichtlichen Entscheidung das weitere Prozessrisiko in Anbetracht der relativ kleinen Positionen gescheut wird. Abgesehen davon geben außer bei größeren Personenschäden die zu erwartenden Gebühren kaum Anreiz, sich mit der Vielfalt der Einzelentscheidungen zu befassen.

Es ist daher um so wichtiger, schnell die grundlegenden Anspruchsvoraussetzungen zu finden und bei Fällen, die von der Norm abweichen, die entscheidenden Schwerpunkte in der Argumentation setzen zu können.

1. Abschleppkosten

Bei dieser Position gibt es selten Probleme.

Voraussetzung für die Erstattungsfähigkeit ist lediglich die tatsächliche oder zumindest wahrscheinlich fehlende Verkehrssicherheit des Fahrzeugs nach dem Unfall.

Es genügt, dass der Geschädigte (auch laienhaft) vermuten darf, sein Fahrzeug wäre nicht mehr verkehrssicher, z. B. weil ein seitlicher Anstoß vorn die Lenkung in Mitleidenschaft gezogen haben könnte, oder er erreicht vor Einbrechen der Dämmerung sein Fahrziel bzw. eine Werkstatt nicht mehr und die Beleuchtung ist beschädigt.

Abgeschleppt werden darf in der Regel bis zur nächsten geeigneten Fachwerkstatt, wobei sich keine Versicherung um ein paar Kilometer streiten wird (vgl. OLG Köln, NZV 1991, 42 a). Erst wenn das beschädigte Fahrzeug über längere (also 50 bis 100 km) Strecken transportiert wird, bedarf es einer besonderen Begründung. Diese wird sich an der Verhältnismäßigkeit der entstandenen Kosten und den zu wahrenden Interessen des Geschädigten zu orientieren haben.

Argumentationsstichpunkte sind hier:

- ❑ Werkstatt des Vertrauens / Spezialwerkstatt
- ❑ Einflussnahme auf die Reparatur (Durchführung und Dauer)
- ❑ ersparte Abhol- und Reparaturkosten (wenn z. B. zum Wohnort geschleppt worden ist)
- ❑ ersparte Mietwagenkosten (wenn der Mandant im Abschleppwagen mitgefahren ist)
- ❑ zeitlicher Druck, unter der die Entscheidung getroffen werden muss

Tipp

Holen Sie die Argumente für ersparte Kosten nicht von zu weit her (dass der Meister der Hauswerkstatt Ihres Mandanten »dessen Fahrzeug kennt«, wird heutzutage keinen Schadenbearbeiter oder Richter mehr beeindrucken).

Ihr Mandant hatte entweder handfeste Gründe, sein Fahrzeug weit transportieren zu lassen. Diese sind meist auch verwertbar

Oder er ist vom Abschleppunternehmen falsch beraten worden (Positive Vertragsverletzung). Dann sollten Sie eine Vereinbarung mit der Versicherung einerseits und dem Abschleppunternehmen andererseits anstreben.
Gelingt dies nicht, lassen Sie Ihren Mandanten von der (unberechtigten) Forderung der Abschleppfirma durch die Versicherung freistellen. Treten Sie die dann entstehenden Ersatzforderungen an die Versicherung ab. (Die Abschleppfirma ist nicht Erfüllungsgehilfe Ihres Mandanten zur Wiederherstellung – siehe auch Reparaturkosten (vgl. BGH VersR NJW 1975, 160)).

Auf eine fiktive Abrechnung (nach Kostenvoranschlag o. ä.) der Abschleppkosten wird sich die Gegenseite nicht einlassen (müssen), da es sich um einen Sachfolgeschaden handelt. Dies wird erheblich, wenn der Geschädigte »in Eigenregie« abgeschleppt hat.

Erstattungsfähig sind hier nur tatsächlich entstandene Kosten (Betriebskosten für das schleppende Fahrzeug), nicht aber der Zeitaufwand (siehe auch Zeitaufwand für die Regulierung (vgl. BGH VersR 1976, 857)).

2. Schadengutachten / Gutachtergebühren

a) Das Gutachten

Es ist die Aufgabe des Kfz-Sachverständigen, den Schaden am Fahrzeug festzustellen, Beweise für dessen Ausmaß zu sichern (in der Regel durch Fotos), den erforderlichen Reparaturaufwand zu kalkulieren sowie ggf. Wertminderung oder Wiederbeschaffungswert und Restwert zu ermitteln.

Er muss weiterhin die Fahrzeugidentität prüfen, den genauen Fahrzeugtyp feststellen und die allgemeinen technischen sowie konkret zustandsbezogenen Werte in das von ihm zu erstellende Gutachten aufnehmen.

Dabei muss er neben dem Erkennen von Vor- und Altschäden auch Entscheidungen über kostengünstige Methoden zu einer fachgerechten und vollständigen Wiederherstellung treffen und eine angemessene Reparaturdauer feststellen.

Es ist also nicht nur ein erheblicher Umfang an fachlicher Qualifikation erforderlich, sondern auch Sorgfalt und Verantwortungsgefühl unabdingbar. Leider gibt es kein geschütztes Berufsbild für Kfz-Sachverständige , obwohl die unabsehbare Fahrzeugtypenvielfalt und die erheblichen Risiken eines Massenverkehrsmittels eine gesetzliche Normierung durchaus rechtfertigen würden.

Der weit überwiegende Teil der Sachverständigen liefert dennoch brauchbare Gutachten ab, deren Funktion es auch ist, den Geschädigten vor dem Vorwurf zu schützen, die Schäden seien nicht unfallbedingt oder der Wiederherstellungsaufwand zu hoch. Ebenso können sie als unmittelbare Abrechnungsgrundlage für die Reparaturkosten dienen, bzw. sind dies ohnehin beim Totalschaden.

Ein guter Sachverständiger wird daher versuchen den wohlverstandenen Interessen aller Beteiligten Rechnung zu tragen. Ihm obliegt die Aufgabe zu entscheiden, welche Interessen ggf. den Vorrang haben müssen.

Als erstes ist das Interesse des Geschädigten auf vollständige und fachgerechte Wiederherstellung zu berücksichtigen. Die gegnerische Haftpflichtversicherung wird die Reparaturkosten so gering wie möglich halten wollen – im Gegensatz zur Werkstatt und deren Gewinnstreben (das dem Gutachter auch nicht völlig egal ist, da die Mehrzahl der Aufträge zur Erstellung von Gutachten von den Reparaturwerkstätten kommen).

Diese Gratwanderung findet besonders da statt, wo dem Sachverständigen ein Ermessensspielraum eröffnet ist: Bei der Entscheidung, ob die Instandsetzung oder das Wechseln des beschädigten Teiles erforderlich bzw. kostengünstiger ist oder bei der Berechnung der Wertminderung.

Das Wechseln eines äußerlich nur leicht beschädigten Kotflügels kann günstiger sein, obwohl die Instandsetzung technisch ohne weiteres möglich, aber durch den größeren Zeitaufwand (Personalkosten) teurer wäre.

Ebenso ist die Reparatur einer zerbeulten Seitenwand möglicherweise ausreichend und billiger, da ein Teilersatz umfangreiche Nebenarbeiten erfordern würde. Repariert werden kann mit den modernen Technologien nahezu alles.

Tipp

T

Wenn Sie Ihrem Mandanten einen Gutachter empfehlen sollen, dann sollten Sie entweder einen kennen, der preiswert, zuverlässig und schnell ist und **von den Versicherern ebenso beurteilt wird** oder Dekra bzw. TÜV nennen (damit kann man nichts falsch machen) bzw. bei der gegnerischen Haftpflichtversicherung nachfragen. Existiert dort ein Gutachterdienst, ist man in der Regel gut aufgehoben: Eine fehlerhafte Kalkulation zu Lasten des Mandanten ist nicht häufiger als bei »freien« Sachverständigen. Die Versicherung wird kaum das Gutachten des eigenen Sachverständigen anzweifeln und bei einer (möglichen) Haftungsverteilung bleibt der Mandant nicht auf einem Teil der Gutachterkosten sitzen.

b) Die Gutachterkosten

Die Gutachterkosten sind – wie Anwaltsgebühren – Sachfolgeschäden und stehen daher grundsätzlich dem Geschädigten zu, soweit sie zur Schadenregulierung erforderlich waren oder der Geschädigte sie zumindest für erforderlich halten durfte.

Voraussetzung: Der Schaden muss über den Bagatellbereich hinausgehen. Die Grenze wird bei € 500 bis € 750 Reparaturkosten gezogen, kann aber auf Grund besonderer Umstände tiefer liegen (z. B. wenn die Verkehrssicherheit beeinträchtigt sein könnte oder ein Totalschaden in Betracht kommt).

Liegt der Schaden im Bagatellbereich (die Grenze verschiebt sich auf Grund der Kostensteigerung immer weiter nach oben), würde die Erstellung eines Gutachtens mit den damit verbundenen Kosten gegen die Schadenminderungspflicht des Geschädigten (siehe oben zu § 254 Abs. II BGB) verstoßen und damit nicht erstattungsfähig sein.

Hier gibt es allerdings Gutachter, die preiswerte Kurzkalkulationen anbieten (ggf. mit Fotos) und die dann auch in der Regel vom Versicherer anerkannt werden (Kosten um € 50).

Die Versuche der Versicherer in letzter Zeit Gutachterkosten einzusparen (durch eigene Sachverständige oder großzügige Freigaben an »bekannte« Werkstätten), muss der Geschädigte sicher nicht unterstützen, zumal auch innerhalb der Versicherungswirtschaft diese Form des Schadenmanagements auf Kritik gestoßen ist.

Tipp
Es wird dennoch in vielen Fällen ausreichen, den schadenbedingten Reparaturaufwand durch einen Kostenvoranschlag einer geeigneten Fachwerkstatt und Fotos vom beschädigten Fahrzeug zu belegen. Dies geht oft schneller und ist wie schon oben erwähnt bei einer möglichen Haftungsquotierung auch für Ihren Mandanten kostensparend.
Fotos sind übrigens immer dann zu empfehlen, wenn kein Gutachten erstellt wird – die gegnerische Haftpflichtversicherung wird vertretbare Kosten hierfür wesentlich schneller erstatten, als einen »zweifelhaften« Kostenvoranschlag zu akzeptieren.

Die Unverhältnismäßigkeitsgrenze von etwa € 500 Schadenhöhe wird von vielen amtsgerichtlichen Entscheidungen bestätigt und von genauso vielen mit einzelfallbezogener Argumentation unterschritten, wobei letzteres eher bei älteren Urteilen zu finden ist. Die Vielzahl der Urteile hier anzuführen lohnt sich nicht.

Tipp
Argumentationshilfe könnte der »nicht bedeutende Sachschaden« des § 142 Abs. 4 StGB sein. Auch hier gibt es eine Vielzahl von Urteilen, so dass Ihnen zu Gunsten des Mandanten die gesamten Breite der ergangenen Entscheidungen zur Verfügung steht, je nach dem ob ein höherer oder ein niedrigerer Wert im konkreten Fall argumentativ zu untersetzten ist (OLG Köln VRS 100, 302: **400,– DM**; OLG Koblenz VRS 43, 423: **500,– DM**; OLG Nürnberg VersR 93, 1350: **1.100,– DM**; OLG Hamm VRS 61, 263: **1.500,– DM**).

T

Ein zur Regulierung unbrauchbares, weil fehlerhaftes Gutachten, wird dem Geschädigten gegenüber keine Zahlungsverpflichtung auslösen, bzw. zur Kürzung der geforderten Gutachterkosten berechtigen, da ein fehlerhaft oder gar nicht erfüllter Werkvertrag dem Sachverständigen entgegengehalten werden kann.

Allerdings sind Gutachten fast nie gänzlich unbrauchbar. Fotos und Fahrzeugdaten sind zu Ermittlung der Schadenhöhe auch bei einer fehlerhaften Bewertung oder Reparaturkalkulation zu verwenden.

Im übrigen gilt auch hier: Ist dem Geschädigten kein Auswahlverschulden nachzuweisen (6 Richtige im Lotto sind häufiger), muss die gegnerische Haftpflichtversicherung den Geschädigten von der Forderung der Gutachterkosten freistellen und kann sich höchstens Ansprüche gegen den Gutachter abtreten lassen (Zahlung – Zug um Zug – gegen die Abtretung).

In Betracht kommt, dass im Gutachten kalkulierte überflüssige Reparaturen von der Werkstatt ausgeführt wurden und auf der Rechnung erscheinen oder ein falscher (-zu hoch angesetzter-) Wiederbeschaffungswert dazu geführt hat, dass ein tatsächlicher Totalschaden am Fahrzeug doch noch repariert worden ist.

Denkbar ist auch der umgekehrte Fall: Der im Gutachten kalkulierte Reparaturaufwand wurde viel zu niedrig bemessen, obwohl der Schaden erkennbar war, so dass die Rechnung der Werkstatt viel höher ausfällt und wiederum eigentlich ein Totalschaden vorgelegen hätte.

Tipp
Natürlich wird die gegnerische Haftpflichtversicherung versuchen, den Totalschaden abzurechnen, weil dies meist billiger ist. Wurde die Reparatur aber ausgeführt, muss sich der Mandant nicht auf den Wiederbeschaffungswert beschränken lassen, sondern kann sich auf die Feststellungen des Sachverständigen berufen – die Reparaturkosten müssen erstattet werden.

T

Die Höhe der Gutachterkosten (keine »Gutachter**gebühren**«, da es Gebührensätze oder -ordnungen nicht gibt) bestimmen die Gutachter selbst. Grenzen setzen hierbei § 632 Abs. II BGB sowie der Druck des enger werdenden Marktes. Da es keine Tabellen oder Gebührensätze gibt, kann sich keine der beteiligten Seiten hierauf berufen. Denkbar ist auch eine Gebührenvereinbarung, die aber in der Regel nicht getroffen wird.

Der pauschale Verweis des Gutachters (etwa auf der Abtretungserklärung) auf so genannte »Gebührensätze« dürfte in der Regel nicht ausreichen, eine überhöhte Kostenrechnung durchsetzungsfähiger zu machen.

Kriterien für die Höhe sind vielmehr Erstellungsaufwand und Ortsüblichkeit. Der Erstellungsaufwand wird (üblicherweise – aber falsch) oft an der Schadenhöhe festgemacht.

In Ermangelung anderer geeigneter Maßstäbe kann anhand der Reparaturkosten aber zumindest geschätzt werden, ob die Kosten durchschnittlich sind oder nicht.

Weiterhin können der reine zeitliche Aufwand, die Gängigkeit des zu beurteilenden Fahrzeugmodells und die weiteren Schadenpositionen berücksichtigt werden (z. B. Wertminderung, Wiederbeschaffungswert und Restwertermittlungen bei Grenzfällen zum Totalschaden).

Der Versuch, durch statistische Erhebungen die durchschnittlichen ortsüblichen Kosten im gesamten Bundesgebiet festzustellen, hat sich bisher nicht durchsetzen können.

Ist das Gutachten zu teuer, sollte es der Geschädigte natürlich nicht bezahlen, kann aber gegen Abtretung möglicher Ersatzansprüche Freistellung gegenüber dem Sachverständigen von der gegnerischen Haftpflichtversicherung verlangen.

Der Sachverständige ist nicht Erfüllungsgehilfe des Geschädigten, weder was die Feststellung der Schadenhöhe (fehlerhaftes Gutachten) angeht, noch im Hinblick auf die Höhe der Gutachterkosten. Diesbezügliche Schadensminderungspflichten beschränken sich auf die Auswahl eines geeignet erscheinenden Sachverständigen.

Aus diesem Grund kann auch dahingestellt bleiben, ob dem Versicherer ein Direktanspruch gegen den Gutachter zustehen soll, da der abgeschlossene Werkvertrag mit dem Geschädigten »Schutzwirkung für Dritte« (hier für den KH-Versicherer) entfalte (so OLG München r+s 90, 273).

Der Geschädigte hat freie Gutachterwahl, so dass auch ein zweites Gutachten von der gegnerischen Haftpflichtversicherung bezahlt werden muss, wenn diese »ungefragt« den eigenen Sachverständigen geschickt hatte (vgl. BGH VersR 84, 79).

Hatte allerdings der Geschädigte einer Besichtigung durch den Haussachverständigen der Gegenseite zugestimmt, müssen berechtigte Zweifel an dessen Gutachten bestehen, wenn weitere Gutachterkosten erstattungsfähig sein sollen.

Der vom Sachverständigen nach der Reparatur angeforderte Rechnungsprüfungsbericht (bei Differenzen zwischen Gutachten und Reparaturrechnung) sollte kostenfrei zum Gutachten gehören, da dieser vom Auftrag für das vorliegende Gutachten bereits mit erfasst war, also auch bei dessen Kosten mit abgegolten ist.

Im übrigen kann so der Sachverständige darlegen, warum Reparaturkosten doch anders angefallen sind, als sie im Gutachten kalkuliert worden waren, ohne dass damit das Gutachten fehlerhaft wird.

3. Mietwagenkosten

a) Grundsätzliches

Die Mietwagenkosten sind die Positionen, um die es am häufigsten Streit gibt:

Dass die Kosten für die Anmietung einer Ersatzsache als schadenbedingte Aufwendungen erstattet werden müssen (§ 249 Satz 2 BGB), wird von den Versicherern eingesehen.

Bedenklich wird es jedoch, wenn Reparaturkosten von € 1000 Mietwagenkosten von € 1500 nach sich ziehen sollen.

Noch krasser wird die Betrachtung bei einem Fahrzeug, dessen Wert (unstreitig) bei max. € 1000 liegt und das während der Wiederbeschaffungsdauer von 14 Kalendertagen den Versicherer € 2500 für den Mietwagen kosten soll.

Hier wird vom »durchschnittlich verständigen, wirtschaftlich denkenden Menschen« auszugehen sein, um eine erste grobe Einschätzung zu treffen, was vertretbar ist oder nicht.

Eine Vielzahl von Grundsätzen des Schadenersatzes für Verkehrsunfälle sind beim Streit um die Mietwagenkosten entstanden bzw. formuliert worden (BGH NJW 1996, 1958 ff).

Der Kern des Problems ist es, eine gerechte Relation zwischen der klar formulierten vollumfänglichen Ersatzpflicht des § 249 BGB für den Schädiger einerseits und die aus § 254 Abs. II BGB resultierende Schadenminderungspflicht des Geschädigten andererseits zu finden.

Der Geschädigte habe im Rahmen des Zumutbaren die Aufwendungen zur Schadenbeseitigung zu beeinflussen und geeignete wirtschaftliche Wege zu wählen (BGH NJW 1985, 793; VersR 1985, 1090), müsse aber nicht zugunsten des Schädigers sparen. Jedenfalls sei von ihm nicht zu verlangen, dass er sich so verhalten soll, als habe er den Schaden selbst zu tragen (NJW 1992, 302; NJW 1985, 2637). Gerade der letzte Grundsatz eignet sich aber gut als Denkansatz vor der Entscheidung über geeignete Wege zur Schadenabwicklung, wenn gleichzeitig berücksichtigt wird, dass ein vollständiger Schadenausgleich erfolgen soll.

Bei der Zumutbarkeitsprüfung (ob der Geschädigte den Wiederherstellungsaufwand in vernünftigen Grenzen gehalten hat) ist daher auf die konkrete Situation des Geschädigten und auf dessen persönliche Erkenntnis und Einflussmöglichkeit zur Beurteilung abzustellen (vgl. BGH NJW 1992, 305).

T

Tipp
Sie sollten den Mandanten darauf hinweisen, dass die Benutzung eines Mietwagens zwar bequem ist, die Erstattung von Nutzungsausfallentschädigung aber bares Geld bedeutet. Zu weiteren Vorteilen gegenüber dem Mietwagen siehe auch unten 7. (Nutzungsausfall).

Der unmittelbare Ausgleich für den Geschädigten findet also dadurch statt, dass er sich für die Zeit des Ausfalls einen Ersatzwagen anmietet.

Das wird er als Privatmann grundsätzlich immer dürfen, da bereits der Besitz eines Fahrzeuges ausreichendes Indiz dafür ist, dass er eines braucht und dessen Ausfall daher ausgeglichen werden muss.

Ein im Besitz des Geschädigten befindlicher ungenutzter Zweitwagen schließt aber die Erforderlichkeit aus, auch wenn ein erheblicher »Klassenunterschied« zum Erstauto besteht.

T

Tipp
Die Gerichte reagieren eher zurückhaltend auf das Argument des Prestigeverlustes des Mandanten, wenn dieser nicht den Punto nutzen will sondern lieber einen 7 er anmietet. Besser ist es, darauf hinzuweisen, dass der »Kleine« regelmäßig von Familienmitgliedern genutzt werden muss.

Weniger eindeutig ist die Berechtigung zur Anmietung eines Ersatzfahrzeuges beim Ausfall eines gewerblich genutzten Fahrzeuges. Hier gilt als Grundsatz, dass der Ausfall durch den firmeneigenen Bestand ausgeglichen werden kann.

Regelmäßig wird dies bei großen Firmen tatsächlich so sein – dann können für diese Zeit lediglich Vorhaltekosten beansprucht werden. Vorhaltekosten sind Fixkosten, die dadurch entstehen, dass der Unternehmer mehr Fahrzeuge »vorhält« als er zur täglichen Arbeitserfüllung braucht, um Ausfälle kompensieren zu können. Die Berechnung ist sehr umständlich, so dass oft Pauschalen verwendet werden (In den Tabellen zum Nutzungsausfall gibt es eine entsprechende Spalte).

Ist das Fahrzeug aber einem bestimmten Mitarbeiter zugeordnet und ein Ausgleich z. B. auf Grund vielfältiger Außendiensttätigkeit nicht möglich, kann der Ersatz von Mietwagenkosten verlangt werden. Ebenso wenn die Firma klein ist oder die anderen Fahrzeuge (nahezu) ausgelastet sind bzw. es sich um spezielle Fahrzeuge handelt (z. B. mit Spezialaufbauten oder firmenspezifischen Besonderheiten), wird man mit einer nachvollziehbaren Begründung keine Schwierigkeiten haben, den Anspruch zu realisieren.

Probleme könnte es bei der Anmietung übers Wochenende geben. Hier sind entweder Kundendienst bzw. Bereitschaftsnotwendigkeiten oder die Nutzung von Pauschaltarifen der Autovermietung die geeignete Argumentation.

Viele der Anbieter auf diesem Markt haben in der Tat Wochenpauschalen, die günstiger sind als 5-Tages-Tarife von Montag bis Freitag und weiter ab Montag.

Hier beginnen dann auch schon die Standardbereiche der Auseinandersetzung.

b) Die Mietdauer

Da der Schädiger nur sehr selten selbst reparieren wird und auch die gegnerische Haftpflichtversicherung keine Autoschlosser herumschickt, ist die Schadensbehebung in den Händen des Geschädigten.

Dies muss auf Grund seiner Dispositionsfreiheit im Hinblick auf sein Eigentum »Fahrzeug« auch so sein, bedeutet aber gleichzeitig, dass er die Ausfallzeit so kurz wie möglich halten muss, um seiner Schadensminderungspflicht nachzukommen.

Der Geschädigte muss daher unverzüglich die Feststellung der Schadenhöhe veranlassen und die Reparatur in Auftrag geben , wenn sein Auto nicht mehr fahr- oder nutzungsfähig ist. Um Verzögerungen durch Werkstattauslastung zu vermeiden, muss er, wenn möglich, daher eine Notreparatur zur Herstellung der Nutzungsfähigkeit veranlassen.

Bei der späteren »richtigen« Reparatur werden dadurch Wartezeiten auf Ersatzteile oder bei Fremdfirmen (z. B. Lackierer) vermieden. Ist also im Gutachten die Möglichkeit der Notreparatur aufgeführt, muss der Geschädigte sich zumindest erkundigt haben, ob die Einhaltung der vorgegebenen Reparaturdauer möglich ist.

Treten dann unerwartete Verzögerungen auf (egal ob von der Werkstatt verschuldet oder einfach nicht vorhersehbar), gehen diese nicht zu Lasten des Geschädigten.

Kernsatz auch hier: die Werkstatt (wie auch Gutachterbüro oder Abschleppunternehmen usw.) ist nicht Erfüllungsgehilfe des Geschädigten bei der Wiederherstellung (vgl. BGH NJW 1975, 160).

Da jede Werkstatt auch unerwartet Kapazitätseinbußen z. B. durch Krankheit erleiden kann, besteht hier ein gewisser Spielraum. Sollte aber auf dem Reparaturablaufplan bereits vermerkt sein, dass die Verzögerung durch die Ersatzteilbeschaffung eingetreten ist, und die Versicherung weis dies, dürfte nur noch wenig zu retten sein.

Aber noch mal zur Klarstellung: Zeit zur Ersatzteilbeschaffung oder Verzögerung bei Fremdlackierfirmen gehören selbstverständlich zur notwendigen Wiederherstellungsdauer, wenn das Fahrzeug des Geschädigten nicht nutzungsfähig ist und auch durch eine Notreparatur nicht in einen solchen Zustand versetzt werden kann. Diese Zeit geht zu Lasten des Schädigers (vgl. BGH NJW 1982, 1519).

Grundsätzlich besteht die Ersatzpflicht auch, wenn längere Reisen geplant waren, deren Dauer die Reparatur übersteigt, wenn eine Umdisposition nicht zumutbar ist (vgl. BGH NJW 1985, 2637).

Tipp

Kommt der Mandant unmittelbar nach dem Unfall zu ihnen und beabsichtigt eine längere Fahrt, versuchen Sie mit der gegnerischen Haftpflichtversicherung gemeinsam eine Lösung zu finden. Lassen Sie sich zumindest ein Mietwagenunternehmen nennen, welches entsprechende Langzeitpauschalen anbietet und gegen das auch grundsätzlich keine Einwände von Seiten der Versicherung bestehen.

Ist allerdings das Mandat erst später erteilt worden, kann hier nur die fehlende Möglichkeit oder Zumutbarkeit einer anderen Lösung in den Mittelpunkt der Argumentation gestellt werden. Dies wird um so schwieriger sein, je größer die Differenz zwischen unfallbedingter Ausfallzeit des beschädigten Fahrzeuges und Anmietdauer des Ersatzwagens ist.

Schwierig ist die Situation, wenn nach Beendigung der Reparatur der Mietwagen weiter genutzt wird, etwa weil die Übernahme der Reparaturkosten vom Versicherer noch nicht erklärt wurde und die Werkstatt (berechtigt) aufgrund des Unternehmerpfandrechtes das Fahrzeug nicht herausgibt.

Hier besteht eine Vorfinanzierungspflicht des Geschädigten zur »Auslösung« des reparierten Fahrzeugs (ganz gefestigte Rechtsprechung), notfalls durch Inanspruchnahme eines Kredites.

Die Kosten hierfür (Zinsen, Bearbeitungsgebühren usw.) sind jedenfalls erheblich niedriger, als die eines Mietwagens (siehe auch Finanzierungskosten unter 8.).

Um weitere Mietwagenkosten geltend machen zu können, muss nachgewiesen werden, dass der Geschädigte zwingend auf ein Fahrzeug angewiesen ist, die Bezahlung mit eigenen Mitteln nicht möglich war und dass auch ein Kredit nicht beschafft werden konnte (schriftliche Bestätigung der Hausbank des Geschädigten und mindestens noch eines weiteren Kreditinstitutes).

Außerdem muss die Versicherung darauf auch schon vor Ende der Reparatur hingewiesen worden sein.

Bereits der dafür erforderliche Aufwand wird den Geschädigten meist dazu bewegen, den Mietwagen doch mit Ende der Reparatur zurückzugeben, zumal das Kostenrisiko wegen der teuren Mietwagen erheblich ist.

Um Verzögerungen durch die eigentlichen Zahlungen zu vermeiden, ist in der Branche die so genannte »Reparaturkostenübernahmeerklärung« weit verbreitet. Mit dieser weist der Geschädigte den Versicherer (auch im Kaskofall) an, die erforderlichen Reparaturkosten nach Rechnungslegung direkt an die Werkstatt zu bezahlen. Die Versicherung bestätigt, nach Prüfung zum Haftungsgrund und zur Schadenhöhe gegenüber der Werkstatt dies auch zu tun, gegebenenfalls unter Einbeziehung einer (auch vorläufigen) Haftungsquote.

Tipp
Hier kann – alternativ zu einem Vorschuss – auch eine »Zwischenlösung« angestrebt werden, wenn der Umfang der Einstandspflicht noch nicht feststeht.
Der Mandant muss dann – bis zum Abschluss der Regulierung – nur einen Teil der Reparaturkosten vorfinanzieren, um sein Fahrzeug von der Werkstatt zu erhalten. Die Versicherung wird hierauf, soweit eine »Mindesthaftung« feststeht, schon zur eigenen Risikominimierung eingehen.

c) Die Höhe der Mietwagenkosten

Es gibt eine Vielzahl hierzu ergangener Urteile und einige neuere Grundsatzentscheidungen der Obergerichte bzw. des BGH. Aufgrund der unterschiedlichen regionalen Bedingungen, der unüberschaubaren Menge von Anbietern (Autovermietern) mit verschiedenen Tarifen, Rabatten und den vielfältigen Vereinbarungen mit den Versicherern können nur die wesentlichsten Kriterien dargestellt werden.

aa) Preisvergleiche (vgl. BGH NJW 1996, 1958 ff- letztes Grundsatzurteil hierzu)

- Sie werden überwiegend bejaht bei einer (vorhersehbaren) längeren (ab zwei Wochen) Anmietdauer (siehe BGH , NJW 1985, 2639).
- Sie sind nicht als »Marktforschung« zu betreiben, um das günstigste Unternehmen herauszufinden (BGH , NJW 1996, 1958) – nur ohne weiteres erkennbare erhebliche Überschreitung des »ortsüblichen« Tarifs verbietet den Abschluss des Mietvertrages zu den angebotenen Bedingungen.
- Sie müssen sich nicht auf Spezialtarife (s. o.) beziehen und können auch Unfallersatztarife erfassen (BGH, NJW a. a. O.).
- Sie empfehlen sich grundsätzlich zur Herabsetzung des Risikos, da auch bei klarer Haftungslage mitunter ein Ausgleich gar nicht erfolgt (z. B. bei fehlendem Versicherungsschutz des Unfallgegners).

bb) Ersparte Eigenkosten

Von den Mietwagenkosten sind – theoretisch – die Kosten abzuziehen, die der Geschädigte durch den Stillstand des eigenen Fahrzeuges erspart (reine Betriebskosten wie Verschleiß, Wertminderung durch Abnutzung, später anfallende Wartungskosten usw.).

Die Spanne der Rechtsprechung reicht hier von »nicht messbar – daher nicht abzuziehen » (vgl. LG Detmold, VersR 85, 149) bis zu 20 % bei größeren Fahrzeugen (siehe OLG Köln, VersR 75, 453).

Üblich sind derzeit 10 % bei der Anmietung eines mit dem beschädigten klassengleichen Fahrzeuges(OLG Hamm PVR 2001, 23).

T

Tipp
Einen 10 %igen Abzug kann man in der Regel an die Mietwagenfirma »durchreichen« und vereinbaren, dass der Rest nicht mehr vom Mandanten nachgefordert wird.

Die Versicherer verzichten üblicherweise auf den Abzug, wenn ein klassenniedrigeres Fahrzeug angemietet wird und sich die Mietwagenkosten in einer vertretbaren Höhe bewegen.

Da die Eigenkosten aber auch bei der Anmietung eines kleineren Fahrzeuges eingespart werden, bejahen einige Gerichte auch dann Abzüge (OLG Karlsruhe DAR 90, 2). Die Unterschiede im Komfort zwischen Mietwagen und eigenem Fahrzeug sind kein Vermögensnachteil.

Auch hier kann eine (vorherige) Absprache mit dem Schadensachbearbeiter, unter welchen Bedingungen auf den Abzug verzichtet wird, die Regulierung wesentlich vereinfachen.

cc) Älteres beschädigtes Fahrzeug

Viele Versicherer verfahren hier nach einem 5-Jahres-Schritt-System: Ist das beschädigte Fahrzeug älter als 5 Jahre, wird auf zusätzliche Abzüge dann verzichtet, wenn um eine (weitere) Klasse niedriger angemietet wird, usw. dann bei 10 Jahren.

Gleiches kommt auch bei geringwertigen Fahrzeugen in Betracht (erkennbar schlechter Fahrzeugzustand oder Vorschäden), da dann der meist erhebliche Komfort des Mietwagens dem Geschädigten besser stellen würde.

Von den Gerichten wird dies teilweise bejaht, da diese Besserstellung nicht von § 249 BGB gedeckt sei und teilweise verneint, weil der Geschädigte meist keine Auswahl habe, ein älteres (vergleichbares) Fahrzeug anzumieten, da diese nicht angeboten würden.

dd) Mietnebenkosten

Die meisten größeren Anbieter von Mietwagen rechnen mit Pauschalpreisen ab, in denen die Nebenkosten (Haftungsbefreiungen, Zustell- und Abholkosten ...) bereits enthalten sind.

Bei kleineren Anbietern werden diese Positionen aber auch oft gesondert abgerechnet. Haftungsbefreiungen sind dem Grundsatz nach erstattungsfähig, wenn auch für das beschädigte Fahrzeug eine Vollkaskoversicherung besteht. Anderenfalls werden nur 50 % erstattet (die volle Risikoübernahme für den Geschädigten wird deshalb nicht zugemutet, weil es sich um ein »unbekanntes« Fahrzeug handelt, welches er anmietet, so dass Unsicherheiten im Umgang möglich sind).

Für die Ablehnung von Zustellungs- und Abholungskosten durch die Versicherung muss in der Regel das Argument des »dichten Anbieternetzes« herhalten. Dies mag in Großstädten so sein, muss aber in ländlichen Gebieten nicht gelten. Entscheidend ist wieder mal die Zumutbarkeit im Einzelfall.

Kosten für eine zusätzliche Insassenunfallversicherung werden bei Bestehen für das eigene (beschädigte) Fahrzeug auch erstattet.

ee) Privatmiete / Werkstattersatzwagen

Die Idee, sich den Wagen von Bekannten oder Freunden zum gewerblichen Preis »auszuleihen«, ist auch nicht neu. Da derartige »Rechnungen« von Privatleuten kaum glaubhaft sind, billigen die Gerichte maximal den vergleichbaren Nutzungsausfall zu (oder noch weniger).

Auch Autohäuser, die Vorführwagen als Unfallersatzfahrzeuge abrechnen wollen, ohne eine eigene Vermietabteilung zu haben, laufen Gefahr, dass der Haftpflichtversicherer den Nachweis verlangt, dass es sich um ein entsprechend versichertes »Selbstfahrvermietfahrzeug« handelt, welches dem Kunden zur Verfügung gestellt wurde.

In beiden Fällen ist es besser, die Vergütung gleich mit dem Autohaus oder dem Bekannten intern auszuhandeln und bei der Versicherung Nutzungsausfall geltend zu machen.

Wenn allerdings einmal die Rechnung für den Kundenersatzwagen von € 20·/·Tag eingereicht ist, wird die gegnerische Haftpflicht sich wohl kaum noch erweichen lassen, den höheren Nutzungsentgang zu zahlen, da ja keine Nutzung mehr entgangen und der Ausfall der Fahrzeuges ausgeglichen ist.

ff) Interimsfahrzeug

Bei einem vorhersehbaren unverhältnismäßigen Aufwand für einen Mietwagen etwa wegen besonders langer Reparatur oder Ersatzbeschaffungszeit kann die Anschaffung eines »Interimsfahrzeuges« sinnvoll und zur Schadenminderung auch geboten sein (z. B. OLG Nürnberg VersR 74, 677). Hierzu kann auch der Fall einer geplanten längeren Urlaubsreise zählen oder außergewöhnliche Kilometerleistungen mit denen zu rechnen ist.

T

Tipp
Es sollte aber klar sein, dass eine derartige Verpflichtung des Mandanten absoluten Ausnahmecharakter hat. Von der Rechtsprechung meist als »Hilfsargument« bei extrem hohen Mietwagenkosten heran gezogen kommt dieser Möglichkeit der Schadenminderung heute kaum noch Bedeutung zu. Reparaturen gehen wesentlich schneller, als in der 70 er Jahren und auch die Beschaffung eines (vertrauenswürdigen) Gebrauchten als dauerhaften Ersatz ist letztlich kaum mit größerem Aufwand verbunden, als die »Zwischenlösung« mit einem Interimsfahrzeug.

4. Totalschaden

Wenn das Fahrzeug nicht mehr repariert werden soll, weil dies zu teuer wäre (wirtschaftlicher Totalschaden) oder technisch unmöglich ist (technischer Totalschaden), sind die Kosten zu erstatten, die mit der Beschaffung eines gleichwertigen Ersatzfahrzeuges verbunden sind.

Zwar ist mit den heutigen Möglichkeiten der Fahrzeugreparatur nahezu jeder Schaden behebbar, er wird aber als technisch nicht durchführbar angesehen, wenn durch die zu verwendenden Ersatzteile ein ganz neues Fahrzeug entstünde.

Ein technischer Totalschaden ist daher immer auch ein wirtschaftlicher, der dann vorliegt, wenn die Differenz von Wiederbeschaffungs- und Restwert niedriger ist als die Summe von Reparaturkosten und Wertminderung.

In Grenzfällen ist es sinnvoll, sich die Zahlen vor Augen zu führen, wie im folgenden Beispiel:

Wiederbeschaffungswert (WBW)	€ 5 000,–	Reparaturkosten	€ 4 500,–
abzüglich Restwert (RW)	€ 750,–	zzgl. Wertminderung	€ 250,–
Fahrzeugschaden	€ 4250,–	Fahrzeugschaden	€ 4 750,–

Bei diesem Beispiel hätte der Geschädigte die Wahl den Totalschaden abzurechnen oder tatsächlich reparieren zu lassen (Ersatz der konkreten Reparaturkosten + € 250 Wertminderung). Lediglich eine Abrechnung der fiktiven Reparaturkosten nach Gutachten wird die Versicherung nicht mitmachen und (berechtigt) auf die kostengünstigere Variante der Totalschadenabrechnung verweisen.

Die sonstigen Folgekosten (Mietwagen, Finanzierung usw.) bleiben bei dieser Berechnung aber unberücksichtigt(mit Ausnahmen – siehe Reparaturkosten unter 5.).

Theoretisch wäre nach dem vorgenannten Beispiel dann wieder ein Reparaturfall anzunehmen, wenn es nicht gelänge, den Restwert (also den Verkaufswert des beschädigten Fahrzeuges) zu erzielen.

Da der Restwert durch den Sachverständigen aber in der Regel auf Grund von konkreten Angeboten ermittelt wird, tritt dieses Problem in der Praxis kaum auf.

> **Tipp**
> Hier kann auch die gegnerische Haftpflichtversicherung zu einem Restwertaufkäufer befragt werden, der das Auto in Zahlung nimmt. Da dies direkt Geld bei der regulierenden Versicherung einspart, wird Ihnen der Sachbearbeiter gern helfen.

Kommt ein Totalschaden in Betracht, sollte ein Gutachten erstellt werden. Der Sachverständige ermittelt (zumindest theoretisch) unabhängig von den tatsächlichen wirtschaftlichen Interessen der Beteiligten den Wiederbeschaffungs- und Restwert sowie die erforderlichen Reparaturkosten (letztere eventuell nur überschlägig, wenn der Fahrzeugwert bei weitem überschritten wird).

Insbesondere in Grenzfällen ist hier dem Geschädigten ein zusätzliches Wahlrecht eingeräumt: Er kann sein Fahrzeug auch dann noch reparieren lassen, wenn die Kosten hierfür den Wiederbeschaffungswert um 30 % übersteigen.

Es war einige Zeit umstritten, ob dabei der Restwert berücksichtigt, also vorher abgezogen werden muss, oder ob der WBW allein Maßstab für die »130%-Klausel« ist. Durchgesetzt hat sich unter dem Eigentumsschutzaspekt, dass der Restwert bei dieser Konstellation nicht berücksichtigt wird (Ausführlich mit Grundsätzen und Ausnahmen – deshalb lesenswert BGH NJW 1992, 302 ff und Balke, PVR 2002, 36 m. w. N.).

Der **Wiederbeschaffungswert** selbst soll ein Durchschnittspreis sein, den der berühmte »durchschnittlich wirtschaftlich denkende« Geschädigte auf dem ebenso berühmten »frei zugänglichen örtlichen Markt« aufwenden müsste, um ein Fahrzeug zu erwerben, wie es das seinige vor dem Unfall gewesen ist (vgl. BGH VersR 84, 480).

Da eine konkrete Ermittlung am Markt aufgrund der Vielzahl der Fahrzeugtypen und Ausstattungsvarianten heutzutage undenkbar ist, erfolgt diese durch den Sachverständigen nahezu ausschließlich über Computerprogramme, die auf Daten der so genannten Schwackelisten oder des DAT (Deutsche Automobiltreuhand) basieren. Diese wiederum ergeben sich aus einer Unzahl von Händlerangaben aus der gesamten Republik, so dass ein bundesdeutscher Durchschnitt den Ausgangswert darstellt.

Die wesentlichen Kriterien sind Fahrzeugtyp und -ausstattung, Alter, Laufleistung und Anzahl der Besitzer sowie optischer und technischer Zustand eventuell vorhandene Vor- bzw. Altschäden, Servicenachweise und die Zeitdauer bis zum nächsten TÜV-Termin.

Der aus diesen objektiven Daten errechnete Wiederbeschaffungswert kann sich allerdings aufgrund der Berücksichtigung der örtliche Marktlage verändern, so dass Korrekturmöglichkeiten bis zu 25% gegeben sind.

In Schadengutachten sind Aufschläge wegen großer Nachfrage eines bestimmten Fahrzeugtyps auf dem Gebrauchtwagenmarkt wesentlich häufiger, als Abzüge vom Wiederbeschaffungswert wegen besonders schlechter Absetzbarkeit.

Damit ist die tatsächliche Marktlage zwar auf den Kopf gestellt seit dem auch die neuen Länder ausreichend »versorgt« sind. Dennoch halten Gutachter und Gerichte zu Gunsten der Geschädigten noch daran fest.

Während Fehler oder falsche Angaben bei den »objektiven« Kriterien leicht überprüft, korrigiert (und gegebenenfalls von der Versicherung abgezogen) werden können, ist das Kriterium der örtlichen Marktlage nur schwer zu beurteilen. Einwendungen gegen die Feststellungen des Sachverständigen sind daher selten und lassen sich auch nur schwer vor Gericht beweisen (eine Vielzahl von konkreten Angeboten müsste belegen, dass das Fahrzeug örtlich nicht teurer als im bundesdeutschen Durchschnitt gehandelt wird).

Die Versicherung wird daher einen vertretbaren höheren Wiederbeschaffungswert akzeptieren.

Zweites Gesetz zur Änderung schadenersatzrechtlicher Vorschriften
Da nach der Änderung des § 249 BGB die Mehrwertsteuer nur erstattet wird, soweit sie tatsächlich angefallen ist, besteht ein Anspruch auf diesen Teil des Wiederbeschaffungswertes des beschädigten Fahrzeuges erst, wenn der Geschädigte ein Ersatzfahrzeug erwirbt und hierfür Mehrwertsteuer anfällt/ abgeführt wird. Ist die auf den Neuerwerb zu entrichtende Mehrwertsteuer geringer, soll nach der Begründung des Gesetzesentwurfs auch nur der geringere Betrag auf die Mehrwertsteuer ersetzt werden.

Abweichungen gibt es allerdings auch zwischen den beiden gängigen Programmen zur Ermittlung des Wiederbeschaffungswertes (WBW) DAT und Schwacke

Der nach DAT ermittelte Wert ist oft etwas höher, als der mit dem dafür verbreitetsten Audawert (auf Schwacke basierendem) festgestellte WBW.

Ursache hierfür ist vor allem die bei DAT angenommene höhere Regellaufleistung der Fahrzeuge (was der technischen Entwicklung entspricht).

Da die Abweichung aber meist unerheblich ist, wird auch hier der höhere Wert erstattet, weil sonst wiederum die konkrete Marktlage erforscht werden müsste.

Schwackelisten und Wertermittlung per Computerprogrammen haben zu einer Objektivierung geführt, die begrüßenswert ist. Maßstab für die Höhe der Ersatzleistung sollte aber der Preis sein, den der Geschädigte auf dem örtlichen Markt für ein vergleichbares Ersatzfahrzeug bezahlen muss.

Tipp
Bei der Ermittlung des WBW entstehen einerseits Spielräume für beide Seiten, die mit Verhandlungsgeschick in Anspruch genommen werden können – andererseits ist bei einem Streit die richterliche Entscheidung nur schwer vorhersehbar, so dass vor einer gerichtlichen Geltendmachung der Differenz der unterschiedlich festgestellten WBW auf jeden Fall der Sachverständige seinen und den gegnerischen Ansatz nochmals überprüfen sollte.

Restwert

Da auch mit beschädigten Autos hohe Gewinne zu erzielen sind, ist auch der »realisierbare Wert des Fahrzeuges im beschädigten Zustand« (Restwert) Gegenstand einer Vielzahl gerichtlicher Entscheidungen.

Wurde ein Gutachten erstellt, so hat der Sachverständige in der Regel auch den Restwert ermittelt und, vorrangig unter Berücksichtigung des allgemeinen Marktes, konkrete Angebote (mindestens zwei sind üblich) eingeholt.

Auf »Sondermärkte« (professionelle Aufkäufer, Schrotthändler, Gebrauchtwagenbörsen usw.) muss sich weder der Geschädigte verweisen lassen, noch muss sich hierauf der vom Gutachter ermittelte Preis beziehen (vgl. BGH ZfS 93, 229 und SP 93, 112). Insofern kann sich der Geschädigte grundsätzlich auf den im Gutachten bestimmten Wert berufen und zu diesem verkaufen, wenn ihm nicht:

- ein Auswahlverschulden hinsichtlich des Gutachters vorgeworfen werden kann oder
- sich die Möglichkeit der Realisierung eines höheren Restwertes **aufdrängen** musste oder
- ein konkretes verbindliches höheres Angebot (in der Regel von der regulierenden Versicherung) **vor** dem Verkauf bekannt gemacht wurde.

Die ersten beiden Varianten sind höchst selten und anhand der besonderen Umstände des Einzelfalles zu beurteilen. Die Vorgabe höherer Angebote durch den Versicherer kommt dagegen häufiger vor. Diesem sind natürlich die o. g. Sondermärkte zugänglich, so dass deren spezielle Angebots- und Nachfragesituation zu einem höheren Wert führen kann.

Unter dem Gesichtspunkt der Schadenminderung muss sich der Geschädigte dann auf ein höheres Restwertangebot verweisen lassen, wenn es ihm vor dem Verkauf zugeht (vgl. OLG München SP 94, 183 und OLG Hamm DAR 94, 26).

Ein solches Angebot muss allerdings konkret und verbindlich sein. Es darf auch nicht dazu führen, dass dem Geschädigten erhebliche zusätzliche Aufwendungen oder Mühen entstehen. Vielmehr kann er sich (im wesentlichen)darauf beschränken, dass Fahrzeugwrack zur Abholung zur Verfügung zu stellen (vgl. OLG Hamm VersR 2000, 1122 ff.).

Tipp
Im Streitfall muss der Versicherer nachweisen, dass sein höheres Angebot vor dem Verkauf dem Mandandten bekannt war. Dies ist schwierig, weil

- der Versicherung die Höhe des vom Gutachter festgelegten Restwertes nicht vor dem Verkauf bekanntgegeben werden muss (es wird dem Versicherer also kein grundsätzliches Überprüfungsrecht eingeräumt, wie für andere Schadenpositionen),
- beim Fehlen anderer nachweisbarer Anhaltspunkte das Datum auf dem Kaufvertrag (oder gar die mündliche Vereinbarung) maßgeblich ist und
- auch noch die allgemeinen Probleme, die mit dem Nachweis des Zugangs einer Erklärung verbunden sind, hinzukommen können.

Vereinzelt wird von den Gerichten selbst unter den o. g. Voraussetzungen die Berücksichtigung höherer Angebote verneint, da dies bedeuten würde, den Geschädigten einem unzulässigen Kontrahierungszwang zu unterwerfen (mit dem höheren Anbieter), was mit erheblichen Vertragsrisiken (z. B. Gewährleistung ...) verbunden sei . Dem ist nicht zuzustimmen:

Zum einen sind zusätzliche vertragliche Risiken nicht zu befürchten. In der Praxis wird ohnehin jede Gewährleistung ausgeschlossen. Der Geschädigte kann auf die Versicherung zurückgreifen, wenn es in der Abwicklung der Restwertveräußerung Probleme mit dem von der Versicherung benannten Aufkäufer gibt (keine Versicherung kann es sich leisten, mit unseriösen Aufkäufern zusammenzuarbeiten).

Zum anderen besteht kein Zwang, das Fahrzeug an diesen Aufkäufer zu verkaufen, sondern der Geschädigte muss sich nur das verbindliche höhere Angebot anrechnen lassen. Wenn er, aus welchen Gründen auch immer, sein Fahrzeug an einen anderen Käufer abgeben will, kann er das selbstverständlich tun. Es darf aber nicht zu Lasten des Schädigers gehen, wenn sich bei dieser Entscheidung der Geschädigte von anderen als wirtschaftlichen Erwägungen leiten lässt.

Abgesehen davon muss sich der Geschädigte einen Mehrerlös dann nicht anrechnen lassen, wenn dieser auf eigenen nachweislichen überobligatorischen Anstrengungen zum Verkauf des Fahrzeuges beruht (OLG Düsseldorf ZfS 93, 338) oder durch besonderes Verhandlungsgeschick bei der Anschaffung eines Neufahrzeuges ein versteckter Rabatt durch die hohe Inzahlungnahme des »Alten« erreicht wird (vgl. OLG Köln NZV 94, 24).

Das heißt im Umkehrschluss aber auch: Der Abzug eines höheres Restwerterlöses durch den Versicherer ist rechtmäßig, wenn dieser ohne zusätzliche Anstrengungen erzielt wurde (siehe BGH NJW 92, 903).

Gerade weil der im Gutachten angegebene Wert meist die Angebote spezieller Aufkäufer nicht berücksichtigt, ist es – bei einem geeigneten Fahrzeug – mit ein wenig Geschick oder gar einer einfachen Nachfrage auch für den Geschädigten leicht, höhere Restwertangebote zu realisieren.

T

Tipp

An dieser Stelle sollten Sie Ihren Mandanten davor warnen, »Versicherungsbetrug« zu begehen und den Gutachterwert auf den Kaufvertrag zu schreiben und den Rest »schwarz« einzustreichen.

Zwar wird diese (in der Praxis häufige) Methode im allgemeinen Rechtsempfinden als Bagatelldelikt angesehen und ist auch schwer nachzuweisen. Nichtsdestotrotz handelt es sich hierbei aber um eine Straftat.

Besser ist es, bei einer ausdrücklichen Nachfrage der Versicherung (meist aufgrund eines besseren Angebotes durch diese) den tatsächlich erzielten Wert anzugeben. Hervorzuheben sind die vielfältigen und aufwendigen Bemühungen des Mandanten, die dieser zur Erzielung des höheren Wertes unternommen hatte.

Wenn die Versicherung (unter Hinweis auf das eigene Angebot) damit argumentiert, dass ein höheres Angebot leichter zu erzielen gewesen sei, kann sie darauf verwiesen werden, sich wegen der Differenz an den Gutachter zu wenden, der nicht den richtigen Wert ermittelt hat – was nicht dem Mandanten zur Last gelegt werden kann.

Unhaltbar ist in diesem Zusammenhang die Auffassung, der Kaufvertrag für das beschädigte Fahrzeug müsse auf Verlangen der Versicherung nicht vorgelegt werden, wenn diese den tatsächlichen Restwerterlös bei ihrer Abrechnung berücksichtigen will.

Zum einen hat die Versicherung bereits aus § 157 d VVG das Recht, vom Geschädigten alle zur Aufklärung und Feststellung der Schadenhöhe (zumutbaren) Angaben zu verlangen bzw. sich Belege und Beweismittel vorlegen zu lassen.

Zum anderen kommt es, nachdem vom Versicherer ein höheres Angebot vorgelegt wurde, möglicherweise darauf an zu belegen, dass bei Zugang das Fahrzeug bereits verkauft worden war – dies sollte dann aus dem Datum des Kaufvertrages hervorgehen (vgl. OLG Düsseldorf SP 98, 162).

Sollte der im Gutachten angegebene Wert nicht realisierbar sein, so muss sowohl der Gutachter als auch die Versicherung in Kenntnis gesetzt werden (vor dem Verkauf). Da beide ein Interesse an der Höhe des Restwertes haben (die Versicherung spart direkt, der Gutachter hat kein fehlerhaftes Gutachten vorgelegt bzw.

entgeht möglichen Regressforderungen), werden sich auch beide im eine Realisierung wenigstens in Gutachtenhöhe bemühen.

Anders liegt die Sache, wenn seit der Feststellung zum Restwert ein erheblicher Zeitraum vergangen ist, da sich der Wert des Gutachtens auf eine bestimmte Marktsituation bezieht. Ob sich der Geschädigte dann auf den höheren Wert im Gutachten verweisen lassen muss, wenn dieser trotz aller Bemühungen nicht mehr erzielt wird, hängt wohl davon ab, wem die Verzögerung zugerechnet werden kann. Grundsätzlich ist sofort zu veräußern – schon um zusätzliche Kosten (z. B. Standkosten) zu vermeiden. Wurde aber der Versicherung das Restwertangebot vorgelegt mit der Bitte, dies zu bestätigen bzw. zu prüfen und diese reagiert nicht oder bittet ihrerseits um eine Prüfungszeit, kann dies natürlich nicht zu Lasten des Geschädigten gehen.

Wurde kein Gutachten erstellt, etwa um die Sachverständigenkosten zu sparen wegen eines zu erwartenden Mithaftungseinwandes, müssen Wiederbeschaffungs- und Restwert gemeinsam mit der Versicherung ermittelt werden. Ein Streit lohnt sich hier nicht, da dann ja doch wieder ein Gutachter herangezogen werden müsste.

Tipp
Als Kompromiss kommt in Betracht, den vom Versicherer vorgeschlagenen und beauftragten (und damit zu bezahlenden) Gutachter zu akzeptieren. Dieser wird zwar den vorhandenen Spielraum beim Wiederbeschaffungswert nicht unbedingt nach oben ausschöpfen, aber immer auch im vertretbaren Rahmen bleiben und die günstigsten Verwertungsangebote angeben.

Ein Spezialfall der Totalschadenregulierung ist die **Abrechnung auf Neuwagenbasis.**

Der Geschädigte kann die Erstattung des Neupreises verlangen, wenn sein eben erst zugelassener Neuwagen nicht unerheblich beschädigt wurde und ihm deshalb die Reparatur nicht zugemutet werden kann (vgl. BGH NJW 82, 433).

Tipp
Dies ist die einzige Ausnahme, bei der auch Überführungskosten zu erstatten sind.

Richtwerte sind hier: bis zu einem Monat Zulassungsdauer und bis zu 1000 km Laufleistung. Eine Überschreitung dieser Grenzen ist geringfügig durchaus noch vertretbar, jeweils um so mehr, je höher der eingetretene Schaden ist (siehe BGH VersR 84, 46).

T

Tipp
Den Sachbearbeiter überzeugen hier – auch wegen der möglichen guten Verwertbarkeit vor Gericht – vor allem Schäden an tragenden Teilen oder im sicherheitsrelevanten Bereich. Wenig nachhaltig wirken (zwar teure) Aufwendungen für die Lackierung, da hier nur oberflächliche Beschädigungen zu beheben sind.

Bei höherer Laufleistung oder längerer Zulassung haben sich Abzüge von 0,5 bis 1 % des Kaufpreises je 1000 km Laufleistung durchgesetzt (vgl. OLG München NJW 1987, 3012 und OLG Hamm NJW RR 1994, 375) als »Nutzungsentschädigung«. Da bei den meisten Fahrzeugen eine Regellaufleistung von 150000 km zugrunde gelegt werden kann, ist der Wert von 0,75 % als üblicher Ansatz wohl geeignet. Bei ausgesprochen langlebigen Fahrzeugen (zB. Diesel) kann auch ein Abzug von lediglich 0,5 % gerechtfertigt sein (entspricht einer Regellaufleistung von 200000 km).

Ausgesprochene Spaß- oder Freizeitfahrzeuge halten oft »nicht so lange durch«, so dass hier mit 1 % Abzug je 1000 km Laufleistung (entspricht einer Regellaufleistung von 100000 km) gerechnet werden muss.

Es sollte auch mehr als nur ein kleiner Kratzer sein, da eine Bagatellreparatur selbst einem Neuwagenbesitzer zugemutet wird (siehe OLG Karlsruhe, ZfS 92, 12).

Eine Neupreisregulierung ist auch wegen der zu erwartenden immensen Folgekosten – Ersatzfahrzeug bis zur Wiederbeschaffung (Bestellzeiten!), Risiken der Restwertveräußerung usw. – bei den Versicherern sehr unbeliebt.

Die einstandspflichtige Haftpflichtversicherung wird daher versuchen, sowohl argumentativ gegen die Voraussetzungen eines Neupreisfalles vorzugehen, als auch mit Geld die Risiken der Neupreisregulierung abzuwenden.

Im Klartext heißt dies, dass der Geschädigte dazu bewogen werden soll, einer Reparatur zuzustimmen, für deren Zeitraum zweifellos auch ein Ersatzfahrzeug übernommen wird und er dann auf den Neupreis verzichtet, sein Fahrzeug also behält.

Im Gegenzug wird eine erhebliche Zahlung auf die am beschädigten Fahrzeug eintretende Wertminderung angeboten (welche eine nach den üblichen Methoden ermittelte bei weitem übersteigt).

T

Tipp
Dies dürfte für jeden wirtschaftlich denkenden Mandanten die wesentlich bessere Variante sein, als tatsächlich ein neues Fahrzeug anzuschaffen, da hier auch 10 % des

Neupreises und mehr (als Wertminderung) ausgehandelt werden können – je nach Fahrzeugtyp und Verhandlungsgeschick.

Auf diese Variante der Abrechnung, bei der eindeutig verdient wird, hat der Geschädigte zwar keinen Anspruch – da der Versicherer aber dennoch erhebliche Aufwendungen einspart bzw. Risiken vermeidet, wird der Sachbearbeiter entgegenkommend sein.

Nur bei wirklich großen Schäden sollten die mit der Reparatur verbundenen Restrisiken bedacht werden. Inwieweit das »Vertrauensverhältnis« zum Fahrzeug nach der Reparatur gestört ist oder bleibt, hängt vom Gemüt des Geschädigten, der Zuverlässigkeit der Werkstatt und dem Fahrzeugtyp ab.

Tipp
Weisen Sie vor allem bereits grundsätzlich misstrauische oder vorsichtige Mandanten auf diese Restrisiken hin, ansonsten wollen diese möglicherweise von Ihnen im nachhinein ein neues Auto, wenn ihnen nach der Reparatur und Regulierung das Auto nicht mehr vertrauenswürdig genug ist.

T

Gegner dieser »verhinderten Neupreisregulierung« sind verständlicherweise die Autohäuser, die natürlich gern ein weiteres Neufahrzeug verkaufen würden. Auch dies eröffnet wiederum lukrative finanzielle Aspekte für den Geschädigten.

Der Geschädigte hat Anspruch auf den Listenneupreis (incl. Sonderausstattung, Überführungs- und Zulassungskosten). Das Autohaus verdient aber sowohl am (zweiten) Neuwagen, als auch am evtl. zur Verfügung gestellten Mietwagen während der Ersatzbeschaffungsdauer und am beschädigten Fahrzeug als Restwertaufkäufer. Daher kann mit dem Autohaus ein zusätzlicher Preisnachlass ausgehandelt werden. Dieser muss nicht an die Versicherung durchgereicht werden, wenn er auf eigenen (überobligatorischen)Bemühungen beruht.

Tipp
Wenn Sie für Ihren Mandanten doch die Reparatur mit extra Wertminderungszahlung vereinbaren, sollte mit dem Sachbearbeiter der Versicherung aber auch abgesprochen sein, dass beim Gegenstandswert der Anwaltskosten der Neupreis einbezogen oder eine andere angemessene Form gefunden wird, Ihren grundsätzlich höheren Aufwand zu berücksichtigen, da sonst der Anwalt der einzige ist, den die Kostenminimierung negativ trifft.

T

5. Reparaturkosten

Der Geschädigte hat Anspruch auf Ersatz der Kosten, die zur Wiederherstellung der beschädigten Sache erforderlich sind. Abgesehen vom vorangegangenen Totalschadensfall muss der Schädiger also die Reparaturkosten für die von ihm angerichteten Schäden zur Verfügung stellen.

Da der Geschädigte für den Schadenumfang beweispflichtig ist, muss er zum einen nachweisen, welche Schäden unfallbedingt entstanden sind und zum anderen, welche Kosten zu deren Beseitigung erforderlich sind.

Auf der anderen Seite prüft der Schädiger bzw. die Versicherung, ob möglicherweise vorhandene Schäden nicht dem zu regulierenden Unfall zuzuordnen sind bzw. ob der Kostenaufwand zur Beseitigung zu hoch (also nicht erforderlich) ist.

Diese Probleme soll das Schadengutachten lösen, oder es werden andere Belege vorzuweisen sein. In Betracht kommen alternativ für den Nachweis des Umfangs des Schadens Fotos vom beschädigten Fahrzeug sowie Zeugen, die das Fahrzeug im beschädigten Zustand gesehen haben (Mitfahrer, Nachbarn, aber auch der Werkstattmeister oder Mechaniker, welcher repariert hat).

Die Erforderlichkeit der Höhe der Wiederherstellungskosten können, außer mit dem Gutachten, auch durch Kostenvoranschlag oder Reparaturrechnung einer geeigneten Werkstatt nachgewiesen werden.

T

Tipp
Sind geeignete Belege beim Versicherer eingereicht, ist es mit dessem bloßen Hinweis, die Reparatur sei zu teuer, nicht mehr getan. Der Schädiger bzw. die Versicherung muss substantiiert bestreiten, welche Positionen nicht unfallbedingt seien und warum nicht.

Dass der Geschädigte auch unwirtschaftlich reparieren lassen kann, ist in dem Abschnitt über den Totalschaden schon erwähnt worden. Die Rechtsprechung billigt dem Geschädigten zu, dass er aufgrund seines »besonderen Integritätsinteresses« am Fahrzeug die Reparatur auch dann durchführen lassen kann, wenn deren Kosten bis zu 130 % des Wiederbeschaffungswertes betragen (vgl. OLG Stuttgart NZV 91, 273), die Ersatzbeschaffung also billiger wäre.

Folgekosten (Mietwagen) berühren diese Möglichkeit grundsätzlich (rechtlich abstrakt) nicht. Das heißt, der Geschädigte darf von diesen unabhängig entscheiden, ob er reparieren lässt oder Ersatz beschafft (grundsätzlich hierzu BGH NJW 1992, 302 ff). Allerdings sollte bei der Überlegung des Geschädigten auch dieser Aspekt eine Rolle spielen (vor allem, wenn eine Haftungsquotierung erfolgt), da auch eine für die Versicherung günstigere Variante dem Geschädigten Vorteile bringen kann.

Außerdem können extrem hohe Zusatzkosten doch dazu führen, dass dem Geschädigten der Reparaturweg versperrt ist. Ist z. B. eine lange Zeit der Ersatzteilbeschaffung **absehbar** muss mit besonders hohen Ausfall- also Mietwagenkosten gerechnet werden. Kommt es **dadurch** zu einem krassen Missverhältnis zwischen den Kosten einer Ersatzbeschaffung (Totalschadenabrechnung) und denen für eine (ohnehin unwirtschaftliche) Reparatur gilt die 130%-Grenze nicht mehr. Der Geschädigte muss sich dann doch auf die ökonomisch sinnvollere Ersatzbeschaffung verweisen lassen. Allerdings trägt wie immer auch hier der Schädiger das Prognoserisiko für die vorab zu schätzende Ausfallzeit (nochmal BGH NJW 1992, 302).

Tipp
Nutzungsausfall gibt es für die Reparaturdauer oder für die erforderliche Wiederbeschaffungszeit (in der Regel 14 Tage). Gerade bei älteren Fahrzeugen, wo bereits relativ niedrige Reparaturkosten zum wirtschaftlichen Totalschaden führen (dann auch kurze Reparaturdauer), kann die höhere Nutzungsausfallentschädigung (für die längere Wiederbeschaffungszeit) zu einem Entscheidungskriterium werden.

Die Inanspruchnahme der 130%-Klausel setzt aber die tatsächliche Reparatur (und damit deren Nachweis) voraus.

Bei fiktiver Abrechnung (siehe unten) muss sich der Geschädigte dann wieder auf die kostengünstigere Variante der Totalschadenabrechnung (Wiederbeschaffungswert abzüglich Restwert) verweisen lassen.

Umstritten ist derzeit noch, wie abgerechnet werden muss, wenn der Geschädigte selbst die (zumindest vollständige) Reparatur des Fahrzeuges vorgenommen hat. Das OLG Düsseldorf (PVR 2001, 111) gewährt dann die (teuren) Reparaturkosten, weist aber gleichzeitig darauf hin, dass anders gelten solle, wenn lediglich eine Billig- bzw. Notreparatur des Fahrzeuges ausgeführt worden ist, um dessen Gebrauchsfähigkeit notdürftig zu ermöglichen. In de vielfach zitierten BGH-Entscheidung von 1992 ist das Kriterium der Fachgerechtigkeit der Reparatur nicht ausdrücklich zur Bedingung für die Erstattungsfähigkeit der Reparaturkosten gemacht worden.

Ob die Reparatur innerhalb der 130%-Opfergrenze möglich ist, muss durch eine Vorausbetrachtung festgestellt, also durch Schätzung von Reparaturkosten und Wiederbeschaffungswert ermittelt werden.

Dabei bleibt der Restwert vorerst unberücksichtigt (vgl. OLG Hamm VersR 88, 738- so auch der BGH). Ergibt bereits diese Berechnung eine Überschreitung der Grenze, wird dem Schädiger nicht mehr der Ersatz der unwirtschaftlichen Reparatur zugemutet.

Dies gilt auch, wenn tatsächlich repariert wird, d. h. auch dann kann nicht der 130%-Wert verlangt werden (BGH NJW 1992, 305).

Anders ist es aber, wenn sich bei der Reparatur herausstellt, dass die erforderlichen Reparaturkosten innerhalb der 130%-Grenze liegen. Dann kann der effektive Wiederherstellungsaufwand (Reparaturkosten) abgerechnet werden (OLG Dresden PVR 2001, 283).

Bei **gewerblich genutzten Fahrzeugen** wird zugunsten des Geschädigten ebenso angenommen, dass ein besonderes Integritätsinteresse bestehen kann. Auch diese dürfen bis zur 130%-Grenze repariert werden (OLG Hamm NJW 1998, 3500).

T

Tipp
Ein künstlich überhöhter Wiederbeschaffungswert oder ein nach unten »gedrückter« Kostenvoranschlag sind riskant, da die ohnehin teure »130%-Reparatur« von der Haftpflichtversicherung meist genauer geprüft wird. Wenn durch die o. g. Prognose die Möglichkeit der Reparatur eröffnet ist, die Kosten der tatsächlichen Wiederherstellung im nachhinein aber höher liegen, muss dennoch die Reparatur bezahlt werden. Hier wird wie immer das Prognoserisiko dem Schädiger auferlegt.

War allerdings der Wiederbeschaffungswert erkennbar zu hoch vom Sachverständigen ermittelt worden oder die Reparaturkosten von ihm oder der Werkstatt fehlerhaft zu niedrig kalkuliert, kommen gegen diesen Regressansprüche in Betracht.

Diese muss aber nicht der Geschädigte realisieren (obwohl sie ihm zustünden) – er kann Freistellung gegenüber der Werkstatt oder dem Sachverständigen vom Haftpflichtversicherer fordern – gegebenenfalls gegen Abtretung seiner vertraglichen Regressansprüche an die Versicherung (Stichwort: Der Sachverständige und die Werkstatt sind nicht Erfüllungsgehilfen des Geschädigten).

Die immer wieder beliebte **fiktive Abrechnung** der Reparaturkosten auf Basis des Gutachtens oder eines Kostenvoranschlages kann der Geschädigte im Rahmen seiner Dispositionsfreiheit für sein Eigentum verlangen.

Zweites Gesetz zur Änderung schadenersatzrechtlicher Vorschriften
Nach der Änderung des § 249 BGB entfällt bei fiktiver Abrechnung der Anspruch auf Erstattung von Umsatzsteuer, soweit diese nicht tatsächlich angefallen (z. B. für Ersatzteile bei einer Reparatur in Eigenregie) ist.

Auch wenn im nachhinein die Reparatur in einer Fachwerkstatt billiger war, kann der Geschädigte nicht gezwungen werden, die Reparaturrechnung vorzulegen, obwohl diese eine Konkretisierung der tatsächlich erforderlichen Kosten darstellen würde, im Gegensatz zur Schätzung des Gutachters.

Tipp
Für die Erstattung von Ausfallkosten (Mietwagen und Nutzungsausfall) kann die Reparatur entweder durch ein Foto des reparierten Fahrzeuges mit einer Tageszeitung (wegen des Datums) oder durch eine (in der Regel kostenfreie) Nachbesichtigung durch den Gutachter belegt werden.

T

Ist die Reparatur beabsichtigt und soll dennoch erst nach Gutachten abgerechnet werden, kann diese Abrechnung unter Vorbehalt gestellt und höhere Kosten dann mit der Rechnung nachgefordert werden.

Allerdings hat der Geschädigte bei fiktiver Abrechnung nur Anspruch auf die Reparaturkosten, die im durchschnittlichen ortsüblichen Bereich liegen (OLG Hamm VersR 97, 506; a. A. AG Bochum ZfS 98, 292). Ebenso sind Ersatzteilaufschläge, Verbringungskosten und evtl. Prüfpositionen dann nicht erstattungsfähig (OLG Celle ZfS 97, 372; LG Nürnberg-Fürth VersR 92, 72; a. A. AG Überlingen VersR 96, 348).

Das bedeutet, dass vom Versicherer dann Kostenvoranschläge oder Gutachten, die auf der Basis von Stundenlöhnen kalkuliert sind, wie sie eine (teure) Fachwerkstatt berechnet, gekürzt werden können.

Hierzu werden statistische Erhebungen großer Sachverständigenorganisationen verwendet. In diese fließen auch die Stundenverrechnungssätze von markenungebundenen Werkstätten ein, die oft erheblich niedriger liegen. Dies wird als zulässig erachtet, da beim heutigen Stand der Technik auch diese Reparaturfirmen eine fachgerechte Wiederherstellung vornehmen können (vgl. OLG Hamm 6 U 144/95 vom 22. 04. 1996). Ersatzteilaufschläge auf die Herstellervorgaben, Verbringungs- und Vermessungskosten werden als nicht zwingend erforderliche Folgekosten herausgenommen, da es viele Werkstätten gibt, die diese nicht gesondert berechnen.

T

Tipp
Plant der Mandant die Reparatur in einer »Billigwerkstatt«, um in den Genuß der Preisdifferenz zu kommen, sollte auch von dieser ein verbindlicher Kostenvoranschlag vorliegen oder ein Festpreis vereinbart werden.

Allerdings sollte bei der Wahl der Abrechnungsart daran gedacht werden, dass die tatsächlichen Reparaturkosten weitaus häufiger über dem Gutachten oder Kostenvoranschlag liegen.

- Es können weiter verdeckte Schäden bei der Demontage hervortreten, oder es wurden Einzelpositionen bei der Vorabschätzung vergessen.
- Die Stundenverrechnungssätze der Werkstatt können höher liegen oder diese berechnet Ersatzteilpreisaufschläge.
- Bei der Reparatur stellt sich heraus, dass ein Teil doch nicht mehr instandgesetzt werden kann bzw. der Austausch doch günstiger ist.
- In der Rechnung tauchen Klein- und Kleckerteile bzw. Nebenkosten (z. B. für die Altteilentsorgung) auf.
- Bei der Demontage werden (zwangsläufig) weitere Teile beschädigt (z. B. Zierleisten, oder es sind bei einigen Fahrzeugtypen Scheiben zu wechseln, da sie nicht schadenfrei ein- und ausgebaut werden können).

Auch die Werkstätten werden ihre Spielräume in die eine oder andere Richtung ausschöpfen, je nachdem, ob ein (guter) Kunde die Reparatur selbst bezahlen muss oder die Rechnung einer anonymen und »reichen« Versicherung vorgelegt werden kann.

Treten erhebliche Abweichungen auf, wird der Schadengutachter mit der Erstellung eines Rechnungsprüfungsberichtes beauftragt. In diesem soll dann festgestellt werden, ob die Abweichung als unfallbedingt anerkannt werden muss (wie für die o. g. Beispiele) oder ob Fehler der Werkstatt bzw. Sonderwünsche des Geschädigten zur Kostenausweitung geführt haben (... gleich mal ein Ölwechsel mit ... usw.).

Doppelt berechnete Ersatzteile oder die erwähnten Wartungsarbeiten wird meist schon der Sachbearbeiter herausfiltern.

Subtilere Varianten, die meist auf konkreten Absprachen mit der Werkstatt beruhen, sind schwerer zu erkennen. Ob dann der Schadenregulierer weitere Überprüfungen veranlasst, hängt von der Höhe der Abweichung und dem persönlichen Engagement des Sachbearbeiters ab.

Um hier prüfen und nachweisen zu können, dass nicht unfallbedingte Kosten verlangt werden, muss bzw. müsste ein weiteres Gutachten erstellt werden. Dieser Aufwand wird nur betrieben, wenn die Werkstatt bereits zu den bekannten »schwarzen Schafen« gehört, die Abweichung erheblich ist, oder bereits vorher Umstände auf »Unregelmäßigkeiten« hingewiesen haben (z. B. einer der Beteiligten bereits in der »Uniwagnis«-Datei der Versicherer auftaucht)

Tipp
Weisen Sie den Mandanten ausdrücklich und ggf. aktenkundig darauf hin, dass in solchen Fällen auch die Staatsanwaltschaft ein Mitspracherecht hat und Betrug auch im Versuchsstadium strafbar ist.
Bei eindeutig krimineller Energie sollte das Mandat niedergelegt werden. Sie können ihm ja die Strafverteidigung anbieten, wenn es schief gegangen ist.

Abzüge von den Reparaturkosten muss sich der Geschädigte aber auch bei eintretender Wertverbesserung gefallen lassen.

Diese beziehen sich auf die Reparatur von Verschleißteilen (z. B. Reifen oder Auspuff) oder auf Vorschäden, die im jetzt zu regulierenden Bereich liegen. Die Abzüge werden vom Gutachter unter Berücksichtigung des Alters und der »Lebenserwartung« des relevanten Teiles bzw. dem Umfang der Vorbeschädigung ermittelt.

Bei älteren Fahrzeugen kommen auch Abzüge für die Lackierung in Betracht, da dann mit üblicher Gebrauchsabnutzung gerechnet wird. Allerdings sind Abzüge (anders als im Kaskofall) nur bei tatsächlicher Wertverbesserung des Ersatzteiles oder des Fahrzeuges insgesamt gerechtfertigt.

Tipp
Wenn der ohnehin missmutige Mandant nicht die Berechtigung der Abzüge einsehen will, erklären Sie ihm, dass er nicht nur in den Genuß des wertverbessernden Ersatzteiles kommt (für das die Abzüge vorgenommen wurden), sondern auch die Austausch- und Verbundkosten (die nicht gekürzt werden dürfen) letztlich ein Vorteil für ihn sind.

6. Wertminderung

Bei dieser Schadenposition muss grundsätzlich die **technische** und die **merkantile** Wertminderung unterschieden werden.

Unter **technischer Wertminderung** sind Mängel zu verstehen, die nach einer vollständigen und fachgerechten Reparatur feststellbar zurückbleiben und nicht behebbar sind. Beim heutigen Stand der Reparaturtechnik treten aber derartige Mängel praktisch nicht mehr auf – die Grenzen der Reparaturmöglichkeiten liegen heute nur noch im Bereich der Wirtschaftlichkeit.

Zu den denkbaren Ausnahmen können Reparaturen an Oldtimern gerechnet werden, z. B. wenn hier Ersatzteile nicht mehr beschaffbar sind.

Unterschieden werden muss hier von Mängeln, die auf eine nicht fachgerechte Reparatur zurückzuführen sind bzw. von Restschäden, die nach einer Billigreparatur verbleiben. Im ersten Fall hat der Geschädigte jedenfalls gegenüber der Werkstatt Gewährleistungsansprüche, die er auch selbst realisieren muss. Immerhin wurde diese von ihm selbst ausgewählt.

Bei der Billigreparatur hat sich der Geschädigte freiwillig mit einer technisch minderwertigen Wiederherstellung abgefunden – in aller Regel, um den Differenzbetrag zur vollständigen und fachgerechten Reparatur zur Verfügung zu haben.

Ähnlich gelagert sind die Fälle, bei denen nach der Lackierung Farbtonunterschiede erkennbar bleiben.

Diese sind entweder so geringfügig, dass sie einem neutralen Betrachter gar nicht auffallen würden oder der Lackierbetrieb hat bei der Farbtonangleichung nicht sorgfältig gearbeitet.

Da der Sachverständige in vielen Fällen (z. B. bei Metallic-Lack) eine Beilackierung der angrenzenden Teile kalkulieren wird, sind bei ordnungsgemäßer Ausführung mögliche Farbtonunterschiede optisch nicht wahrnehmbar.

Schwierigkeiten gibt es hier bei älteren Fahrzeugen, da hier der Farbtonunterschied auf Abnutzungserscheinungen des Lackes am übrigen Fahrzeug zurückzuführen ist. Ein technischer Mangel liegt hierin natürlich nicht.

Bei stärkeren Differenzen kann hier eine Beipolierung Abhilfe schaffen. Geringe Unterschiede sind dem Besitzer eines älteren Fahrzeuges zuzumuten.

Von diesem Bereich deutlich zu trennen ist die **merkantile Wertminderung**.

Diese hat den Ursprung in den 50er Jahren und wurde vom BGH mit der Begründung anerkannt, dass potentielle Gebrauchtwagenkäufer wegen des Verdachts verborgen gebliebener Schäden ein unfallbehaftetes Fahrzeug einem unfallfreien Wagen nur dann vorziehen, wenn ein nicht unerheblicher Preisnachlass gewährt wird.

Bereits diese Argumentation lässt erkennen, dass die merkantile Wertminderung seinerzeit ihren Ausgangspunkt in einer *möglichen* technischen Wertminderung hatte, die bei den damaligen Reparaturmöglichkeiten real war.

Bei den heutigen Methoden sind verborgene, nicht behobene Mängel nach einem Unfall bei fachgerechter Reparatur nahezu ausgeschlossen – das Käuferverhalten am Markt ist aber auch heute noch vom Gesichtspunkt der Unfallfreiheit beeinflusst.

Da dieses Käuferverhalten also zu objektiven Einbußen beim Verkauf eines Unfallwagens führt bzw. führen kann, ist auch heute die Position merkantile Wertminderung als zu erwartender Vermögensnachteil auszugleichen.

Aus der o. g. Definition ergibt sich zum einen, dass die Wertminderung konkret am Markt dadurch zu ermitteln wäre, dass ein reparierter Unfallwagen und ein völlig gleichartiges unfallfreies Fahrzeug am Markt angeboten und die durch die Interessenten bestimmte Preisdifferenz ermittelt wird. Zum anderen würde diese Position theoretisch auch nur dann auftreten, wenn das Fahrzeug tatsächlich verkauft wird, das heißt erst zu diesem Zeitpunkt könnte die Wertminderung ermittelt werden und erst dann wäre sie erstattungsfähig.

Einen solchen Aufwand kann aber niemand betreiben und damit würde auch der Abschluss einer Unfallregulierung möglicherweise um Jahre bis zum tatsächlichen Verkauf verzögert (eine Zeit lang war tatsächlich nur ein Feststellungsantrag statthaft, so dass bei einem späteren Verkauf möglicherweise noch um die Höhe gestritten werden musste).

Zur Vereinfachung und zur Vereinheitlichung haben sich daher in der Praxis verschiedene Berechnungsmethoden zur Feststellung der Höhe der merkantilen Wertminderung entwickelt. Die Rechtsprechung hat bestätigt, dass der Zeitpunkt des Unfalls für die Bemessung maßgeblich ist.

Leider hat sich keine der verschiedenen Methoden in der Rechtsprechung durchgesetzt. Kaum zwei der fünf bis sechs gängigen Methoden kommen beim gleichen Schaden auf dasselbe Ergebnis. Die Methoden, die alle aus mehr oder weniger komplizierten Formeln bestehen, berücksichtigen mit unterschiedlichen Gewichtungen die folgenden Kriterien:

- Schadenumfang (nur äußerlich oder in das Fahrzeuggefüge eingreifend)
- Art der Instandsetzung (Austausch der beschädigten Teile oder Reparatur)
- Alter des Fahrzeuges
- Laufleistung
- Vorschäden oder Altschäden

- ❑ Wiederbeschaffungswert
- ❑ Neupreis
- ❑ Pflegezustand
- ❑ Anzahl der Vorbesitzer
- ❑ Marktgängigkeit des Fahrzeuges

Die früher am weitesten verbreitete Methode nach **Ruhkopf / Sahm** ist relativ einfach zu handhaben, aber unter Berücksichtigung der erheblich verbesserten Reparaturmethoden und des seit den 50 er Jahren gänzlich veränderten Preisgefüges (Fahrzeugpreise und Reparaturkosten) kaum noch brauchbar. Von einigen Sachverständigen wird diese Methode heute noch angewendet und teilweise von den Gerichten noch anerkannt.

Die etwas jüngere Methode nach **Halbgewachs** wird von einigen Obergerichten favorisiert (z. B. OLG Stuttgart VersR 86, 773) und liefert noch brauchbare Ergebnisse.

Zwar ist auch diese Methode auch nicht mehr ganz neu, dafür aber (z. B. durch die Verwendung bei der DEKRA) recht weit verbreitet.

Im Gegensatz dazu werden das **Goslarer Modell** und das **Hamburger Modell** eher regional verwendet und sind aufgrund ihrer großen Toleranzen weniger praktikabel, weil schlecht nachvollziehbar.

Die neuere Methode nach **Heintges** berücksichtigt am ehesten die modernen Entwicklungen am Markt. Diese Methode ergibt für durchschnittliche Fahrzeuge zwar meist geringere Werte als die anderen Methoden, dehnt aber gleichzeitig das wertminderungsrelevante Alter von Fahrzeugen auf bis zu 7 Jahren aus (bei den anderen Methoden gibt es bei einer Laufleistung von über 100 000 km und einem Fahrzeugalter von über 5 Jahren – von Ausnahmen abgesehen – keine Wertminderung mehr).

T

Tipp
Bei besonders langlebigen und hochwertigen Fahrzeugen kann es sich durchaus lohnen, bei verschiedenen Sachverständigenbüros nachzufragen, ob sie die Wertminderung nach Heintges berechnen, wenn das beschädigte Fahrzeug des Mandanten älter als 5 Jahre ist und eine höhere Laufleistung als 100 000 km hat.

Die bereits genannten Grenzen (Laufleistung 100 000 km und Fahrzeugalter 5 Jahre) sind allerdings nicht starr (vgl. OLG Frankfurt DAR 1984, 319). Auch ältere Fahrzeuge mit höherer Laufleistung rechtfertigen in Ausnahmefällen (besonders bei teuren und langlebigen Fahrzeugen) die Erstattung einer Wertminderung (siehe OLG Düsseldorf MDR 1987, 1023).

Bagatellschäden wie auch reine Lackschäden rechtfertigen keine merkantile Wertminderung.

Falsch wäre es, den Anfall der Wertminderung daran zu knüpfen, ob der Schaden im Verkaufsfall offenbarungspflichtig ist oder nicht. Auf ausdrückliche Nachfrage muss jeder Schaden (also auch ein Bagatellschaden) dem potentiellen Käufer angegeben werden, ohne dass dieser nur wegen eines nachlackierten Stoßfängers den Fahrzeugpreis herunterdrückt.

> **Tipp**
> Die bei Streitigkeiten in aller Regel entscheidenden Amtsrichter sind gerade bei der merkantilen Wertminderung eher geschädigtenfreundlich eingestellt. Dies wissen auch die Versicherer. Aus diesem Grund werden die vom Erstgutachter festgestellten Werte, selbst wenn diese hoch angesetzt sind, von den Versicherern erstattet, wenn nicht eine grobe Fehlberechnung vorliegt. Der Ausgang eines gerichtlichen Verfahrens ist zu ungewiss und die Position meist zu geringfügig, als dass der Versicherer dieses Risiko eingehen würde.

Zu beachten ist noch, dass der merkantile Minderwert eine mehrwertsteuerneutrale Position ist, also auch bei bestehender Vorsteuerabzugsberechtigung, so wie im Gutachten ermittelt, erstattet werden muss.

Die merkantile Wertminderung ist nur im Reparaturfall zu berücksichtigen. Bei einer Totalschadenabrechnung fällt diese Schadenposition nicht an.

7. Nutzungsausfall/Vorhaltekosten

Der BGH hat mit seinen Grundsatzentscheidungen (BGH NJW 64, 542 und 66, 1260) bestimmt, dass auch für die unfallbedingte Nichtnutzbarkeit des Fahrzeuges Schadenersatz zu leisten ist.

Die Benutzbarkeit eines Fahrzeuges, welches mit hohem finanziellen Aufwand zum Zeitgewinn und zur besseren Beweglichkeit erworben worden ist, hat einen Wert, für den der Schädiger einstehen muss.

Zwar ist eine rechtsdogmatische Einordnung der Nutzungsausfallentschädigung bis heute nicht gelungen, als Schadenposition selbst ist sie aber weder in der Literatur noch in der Rechtsprechung umstritten.

Dies ist nicht zuletzt darauf zurückzuführen, dass ein bundeseinheitlich zu verwendendes Tabellenwerk zur Verfügung steht, welches die Berechnung der Höhe des Nutzungsentganges erheblich vereinfacht.

Ihren Ursprung hatte die Tabelle nach **Sanden / Danner / Küppersbusch** bereits im Jahr 1966. Auf Grund der ständigen Aktualisierung (Anpassung an die Marktlage und Eingruppierung neuer Fahrzeugmodelle) wird durch sie eine Vielzahl von Streitpunkten zwischen Schädiger und Geschädigtem von vornherein ausgeräumt.

T

Tipp
Die jetzt jährlich aktualisierten Tabellen werden regelmäßig in der NJW als Beilage bzw. in der DAR veröffentlicht. Es empfiehlt sich, auf die jeweils gültige Tabelle zurückzugreifen, da zum Teil erhebliche Veränderungen auftreten. Ihr Mandant ist sicher nicht erfreut, wenn sie statt berechtigter € 45 pro Ausfalltag lediglich € 30 gefordert haben. Deshalb sollten Sie nicht den Palandt, Anhang zu § 249, verwenden. Auch dessen neueste Ausgabe liefert schnell die veralteten Werte.

Da es sich hier quasi um »Schmerzensgeld« für eine beschädigte Sache handelt, ist Nutzungsentgang als Alternative für den Ersatz von Mietwagenkosten für viele Geschädigte sehr lukrativ. Der Verzicht auf die Bequemlichkeiten eines Mietwagens bringt bares Geld in die Familienkasse.

Kommt eine Haftungsquote in Betracht, so kann die anteilig erstattete Nutzungsausfallentschädigung die sonstigen Schadenpositionen »auffangen«.

Da auch der Haftpflichtversicherer im Vergleich zu den Mietwagenkosten erheblich weniger aufwenden muss, ist dessen Toleranz (z. B. hinsichtlich der Ausfallzeit) erheblich größer.

Voraussetzung für die Erstattung von Nutzungsentgang ist zunächst der tatsächliche unfallbedingte Fahrzeugausfall, der nachgewiesen werden muss.

Nutzungsausfall gibt es daher nicht, wenn der Geschädigte sein Fahrzeug unrepariert weiter benutzt.

Eine weitere Voraussetzung ist, dass der Geschädigte auch objektiv in der Lage sein musste, sein Fahrzeug während der Ausfallzeit zu nutzen. Dies entfällt z. B. dann, wenn ihm das Führen eines Fahrzeuges aufgrund der unfallbedingten Verletzungen nicht möglich ist (vgl. OLG Hamm ZfS 83, 140).

Dies sieht auf den ersten Blick wie eine »doppelte Bestrafung« des Geschädigten aus, ist es aber im Ergebnis nicht. In der Regel ist dann das zu erwartende Schmerzensgeld die Korrelation zum Wegfall der Nutzungsausfallentschädigung. Die durch das Schmerzensgeld ausgeglichene Beeinträchtigung der Teilnahme am gesellschaftlichen Leben erfasst insoweit auch die durch die Verletzung hervorgerufene eingeschränkte »Beweglichkeit«.

Tipp
Bereits sehr zeitig hat der BGH eine Argumentationshilfe geliefert, wie diese Hürde zu umgehen ist. Hier kann auf andere Familienmitglieder oder Personen verwiesen werden, denen das Fahrzeug ebenfalls grundsätzlich zur Nutzung zur Verfügung stand bzw. während der Ausfallzeit zur Verfügung stehen sollte (BGH VersR 74, 171).

T

Wird der Fahrzeugausfall allerdings durch einen vorhandenen Zweitwagen ausgeglichen, so gibt es allenfalls noch die Vorhaltekosten (siehe unten).

Tipp
Es gehört zweifellos nicht zum Pflichtenkreis des Mandanten, das Vorhandensein eines Zweitfahrzeuges ungefragt anzugeben.

T

Umstritten ist die Ersatzpflicht, wenn von dritter Seite kostenlos ein Fahrzeug zur Verfügung gestellt wird. Die Befürworter sind der Auffassung, dass freiwillige Aufwendungen Dritter nicht dem Schädiger zugerechnet und damit nicht dessen Ersatzpflicht schmälern können (OLG Hamm ZfS 84, 230). Die ablehnende Meinung beruft sich darauf, dass dem Geschädigten eben gerade kein Nachteil entsteht und sich die Höhe der Schadenersatzpflicht grundsätzlich an dessen Vermögenslage nach der Differenzmethode orientieren muss (BGH VersR 76, 170).

Der Geschädigte muss darüber hinaus seinen Nutzungswillen belegen.

Grundsätzlich ist dieser bereits durch den Besitz des Fahrzeuges indiziert.

Ausnahmen bilden hier Motorräder, die in aller Regel in der Winterperiode nicht genutzt werden. Ebenso kommt fehlender Nutzungswille in Betracht, wenn der Geschädigte während der Reparatur ohnehin ohne sein Fahrzeug im Urlaub ist.

Ist ein Totalschaden eingetreten, so wird der Nutzungswille dadurch belegt, dass ein Ersatzfahrzeug angeschafft wird. Als Nachweis hierfür sollte regelmäßig eine Kopie des Fahrzeugscheins des neuen Fahrzeuges übersandt werden.

Findet die Ersatzbeschaffung allerdings erst 5 Monate nach dem Unfall statt, wird nur noch eine sehr großzügige Versicherung bzw. ein sehr großzügiger Richter den Nutzungswillen für die übliche Wiederbeschaffungsdauer von 14 Tagen akzeptieren.

Die Nutzungsausfallentschädigung ist grundsätzlich privat genutzten Fahrzeugen vorbehalten. Bei gewerblich genutzten Fahrzeugen sind entweder Vorhaltekosten zu erstatten (BGH VersR 78, 374) oder aber konkret durch den Fahrzeugausfall entgangener Gewinn zu ersetzen (siehe hierzu unten bei »Entgangener Gewinn/ Ausfallschaden«).

Aus nicht ganz nachvollziehbaren Gründen genießen Behörden- und Polizeifahrzeuge sowie Bundeswehrfahrzeuge hier eine Sonderstellung, da ihnen die Rechtsprechung die volle Nutzungsausfallentschädigung zuspricht (siehe hierzu OLG Oldenburg DAR 83, 358).

Bei gemischter Nutzung (privat und gewerblich) kommt es darauf an, welcher Teil überwiegt. Als Maßstab kann die steuerliche Einordnung gelten, nach der dann das Verhältnis von anteiligem Nutzungsausfall und anteiligen Vorhaltekosten zu bestimmen ist.

Mit guter Argumentation lässt sich auch für ein kleineres Unternehmen mit nur einem Fahrzeug Nutzungsausfall begründen. Hier sollte auf die zusätzlichen überobligatorischen Anstrengungen hingewiesen werden, die auf Grund der Nichtnutzbarkeit des Fahrzeuges notwendig wurden.Es kann gegenüber dem Haftpflichtversicherer selbstverständlich auch das Argument der eingesparten Mietwagenkosten ins Feld geführt werden.

T

Tipp
Da in einem kleinen Unternehmen mit nur einem Fahrzeug und entsprechendem Fahrbedarf die Erstattungsfähigkeit von Mietwagenkosten kaum zu bestreiten ist, kann hier mit dem Sachbearbeiter der Versicherung von vornherein die Erstattung von Nutzungsausfall unter Verzicht eines Mietwagens vereinbart werden. Darum sollte man sich aber vor dem tatsächlichen Fahrzeugausfall bemühen, da das »Druckmittel Mietwagenkosten« im nachhinein nicht mehr wirkt.

Hinsichtlich der Dauer des Nutzungsentganges gilt das gleiche wie bereits für die Anmietdauer eines Ersatzfahrzeuges.

Grundsätzlich ist der volle Zeitraum zu ersetzen, der für die Wiederherstellung des beschädigten Fahrzeuges oder die Ersatzbeschaffung notwendig war.

Werkstattbedingte Verzögerungen gehen nicht zu Lasten des Geschädigten. Dieser muss sich allerdings in zumutbarer Weise um die Verkürzung der Ausfallzeit bemühen. Das heißt er muss möglicherweise erst eine Notreparatur durchführen lassen, um Wartezeiten auf Ersatzteile zu vermeiden und gegebenenfalls auch die Reparaturkosten vorfinanzieren, um sein Fahrzeug nach der Fertigstellung von der Werkstatt wieder zu erhalten.

Repariert die Werkstatt erheblich länger als im Gutachten geschätzt, wird ein Reparaturablaufplan vom Haftpflichtversicherer gefordert werden, aus dem hervorgehen soll, weswegen es zu Verzögerungen gekommen ist. Nur wenn diese für den Geschädigten vorhersehbar waren, kommen dann Abzüge in Betracht.

Verzögert sich die Regulierung und kann der Geschädigte mit eigenen Mitteln wie auch durch die Aufnahme eines Kredites die Reparaturkosten nicht vorfinanzieren und das Fahrzeug bei der Werkstatt auslösen, so muss hierauf die Versicherung rechtzeitig hingewiesen werden.

Weist der Geschädigte an dieser Stelle nach, dass ihm tatsächlich kein Kredit gewährt wurde, obwohl er sich darum bemüht hat, kann unter Umständen auch über einen sehr langen Zeitraum hinweg Nutzungsausfall zu erstatten sein (z. B. 130 Tage: LG Oldenburg ZfS 83, 141).

Bei ungewöhnlich langer, vom Geschädigten nicht zu vertretender Ausfallzeit können (wohl in Relation zum Fahrzeugwert) auch die Vorhaltekosten mit einem auf den Einzelfall bezogenen Zuschlag Maßstab für die Nutzungsausfallentschädigung sein (so OLG Karlsruhe VersR 1999, 1036 bei 585 Ausfalltagen)

Ist eine derartig lange Ausfallzeit allerdings vorhersehbar (z. B. wegen der Ersatzteilbeschaffung aus Übersee oder langer Lieferzeit eines Neufahrzeugs), wird dem Geschädigten (der hierzu finanziell in der Lage ist) auch die Anschaffung eines Interimsfahrzeuges zugemutet. Hier sollte eine wirtschaftlich vernünftige Relation zwischen Nutzungsausfallschaden und Fahrzeugwert hergestellt werden (vgl. LG Göttingen VersR 1995, 1111 siehe auch oben S. 192).

Beim Totalschadensfall wird in aller Regel eine Wiederbeschaffungszeit von 12 bis 14 Kalendertagen anzusetzen sein. Lediglich bei älteren Liebhaberfahrzeugen oder bei sehr seltenen Fahrzeugtypen werden hier Aufschläge gewährt.

Ein Unterfall hierzu ist wieder die Neuwagenabrechnung. Ausfallkosten sind dort grundsätzlich bis zur Bereitstellung des fabrikneuen Fahrzeuges zu erstatten, was in Anbetracht der Bestellzeiten für einige Fahrzeugtypen recht lange sein kann.

Hier wird der Versicherer anbieten, dass vom Geschädigten zwischenzeitlich das reparierte Fahrzeug benutzt wird (sofern dies möglich ist) oder es wird eine Pauschale vereinbart.

Dass das Fahrzeug tatsächlich reparatur- und damit unfallbedingt ausgefallen ist, wird durch die Vorlage der Reparaturrechnung belegt. Bei einer fiktiven Abrechnung nach Kostenvoranschlag oder Gutachten ist nach weit überwiegender Rechtsprechung die konkrete Ausfallzeit anderweitig nachzuweisen (siehe BGH NJW 76, 1396).

Als Reparaturnachweise kommen die Bestätigung des Sachverständigen, die Vorlage von Fotos des reparierten Fahrzeuges und Zeugen in Betracht (siehe hierzu S. 205, Reparaturkosten – fiktive Abrechnung).

Vereinzelt gewähren Amtsrichter auch ohne konkreten Ausfall bzw. Reparaturnachweis den Nutzungsentgang allein mit der Begründung, dass das Fahrzeug nach dem Unfall nicht fahrbereit gewesen sei. Dies sind aber Ausnahmen.

Die Höhe des Tagessatzes ist den o. g. Tabellen zu entnehmen, bzw. deren jährliche Aktualisierung in der NJW oder DAR.

Fahrzeuge, bei denen ein Modellwechsel stattgefunden hat, werden hinsichtlich der Ausfallgruppe entweder nach den alten Listen eingeordnet oder aber das Nachfolgemodell wird herangezogen.

Umstritten ist, ob für ältere Fahrzeuge Abzüge vorzunehmen sind. Nach dem Berechnungsschema, auf dem die Tabellen nach Sanden / Danner / Küppersbusch basieren, ist ein Fahrzeug nach 5 Jahren abgeschrieben. Dies muss bei der Eingruppierung der Fahrzeuge berücksichtigt werden (vgl. OLG Karlsruhe VersR 89, 58). Eine derartige Abstufung (nach jeweils 5 Jahren Nutzung eine Gruppe niedriger) wird von vielen Gerichten vertreten, da sie sachgerecht erscheint.

Eine eher geringfügige Gegenmeinung vertritt den Standpunkt, dass ein sparsamer Geschädigter, der nicht alle 5 Jahre ein neues Fahrzeug erwirbt, nicht schlechter gestellt werden dürfe und damit volle Nutzungsausfallentschädigung zu zahlen sei (siehe OLG Karlsruhe VersR 89, 269). Bei sehr alten bzw. geringwertigen Fahrzeugen in schlechtem Zustand kommt eine Reduzierung bis auf die Vorhaltekosten in Betracht.

T

Tipp
Auch hier lässt sich besser mit der Versicherung argumentieren, wenn eine Einigung **vor** oder während der Reparatur erzielt wird, da die Kompromissbereitschaft des Sachbearbeiters zur Abwehr noch drohender Mietwagenkosten dann größer ist.

Forderungsinhaber dieser Schadenposition ist grundsätzlich der berechtigte Besitzer bzw. Nutzer des Fahrzeuges, bei einem Miet- oder Leasingfahrzeug also der Mieter bzw. der Leasingnehmer.

In dessen Person muss auch die private Nutzung gegeben sein – die Person des Leasinggebers spielt hier natürlich keine Rolle.

Nutzungsausfall- und Vorhaltekosten sind mehrwertsteuerneutrale Positionen. Auf die Vorsteuerabzugsberechtigung kommt es daher nicht an. Die Änderung im Schadensersatzänderungsgesetz bezüglich der Mehrwertsteuer ist hier somit nicht relevant.

Die Erstattung von Nutzungsausfall wegen der Nichtbenutzbarkeit anderer beschädigter Sachen als Kfz wird von der Rechtsprechung nicht einheitlich gehandhabt.

Als Leitgedanke kommen die Richtlinien des großen Zivilsenats in Betracht, nach denen ein Anspruch auf Ausgleich des Nutzungsausfalles dann gerechtfertigt sei, wenn es sich um Rechtsgüter handelt, die für die Lebenshaltung des Geschädigten notwendig sind (BGHZ 98, 212 ff.).

Die hierzu ergangenen Urteile spiegeln wieder, dass es sich um eher schlecht greifbare Richtlinie handelt. Bejaht wurde der Anspruch bei der Beschädigung eines Elektrorollstuhles oder für einen Blindenhund. Ablehnend entschieden wurde die beeinträchtigte Nutzung eines Pelzmantels sowie eines Fernsehgerätes. Bejaht wurde der Anspruch für ein Fernsehgerät allerdings bei einem Behinderten, da auf Grund der Umstände des Einzelfalles hier Fernsehen zum notwendigen Bedarf gehören würde.

Die Höhe des zu erstattenden Nutzungsausfalles soll sich nach den o. g. Richtlinien danach bemessen, welcher Wert dem Eigengebrauch zugebilligt werden kann. Mit dieser Formel kann aber weder ein Anwalt noch ein Sachbearbeiter einer Versicherung oder ein Richter irgend etwas anfangen. Es kann nur frei geschätzt werden.

Alternativ ist bei kommerziell vermietbaren Sachen der Mietzins vermindert um den kalkulierten Gewinn und ersparte Eigenaufwendungen heranzuziehen.

Natürlich ist auch hier wie bei beschädigten Kraftfahrzeugen die Ausfallzeit so gering wie möglich zu halten und ein tatsächlicher Nutzungswille bzw. die Nutzungsmöglichkeit nachzuweisen.

Ob sich der BGH dem Urteil des OLG Düsseldorf (PVR 2001, 49) anschließt, dass Nutzungsausfall auch für ein Wohnmobil zugesprochen hat (welches allerdings »alltäglich« benutzt wurde) wird sich erweisen müssen (die Revision ist zugelassen).

Die bei Ausfall von **gewerblich genutzten Fahrzeugen** zu erstattenden **Vorhaltekosten** (siehe auch oben Mietwagenkosten) sind die festen Kosten, die durch die Unterhaltung eines Fahrzeuges entstehen (Steuer, Versicherung, Abschreibung). Sie werden dem (gewerblichen) Fahrzeughalter gewährt, der den Fahrzeugausfall durch andere Firmenfahrzeuge ausgleicht, da dieser den »abstrakten« Nutzungsausfall ebensowenig verlangen kann, wie die **fiktive** Abrechnung von entgangenem Gewinn. Droht eine tatsächliche erhebliche Gewinneinbuße so besteht (unter Beachtung der Kostenrelation) sogar die Pflicht des Unternehmers zur Schadenminderung ein Ersatzfahrzeug anzumieten (siehe auch unter 9. Entgangener Gewinn /Ausfallschaden).

T

Tipp
Da die konkrete Berechnung schwierig ist, sollten Sie zur Bezifferung auf die Listen für den Nutzungsausfall zurück greifen, in denen es auch eine Spalte für Vorhaltekosten gibt.
Bei größeren oder Spezialfahrzeugen sowie bei Bussen und Straßenbahnen muss entweder tatsächlich nach der mit den Nutzungsausfalltabellen veröffentlichten Formel gerechnet oder eine Vereinbarung mit dem Versicherer getroffen werden. Die Versicherer haben in der Regel ihrerseits Vereinbarungen mit Unternehmen des öffentlichen Personennahverkehrs, auf deren Zahlen zurück gegriffen werden kann.

Beispiele

Linienbus (Anschaffung 125 T€)	= tägliche Vorhalte- (Ausfall-) Kosten = 125,– €
Linienbus (Anschaffung 200 T€)	= tägliche Vorhalte- (Ausfall-) Kosten = 180,– €
Linienbus (Anschaffung 350 T€)	= tägliche Vorhalte- (Ausfall-) Kosten = 200,– €
Straßenbahntriebwagen NGTG	= tägliche Vorhalte- (Ausfall-) Kosten = 360,– €
(älterer) Triebwagen	= tägliche Vorhalte- (Ausfall-) Kosten = 120,– €
(älterer) Beiwagen	= tägliche Vorhalte- (Ausfall-) Kosten = 80,– €
Niederflurwagen	= tägliche Vorhalte- (Ausfall-) Kosten = 500,– €

8. Finanzierungskosten

Autos und ihre Reparatur sind teuer.

Den meisten Geschädigten ist es daher am liebsten, wenn sie mit den eigentlichen Zahlungen (natürlich außer denen an sich selbst) nicht in Berührung kommen müssen.

Die vielfältigen Möglichkeiten über Zahlungsanweisungen bzw. Abtretungserklärungen zu erreichen, das Reparatur-, Mietwagen- und Gutachterkosten direkt mit dem Leistenden abgerechnet werden, sind im Abschnitt Forderungsinhaberschaft aufgezeigt.

Wenn der Versicherer aber nicht sofort zahlt oder Kostenübernahmeerklärungen abgibt, wird in aller Regel zumindest die Werkstatt eine Zahlung durch den Geschädigten verlangen oder das Fahrzeug nach Fertigstellung der Reparatur nicht herausgeben.

Der Geschädigte ist nun in der Pflicht, die entstandenen Kosten vorzufinanzieren, um weiteren Ausfallschaden zu vermeiden. Kann er dies nicht mit eigenen Mitteln, so wird ihm von der Rechtsprechung die Aufnahme eines Kredites zugebilligt bzw. sogar gefordert (schön hergeleitet von BGH VersR 1974, 34 ff.)

Tipp
Vergessen Sie nicht, die Erforderlichkeit der Inanspruchnahme eines Kredites dem Versicherer mitzuteilen, wenn Finanzierungskosten geltend gemacht werden sollen. Dieser könnte sonst die Regulierung von Finanzierungskosten mit dem Argument ablehnen, dass im Bedarfsfall von ihm ein entsprechender Vorschuss zur Verfügung gestellt worden wäre – für diesen müssen natürlich Schadenbelege eingereicht worden sein.

Eine solche Vorfinanzierung ist nicht gerade beliebt, da der Geschädigte befürchtet, seinem Geld »nachlaufen« zu müssen.

Letztlich ändert sich aber mit der Vorfinanzierung nichts, außer das eine neue Schadenposition, die Finanzierungskosten, hinzukommt. Der Geschädigte als Auftraggeber der Gutachter- und Reparaturleistungen sowie als Nutzer des Mietwagens ist der Vertragspartner dieser Firmen. Mit seinen Bemühungen um die Regulierung läuft er somit auch vor der Finanzierung seinem Geld »hinterher«, wenn er Direktzahlung an die Firmen verlangt.

Findet die Finanzierung über die Hausbank des Geschädigten statt, so werden deren Kreditkosten in aller Regel wirtschaftlich vertretbar sein.

Bereits seit geraumer Zeit bieten aber auch Mietwagenfirmen so genannte Unfallkredite an, in denen teilweise Wucherzinsen gefordert werden.

Ebenso sind so genannte Unfallhelferringe am Markt vertreten, die aus einem Verbund von Abschleppfirmen, Werkstätten, Autovermieterfirmen, Finanzierungsbanken und Rechtsanwälten bestehen.

Die Nichtigkeit der Wucherzinsvereinbarung ergibt sich aus § 138 BGB, die Nichtigkeit der Vereinbarungen mit dem Unfallhelferring ist auf § 134 BGB zurückzuführen, da ein Verstoß gegen das Rechtsberatungsgesetz vorliegt.

Da nichtige Verträge keine Zahlungsverpflichtung des Geschädigten auslösen können, entsteht aus der Finanzierungsvereinbarung keine zusätzliche Schadenposition, die ersetzt werden müsste.

Allerdings fällt es den Versicherern schwer die Existens eines Unfallhelferfinges zu beweisen. Erst eine Vielzahl ähnlicher Fälle mit gleichen Beteiligten (Abschlepp-, Reparatur-, Mietwagenfirmen und Rechtsanwälten) lassen das Muster des Ringes erkennen. Rechtswidrige Abreden zwischen diesen Beteiligten oder Verstöße gegen das Rechtsberatungsgesetz lassen sich meist nur mit Hilfe der Aussagen von

Geschädigten beleben, die derartigen Ansinnen der »gegnerischen« Versicherung oft misstrauisch gegenüberstehen.

T

Tipp
Haben Sie den Verdacht, dass Ihr Mandant an einen Unfallhelferring geraten ist, könnte es in seinem Interesse sein, wenn Sie zusammen mit der Haftpflichtversicherung des Unfallgegners versuchen, die Berechtigung des entstandenen Anspruchs zu überprüfen. Die Ansprüche Ihres Mandanten werden sicherlich recht großzügig ausgeglichen, wenn es mit seiner Hilfe gelingt, einen Unfallhelferring platzen zu lassen.

In gefährliche Nähe der Nichtigkeit wegen Verstoßes gegen das Rechtsberatungsgesetz begeben sich Autohäuser, die einen so genannten Unfallschadenservice betreiben und ihren Kunden sämtliche Anstrengungen zur Schadenregulierung abnehmen (vgl. BGH NJW 87, 3003). Bloße Hilfe beim Ausfüllen von Formularen fällt hierunter natürlich nicht.

Auch wird der Versicherer derartigen Bemühungen des Autohauses gegenüber toleranter sein, da der Bearbeiter dort durchaus eine Hilfe sein kann, wenn der Geschädigte mit der Geltendmachung der ihm zustehenden Ansprüche überfordert ist.

Von den Finanzierungskosten zu trennen sind Vermögensfolgeschaden, wie etwa Verzugszinsen.

Hierfür muss tatsächlich Verzug eingetreten sein. Neben den gesetzlichen Bestimmungen hat der Bundesgerichtshof hierzu entschieden, dass auch in einfach gelagerten Schadenfällen dem Versicherer eine Bearbeitungsfrist von vier Wochen zugestanden wird und somit vorher Verzug nicht eintreten kann.

Nahezu bedeutungslos ist dabei § 849 BGB, der eine Verzinsung wegen Entziehung der Sache vorsieht, da diese Schadenposition nicht neben Nutzungsausfall oder Mietwagenkosten geltend gemacht werden kann. Allenfalls bei der Beschädigung wertvoller Geräte, deren Reparatur oder Wiederbeschaffung sehr teuer ist und länger dauert und wenn gleichzeitig ein konkreter Nutzungsausfall nicht belegbar ist, könnte sich eine Berechnung lohnen.

9. Entgangener Gewinn / Ausfallschaden

Bei dieser Schadenposition ist voranzustellen, dass sie grundsätzlich nur bei gewerblich genutzten Fahrzeugen auftreten kann. Privatfahrzeuge sind nicht zur Gewinnerzielung vorgesehen und selbst bei einer gelegentlichen entgeltlichen Überlassung an Dritte entsteht kein zusätzlicher Schaden, da entweder die zu erwartende Mieteinnahme unter dem Nutzungsausfall liegt oder eine Verschiebung des Überlassungszeitraumes zumutbar ist oder, da ein Nutzungswille für ein eigenes Fahrzeug beim Eigentümer gar nicht bestand, ein privater Ausfallschaden gar nicht aufgetreten sein kann.

Bei Firmen mit eigenem Fuhrpark ist selbstverständlich vorrangig auf vorhandene Ersatzfahrzeuge zurückzugreifen. Gewinneinbußen entstehen nicht.

Bei einem gewerblich genutzten Fahrzeug wird grundsätzlich vorausgesetzt, dass es zur unmittelbaren Gewinnerzielung eingesetzt ist.

Deshalb muss möglicher entgangener Gewinn auch unmittelbar fahrzeugbezogen, für die tatsächliche Ausfallzeit und anhand konkreter Einbußen ermittelt werden.

Wenn auf konkrete Geschäfte bzw. Aufträge nicht Bezug genommen werden kann, wäre darüber hinaus noch nachzuweisen, dass eine Verlegung der während der Ausfallzeit zu absolvierenden Fahrten nicht zumutbar ist. Insbesondere bei kürzeren Ausfallzeiten (2–3 Tage), wird hier von einem wirtschaftlich denkenden Unternehmer gefordert, die Möglichkeit der Umdisponierung zu prüfen.

Tipp
Vermeiden Sie es, stundenweise Ausfallzeiten (wie etwa zum Auswechseln eines Spiegels) geltend zu machen. Wie ausgelastet das Fahrzeug auch immer sein mag, derartige Ausfälle sind zum einem dem allgemeinen Lebensrisiko zuzurechnen und zum anderen problemlos nachholbar.

T

Auch hinsichtlich der Vermeidung von Ausfallzeiten werden von einem Unternehmer größere Anstrengungen erwartet als von einem Privatmann. Bei einer Firma wird grundsätzlich vorausgesetzt, dass sie in der Lage ist, den Schaden vorzufinanzieren und eine größere Flexibilität hinsichtlich der Wahl des Reparaturbetriebes besteht (vgl. OLG Köln r+s 82, 213).

Praktische Bedeutung haben vor allem der Ausfall von **Taxen**, Fahrzeugen von **Fuhrunternehmen** und **Fahrschulwagen**.

Die Berechnung des tatsächlichen Ausfallschadens ist oft nicht einfach, sollte sich aber am Rohgewinn orientieren. Dieser kann überschlägig (je nach Ausfallzeit) anhand der Umsätze der letzten 30 Tage ermittelt werden.

Hierzu werden in Relation gesetzt:

- der Umsatz
- die durchschnittliche Fahrleistung

- der Steuersatz (beachte Taxi derzeit 7 % Mehrwertsteuer, ansonsten derzeit 16 %)
- Betriebskosten des ausgefallenen Fahrzeuges
- Nutzung durch Unternehmer selbst oder angestellten Fahrer oder freien Mitarbeiter

Am einfachsten ist es, eine derartige Berechnung vom Steuerberater durchführen zu lassen. Dessen Angabe sollte sich aber nicht darauf beschränken, in einem Satz den Ausfallbetrag zu benennen, sondern eine eigene nachvollziehbare Berechnung vorlegen.

Ist dies nicht möglich, so wird der entgangene Gewinn überschlägig berechnet, in dem vom Umsatz die Mehrwertsteuer, die variablen Betriebskosten (bezogen auf die Fahrleistung und den Fahrzeugtyp) sowie beim Einsatz von freien Fahrern deren umsatzbedingter Lohnanteil abgezogen wird.

Bei festangestellten Fahrern erfolgt kein gesonderter Abzug, da deren Lohnkosten weiterlaufen. Allerdings können diese Lohnkosten nicht zusätzlich neben Gewinnausfall geltend gemacht werden, da sie ja sonst aus dem Gewinn zu entrichten sind.

Vor allem beim Ausfall von Taxis ist die Unterscheidung wichtig, ob das Fahrzeug ausschließlich vom Taxiunternehmer selbst gefahren wird oder dieser mehrschichtig angestellte Fahrer beschäftigt bzw. ob das Taxi vorrangig von freien / Aushilfsfahrern gefahren wird.

Zu beachten ist beim Taxiausfall ebenfalls, dass die variablen Betriebskosten auf die Gesamtkilometer bezogen sein müssen, hier also auch Leerfahrten abzuziehen sind. Eine Berechnung des Rohgewinns wird meist auch dann erforderlich sein, wenn der Ausfall des Taxis durch ein Mietfahrzeug ausgeglichen worden ist.

Zwar dürfen die Kosten für das Ersatztaxi grundsätzlich über dem zu erwartenden Rohgewinn liegen, allerdings ist mit § 251 Abs. 2 BGB die Grenze dort gezogen, wo die Aufwendungen für das Ersatzfahrzeug gänzlich unverhältnismäßig sind.

Die Rechtsprechung zieht bei etwa 200 % (Mietwagenkosten gegenüber zu erwartendem Rohgewinn) eine Grenze (z. B. OLG Stuttgart VersR 92, 712).

Diese Grenze ist mit entsprechender Argumentation durchaus noch nach oben verschiebbar. Vor allem wenn es sich um ein Taxiunternehmen mit nur einem Fahrzeug und vertraglich gebundenen Fahrten handelt, bzw. wenn der entgangene Rohgewinn vorher nur schlecht ermittelt werden kann, ist die Unverhältnismäßigkeitsgrenze auch schon mal beim dreifachen des Nutzungswertes gezogen worden (z. B. OLG München DAR 95, 254 ff. und OLG Nürnberg NZV 91,

115- Mietwagenkosten für 4 Wochen € 7 800,– stehen voraussichtlich entgangenem Rohgewinn in Höhe von € 2 700,– gegenüber).

Ob allerdings eine solche Einzelfallentscheidung wie die vom OLG Nürnberg nochmals zu erstreiten ist, darf angezweifelt werden.

Auf Grund der erheblichen im Raum stehenden Kosten sowie der hierzu ergangenen Rechtsprechung, der Unwägbarkeiten hinsichtlich der zu führenden Beweise und im Hinblick auf eine schnelle und unkomplizierte Abwicklung kommt auch in diesem Bereich eine Pauschalvereinbarung mit der regulierenden Versicherung in Betracht. Bei Verzicht auf ein Ersatztaxi durch den Geschädigten wird im Gegenzug von der Versicherung häufig auf konkrete Ausfallnachweise verzichtet und ein Pauschalbetrag pro Ausfalltag erstattet.

Tipp
Da ein Miettaxi durchaus € 250,– pro Tag kosten kann, ist eine Pauschalvereinbarung von € 100,– bis € 125,– mit einigem Verhandlungsgeschick durchaus möglich – Beträge, die wohl nur sehr selten als tatsächliche Gewinneinbuße erreicht werden.

Es ist unbedingt zu berücksichtigen, dass der entgangene Gewinn grundsätzlich eine fahrzeugbezogene Ausfallposition ist. Wird ein angestellter Fahrer beim Unfall verletzt, so hat der Taxiunternehmer allein Anspruch auf die zu entrichtende Lohnfortzahlung, wenn dieser über die Ausfallzeit des Fahrzeuges hinaus krank geschrieben ist.

Wird der selbstfahrende Taxiunternehmer verletzt (siehe unten S. 255), so kann zwar wiederum der entgangene Gewinn als Bezugsgröße dienen. Allerdings sind dann Zahlungen der Berufsgenossenschaft (Verletztengeld) anzurechnen, da es sich hierbei um kongruente Leistungen handelt.

Auch bei der Beschädigung eines **Fahrschulfahrzeuges** sind Besonderheiten zu beachten. Da eine vertragliche Bindung zu den Fahrschülern besteht, das heißt die zu leistenden Fahrstunden bereits »gebucht« sind, ist vorrangig eine Verlegung der Fahrstunden vorzunehmen.

Nur wenn dies auf eine absehbare Zeit unzumutbar ist bzw. über einen längeren Zeitraum hinweg eine vollständige Auslastung besteht (nach Fahrlehrergesetz 10,5 Stunden à 45 Minuten pro Tag), wird die Anmietung eines Ersatzfahrzeuges zugebilligt oder ein Verdienstausfall zu ersetzen sein.

Abgesehen davon, dass eine vollständige Auslastung in heutiger Zeit eher selten auftritt und diese vorausgesetzt ein Mietwagen in aller Regel billiger sein dürfte, würde die Berechnung des entgangenen Gewinns ebenso wie bei Taxifahrzeugen erfolgen.

Auch hier ist eine strenge Trennung vorzunehmen zwischen dem entgangenen Gewinn wegen des Fahrzeugausfalles und einem möglichen (nicht erstattungsfähigen) Vermögensschaden wegen des Ausfalles eines angestellten Fahrschullehrers. **Neben** der Erstattung der geleisteten Lohnfortzahlung stehen dem Fahrschulunternehmer Ausfälle wegen entgangenem Gewinn nicht zu, sofern sie nicht durch den unmittelbaren Fahrzeugausfall verursacht werden.

Noch weitere Einschränkungen macht die Rechtsprechung bei der Beschädigung von gewerblich vermieteten Fahrzeugen. Hier wird das Vermietunternehmen regelmäßig nicht in der Lage sein nachzuweisen, dass auf Grund besonderer Kundennachfrage für gerade **dieses** Fahrzeug eine Gewinneinbuße entstanden ist. Vielmehr wird durch den Fahrzeugbestand ein kurzfristiger Ausfall ohne weiteres auszugleichen sein.

Aus diesem Grund ist auch die von verschiedenen Amts- und Landgerichten vorgeschlagene Methode abzulehnen, den Gewinnentgang abstrakt zu berechnen. Zwar wäre eine Schätzung nach § 287 ZPO durchaus vertretbar (mutmaßlicher Umsatz bezogen auf die Auslastungsquote abzüglich ersparter Betriebskosten sei der entstandene Schaden). Eine solche Schätzung würde aber entgangenen Gewinn erstatten, der wegen des Ausgleiches durch andere Fahrzeuge eben gerade nicht entstanden ist. Das aus diesem Grund erst recht die Anmietung eines Ersatzfahrzeuges entfällt, sei nur der Vollständigkeit halber noch erwähnt.

10. Schadenfreiheitsrabattverluste

Die ständig steigenden Versicherungsprämien sowie die immer undurchsichtiger werdenden Rabattsysteme der Versicherungsunternehmen bewirken, dass der Verlust von Schadenfreiheitsrabatt häufiger als Schadenposition auftritt. Bereits geringe Haftungsquoten ergeben auf Grund der drastischen Rückstufung Beträge, deren Geltendmachung sich lohnt.

Allerdings ist nach überwiegender Rechtsprechung der Verlust des Schadenfreiheitsrabattes aus der **Haftpflichtversicherung** kein Sachfolgeschaden, sondern lediglich ein nicht zu ersetzender Vermögensnachteil (vgl. BGH VersR 77, 767 und VersR 78, 235).

Die Begründung hierzu leuchtet ein: Der Verlust des Schadenfreiheitsrabattes aus der Haftpflichtversicherung setzt voraus, dass ein eigenes Fehlverhalten des Versicherungsnehmers zu einer Inanspruchnahme der Haftpflichtversicherung führt. Auch wenn der Unfall überwiegend vom Gegner verursacht wurde, so ist es letztlich allein das eigene Fehlverhalten des Versicherungsnehmers, welches Ersatzansprüche ausgelöst hat.

Insofern muss sich der nicht selbst fahrende Versicherungsnehmer im Verhältnis zu seiner eigenen Haftpflichtversicherung das Verhalten des Fahrers in seinem Fahrzeug anrechnen lassen.

Tipp
Bei geringer Beschädigung des gegnerischen Fahrzeuges und/oder niedriger Mithaftungsquote des Mandanten sollten Sie immer prüfen, ob sich ein »Rückkauf« der Rabattstufe bei der eigenen Haftpflichtversicherung durch den Mandanten lohnt. Einen Vergleich zwischen der Höhe der Schadenaufwendungen und dem hochgerechneten Rabattverlust stellt die Haftpflichtversicherung des Mandanten auf Anforderung zur Verfügung.
Bei versicherungstechnisch teuren Fahrzeugen kann sich ein solcher Rückkauf auch rechnen, wenn die Aufwendungen der Haftpflichtversicherung über dem Bagatellbereich (€ 1000,–) liegen.

Regressmöglichkeiten ergeben sich gegenüber dem angestellten Fahrer im arbeitsrechtlichen Bereich bzw. gegenüber dem Schwarzfahrer (siehe BGH VersR 76, 1066 ff.).

Zu unterscheiden davon ist der Fall, dass die Versicherung entgegen dem Willen des Versicherungsnehmers unberechtigte Ersatzansprüche Dritter ausgeglichen hat. Dies wäre eine Verletzung vertraglicher Pflichten, da die Haftpflichtversicherung ebenfalls die Abwehr unberechtigter Ansprüche umfasst.

Allerdings sind Streitigkeiten auf diesem Gebiet wenig erfolgversprechend.

Nicht zuletzt um eine Flut von Prozessen zu vermeiden, hat die Rechtsprechung den Versicherungen hier einen sehr großen Spielraum gewährt. So sind unter wirtschaftlichen Gesichtspunkten durchaus zweifelhafte Ansprüche auszugleichen, und es ist auch zulässig, Sachverhaltsermittlungen nicht bis zur allerletzten Konsequenz fortzuführen.

Nur eine völlig übereilte Regulierung ohne überhaupt den Versicherungsnehmer gehört zu haben, könnte die Versicherung verpflichten, die ursprüngliche Rabattstufe wieder zu gewähren oder einen entsprechenden Verlust durch Abschluss bei einer anderen Gesellschaft auszugleichen (es ist nochmals zu betonen, dass dies höchst selten vorkommt).

Dem gegenüber ist unter gewissen Voraussetzungen der Schadenfreiheitsrabattverlust für die Inanspruchnahme der **Kaskoversicherung** erstattungsfähige Schadenposition.

Bei voller Haftung des Unfallgegners ist natürlich vorrangig dessen Haftpflichtversicherung in Anspruch zu nehmen. Da hierdurch der Rückstufungsschaden nicht entstünde, ist es ein Verstoß gegen Schadenminderungspflichten, wenn sich der Geschädigte sofort an die eigenen Kaskoversicherung wendet.

Tritt allerdings eine Verzögerung in der Regulierung ein (ab 4 Wochen, vgl. OLG Frankfurt r+s 81, 61) oder ist eine Quotelung des Schaden zu erwarten, so kommt der Schadensfreiheitsrabattverlust als Schadenposition in Betracht.

Allerdings ist eine nicht abgeschlossene Regulierung allein kein hinreichender Grund. Hat z. B. die gegnerische Haftpflichtversicherung ihre Regulierungsabsicht durch die Gewährung eines Vorschusses angezeigt, so wird eine abschließende Erklärung von dieser abzuwarten sein.

Die Berechnung des Rabattverlustes kann dem Kaskoversicherer überlassen werden. Dieser wird ohne weiteres den Betrag bekannt geben, der bis zur Erreichung der ursprünglichen Schadenfreiheitsklasse als Mehrbeitrag zu entrichten ist.

Reguliert wird entsprechend der bestehenden Haftungsquote, wobei die überwiegende Rechtsprechung mittlerweile einen Zahlungsanspruch bejaht (im Gegensatz zur früher herrschenden Meinung, dass lediglich die Feststellung begehrt werden kann und die Zahlung nur für das jeweils abgelaufene Versicherungsjahr zu fordern ist).

Das früher bestehende Problem der Inanspruchnahme der Kaskoversicherung auf Grund der »Neupreisregelung« (Neupreisregulierung in den ersten beiden Zulassungsjahren gegen Nachweis der Ersatzbeschaffung eines Neufahrzeuges) existiert heute nicht mehr. Eine derartige Neupreisregelung ist in den bestehenden Kaskoverträgen nicht mehr zu finden.

Ebenfalls in den erstattungsfähigen Bereich hinein fällt die sinnlos bezahlte Kaskoprämie. Diese entsteht, wenn der Kaskoversicherer des Geschädigten die Kaskoprämie wegen des Risikowegfalles für den Rest der Versicherungsperiode einbehalten hat / fordert und sie auch nicht mit der Kaskoprämie für das Ersatzfahrzeug verrechnet. Ein solcher Anspruch des Kaskoversicherers ergibt sich aus § 6 a AKB und kann damit als Folgeschaden geltend gemacht werden (siehe OLG Frankfurt ZfS 86, 43).

Ist die gegnerische Haftpflichtversicherung lediglich auf Grund § 158 c Abs. 4 VVG leistungsfrei, so darf die eigene Kaskoversicherung eine Rückstufung nicht vornehmen (vgl. Prölss/Martin Versicherungsvertragsgesetz 25. Aufl. Rdnr. 7 a).

Dem liegt zu Grunde, dass nach § 158 c VVG der Haftpflichtversicherer Ansprüche von Dritten (Geschädigten) auch dann ausgleichen muss, wenn er gegenüber **seinem** Versicherungsnehmer wegen eines »kranken« Versicherungsverhältnisses oder schweren Obliegenheitsverletzungen leistungsfrei ist (also berechtigte Ansprüche Geschädigter gegen den Verursacher nicht ausgleichen müsste um seinen Versicherungsnehmer als Verursacher »freizustellen«). Dies gilt nach § 158 c VVG Abs. 4 aber dann nicht, wenn und soweit der Geschädigte Ersatz von einem anderen Schadenversicherer (hier Kaskoversicherung) verlangen kann.

Allerdings ist wegen Schadenpositionen für die der Kaskoversicherer nicht einstandspflichtig ist (z. B. Wertminderung, Ausfallkosten) weiterhin die Haftpflichtversicherung heranzuziehen. Da ein Rabattverlust in der Kaskoversicherung in dieser Konstellation aber gerade nicht entsteht kann er auch nicht vom Haftpflichtversicherer verlangt werden (leider übersehen vom LG Mannheim NJW 74, 2133).

Die seltenere Variante, dass bei Schadenfreiheit eine teilweise Beitragsrückerstattung erfolgt, wird im Prinzip genauso gehandhabt, das heißt, die gegebenenfalls über die Jahre verteilte Rückerstattung kann vom Schädiger (evtl. nach Quote) verlangt werden (hierzu OLG Köln VersR 90, 908).

Da bei einer nur teilweisen Haftung und der Inanspruchnahme der eigenen Vollkaskoversicherung immer auch die quotenbevorrechtigten Positionen (Selbstbeteiligung, Gutachterkosten usw.) zu beachten sind, wird auf das unter D II. 4. dargestellte Quotenvorrecht verwiesen.

11. Umsatzsteuer

Dem Unternehmer wird unabhängig von den einzelnen Produktions- und Handelsstufen eine Umsatzsteuer auferlegt, die zu einer gleichmäßigen Umsatzbelastung führen soll. Die für eine Lieferung oder Leistung in Rechnung gestellte Umsatzsteuer darf der vorsteuerabzugsberechtigte Unternehmer als Vorsteuer von seiner Umsatzsteuer abziehen (§§ 14, 15 UStG).

Die Umsatzsteuer ist somit als »Durchlaufposten« keine finanzielle Belastung, da sich ja in deren Umfang die Belastung gegenüber dem Finanzamt vermindert. Die Begriffe Mehrwertsteuer und Umsatzsteuer sind hierbei im übrigen identisch.

Da die Vorsteuer – wie dargestellt – sofort abzugsfähig ist, stellt sie wegen der fehlenden finanziellen Belastung beim vorsteuerabzugsberechtigten Unternehmer somit keinen erstattungsfähigen Schaden dar.

Berechtigt zum Vorsteuerabzug sind:

- ❑ Unternehmer (§§ 2, 2 a, 15 I UStG),
- ❑ Kleinunternehmer (§ 19 II UStG),
- ❑ Unternehmer, die zwar von der Umsatzsteuer befreit sind, aber die Option für die Umsatzsteuer nutzen (§ 9 UStG) sowie
- ❑ land- und forstwirtschaftliche Betriebe, welche die Option für die Vorsteuer / Mehrwertsteuer nutzen (§ 24 IV UStG).

Allerdings können Landwirte die Erstattung der Mehrwertsteuer für Reparaturkosten, Sachverständigenkosten sowie Mietwagenkosten verlangen, wenn sie von der gemäß § 24 UStG möglichen Pauschalisierung ihrer Umsätze Gebrauch machen (OLG Hamm r+s 97, 505). In diesen Fällen stellt die Mehrwertsteuer einen Schadenfaktor dar, der wegen der Pauschalisierung nicht auf das Finanzamt übergewälzt werden kann.

Dass die Mehrwertsteuer in der jeweils geltenden Höhe Teil des erstattungsfähigen Schadens ist, ist bereits Grundwissen (derzeit 16 %).

Auch bei fiktiver Abrechnung des Anspruchstellers nach Gutachten oder Kostenvoranschlag war die Mehrwertsteuer als Teil des für die Wiederherstellung erforderlichen Betrages zu betrachten und dem Geschädigten wegen seiner »Dispositionsfreiheit« (vgl. hierzu auch BGH NJW 73, 1647 und VersR 85, 354) zu erstatten, da anderenfalls auf Kosten des Geschädigten gespart werden würde.

Eine Mindermeinung (vgl. 20. Verkehrsgerichtstag VersR 1982, 229 und nachfolgend AG Starnberg ZfS 84, 7 sowie AG München VersR 85, 957) vertrat jedoch die Auffassung, dass die Mehrwertsteuer nicht zu erstatten ist, wenn keine unternehmerische Dienst- oder Handwerksleistung erbracht wurde.

Ein Vergleich stellt die Fragwürdigkeit der früheren Regelung dar, bei der der gleiche Schaden zu unterschiedlichen Ergebnissen führt. Bei der gleichen Beschädigung am Fahrzeug eines Vorsteuerabzugsberechtigten und eines Nicht-Vorsteuerabzugsberechtigten tritt bei fiktiver Abrechnung der Unterschied deutlich hervor.

Der Vorsteuerabzugsberechtigte bekam seinen Schaden Netto erstattet.

Beim Nicht-Vorsteuerabzugsberechtigten ist die Mehrwertsteuer als Teil der Leistungsrechnung zu tragen, wenn die Leistung tatsächlich erbracht wird. Bei fiktiver

Abrechnung tritt jedoch eine Bereicherung ein, da dieser im Vergleich zum Vorsteuerabzugsberechtigten mehr (nämlich die fiktive Mehrwertsteuer) erhält.

Zweites Gesetz zur Änderung schadenersatzrechtlicher Vorschriften
In § 249 BGB ist ab 1. 8. 2002 geregelt, dass die Umsatzsteuer nur erstattet werden muss, soweit sie tatsächlich angefallen ist.

Wird bei einem Unfall ein Fahrzeug beschädigt, dass in einer eigenen Werkstatt des Geschädigten repariert werden kann, so ist neben der Mehrwertsteuer auch der in den Lohnkosten enthaltene Gewinnanteil (OLG Nürnberg VersR 70, 1164 und LG Offenburg VersR 89, 640, 20 %) abzuziehen.

Besteht beim Geschädigten ein partielles Abzugsrecht, so ist die Mehrwertsteuer in Höhe des nicht abzugsfähigen Anteiles der Mehrwertsteuer zu erstatten. Nachweispflichtig hierfür ist jedoch der Geschädigte. Nicht ohne Ausnahme gilt jedoch der Grundsatz, dass der Vorsteuerabzug stattfindet, wenn eine beschädigte Sache zum Betriebsvermögen gehört. So soll z. B. die auf die Reparaturkosten anfallende Mehrwertsteuer nicht vorsteuerabzugsfähig sein, wenn der zum Betriebsvermögen zählende Pkw auf einer Privatfahrt beschädigt wird (vgl. OLG Frankfurt VersR 71, 1127 sowie LG München VersR 81, 585).

Bei teilweiser privater und gewerblicher Nutzung ist die Mehrwertsteuer seit dem Steuerentlastungsgesetz vom 24. 3. 99 zu 50 % abzugsfähig, d. h. die Hälfte der Mehrwertsteuer muss erstattet werden, da sie in dieser Höhe vom anteilig privaten Nutzer selbst zu übernehmen ist.

Sofern Fahrzeuge von Ausländern beschädigt werden, hängt die Erstattung der Mehrwertsteuer davon ab, ob das Fahrzeug zum Zweck der Be- oder Verarbeitung aus einem so genannten Drittlandsgebiet in das Gemeinschaftsgebiet (EU) eingeführt wurde (Steuerbefreiungstatbestand gemäß § 7 UStG 1993).

Eine solche »Einfuhr« liegt regelmäßig dann nicht vor, wenn das Fahrzeug hier zufällig reparaturbedürftig wird. In diesem Fall scheidet eine Steuerbefreiung aus (vgl. Plückebaum/ Malitzky, Umsatzsteuergesetz, Bd. II / 4 Rz. - ff. zu § 7 UStG). Im Totalschadensfall ist bei Fahrzeugen aus dem Gemeinschaftsgebiet (EU) zu prüfen, ob der Erwerber vorsteuerabzugsberechtigt ist, da dieser die Erwerbssteuer von 16 % als Vorsteuer geltend machen kann. Bei Fahrzeugen aus sonstigen Drittländern hat der Erwerber die Einfuhrumsatzsteuer von 16 % zu entrichten. Auch diese kann jedoch als Vorsteuer geltend gemacht werden.

Gastarbeiter, ausländische Studenten sowie Angehörige von Natotruppen gelten jedoch als Steuerinländer (vgl. Einführungserlass zum Umsatzsteuergesetz von 1967 sowie Art. 68/3 des Zusatzabkommens zum Nato-Truppenstatut).

Gemäß Art. 67 (3) des Zusatzabkommens haben Angehörige der Nato-Streitkräfte und deren ziviles Gefolge die Möglichkeit, über eine amtliche Beschaffungsstelle Leistungen mehrwertsteuerfrei zu beziehen. Wird diese Möglichkeit vom vorstehend genannten Personenkreis nicht genutzt, so sehen einige Gerichte hierin einen Verstoß gegen die Schadenminderungspflicht (AG Münster ZfS 86, 8 sowie AG Gütersloh ZfS 86, 8). Ob dies tatsächlich der Fall ist, ist jedoch der Bewertung des Einzelfalles zu überlassen, da hierdurch z. B. Verzögerungen entstehen können, welche wiederum zu einer Schadenerhöhung führen können (vgl. OLG Hamm NZV 93, 229).

Zu den Einzelheiten des Beschaffungsverfahrens und der Umsatzsteuerbefreiung kann lediglich auf das Schreiben des BMF vom 09. 12. 1987 hingewiesen werden (Betrieb 1988, 1245).

Bei Leasingfahrzeugen ist die Erstattungsfähigkeit der Mehrwertsteuer offenbar so kompliziert, dass selbst Obergerichte (z. B. OLG Hamm PVR 2001, 160 oder OLG Köln NJW 1986, 1816) weder sich klar ausdrücken, noch eine nachvollziehbare Begründung liefern können. Allerdings hat sich Rechtsprechung und Schrifttum nur bei »Privatleasing« so schwer. Solange der Leasingnehmer zum Vorsteuerabzug berechtigt ist und geschäftlich least, kann die Mehrwertsteuer weder bei ihm noch beim Leasinggeber anfallen.

Da auch der **private** (nicht-Vorsteuerabzugsberechtigte) Leasingnehmer seine Ansprüche aus der Besitzstörung (»Nutzungsschaden«) herleitet ist nach der in soweit einheitlichen Rechtsprechung der (zu ersetzende) **Wert der Sachnutzung** nach oben durch den Wiederbeschaffungswert begrenzt. Macht der Leasingnehmer also eigene Rechte auf Reparatur- oder Ersatzbeschaffungskosten geltend, so müssen diese wohl inklusive Mehrwertsteuer ersetzt werden (so OLG Hamm aaO.).

Allerdings könnte aber auch der Leasinggeber als Eigentümer eigene Ersatzansprüche geltend machen, die aber auf Grund dessen Vorsteuerabzugsberechtigung Mehrwertsteuerfrei zu sein hätten. Ein solch unterschiedliches Ergebnis (und die damit womöglich verbundene zusätzliche Belastung des Schädigers mit der Mehrwertsteuer) ist nach den Befürwortern dieser Lösung hinzunehmen, da es sich um unterschiedliche Personen (Geschädigte) und unterschiedliche Ansprüche (Eigentumsverhältnisse und Nutzungsschaden) handelt. Dagegen spricht, dass es sich um **eine** Substanzverletzung, ein einheitliches schädigendes

Ereignis handelt und selbstverständlich auch nur **einmal** Ersatz verlangt werden darf. Der Grundsatz der Schadenminderungspflicht gebietet es den Geschädigten von Ansprüchen freizustellen, die nur dadurch entstehen, dass vertraglich der Inhaber des einen Rechtsgutes (Eigentum) dem Inhaber des anderen Rechtsgutes (Besitzer) die Geltendmachung von Ersatzansprüchen überlässt/überträgt. Allerdings existieren auch in der Versicherungswirtschaft schizophrene Lösungen, da manche Kaskoversicherer bei Reparaturschäden dem Nichtvorsteuerabzugsberechtigten Leasingnehmer den Bruttobetrag zur Verfügung stellen, einen Totalschaden aber Netto abrechnen.

Tipp

Nach der bisherigen Rechtsprechung sollte dem Mandanten der privater Leasingnehmer ist die Geltendmachung im eigenen Namen angeraten werden um auch in den »Genuss« der Mehrwertsteuer zu kommen.

T

Das Problem entschärft sich etwas durch die Änderung des § 249 BGB durch das Zweite Gesetz zur Änderung schadenersatzrechtlicher Vorschriften, da ohnehin nur noch Umsatzsteuer erstattet wird, soweit sie tatsächlich angefallen ist.

Außer Streit steht heute auch die Frage der Mehrwertsteuererstattung auf die Rechtsanwaltsgebühren. Diese wird nur dann erstattet, wenn der Geschädigte nicht zum Vorsteuerabzug berechtigt ist (vgl. BFH NJW 91, 1702 = Änderung der Rechtsprechung!). Siehe dazu Kapitel G.

Eine anfallende merkantile **Wertminderung** ist eine mehrwertsteuerneutrale Position, wie auch der Nutzungsausfall oder die Vorhaltekosten.

12. Sonstiger Sachschaden / Tiere

Diese bisherigen Grundsätze gelten auch bei der Beschädigung bzw. dem Verlust anderer Sachen als Autos.

Bei Beschädigung sind die Reparatur- bzw. die Wiederbeschaffungskosten zu ersetzen. Am häufigsten werden im Straßenverkehr außer den Fahrzeugen selbst die mit ihnen beförderte Ladung sowie Zäune, Verkehrsschilder, Mauerecken, Bäume usw. beschädigt

Neben einem straßenverkehrsrechtlichen Mitverschulden kommt bei beschädigter Ladung der Einwand in Betracht, dass diese nicht genügend gesichert gewesen ist.

Insbesondere bei hochwertigen elektronischen Geräten (sei es als Ladung oder im Fahrzeug fest installiert) werden von der Rechtsprechung erhebliche Anforderungen an Schutz und Sicherung erhoben.

So sind die Erschütterungen, die bei einem leichten Unfall entstehen, grundsätzlich nicht schwerer als solche, die auf Grund unwirtlicher Fahrbahnverhältnisse auftreten können, auf die sich aber jeder Verkehrsteilnehmer einrichten muss. Es ist in solchen Fällen daher schwer, die Unfallursächlichkeit der Beschädigung nachzuweisen oder umgekehrt zu belegen, dass auch eine ordnungsgemäße Sicherung auf Grund der Anstoßintensität beim Unfall zur Beschädigung geführt hätte.

Immer wieder tauchen auch Handys auf den Listen der beschädigten Gegenstände auf. Sie scheinen einen Auffahrunfall mit 5 km/h schlechter zu überstehen, als wenn sie der Besitzer aus 1,50 m Höhe herunterfallen lässt. Allerdings setzt auch bei diesen ein Anspruch auf vollständigen Ersatz der Reparatur- bzw. Wiederbeschaffungskosten voraus, dass sie in geeigneter Weise gesichert waren. Rutschen sie vom Beifahrersitz oder der vorderen Ablage, muss mit Abzügen gerechnet werden.

Die Höhe des eingetretenen Schadens kann durch den Kostenvoranschlag einer geeigneten Fachwerkstatt oder deren Bestätigung, dass wirtschaftlich nicht repariert werden kann, nachgewiesen werden.

Ein fehlender Anschaffungsbeleg macht die Sache allerdings erheblich komplizierter, da bei einigen Anbietern das Gerät selbst umsonst mitgeliefert wird, so dass dann kein Schaden entstünde. Da allerdings ein zweites Gerät von den Anbietern meist berechnet wird, kann die diesbezügliche Rechnung als Indiz herangezogen werden.

Grundstückseigentümer, deren alte aber gut erhaltene Hausfassaden oder Zäune beschädigt worden sind, empören sich oft über Abzüge wegen eintretender Wertverbesserung nach der Reparatur.

T

Tipp
Dem handwerklich begabten Mandanten ist hier die Eigenreparatur zu empfehlen. Bei der Versicherung wird die Schadensposition mittels Foto und Kostenvoranschlag einer geeigneten Fachwerkstatt geltend gemacht.

Der normale Verputz an einer Hauswand hält je nach Art zwischen 30 und 70 Jahren – das Alter zum Unfallzeitpunkt wird dann in Relation zur eintretenden Wertverbesserung gesetzt, die hinzunehmen ist.

Bei größeren Schäden an Gebäuden sollte zur Sicherheit immer ein Sachverständiger hinzugezogen werden. Da Mithaftungseinwände nicht zu erwarten sind, wird die gegnerische Haftpflichtversicherung nur zu gern bereit sein, einen eigenen Sachverständigen zu beauftragen. Dies dürfte unschädlich sein, wenn ohnehin repariert werden soll, da spätestens der ausführende Baubetrieb (den man allerdings selbst aussuchen sollte) bereits im eigenen Interesse auf weitere Mängel hinweisen wird.

Soll nach dem Gutachten abgerechnet werden, entweder weil eine Eigenreparatur geplant ist oder die Beschädigung eher geringfügig erscheint, so empfiehlt es sich, einen eigenen Sachverständigen zu beauftragen.

Zwar gelten Tiere seit der Gesetzesänderung von 1990 nicht mehr als Sachen, eine analoge Anwendung der Vorschriften führt aber letztlich dazu, dass nur wenige Besonderheiten zu beachten sind. Für die Erstattung von Heilbehandlungskosten beim Tierarzt ist im Gegensatz zu den Reparaturkosten einer beschädigten Sache nicht der Wert des verletzten Tieres maßgeblich, so lange nicht eine gänzliche Unverhältnismäßigkeit der Aufwendungen vorliegt. Selbst wenn es sich um einen »wertlosen« Mischling handelt, für den kein oder nur ein geringer Marktwert angesetzt werden kann, ist ein Kostenaufwand zur Heilbehandlung in Höhe von € 750 bis € 1000 durchaus noch gerechtfertigt (hierzu LG Karlsruhe NJW-RR 86, 542).

Bei der Beschädigung von Pflanzen ist zu berücksichtigen, dass diese als wesentliche Bestandteile eines Grundstückes gelten. Damit bemisst sich der Schadenersatz ausgehend vom Sachwert der zerstörten Pflanze im Wege des Vergleiches des Grundstückswertes vor und nach der Zerstörung der Pflanzen (vgl. BGH VersR 75, 1047; »Kastanienurteil«).

Ersetzt werden daher die Kosten, die mit dem Nachpflanzen verbunden sind, sowie die geschätzte Werteinbuße des Grundstückes nach § 287 Abs. 1 ZPO. Durchgesetzt hat sich hierbei die »Methode Koch« (siehe VersR 90, 573·–·Sachwertverfahren für Bäume in der Rechtsprechung).

13. Nebenkostenpauschale

Es ist immer wieder erstaunlich, dass selbst über eine marginale Schadenposition heftiger Streit entbrennen kann. Die Nebenkostenpauschale soll insbesondere Aufwendungen für Porto und Telefon abdecken und bewegt sich derzeit in einer Spanne von € 15 bis € 25.

In der Mehrzahl der Schadensfälle dürfte selbst der Betrag von € 15 reichlich bemessen sein. Bei umfangreichem Schriftwechsel und Telefonaten sowohl mit dem Versicherer als auch mit sonstigen Beteiligten, wie Werkstatt, Gutachter, Rechtsanwalt usw. käme auch eine konkrete Abrechnung in Betracht. Allerdings sind hier die Nachweise eher aufwendig unter Berücksichtigung der Höhe des geltend zu machenden Anspruches.

Vom LG München wird regelmäßig seit einigen Jahren der Betrag von € 25 als angemessen erachtet. In anderen Amts- und Landgerichten werden nur € 20 oder gar € 15 zugesprochen.

Da sich Streit hierüber weder für den Geschädigten noch für den Anwalt oder die Versicherung lohnt, sollte er vermieden werden.

T

Tipp
Bedenken Sie, dass jeder Einzelbrief, den Sie wegen der Nebenkostenpauschale an eine Versicherung senden, auch wenn es zugunsten eines besonders peniblen Mandanten ist, in seiner Herstellung jedenfalls den zu erwartenden Differenzbetrag (max. € 10) übersteigen wird.

Besser ist es daher den übergenauen Geschädigten zu bitten, seine Aufwendungen im einzelnen darzutun und zu belegen, wozu dieser meist nicht in der Lage sein wird.

Es mag ärgerlich sein, dass hier im Einzelbereich die Auffassung des Sachbearbeiters bei der Versicherung die Oberhand behält. Andererseits ist der Austausch eines Spiegelglases für € 12,50 wohl auch tatsächlich nicht mit Briefen und Telefonaten im Wert von € 20 zwangsläufig verbunden.

Insofern haben auch die von einigen Gerichten herausgegebenen Empfehlungen nur dann einen verbindlichen Charakter, wenn der tatsächliche Aufwand des Geschädigten hiermit korrespondiert.

Unterschieden werden muss zum einen von sonstigen Aufwendungen, die mit der Unfallregulierung im Zusammenhang stehen. Insbesondere Fahrtkosten sollen von der Nebenkostenpauschale nicht erfasst sein. Ob und inwieweit diese (z. B. wegen der Beschaffung eines Ersatzfahrzeuges) erstattungsfähig sind, richtet sich nach den Umständen des Einzelfalles. Meist werden aber derartige Kosten (wie z. B. auch Fahrtkosten zur Werkstatt) unter das allgemeine Lebensrisiko subsummiert und nicht für erstattungsfähig gehalten.

Zum anderen sind Aufwendungen des Geschädigten zu unterscheiden, die letztlich nur zu einem Zeitverlust führen. Auch hierfür ist die Nebenkostenpauschale nicht gedacht und hat im übrigen der BGH einen Ersatz dafür abgelehnt (siehe BGH NJW 76, 1256).

14. Eigenleistungen

Selbstverständlich sind auch Eigenleistungen, die der Geschädigte im Rahmen der Unfallbeseitigung unternimmt, erstattungsfähig. Allerdings ergeben sich regelmäßig Probleme, den Umfang der Eigenleistungen zu bestimmen und eine »Umrechnung« in Geld vorzunehmen.

Der einfachere Weg ist natürlich, den erforderlichen Wiederherstellungsaufwand wie er am Markt bestünde, durch den Kostenvoranschlag einer geeigneten Firma zu belegen, auf dessen Basis dann abzurechnen und schließlich die Reparatur selbst vorzunehmen.

Schwieriger wird die Angelegenheit, wenn die Reparatur durch Eigenleistung bereits erfolgt ist oder wenn eine teilweise Ausführung durch eine beauftragte Firma und der Rest in Eigenleistung erfolgen soll.

Sofern Material zur Verwendung kommt, welches extra zur Reparatur angeschafft worden ist, kann hier selbstverständlich der Kaufbeleg eingereicht werden. Bei bereits vorhandenem älteren Material, dessen Anschaffung nicht mehr belegt werden kann, muss geschätzt werden.

Sofern eine »professionelle« Reparatur überhaupt in Betracht kommt, bilden die hierfür erforderlichen Kosten jedenfalls die Obergrenze für das, was bei einer Reparatur in Eigenleistung erstattet werden kann.

Allerdings wird der Geschädigte im nachhinein nicht mehr Anspruch auf den vollen marktüblichen Preis haben, wenn er bereits selbst vollständig repariert hat. In diesem Fall wird für seine Leistungen (auch wenn der Geschädigte selbst zufälligerweise Fachmann ist) nur ein erheblich niedrigerer Stundensatz zugrunde gelegt werden können, da die im marktüblichen Preis enthaltene Gewinnspanne im nachhinein dem Geschädigten nicht mehr zuerkannt wird.

Tipp
Sollte ihr Mandant z. B. wegen einer Quotierung des Schadens selbst ein besonderes Interesse daran haben, die Wiederherstellungskosten gering zu halten, sollte eine entsprechende Vereinbarung zur Abrechnung der Eigenleistungen mit der regulierenden Versicherung getroffen werden, entweder indem diese die Eigenleistungen nicht quotiert oder ein Pauschalbetrag abgerechnet wird, damit die überobligatorischen Anstrengungen das Mandanten auch zu einem tatsächlichen Vorteil für ihn führen.

T

Da auch der Sachbearbeiter der regulierenden Versicherung weiß, dass eine Eigenleistung in aller Regel erheblich günstiger ausfällt, als die Reparatur durch einen Fachbetrieb am Markt, wird dieser einer vergleichsweisen Einigung zugänglich sein. Allerdings werden für abzurechnende Arbeitsstunden kaum mehr als € 5 bis € 10 anzusetzen sein.

Dies erscheint in Anbetracht der Stundenverrechnungssätze z. B. von Autowerkstätten (ca. € 50 je Stunde) sehr wenig zu sein. Allerdings entfallen hier sämtliche Lohnnebenkosten, die Gewinnspanne, Steuern, Vorhaltekosten für Werkzeuge usw.

15. Rechtsanwaltsgebühren

Grundsatz: Die zur Geltendmachung und Durchsetzung der Schadenersatzansprüche **notwendigen** Aufwendungen sind als **Folgeschaden** unfallrelevant und können daher als erstattungsfähige Schadenposition geltend gemacht werden.

Als Rechtsverfolgungskosten kommen in erster Linie die erforderlichen Anwaltskosten in Betracht. Allerdings sollte nie vergessen werden, dass es sich um einen unselbstständigen materiell-rechtlichen Kostenerstattungsanspruch handelt. Das heißt, Inhaber der Forderung ist immer der Geschädigte nicht aber der Anwalt. Hieraus ergibt sich, dass die Erstattungsfähigkeit wie bei jeder anderen Schadenposition im Hinblick auf den Geschädigten beurteilt werden muss, sowohl was die Kausalität zum Unfallereignis, als auch die Höhe der geltend gemachten Gebühren betrifft.

Eine oberhalb der BRAGO liegende Gebührenvereinbarung zwischen Geschädigtem und Anwalt ist nicht mehr adäquate Schadenfolge – die vom Schädiger zu erstattenden Gebühren sind daher immer nach der BRAGO zu berechnen.

Zur Herstellung der »Waffengleichheit« zwischen Geschädigtem und Versicherer hat die Rechtsprechung **Privatleuten** zugebilligt, grundsätzlich einen Anwalt beauftragen zu können.

Es gibt allerdings einige amtsgerichtliche Ausnahmeurteile, die in der Einschaltung eines Anwalts einen Verstoß gegen die Schadenminderungspflicht gesehen haben, weil es sich um sehr einfache Fälle mit minimalen Schäden gehandelt habe und die Regulierungsbereitschaft bereits erkennbar gewesen sei (z. B. AG Düren ZfS 82, 241 und AG Homburg ZfS 90, 158).

Tipp
Da bei Kleinstschäden auch die Anwaltsgebühren eher gering ausfallen und nie den Aufwand decken, kann es durchaus sinnvoll sein, den Mandanten darauf hinzuweisen, dass auch für ihn die selbstständige Geltendmachung ohne Anwalt weniger umständlich sein könnte (Korrespondenz über eine weitere Zwischenstation, zusätzliche Rückfragen usw.).

T

Im Gegensatz dazu ist bei Firmen oder Behörden grundsätzlich davon auszugehen, dass diese Ersatzansprüche vorrangig selbstständig geltend machen, da die Durchsetzung von Forderungen zum eigenen Pflichtenkreis gehört und sie durch ihr geschultes Personal hierzu auch in der Lage sind.

Anderes gilt nur, wenn von vornherein die Kompliziertheit des Falles oder die besondere Schadenhöhe die sofortige Einschaltung eines Rechtsanwaltes rechtfertigt. Da die Abgrenzungskriterien der Rechtsprechung wertenden Charakter tragen, sind die Grenzen etwas verschwommen.

Zu berücksichtigen ist:

- die Größe der Firma (eigene Rechtsabteilung oder nur kleiner Handwerksbetrieb)
- die Schadenhöhe (kleiner Kratzer oder Totalschaden)
- Komplexität des Sachverhalts (einfacher Auffahrunfall oder komplizierter Unfallhergang mit mehreren Beteiligten)
- Regulierungsverhalten des Schädigers / der Versicherung (sofortige Regulierungsbereitschaft/ Vorschusszahlung oder Ablehnung bzw. Mithaftungseinwände)

Die Erstattungsfähigkeit von Anwaltskosten wegen eingetretenem Verzug (als Verzugsschaden gemäß § 286 BGB) besteht daneben zwar auch. Allerdings sollte unbedingt berücksichtigt werden, dass dann der Verzug für die Einschaltung des Anwalt kausal gewesen sein muss. Ist der Anwalt bereits vor Eintritt des Verzuges beauftragt worden bzw. führt er ihn durch die Mahnung bzw. Zahlungsaufforderung mit Fristsetzung erst herbei, können die Anwaltskosten jedenfalls nicht wegen des Verzuges verlangt werden (vgl. OLG Hamm ZfS 89, 343).

Handelt es sich bei dem Geschädigten gar um eine Firma mit verkehrstechnischem Bezug, z. B. ein Leasingunternehmen, eine Mietwagenfirma oder einen Verkehrsbetrieb, so wird von der Rechtsprechung noch etwas mehr eigenes Engagement verlangt, bevor ein Anwalt eingeschaltet werden darf, da diese sich quasi auf »eigenem Terrain« bewegen (siehe OLG Köln VersR 75, 1106; BGH VersR 61, 1141).

Die entgegenstehende Rechtsprechung stützt sich zum Teil auf das fragwürdige Argument, dass die entsprechenden Firmen eine eigene Abteilung zur Schadenbearbeitung nicht besäßen und bereits aus diesem Grund die Einschaltung eines Anwalts statthaft sei (z. B. AG Hamburg ZfS 82, 172 oder LG Frankental ZfS 90, 87).

Für die Erstattungsfähigkeit der Anwaltskosten kann aber nicht die in der jeweiligen Firma getroffene unternehmerische Entscheidung maßgeblich sein, ob eine Schadenabteilung einzurichten ist, sondern ob in der Firma grundsätzlich Personal beschäftigt wird, welches in der Lage wäre, Ersatzansprüche in einem einfach gelagerten Fall einzufordern.

Aus BGH NJW 1995, 446 können klare Maßstäbe wohl ebenso nicht hergeleitet werden. Allerdings sinnvoll ist die Überlegung des Senats, dass es darauf ankommt, »wie sich die voraussichtliche Abwicklung des Schadenfalls aus der Sicht des Geschädigten darstellt«. (Nur) Wenn für den Geschädigten kein vernünftiger Zweifel an Grund und Höhe der Haftung sowie der Regulierungsbereitschaft bestehen, kann (muss) der Geschädigte, egal ob Privatmann, Firma oder Behörde, (zunächst) selbst geltend machen.

Auch bei **Anwaltsgebühren in eigener Sache** geht die Rechtsprechung auseinander. Es sind aber wohl wenigstens die gleichen Kriterien wie bei Firmenfahrzeugen heranzuziehen, das heißt in Bagatellfällen besteht kein Anspruch (vgl.; LG Berlin VersR 74, 868 und AG Naumburg ZfS 01, 327).

Bei Fällen, in denen auch jeder andere Geschädigte einen Anwalt eingeschaltet hätte, sind die Anwaltskosten zu erstatten (siehe AG München ZfS 85, 237).

Der **Gegenstandswert,** aus dem sich die zu erstattenden Anwaltsgebühren ergeben, bestimmt sich in der Praxis nach dem **Erledigungsbetrag**.

Zugrunde gelegt wird also das, was die gegnerische Haftpflichtversicherung als Entschädigungsleistung zugunsten des Geschädigten erstattet hat. Bei einer Quotierung der Ansprüche (Mithaftung) werden die Anwaltskosten daher nicht aus dem Gesamtschaden errechnet und dann der Quote unterworfen, sondern vollständig aus dem regulierten Betrag berechnet. Dies ist auf Grund der degressiven Staffelung für die Anwälte auch günstiger.

Größte Schwierigkeiten in der Praxis bereitet allen Beteiligten (Rechtsanwälten, Sachbearbeitern und Geschädigten) die Unterscheidung zwischen den tatsächlich entstandenen und den (materiell-rechtlich) erstattungsfähigen Rechtsanwaltsgebühren.

Grundlage für die Berechnung **der tatsächlich entstandenen Gebühren** ist selbstverständlich der Umfang des Auftrages an den Rechtsanwalt einerseits und die Verwirklichung der entsprechenden Gebührentatbestände andrerseits.

T

Tipp
Genau hierauf sollte sich auch die Abrechnung gegenüber einer Rechtsschutzversicherung des Mandanten beziehen. Soweit das gebührenauslösende Tätigwerden den Interessen Ihres Mandanten zu dienen geeignet ist, wird es von der außergerichtlichen Deckungszusage (mit Einschränkungen bei Vergleichen) erfasst – unabhängig davon ob der Schädiger dafür einstehen muss.

Demgegenüber bezieht sich der **materiell-rechtliche Erstattungsanspruch** nur auf notwendige, d. h. dem Schädiger zurechenbare Rechtsverfolgungskosten.

Die Unterscheidung von durchaus zweckmäßigen aber zur Regulierung nicht notwendigen (gebührenauslösenden) Tätigkeiten des Anwalts muss einzelfallbezogen sein.

Die Grundsätze der einzelnen **Gebührentatbestände**, der jeweiligen **Gegenstandswerte** und die **Erstattungsfähigkeit** sind im Kapitel G ausführlich dargestellt.

16. Zeitverlust

Unabhängig von Haftungslage und tatsächlichen Aufwendungen stöhnt fast jeder Geschädigte nach dem Unfall »Was das wieder kostet.«.

Gemeint ist hiermit im Regelfall der ihm wegen der Unfallfeststellungen, Wartezeit bis zur polizeilichen Unfallaufnahme usw. entstehende Zeitverlust. Diesen mag der eine oder andere Unfallgeschädigte noch mit seinem Stundenlohn berechnen wollen, ein Anspruch auf Erstattung dieser »Kosten« besteht jedoch nach einhelliger Auffassung aller mit dieser Frage befassten Gerichte nicht (BGH VersR 76, 857).

Es handelt sich hierbei um einen reinen Vermögensschaden durch Zeitverlust (LG Dortmund VersR 63, 246), welcher nicht dem Schutzbereich der §§ 823 BGB und 7 StVG unterfällt.

Die Freizeiteinbuße wegen Fahrten zur Werkstatt, Sachverständigen, Arzt, Rechtsanwalt, Gericht, Polizei usw. stellt keinen ausgleichsfähigen Vermögensnachteil dar (schon BGH NJW 69, 1109; LG München VersR 85, 1150; LG Dortmund VersR 63, 246). Mit solchen Verzögerungen muss heute mehr denn je jeder

Verkehrsteilnehmer rechnen. Das heißt, die Schadenregulierung selbst darf nicht auf Kosten des Schädigers durchgeführt werden, da sie zum eigenen Pflichtenkreis eines jeden Unfallgeschädigten gehört. Soweit sich der Aufwand an Freizeit im sozial üblichen Rahmen bewegt, ist dieser auch nicht mit einem bestimmten Stundenlohn erstattungsfähig (BGH VersR 76, 857).

Lediglich das OLG Frankfurt hat einem Unfallgeschädigten bei erheblicher Größenordnung und grobem Verschulden des Verursachers einen solchen Schadenersatzanspruch zuerkannt (OLG Frankfurt NJW 76, 1320). Diese Entscheidung hat jedoch – soweit ersichtlich – bisher keinen Nachahmer gefunden.

Der Vollständigkeit halber nachfolgend einige Entscheidungen zu diesem Problemkreis:

OLG Köln VersR 82, 585	–	Zeitverlust löst keinen Schadenersatzanspruch aus
OLG Saarbrücken r+s 82, 214		
LG Aachen VersR 79, 267	–	Schadenregulierung gehört zum Pflichtenkreis des Unfallgeschädigten, kein Schadenersatzanspruch für einen Tag angeblichen Aufwandes
OLG München ZfS 83, 361	–	Auch einem Rechtsanwalt wird der Zeitverlust nicht ersetzt; dieser kann seine Gebühren berechnen (vgl. LG Mainz NJW 72, 161; LG Mannheim Anw.Bl. 75, 68)
LG München VersR 85, 1150	–	Auch bei polizeilicher Vernehmung oder durch Schadenbearbeitung aufgewendete Zeit kein Schadenersatzanspruch
AG Waiblingen VersR 77, 922	–	Kein Anspruch auf Ersatz des Lohnausfalles am Tag der Zeugenvernehmung

Wie diese Übersicht zeigt, ist dieser Zeitverlust somit weder für eine Privatperson noch für einen Geschäftsmann erstattungsfähig. Lediglich dort, wo ein tatsächlicher Schaden entstanden ist, der auch durch den weiteren Einsatz von Freizeit nicht ausgeglichen werden kann, wurde ein Schadenersatzanspruch zuerkannt. So z. B. einer Mutter von zwei Kleinkindern, die Kosten für einen Babysitter für den Zeitraum der Abholung und Verbringung des beschädigten Fahrzeuges geltend gemacht hat (LG Bielefeld VersR 81, 888).

Wohl völlig zu Recht soll also verhindert werden, dass alles und jedes zu Geld gemacht und vom Verursacher gefordert wird.

Auch für den Fall, dass wegen einer infolge des Unfalls eingetretenen Körperverletzung z. B. ein Jagdrecht nicht ausgeführt werden kann, ist hierfür ein Schadenersatzanspruch ebenfalls zu verneinen. Die Rechtsprechung zum Kfz-Nutzungsausfall ist hier nach dem Grundsatzurteil des 6. Senats des BGH abzulehnen, da in diesem Fall nicht der Gegenstand der Nutzung selbst betroffen ist (BGH VersR 71, 444).

Wenn man wegen einer Körperverletzung nicht in den Urlaub fahren kann, ist dies nicht erstattungsfähig. Dies mag in älteren Urteilen noch anders entschieden worden sein, ist jedoch seit der grundlegenden Entscheidung des BGH vom 11. 01. 1983 in jedem Fall überholt.

Beachten Sie hierbei bitte unbedingt die Trennung zwischen Ansprüchen aus dem Reisevertragsrecht und demgegenüber die Ansprüche aus deliktischer Haftung. Auch wenn der Urlaub teilweise oder vollständig vertan wurde, ist er nunmehr als deliktischer Anspruch nicht mehr erstattungsfähig. Wird der Urlaub z. B. wegen Verletzung der Ehefrau bei einem Unfall nicht angetreten, so steht weder dem Ehemann noch der Geschädigten ein Schadenersatzanspruch hierfür zu. (OLG Düsseldorf VersR 84, 895). Allerdings kann dann das Schmerzensgeld der Geschädigten erhöht werden (vgl. BGH VersR 83, 393 a. E.).

Kosten, die durch den Nichtantritt bzw. Stornierung der Reise entstehen, sind jedoch selbstverständlich nach den allgemeinen Grundsätzen zu ersetzen.

Auch für **Firmen oder Behörden** gilt bezüglich des Zeitausfalles bzw. Zeitaufwandes nichts anderes. Sie müssen technische oder allgemeine Verwaltungskosten selbst tragen, auch wenn diese z. B. durch Beauftragung eines anderen Unternehmens anfallen (AG Nürnberg ZfS 82, 167). Sofern ein Unternehmen / Behörde über eine eigenen Rechtsabteilung verfügt, so hat diese die Schadenregulierung ebenfalls im eigenen Pflichtenkreis durchzuführen und hierfür das eigene Personal auf eigene Kosten einzusetzen (BGH NJW 76, 1256; OLG Köln VersR 79, 166). Ebenso löst auch der Zeitaufwand eines Arbeitnehmers, der drei Stunden für die Regulierung benötigt, keinen Schadenersatzanspruch aus (LG München VersR 78, 476).

Insofern ist der eigene zusätzliche Zeitaufwand kein geeignetes Argument um in einem einfach gelagerten Schadenfall die Erstattungsfähigkeit von Rechtsanwaltskosten (siehe 15.) zu begründen.

Sowohl bei Post als auch Bahn sind die Personalkosten bei erforderlichen Überführungen nicht erstattungsfähig (vgl. OLG Köln r+s 78, 149; LG Düsseldorf VersR 79, 193). Lediglich Abschleppkosten bei Einsatz eigener Technik und Personal sind erstattungsfähig, wenn diese tatsächlich erforderlich waren. Bei Schienenfahrzeugen sind darüber hinaus auch Überführungs- und Schleppfahrten inklusive der Personalkosten erstattungsfähig, nicht jedoch Fahrtkosten für das eigene Personal (BGH VersR 83, 755; OLG Celle VersR 78, 257).

Checkliste für Sach- und Sachfolgeschäden (Schadenpositionen)

- ❑ Abschleppkosten
- ❑ Gutachtergebühren
- ❑ Mietwagenkosten
- ❑ Totalschaden
  - Wiederbeschaffungswert
  - Restwert
  - Verschrottungskosten
  - Ab- und Anmeldekosten
  - Umbaukosten
  - Neupreisregulierung
- ❑ Reparaturkosten
  - Bei Reparatur in Fachwerkstatt
  - Echte fiktive Abrechnung
- ❑ Wertminderung
- ❑ Nutzungsausfall / Vorhaltekosten
- ❑ Finanzierungskosten
- ❑ Entgangener Gewinn / Ausfallschaden
- ❑ Schadenfreiheitsrabattverluste
- ❑ Sonstiger Sachschaden / Tiere
- ❑ Mehrwertsteuer
- ❑ Eigenleistungen
- ❑ Nebenkostenpauschale
- ❑ Rechtsanwaltsgebühren

II. Forderungsinhaberschaft

Nachdem Sie festgestellt haben, was Sie geltend machen werden, müssen Sie noch entscheiden oder in Erfahrung bringen, an wen geleistet werden soll.

Hier spielen die Zweckmäßigkeit und bereits bestehende vertragliche Pflichten des Geschädigten eine Rolle. Hat dieser nämlich Forderungen im Vorfeld an beteiligte Firmen abgetreten, muss die Versicherung zur Zahlung an diese aufgefordert werden.

T

Tipp
Wenn Sie bei der Ermittlung der Forderungsinhaberschaft Fehler machen, kommt ein findiger Schadensachbearbeiter möglicherweise darauf, entgegen Ihrer Geltendmachung zwar an den »richtigen« Forderungsinhaber zu zahlen, diese Position(en) aber beim Gegenstandswert zur Berechnung Ihrer Gebühren rechtmäßigerweise nicht zu berücksichtigen.
Fragen Sie deshalb Ihren Mandanten ausdrücklich, ob und welche Abtretungen und Zahlungsanweisungen (solche befinden sich auf den üblichen Reparaturkostenübernahmeformularen zugunsten der ausführenden Werkstatt) er unterzeichnet hat. Stellen Sie dann fest, wer Forderungsinhaber ist. Wenn Sie nun die Haftpflichtversicherung zur Zahlung an diesen auffordern, müssen diese Positionen beim Gegenstandswert (= Erledigungswert) einbezogen werden.

Ähnlich ist auch zu verfahren bzw. zu prüfen, wenn es sich um ein **Leasingfahrzeug** handelt oder der Kauf über eine Bank finanziert wurde.

Die beinahe unendliche Vielfalt der Leasingverträge kann nicht näher erläutert werden. Beim Full-Service-Leasing wird die Geltendmachung aber nicht über den Leasingnehmer erfolgen, so dass derartige Mandate kaum vorkommen werden.

Die gebräuchlichsten Leasingverträge überlassen es aber dem Leasingnehmer, sich um Haftpflichtansprüche selbst zu kümmern. Wichtig ist, dass der Leasinggeber als Eigentümer eigentlich Forderungsinhaber des Fahrzeugschadens (aber nur dessen) ist.

Der Leasingnehmer ist vertraglich verpflichtet, den Fahrzeugschaden aus einem Unfall notfalls auf eigene Kosten beheben zu lassen. Die Abwicklung wird dann über eine »Freigabeerklärung« der Leasingfirma realisiert. Die Freigabeerklärung muss mit der obligaten Unfallmeldung von der Leasingfirma abgefordert werden. In dieser erklärt sich die Leasingfirma damit einverstanden, dass Haftpflicht- oder Kaskoversicherer die erforderlichen Reparaturkosten gegen Vorlage der Rechnung an eine geeignete (also markengerechte) Fachwerkstatt erstattet.

Gegen Vorlage der bezahlten Rechnung darf auch an den Leasingnehmer reguliert werden. Die Leasingfirma wird in diesem Fall vom Leasingnehmer oder der Versicherung Kopien des Gutachtens bzw. der Rechnung haben wollen.

Sollte eine merkantile Wertminderung vom Gutachter festgestellt worden sein, so wird diese (zu Recht) von der Leasingfirma eingefordert (siehe auch Wertminderung). Auch hier sind aber anderslautende einzelvertragliche Regelungen der Leasingpartner möglich.

T

Tipp
Weisen Sie Ihren Mandanten darauf hin, dass die von der Leasingfirma kassierte Wertminderung bei der Beendigung des Leasingvertrages berücksichtigt werden muss. Entweder ist der Restkaufpreis um diesen Betrag zu reduzieren, oder er muss bei einer Schlusszahlung mindernd berücksichtigt werden.

Kommt allerdings ein wirtschaftlicher Totalschaden (siehe auch Totalschaden) in Betracht, wird sowohl der Wiederbeschaffungswert an die Leasingfirma zu erstatten als auch die mögliche Verwertung des beschädigten Fahrzeuges (Restwert) abzustimmen sein.

Auch hier sind die leasingvertraglichen Bestimmungen in Erfahrung zu bringen.

Die sonstigen Ansprüche (z. B. Gutachtergebühren, Nutzungsausfallschäden, usw.) verbleiben beim Leasingnehmer, da diesem das Fahrzeug zur im wesentlichen uneingeschränkten Nutzung überlassen ist. Ob also z. B. Ersatzwagenkosten zu erstatten sind, muss nach der Erforderlichkeit beim Halter (Leasingnehmer) bestimmt werden, nicht aber bei der Leasingfirma (diese wäre auf Grund des zur Verfügung stehenden großen Fahrzeugangebotes wohl nie in der Lage zu beweisen, dass ein Mietwagen von ihr in Anspruch genommen werden musste, um den Fahrzeugausfall auszugleichen).

Der Ausfall des beschädigten Fahrzeuges entsteht beim berechtigten Nutzer und muss daher auch diesem gegenüber ausgeglichen werden (siehe auch Mietwagenkosten).

Die Erstattungsfähigkeit der Mehrwertsteuer ist (wie in Abschnitt 11 dargestellt) umstritten, wird aber überwiegend danach beurteilt, ob der **Leasingnehmer** zum Vorsteuerabzug berechtigt ist.

Hat der Geschädigte das beschädigte Fahrzeug finanzieren lassen, ist in der Raten-Kreditvereinbarung oft eine umfassende »Vorabtretung« aller materiellen Ersatzansprüche zu finden.

Da es auch hier auf die konkrete Formulierung ankommt, nur die häufigste Variante: Im Falle des Totalschadens Auszahlung des Wiederbeschaffungswertes an die Finanzierungsbank bis zur Höhe der noch offenen Forderung gegenüber dem Kunden (also dem Geschädigten).

Insbesondere bei geringer Anzahlung und erst kurzer Laufzeit des Kreditvertrages kommt es dann vor, dass der Geschädigte der Bank mehr schuldet, als der Wiederbeschaffungswert des Fahrzeuges beträgt.

Hier tritt entweder (wie oft auch bei Leasingverträgen) eine Restschuldversicherung ein oder der Geschädigte muss drauflegen. Erstattungsfähig wird dieser Differenzbetrag nicht sein, da Obergrenze für den dem Leasingnehmer zustehenden »Nutzungsschaden« (als berechtigtem Besitzer/Nutzer) der Wiederbeschaffungswert ist. (BGH NJW 1992, 553).

Die Haftpflicht- oder Kaskoversicherung wird richtigerweise nur den Wiederbeschaffungswert (abzüglich Restwert) zahlen, da es weder dieser noch etwa dem Unfallverursacher zugerechnet werden kann, dass der Geschädigte im vertraglichen Innenverhältnis zur Bank mehr zu zahlen verpflichtet ist, als auf einem »normalen Markt« für die Beschaffung der beschädigten Sache zu entrichten wäre.

Besonders kraß wird dies, wenn der Kaufpreis für das Fahrzeug selbst bereits überhöht war. Ob dies allerdings durchsetzbare Ansprüche eröffnet (z. B. gegen den Verkäufer), bleibt dem anwaltlichen Geschick vorbehalten und kann hier nicht näher dargestellt werden.

Mitunter wird auch bei Finanzierungsabreden eine anfallende Wertminderung an die Bank auszuzahlen sein, dann ebenfalls auf Anrechnung des Kaufpreises bzw. der noch zu entrichtenden Raten.

Tipp

T

Denken Sie unbedingt daran, dass zur Beurteilung der Zeitpunkt des Unfalls maßgeblich ist. Insbesondere wenn Sie erst später in die Regulierung einbezogen werden, ist möglicherweise der Leasingvertrag bereits beendet oder ist die finanzierende Bank nicht mehr Sicherungseigentümer, da die letzte Rate bereits bezahlt war.
In diesem Fall ist unbedingt die Versicherung zu informieren, da diese sonst mit befreiender Wirkung an Finanzierungsbank oder Leasinggeber zahlen kann.

Auch die in der Praxis verwendeten **Abtretungserklärungen** sind vielgesichtig und sehr verschieden in ihren rechtlichen Wirkungen.

Die »weicheste« Form (und eigentlich keine Abtretung) ist die Anweisung des Geschädigten, anfallende Kosten direkt an die rechnungslegende Firma zu zahlen. Eine solche Anweisung findet sich regelmäßig auf den von den Werkstätten verwendeten **Reparaturkostenübernahmebestätigungen**. Der Geschädigte bleibt Inhaber der Forderungen, soweit er Erstattung verlangen kann. Die Rechtsposition der ausführenden Werkstatt wird durch die Anweisung nur wenig verstärkt.

Erst wenn der Versicherer die Übernahme der Reparaturkosten bestätigt, kann die Werkstatt nach der Durchführung der Reparatur die Bezahlung der Reparaturkosten bis zur bestätigten Höhe verlangen.

T

Tipp
Vorsicht! Auf manchen Kostenübernahmeformularen gibt es ein Kästchen für »ungeklärte Haftung«. Wird dies von der Haftpflichtversicherung verwendet bedeutet deren »Bestätigung« letztlich nur, dass hinsichtlich der Schadenhöhe keine Bedenken bestehen, eine tatsächliche Zahlungszusage wird nicht gegeben.

Etwas »härter« sind die gebräuchlichsten »**Sicherungsabtretungen**«.

Auch diese haben wiederum noch Unterformen (die z. B. eher einer Stundung ähneln). So lässt sich z. B. der Gutachter den Kostenerstattungsanspruch abtreten, darf aber auf Grund der Formulierung 4 Wochen später, wenn die gegnerische Haftpflichtversicherung nicht gezahlt haben sollte, die Gutachterkosten von seinem Auftraggeber, also dem Geschädigten fordern.

Oder es wird vereinbart, dass eine unmittelbare Geltendmachung durch die rechnungslegende Firma nicht erfolgt, sondern über den Geschädigten. Gleichzeitig wird aber vereinbart, dass der Geschädigte die Abtretungserklärung gegenüber der gegnerischen Haftpflicht zu offenbaren hat.

All diese Konstruktionen sollen insbesondere bewirken, dass die Auszahlung an die jeweiligen Firmen erfolgt, der Geschädigte aber weiterhin berechtigt und verpflichtet bleibt, Leistungen vom Schädiger bzw. dessen Haftpflichtversicherer zu verlangen, allerdings nicht mehr an sich selbst sondern an den Zessionar.

Ein wesentlich wichtigeres Unterscheidungsmerkmal ist, ob lediglich eine einzelne leistungsbezogene Schadenposition abgetreten wurde oder pauschal alle Schadenersatzansprüche des Geschädigten bis zur Höhe der jeweils zu sichernden Forderung abgetreten wurde.

Letztere ist die »härteste« Form der Abtretung, da diese dazu führen kann, dass zwar der Inhaber der **Globalabtretung** seine Rechnung in voller Höhe erstattet bekommt, bei den weiteren Absprüchen des Geschädigten aber Abzüge vorgenommen werden.

Entscheidend ist hier zum einen weswegen die Ansprüche des Geschädigten gekürzt werden und zum anderen in welcher zeitlichen Reihenfolge die mögliche Abtretung weiterer Ersatzansprüche erfolgt ist.

Erfolgt eine Quotierung des Anspruches (z. B. wegen eines Mithaftungseinwandes) insgesamt, so wird auf eine »Globalabtretung« dennoch vollständig zu erstatten sein, soweit diese auf Grund ihrer zeitlichen Rangfolge bevorrechtigt ist. Das heißt, der Versicherer muss mehrere bestehende Abtretungserklärungen nach ihrer zeitlichen Reihenfolge berücksichtigen, soweit sie die gleichen Schadenpositionen betreffen (die Globalabtretung erfasst insoweit alle Schadenpositionen, so dass unter Anrechnung auf diese an den Inhaber der Globalabtretung vollständig bezahlt werden muss).

Noch ungünstiger für den Geschädigten ist, wenn z. B. die Werkstatt eine fehlerhafte überhöhte Rechnung gestellt hat und der Versicherer auf Grund der Globalabtretung gezwungen ist diese vollständig auszugleichen. Auch dann wird der eigentlich nicht erstattungsfähige Teil dieser Rechnung bei anderen Schadenpositionen abgezogen. Der Geschädigte muss sich dann selbst mit der Werkstatt (oder den anderen Forderungsinhabern) auseinander setzen.

Tipp
Meist werden Abtretungen o. ä. vor der Anwaltsbeauftragung unterschrieben. Dann sollten Sie zumindest deren Inhalt kennen und sich eine Kopie faxen lassen.

T

Allerdings sind auch Versicherungssachbearbeiter nicht immer sattelfest in der Beurteilung von Formulierungen auf »Abtretungserklärungen« oder »Kostenübernahmen«. Werden Zahlungen an den »falschen Inhaber« geleistet, fehlt es bekanntermaßen an der Erfüllung. Der Geschädigte kann dann entweder noch mal Zahlung fordern oder (muss) es dem »richtigen Gläubiger« überlassen sich am Schädiger bzw. dessen Versicherung schadlos zu halten.

In besonders krassen Fällen kommt es in Betracht, die Verletzung des Rechtsberatungsgesetzes zu prüfen, da eine solche globale Abtretung mitunter dazu führt, dass der Inhaber der Forderungen gewerbsmäßig Ersatzansprüche geltend macht und damit fremde Rechtsangelegenheiten besorgt.

Zweites Gesetz zur Änderung schadenersatzrechtlicher Vorschriften
Nach dem Gesetz könnte es hinsichtlich der Abtretungen bei der Mehrwertsteuer zu Problemen kommen. Zwar meint die Begründung, dass die Möglichkeit des Geschädigten, seinen Schadenersatzanspruch abzutreten, unbelassen bliebe. Die Geltendmachung durch den Zessionar solle sich in diesem Fall danach richten, welche umsatzsteuerpflichtigen Maßnahmen ***er*** *zur Wiederherstellung ergreift.*

Dies lässt aber eine Vielzahl von Fragen offen. (Was ist z. B. wenn der Geschädigte seinen Anspruch auf Reparaturkosten abtritt, um ein Ersatzfahrzeug zu erwerben? In Betracht käme dann, von einer fiktiven Abrechnung auszugehen, für die nach der Änderung des § 249 BGB nur in soweit Mehrwertsteuer zu ersetzen ist, als sie tatsächlich anfällt. Für deren Höhe könnte sowohl die Ersatzbeschaffung als auch eine –spätere- tatsächliche Reparatur Maßstab sein.)

Hier muss entweder der Gesetzgeber noch Klarheit schaffen oder eine Vielzahl von Streitfällen zwischen Versicherungswirtschaft, Reparaturbetrieben, Autohändlern und natürlich Geschädigten und deren Anwälten werden unausweichlich vorprogrammiert.

Checkliste Forderungsinhaber

- ❑ Leasingfreigabe
- ❑ Vorausabtretung an Finanzierungsbank (Sicherungseigentümer)
- ❑ Abtretungserklärungen
- ❑ Einzelne Schadenpositionen
- ❑ Zahlungsanweisungen
- ❑ Sicherungsabtretung
- ❑ Vollabtretung
- ❑ Regulierungs- und Inkassovollmachten (eigene nicht vergessen)
- ❑ Bankverbindungen

III. Personenschäden

1. Grundlagen/ Allgemeines

Kommt es bei einem Verkehrsunfall auch zu einem Personenschaden, so regeln sich die Schadenersatzansprüche zunächst nach § 7 (1) StVG. Hier ist die Gefährdungshaftung des Halters des Fahrzeuges für den Fall des bei dem Betrieb des Fahrzeuges getöteten Menschen oder der Verletzung des Körpers oder Gesundheit geregelt. Neben der Haftung des Halters besteht gemäß § 18 (1) StVG noch die Haftung des Fahrzeugführers. Somit ist dieser neben dem Halter für den Fall der erforderlichen Klage passiv legitimiert. Der Umfang der Ersatzpflicht ist in den §§ 10–13 StVG geregelt.

Die Änderungen durch das Zweite Schadensersatzrechtsänderungsgesetz:

- Ein Haftungsausschluss des Kfz-Halters ist nur noch bei »höherer Gewalt« möglich und nicht mehr wie bisher bereits bei einem unabwendbaren Ereignis.
- Ein »Mitverschulden« von Kindern unter 10 Jahren (vorher: 7 Jahre) wird nicht mehr berücksichtigt.
- Ein Schmerzensgeldanspruch wird auch im Rahmen der Gefährdungshaftung anerkannt. Dies jedoch nur in den Fällen einer schwerwiegenden und dauerhaften Verletzung.

– Das Schmerzensgeld bei Bagatellschäden wird aus der verschuldensabhängigen Haftung herausgenommen.

Voraussetzung für ein Schmerzensgeld ist weiterhin, dass der Schädiger dem Geschädigten einen Schaden aus unerlaubter Handlung zugefügt hat. Erst somit sind alle auf einem Verschulden beruhenden Haftungstatbestände der §§ 823 ff BGB erfasst. Für den Verschuldensgrad ist § 276 BGB maßgeblich, womit Fahrlässigkeit also völlig ausreichend ist. Allerdings ist in diesem Rahmen auch der Entlassungsbeweis des Haftenden gemäß §§ 831–838 BGB ermöglicht. Für die Verjährungsfristen ist § 14 StVG maßgeblich. Außergerichtliche Verhandlungen hemmen diese jedoch.

In der Zahlung eines Schmerzensgeldes nach Prüfung der Sach- und Rechtslage liegt ein deklaratorisches Schuldanerkenntnis mit der Folge, dass alle Einwendungen rechtlicher oder tatsächlicher Art gegen die Haftung ausgeschlossen sein sollen (KG ZfS 1999, 317).

Tipp
Zahlung unter Vorbehalt stellen.

T

Ein Personenschaden ist bei Verletzung des Körpers oder der Gesundheit gegeben. Jede Beeinträchtigung der körperlichen Unversehrtheit ist eine Körperverletzung. Allerdings kann diese zum Beispiel auch dann gegeben sein, wenn ausgegliederte Körperbestandteile (z. B. Eizelle, Sperma, Eigenblutspende etc.) beschädigt werden (vgl. BGH VersR 1994, 55).

In Abgrenzung hierzu liegt eine Gesundheitsverletzung dann vor, wenn die inneren Funktionen beeinträchtigt sind. Diese kann auch dann gegeben sein, wenn eine äußere Verletzung nicht vorliegt. So ist eine auf den Unfall zurückzuführende Störung der Persönlichkeit auch ohne organische Ursache dem Schädiger zuzurechnen (BGH VersR 1991, 432).

Dies soll nach BGH jedoch dann nicht gelten, wenn es sich hier um eine so genannte Fehlverarbeitung handelt, da sich in diesem Fall nur das allgemeines Lebensrisiko verwirklicht (vgl. BGH VersR 1993, 589).

Zu den Gesundheitsverletzungen gehören auch die Schockschäden naher Angehöriger. Sogar für den Fall des »psychisch vermittelten Fernschadens« (BGH VersR 1993, 589) hat der BGH den Zurechnungszusammenhang bejaht. Zugrunde lag der Fall, dass eine schwangere Ehefrau einen Schockschaden erleidet, als sie von den schweren Unfallverletzungen ihres Mannes erfährt und dies zu einer Schädigung des Kindes führte. Um die Haftung bejahen zu können, ist jedoch immer ein Gesundheitsschaden im medizinischen Sinne erforderlich, der über das in solchen Fällen übliche Maß deutlich hinausgeht (BGH VersR 1989, 853).

Der Schockschaden des Zuschauers eines schweren Unfalls fällt nicht unter den Schutzbereich der Norm (vgl. Becker / Böhme a. a. O. Rd-Nr. 408). Dieses allgemeine Lebensrisiko kann nicht auf den Schädiger übertragen werden. Da der Schädiger sich den Geschädigten nicht aussuchen kann, hat er allerdings auch für solche Folgen einzustehen, die sich aus einem bereits vorhandenen Körperschaden oder einer konstitutionellen Schwäche ergeben. So z. B. bei dem als Folge des Unfalls aufgetretenen Herzinfarkt oder Schlaganfall. Hiervon abzugrenzen ist jedoch der Fall, dass sich der Herzinfarkt oder Schlaganfall als Folge der »nachträglichen Unfalldiskussion« o. ä. ereignet.

Ob die sich aus den unfallbedingten Primärverletzungen ergebenden Folge- oder Dauerschäden vom Geschädigten als schicksalsbedingt hinzunehmen oder vom Schädiger als Unfallfolgen zu erstatten sind, ist oftmals nur durch Einholung medizinischer Gutachten zu klären.

Da es sich hierbei um die Frage der haftungsausfüllenden Kausalität handelt, kommen dem Geschädigten insoweit die Beweiserleichterungen des § 287 ZPO zugute. Das heißt, eine überwiegende Wahrscheinlichkeit ist ausreichend. Sollte hierüber eine Beweisaufnahme erforderlich sein, so ist dies beim Beweisbeschluss bereits entsprechend zu berücksichtigen. Es besteht sonst immer die Gefahr, dass der hiermit beauftragte Sachverständige den strengeren Beweismaßstab der medizinisch-wissenschaftlichen Wahrscheinlichkeit anlegt (BGH VersR 1993, 55). Der Beweis gilt bereits dann als geführt, wenn die unfallunabhängige Entstehung nicht wahrscheinlicher ist als die unfallabhängige. Dies gilt auch für den Fall des später eingetretenen Todes (BGH a. a. O.).

So dürfen die Beweiserleichterungen des § 287 ZPO dem Geschädigten auch nicht dadurch genommen werden, dass im Rahmen der Beweiserhebung die medizinischen Sachverständigen den strengen medizinischen Beweismaßstab anlegen. Eine Wahrscheinlichkeit, die medizinisch-wissenschaftlichen Kriterien standhält, ist keine Voraussetzung für den Nachweis der haftungsausfüllenden Kausalität (OLG Hamm r+s 1994, 98). Dies steht mit der Auffassung des BGH zu einer ähnlichen Entscheidung zum Nachweis der Kausalität zwischen Verletzung und Tod in Einklang. Auch in diesem Fall war der Maßstab des § 287 ZPO der Prüfung des Kausalzusammenhanges zwischen Körperverletzung und Tod des Verletzten zugrunde zu legen. Für die Ermittlung der Ursächlichkeit wurde in diesem Fall keine an Sicherheit grenzende Wahrscheinlichkeit, die medizinisch-wissenschaftlichen Kriterien standhält, verlangt (BGH r+s 1993, 14).

2. Die einzelnen Ansprüche

a) Heilbehandlungskosten

Hierzu zählen all diejenigen Aufwendungen, die zur Wiederherstellung der Gesundheit erforderlich sind. Dies sind neben Arzt-, Krankenhaus-, Pflege-, Arznei- und Kurkosten z. B. auch die Kosten für Prothesen (Brille, Gehhilfe etc.). Auch kosmetische – also nicht medizinisch erforderliche – Operationskosten können als erforderlich gelten (BGH NJW 1975, 640).

Ob Kosten für privatärztliche Behandlungen, eine höhere Pflegeklasse, eine Kur oder teurere Heilmittel zur erstatten sind, richtet sich danach, ob sie vom Standpunkt eines verständigen Menschen als bei der gegebenen Sachlage zweckmäßig und angemessen erscheinen. Diese Kosten sind jedoch dann immer zu erstatten, wenn der Geschädigte sie auch sonst aufzuwenden pflegt (BGH VersR 1970, 129).

Auf einen dem Geschädigten zustehenden (monatlicher) Pflegeaufwandsbetrag bleiben die Leistungen aus der sozialen Pflegeversicherung unberücksichtigt. Ein Übergang des Zahlungsanspruchs auf die Pflegekasse scheitert am Familienprivileg des §116 Abs. 6 SSGB X (BGH PVR 2001, 83)

Die zum Ersatz fiktiver Reparaturkosten ergangene Rechtsprechung ist jedoch nicht auf Personenschäden übertragbar, da es sich hierbei um die Beseitigung eines »Nichtvermögensschadens« handelt. Allerdings kann der Geschädigte die erforderlichen Kosten einer OP dann verlangen, wenn er die feste Absicht hat, die OP durchführen zu lassen und dies auch nachweisen kann (BGH VersR 1986, 550).

Eine Verpflichtung zur Zahlung unverhältnismäßiger Aufwendungen besteht nicht. So kann die Bezahlung besonders teuerer Heilmethoden nicht verlangt werden, wenn der zu erwartende Erfolg in keinem Verhältnis zu den aufzuwendenden Kosten steht.

Mitglieder gesetzlicher Krankenkassen sind im Hinblick auf ihre Schadenminderungspflicht gehalten, diese in Anspruch zu nehmen. Die Behandlung als Privatpatient kann der Geschädigte nur verlangen, wenn dies zur wirksamen Bekämpfung der Unfallfolgen erforderlich ist (BLG Braunschweig, ZfS 1990, 370).

Die sowohl bei der Kur als auch Krankenhausaufenthalt auftretenden ersparten Eigenkosten (zwischen 5,– bis 7,50 €/Tag) sind entweder beim Arbeitgeberregreß (Lohnfortzahlung) oder dem Krankenkassenregreß (z. B. bei Nur-Hausfrau) im Wege des Vorteilsausgleiches abzuziehen. Zu den Heilbehandlungskosten zählen auch kleine Trinkgelder oder Geschenke an das Pflegepersonal (BGH NJW 1990, 1037). Weiterhin zählen hierzu auch Kosten für Münzfernsprecher oder Münzfernseher (OLG Köln NZV 1989, 113).

Dinge des tägliche Lebens (Nachthemden etc.) oder Mitbringsel sind jedoch nicht erstattungsfähig.

T

Tipp
Sofern – wie zu erwarten – keine Nachweise (Quittungen o. ä.) vorhanden sind, Bestätigung vom Geschädigten hierüber einholen.

Weiterhin zählen auch die Kosten für erforderliche Besuche naher Angehöriger im Krankenhaus hierzu. Voraussetzung ist, dass diese angemessen sind und sich auf den Heilungsprozess positiv auswirken. Hierfür genügt es bereits, dass die Besuche sich auch nur möglicherweise fördernd auswirken (vgl. OLG Saarbrücken NJW 1988, 2958).

Ob und wie viele Besuche als angemessen zu betrachten sind, ist zunächst von der Schwere der Verletzung und dem Verwandtschaftsgrad abhängig. So können 13 Besuche einer Ehefrau in 8 Wochen (LG Oldenburg r+s 1989, 85) ebenso angemessen sein, wie auch tägliche gemeinsame Besuche der Eltern bei bewusstlosem Kind auf der Intensivstation (OLG Saarbrücken NZV 1989, 25) oder 3 Besuche wöchentlich bei Knöchelbruch der 16 jährigen Tochter (LG Münster ZfS 1988, 69).

Der Zeitaufwand ist grundsätzlich nicht erstattungsfähig (BGH VersR 1989, 188). Allenfalls käme hier ein Verdienstausfall in Betracht. Es ist jedoch immer zu prüfen, ob im Rahmen der Schadenminderungspflicht z. B. zeitliche Umdispositionen zumutbar sind (BGH NJW 1985, 2757 – sehr empfehlenswert auch wegen Hinweis auf Forderungsinhaberschaft des Geschädigten -nicht des Besuchers- auch für diese Position!).

Unbestritten zählen auch erforderliche Mehrkosten z. B. wegen erforderlicher Kinderbeaufsichtigung des Besuchers zu den Heilbehandlungskosten, sofern diese tatsächlich erstattet wurden und kein Verstoß gegen die Schadenminderungspflicht beim Besucher gegeben ist (BGH VersR 1989, 1308). Zu prüfen ist jedoch, ob gegebenenfalls ein auf Gegenseitigkeit beruhendes Gefälligkeitsverhältnis (wie z. B. bei Nachbarn üblich) vorliegt.

Zwar sollen nach herrschender Rechtsprechung auch Geschenke erstattungsfähig sein, jedoch ist immer zu prüfen, ob es sich ggf. um Dinge des allgemeinen Lebensbedarfs (Lektüre, Süßigkeiten, Obst, Spiele etc.) handelt, da diese wiederum nicht erstattungsfähig sind (OLG Köln VersR 1989, 1309). Sie dienen im Regelfall der Verhinderung von Langeweile. Als immaterieller Schaden könnte dies allenfalls beim Schmerzensgeld Berücksichtigung finden.

Völlig unstreitig gehören selbstverständlich auch die Reisekosten zu den erstattungspflichtigen Beträgen. So z. B. die Fahrkosten für den PKW, die durch Besuche der Lebensgefährtin im Krankenhaus entstehen, hier Kilometerpauschale 0,20 €/Km – (LG Münster r+s 1997, 460).

Sollten die erforderlichen und angemessenen Fahrten mit dem eigenen Pkw durchgeführt werden, so können hierfür jedoch nur die reinen Betriebskosten geltend gemacht werden (so z. B. OLG Oldenburg ZfS 1986, 167). Die Betriebskosten betragen je nach Fahrzeugtyp zwischen 0,07 € bis ca. 0,20 €. Ohne hierauf näher einzugehen wurden diese Kosten durch die Kammer des LG Dortmund ebenfalls mit 0,20 €/Km geschätzt (LG Dortmund VersR 2000, 1115). Durch OLG Hamm wurde in Anlehnung an § 9 ZESG dieser Betrag mit dem Kilometersatz von 0,20 €/km (neu: 0,20 €/km) zugesprochen (OLG Hamm VersR 2000,66 und Bestätigung von OLG Hamm VersR 1996,1513).

Zur Berechnung hat das OLG Hamm unter Berufung auf den BGH (in VersR 1991, 559) ausgeführt, dass der erforderliche Betrag lediglich im Wege der Schätzung gemäß § 289 (1) ZPO ermittelt werden kann. Ausgangspunkt für die Ermittlung ist die jährlich veröffentlichte ADAC-Tabelle (z. B. in Motorwelt). In die Ermittlung haben nur die tatsächlichen Mehraufwendungen einzugehen, so dass Fixkosten (Steuern, Versicherungsbeträge etc.), die ohnehin anfallen, nicht zu berücksichtigen sind. Die danach übrigbleibenden km-Kosten für das Jahr sowie die jährlichen Kosten für Ersatzteile und Werkstatt ergeben den Betrag X, der durch die jährliche durchschnittliche Fahrleistung von 15 000 km zu dividieren ist. Im Ergebnis werden die laufenden km-Kosten je nach Fahrzeugtyp zwischen 0,09 bis 0,20 €/km betragen. Dieser Betrag ist für die nachgewiesenen erforderlichen km für Besuchsfahrten zu erstatten. Können die Mehrbelastungen als außergewöhnliche Belastungen steuerlich geltend gemacht werden, so ist dieser Steuervorteil im Wege des Vorteilsausgleiches zu berücksichtigen (OLG Hamm r+s 1993, 20).

b) Vermehrte Bedürfnisse

Zu den vermehrten Bedürfnissen zählen alle unfallbedingten Mehraufwendungen für die persönliche Lebensführung. Diese dienen im Regelfall weder der Wiederherstellung der Gesundheit noch der Wiederherstellung der Erwerbsfähigkeit. Ihr Sinn besteht darin, einen Ausgleich für die Nachteile herbeizuführen, die dem Geschädigten infolge des Körperschadens entstehen. Ihr Zweck liegt darin, dass sie dem Geschädigten ermöglichen sollen, die durch den Unfall beeinträchtigte Lebensführung der früheren wieder anzunähern. Dazu zählen insbesondere Kosten für orthopädische Hilfsmittel, eine Pflegekraft oder/und Haushaltshilfe, regelmäßige Kuraufenthalte oder auch behindertengerechter Umbau der Wohnung (mwN. Drees in VersR 1988, 784). Daneben sind z. B. auch die unfallbedingt höheren Kosten einer privaten Krankenversicherung zu ersetzen. Eine Anrechnung anderer Leistungen (z. B. Sozialhilfe oder »Blindengeld«) findet nicht statt. Bei einer »Heimunterbringung« sind – wie beim Krankenhaus- oder Kuraufenthalt – ersparte Eigenkosten am häuslichen Unterhalt abzugsfähig. Sofern innerhalb der Familie des Verletzten eine Betreuung erfolgt, können hierfür nicht die Kosten einer Pflegerin geltend gemacht werden. Vielmehr ist die zusätzliche Mühewaltung der Familienangehörigen angemessen auszugleichen (BGH NJW 86, 984).

Als angemessen wurde ein Stundensatz von 7,50,– € für den Fall bewertet, dass die nicht besonders ausgebildete Mutter und Hausfrau die sachgerechte Pflege übernimmt, die keine besonderen Kenntnisse und Fähigkeiten verlangt (OLG Hamm DAR 1994, 496). In einem anderen Fall wurde bei einem erforderlichen Betreuungsaufwand von 6 h/Tag bei Querschnittslähmung eines vierjährigen Jungen ein Stundensatz von 10,– € als angemessen zugesprochen und darauf hingewiesen, dass der durch Aufsichtspflichtverletzung der Eltern begründete Mitverursachungsanteil nicht dem Kind im Verhältnis zum Drittschädiger zuzurechnen ist (OLG Hamm NJW-RR 1994, 415).

Bei Berufsaufgabe der Mutter eines pflegebedürftigen Kindes können die Kosten einer Pflegehelferin erstattungsfähig sein (OLG Koblenz VersR 1992, 612).

Der Geschädigte kann diese wiederkehrenden Mehraufwendungen in Form einer Geldrente (§ 843 (1) BGB) oder als erforderlichen Geldbetrag (§§ 249, 251 BGB) fordern. Die Forderung der Geldrente schließt andere Ersatzleistungen (einmaliger Betrag für bestimmte Aufwendungen) nicht aus (vgl. Drees 789 mwN.).

c) Entgangene Einkünfte / Verdienstausfall

Es handelt sich hierbei um den im Vermögen des Geschädigten entstandenen konkreten Schaden. Dieser wird im Regelfall dadurch verursacht, dass der Geschädigte seine Arbeitskraft nicht mehr oder nicht mehr voll verwerten kann. Der Erwerbsschaden geht damit über den konkreten Einkommensverlust hinaus. Das heißt, auch der Verlust an Einsparungen z. B. am eigenen Grundstück oder Wohnung führt zu einem Erwerbsschaden, für den der Schädiger einzustehen hat. Die bekanntesten Beispiele sind der Ausfall von Eigenleistungen beim Hausbau (BGH NJW 1989, 2539) sowie Renovierungskosten der Wohnung (OLG Hamm VersR 1989, 160).

Die Forderung nach dem Ersatz solcher Einbußen ist immer durch konkrete Angaben und Belege nachzuweisen. Eine abstrakte Abrechnung würde zur Klageabweisung führen (BGH NJW 1988, 3016).

Erzieltes Einkommen aus ersatzweise aufgenommener Tätigkeit ist beim Schadenersatz anzurechnen, so dass nur der Differenzbetrag gefordert werden kann. Verlangt der Geschädigte wegen der eingetretenen Erwerbsminderung Schadenersatz, so muss er diese durch konkrete Angaben und Belege nachweisen. Tritt die Erwerbseinbuße z. B. bei einer Nebentätigkeit ein, so ist zu prüfen, wie lange der Geschädigte diese noch hätte ausüben können. Wird durch den Geschädigten eine andere Tätigkeit ausgeübt und erzielt er hier weniger Einkommen als in der früheren Tätigkeit, so stellt nur die Differenz die Erwerbseinbuße dar. Ein solcher Erwerbsschaden kann auch bei Arbeitslosen eintreten, da diese im Rahmen des § 287 ZPO die Wahrscheinlichkeit der Arbeitsaufnahme beweisen und darlegen können.

Bei den Angehörigen freier Berufe ist die Ermittlung des Erwerbsschadens oft mit erheblichen Schwierigkeiten verbunden, da dieser nicht nur unter Berücksichtigung der Steuer- und Buchunterlagen, sondern auch der Konjunktur zu beurteilen ist (vgl. Becker / Böhme a. a. O. Rd. Z. D109).

Ein nur hypothetischer Erwerbsschaden ist nicht erstattungsfähig. Dies ist z. B. dann als gegeben anzusehen, wenn die Vorbereitungen für den Aufbau einer selbstständigen Existenz die gedanklichen Vorbereitungen hierfür noch nicht überschritten haben (OLG Hamm NZV 94, 109). Im vorliegenden Fall war der Verdienst- und Gewinnausfall wegen der unfallbedingt nicht mehr möglichen Eröffnung eines vegetarischen Spezialitätenrestaurants bei bereits früher in diesem Bereich tätigen Gastronomen als nicht nachgewiesen angesehen worden. Zu den Darlegungen zur hypothetischen Entwicklung des Geschäftsbetriebes eines neu gegründeten Unternehmens siehe BGH NZV 1993, 428.

Laut BGH sind für die Berechnung des Verdienstausfalls zwei Methoden zulässig. Bei der Brutto-Methode wird vom Bruttoeinkommen ausgegangen und ersparte Steuern sowie Sozialversicherungsbeiträge werden sodann im Wege der Vorteilsausgleichung abgezogen.

Bei der modifizierten Netto-Methode bildet hingegen das Nettoeinkommen die Berechnungsgrundlage und die vom Geschädigten zu entrichtenden Steuern und sonstigen Nachteile werden diesem erstattet (vgl. Becker / Böhme a. a. O. Rd. Z. D119).

Da gemäß § 119 SGB X bei Schadenfällen nach dem 30. 06. 1983 der Anspruch des Versicherten auf Ersatz der Beiträge zur Sozialversicherung auf den Sozialversicherungsträger übergehen, ist damit der modifizierten Netto-Methode der Vorzug zu geben (vgl. Steffen VersR 1985, 611 mwN.). Ein infolge Verdienstminderung geringerer Sozialversicherungsbeitrag kann weder als Beitragsdifferenz-Schaden noch wegen der Rentenverkürzung als Erwerbsschaden geltend gemacht werden (BGH VersR 1983, 663).

Beide o. g. Methoden stehen gleichberechtigt nebeneinander und führen zu dem gleichen Ergebnis. Allerdings soll bei nur quotenmäßiger Haftung der modifizierten Nettomethode der Vorzug zu geben sein (vgl. Hofmann in NZV 95, 94). Bei der einen Methode wird also lediglich der Bruttoverdienst um die unfallbedingt entstandenen Vorteile des Geschädigten vermindert und bei der anderen Methode der Nettoverdienst um unfallbedingte Nachteile erhöht (vgl. hierzu auch BGH DAR 1995, 109). Ausgangspunkt hat in jedem Fall das Einkommen zur Zeit des Unfalls zu sein.

Gemäß § 13 StVG ist der für die Zukunft zu zahlende Verdienstausfall in Form der Geldrente zu zahlen. Allerdings kann der Geschädigte statt dessen auch die Zahlung als Kapitalabfindung verlangen.

T

Tipp
Bei Rentenzahlung die Anpassung an den Lebenshaltungsindex prüfen.

d) Haushaltführungsschaden

Wird durch den Unfall die Ehefrau oder der Ehemann verletzt, so hat sie/er im Rahmen der §§ 843, 1356 BGB Anspruch auf Schadenersatz wegen der Behinderung dieser Tätigkeit.

(Siehe hierzu besonders Band 2 dieser Reihe S. 44 ff. m. w. N.) sowie Schulz-Borck/Hofmann (Wert und Bewertung der Arbeit von Hausfrauen und Müttern) mit den erforderlichen Tabellen.)

Wichtig ist, dass sich der Ersatzanspruch nur nach der tatsächlich ohne die Verletzung erbrachten Leistung richtet und nicht etwa nach einer fiktiv im Rahmen des gesetzlich Geschuldeten bestimmt. Allerdings kann die interne Aufteilung dann nicht anerkannt werden, wenn sich dies als offensichtliches Missverhältnis darstellt, das eine Korrektur als überobligationsmäßig gestattet (BGH VersR 1985, 365).

Da die Bewertung der entgangenen Haushaltführung konkret durch den tatsächlich erforderlichen Aufwand bestimmt wird (BGH NJW-RR 1986, 1217), kommt es ganz wesentlich auf einen geeigneten Sachvortrag an. Auf welche Punkte es hierbei insbesondere ankommt, ist z. B. in der Entscheidung des OLG Karlsruhe ausführlich dargestellt (OLG Karlsruhe ZfS 1990, 261 – sehr empfehlenswert!) sowie der sehr empfehlenswerte Aufsatz in der ZfS 1999, 229.

Für das inzwischen eher typische Problem beim Haushaltführungsschaden nichtehelicher Lebensgemeinschaften hat das LG Hildesheim eine pragmatische Lösung gefunden (SP 2000, 410).

Grundsätzlich ist bei der Geltendmachung von Schadenersatzansprüchen wegen entgangener Haushaltführung Voraussetzung, dass eine nennenswerte Beeinträchtigung vorliegen muss.

Diese ist nach Auffassung des OLG Hamm bei einer Minderung der Erwerbsfähigkeit (MdE) von 20% und einem damit verbundenen ca halbstündigem Ausfall pro Tag nicht mehr gegeben, so dass fühlbare konkrete Beeinträchtigungen nicht verbleiben (OLG Hamm SP 2000, 336).

Das OLG Hamburg hat mangels Nachweises einer ernstlichen Verletzung – bei einem leichten HWS- einen Anspruch auf Haushaltshilfekosten einer Hausfrau und Mutter einer 4-jährigen Tochter vollständig abgelehnt. Hierbei wurden auch die Ansprüche auf Zuzahlungen für Medikamente, Hilfsmittel und Massagen sowie der Ersatz von Nutzungsausfall abgelehnt, da die Klägerin lt. Ärztlichem Attest kein Fahrzeug führen konnte (OLG Hamburg VersR 1985, 950).

Wird eine Ersatzkraft eingestellt, so sind deren tatsächlich entstandenen Kosten für den als erforderlich ermittelten Zeitraum und Umfang zu erstatten. Möglich ist jedoch auch, die Kosten fiktiv erstattet zu verlangen, wenn keine Ersatzkraft eingestellt wurde und die erforderlichen Tätigkeiten durch überobligatorische Anstrengungen der Familienangehörigen ausgeglichen wurden. Da dies nicht dem Schädiger zugute kommen soll, sind insoweit die Kosten einer vergleichbaren Ersatzkraft zu erstatten. Grundlage hierfür bilden der BAT (ohne Steuern und Sozialabgaben) sowie die konkreten örtlichen Verhältnisse. Die Mitwirkungspflicht trifft im Rahmen des § 1619 BGB auch Kinder, so dass eine Schadenersatzpflicht für entgangene Dienste bestehen kann.

BAT	€
X	8,42
IX a	9,03
VIII	9,38
VII	9,98
VI	10,64
V a/b/c	11,46–12,55

e) Schmerzensgeld

aa) Allgemeines

Wie bereits dargestellt, sind für die Geltendmachung eines Schmerzensgeldes die Anspruchsgrundlagen nach dem StVG (Gefährdungshaftung) bis Inkrafttreten des Schadenersatzrechtänderungsgesetzes nicht ausreichend. So hat das OLG den Schadenersatzanspruch des nicht angeschnallten Beifahrers schon deswegen als unbegründet abgelehnt, weil bei einem Reifenplatzer kein Verschulden des Halters und Fahrers nachweisbar gewesen ist (OLG Stuttgart PVR 2001, 158 – auch mit einer sehr guten Darstellung zum Verhältnis §§ 7, 18 und 18 a StVG).

Ab Inkrafttreten im August 2002 ist auch ein Schmerzensgeldanspruch ohne Verschulden und damit einzig auf § 7 StVG basierend, gegeben.

Auch ein Arbeitsunfall schließt Zahlung eines Schmerzensgeldes aus sozialrechtlichen Gründen (alt § 636 RVO, neu §116 SGB X) aus. Eine Ausnahme ist nur dann gegeben, wenn der Schädiger vorsätzlich gehandelt hat (BVerfGE 34, 118). Dies hat sich auch mit dem 2. SchÄndG nicht geändert. Wohl zurecht sehr zurückhaltend ist die Rechtsprechung zur verschuldensunabhängigen Billigkeitshaftung des § 829 BGB. Sofern der Geschädigte in diesen Fällen bereits seine materiellen Schäden aus der Gefährdungshaftung voll erstattet bekommt, wird darüber hinaus ein Schmerzensgeld nur dann zuerkannt, wenn es die Billigkeit im Einzelfall erfordert (BGH NJW 1995, 452).

Die Grundzüge der noch heute zutreffenden Kriterien für die Schmerzensgeldbemessung finden sich in den Leitsätzen, die der große Senat 1955 (!) aufstellte. § 847 BGB gewährt hiernach einen Anspruch eigener Art mit Doppelfunktion, der »dem Geschädigten einen angemessenen Ausgleich für diejenigen Schäden bieten (solle), die nicht vermögensrechtlicher Art sind und zugleich dem Gedanken Rechnung tragen, dass der Schädiger dem Geschädigten Genugtuung für das (schuldet), was er ihm angetan hat« (BGHZ 18, 149 ff. – sehr empfehlenswert!).

Deutlich wurde der auch heute noch unbestrittene Leitsatz herausgestellt, dass ein »billiges« Schmerzensgeld zu ermitteln ist. Ein allgemeingültiges Schmerzensgeld bei einer bestimmten Verletzung kann es daher nicht geben. Vielmehr ist in jedem einzelnen Fall auf die Berücksichtigung aller Einzelumstände sowohl beim Geschädigten als auch beim Schädiger abzustellen. Insofern können auch die im weiteren noch dargestellten »Schmerzensgeldtabellen« nicht ohne weiteres verwendet werden, sondern sie können allenfalls Anhaltspunkte für die Ermittlung eines angemessenen Schmerzensgeldes sein.

Berücksichtigung müssen hierbei finden:

- der Grad des Verschuldens des Schädigers,
- die erlittene Verletzung des Geschädigten,
- die Auswirkungen auf dessen künftiges Leben,
- die wirtschaftlichen Verhältnisse beider Beteiligter usw.

Der Ausgleichsfunktion des Schmerzensgeldes soll nach den o. g. Leitsätzen hierbei das Primat gegenüber der Genugtuungsfunktion hinzukommen. Allerdings kann diese z. B. bei nahezu vollständiger Zerstörung der physischen oder psychischen Persönlichkeit gegenüber der Genugtuungsfunktion fast vollständig zurücktreten (BGHZ 18, 149 [157]). Dies kann beispielsweise dann von Bedeutung sein, wenn der Geschädigte den Unfall nur kurze Zeit überlebt oder infolge schwerster Hirnverletzungen in seiner Persönlichkeit vollständig zerstört wird. So wurde ein Schmerzensgeld nicht zugesprochen, weil der Verunglückte bei einem Verkehrsunfall möglicherweise »auf der Stelle« tot war und die Körper- bzw. Gesundheitsverletzung lediglich ein notwendiges Durchgangsstadium darstellte (OLG Schleswig VersR 1999, 632, OLG Düsseldorf r+s 1997, 159 und LG Nürnberg Fürth r+s 1994, 418).

Verstirbt der Verunglückte erst später an den Unfallfolgen, so ist ein Schmerzensgeldanspruch auch dann entstanden, wenn dieser beim Unfall das Bewusstsein verliert und nicht mehr wiedererlangt (OLG Hamm NZV 1995, 233). Die Dauer des Überlebens ist für die Höhe des Schmerzensgeldes maßgebend (OLG Hamm a. a. O.). So wurden Schmerzensgelder durch den BGH und das OLG Hamm (VersR 1998, 1034 und NZV 1997, 233) für Verletzungen mit Todesfolge nach ca. 1 Stunde jeweils ohne Bewusstseinserlangung zugesprochen. Auch das OLG Schleswig (VersR 99, 632) sah einen Schmerzensgeldanspruch bei 8-tägigem Koma als gerechtfertigt an. Die genannten Entscheidungen mit dem Schmerzensgeldbetrag sind im Kapitel I unter Sonstiges bei Nr. 17 abgedruckt.

Allerdings wird die zukünftige Entwicklung zu verfolgen sein, denn in einer ähnlichen Sache hat das KG einen Schmerzensgeldanspruch bei tödlichen Verletzungen verneint (KG NZV 96, 455).

Seit der Gesetzesänderung vom 01. 07. 1990 (Streichung des Satzes 2 in § 847 I BGB) setzt die Übertragbarkeit und Vererblichkeit des Schmerzensgeldanspruches keine Willensbekundung des Verunglückten zu Lebzeiten voraus, Schmerzensgeld fordern zu wollen (vgl. BGH NZV 1995, 144).

bb) Bemessungskriterien

Im Interesse der Vergleichbarkeit und damit selbstverständlich auch der Rechtssicherheit ist eine gewisse Objektivierung der Leiden unter Beachtung der o. g. Grundsätze unerlässlich.

Eine Auswahl von entsprechenden Gerichtsentscheidungen zur Beurteilung der häufigsten Verletzungen sind Kapitel I abgedruckt. Die Tabelle ist nach den Hauptverletzungsarten gegliedert und reicht bis zu einer max. Höchstentschädigung von DM 25 000,–/15 000,– €. Berücksichtigung fanden Entscheidungen, die in der entsprechenden Literatur und Periodika ab 1987 veröffentlicht wurden, da ältere Entscheidungen schon wegen des Inflationsausgleiches als Maßstab kaum tauglich sind. Auf eine Umrechnung oder Rundung der bisher auf DM lautenden Beträge wurde zu Gunsten der Einfachheit und Klarheit verzichtet, da u. E. dann nicht mehr deutlich wird, welcher konkrete Betrag zu welchem Zeitpunkt zugesprochen wurde. Die Tabelle erhebt keinen Anspruch auf Vollständigkeit und will nur für einfach gelagerte Fälle eine erste Orientierung bieten.

Alle Tabellen können somit nur so etwas wie einen Rahmen darstellen, den es nach Auffassung des BGH jedoch eigentlich nicht geben soll. Vielmehr hat er dem stets völlig berechtigt widersprochen, da es – wie dargestellt – ein entsprechendes Schmerzensgeld für bestimmte Verletzungen gerade nicht gibt und nicht geben kann.

Das Schmerzensgeld ist vielmehr aus den genannten Bemessungskriterien zu bestimmen, worauf nicht oft genug hingewiesen werden kann. Es ist also empfehlenswert die körperliche Beeinträchtigung ausführlich und plastisch zu schildern bzw. zu bewerten und nicht nur auf ein Urteil zu verweisen. Die o. g. Tabellen und dort genannten Entscheidungen können daher nur als Vergleichsmaßstab herangezogen werden. Sie erlauben somit eine ungefähre Bemessung des Schmerzensgeldes. Eine Abweichung hiervon ist umso mehr möglich, wenn eine nachvollziehbare und ausführliche Begründung gegeben wird.

»Zur Ermittlung des angemessenen Schmerzensgeldes ist bei der Heranziehung von durch die Rechtsprechung entschiedenen Vergleichsfällen der Zeitablauf seit dieser Entscheidung zu berücksichtigen« (OLG Köln VersR 1992, 1013). Dies soll zwar zunächst dann Berücksichtigung finden, wenn es um einen angemessenen Inflationsausgleich geht, muss nach Auffassung der Autoren jedoch auch insoweit berücksichtigt werden, als durch den medizinisch-technischen Fortschritt die physischen und psychischen Beeinträchtigungen deutlich gemindert worden sind bzw. gemindert werden können.

Als Beispiel mag die Frage dienen, welches Schmerzensgeld ein Aidsinfizierter erhalten soll, wenn durch ein zur Zeit noch zu entdeckendes Gegenmittel – zumindest die bisher tödlichen Folgen – ausgeschlossen werden können. Durch heute in immer kürzeren Zeiträumen entwickelte neue Operationsmethoden (Endoskopie) oder neue Operationstechniken (Lasertechnik) ist dies wohl nicht nur im Rahmen der später noch dargestellten Schadenminderungspflicht zu berücksichtigen, sondern auch bei der Höhe des Schmerzensgeldes.

Zu der Frage, in welcher Hinsicht das Alter des Geschädigten zu berücksichtigen ist, gibt es zahlreiche Entscheidungen. Die Auswirkungen von Verletzungen werden in den verschiedensten Lebensabschnitten von den Betroffenen selbst unterschiedlich bewertet. So werden ältere Geschädigte oft von Knochenbrüchen besonders hart getroffen, da sie die Benutzung von Hilfsmitteln erfordern, was oftmals mit Gewöhnungs- und Anpassungsschwierigkeiten verbunden ist. Hingegen werden besonders von jüngeren Geschädigten entstellende Narben o. ä. als besonders schwerwiegend empfunden (OLG Köln VersR 1993, 53). Insbesondere bei letzterem ist auch zu berücksichtigen, dass sich hieraus Einwirkungen auf das gesamte künftige Leben, wie z. B. Heirat, Familienplanung, Berufschancen usw., ergeben (LG Köln VersR 1990, 1130 – sehr empfehlenswert, weil mit eingehender Begründung). Sollte eine unfallbedingte Berufsaufgabe eintreten, so ist dies nicht nur im Rahmen des materiellen Schadens zu berücksichtigen, sondern wegen der psychischen Auswirkungen auch bei der Bemessung des Schmerzensgeldes. Bei noch in der Ausbildung befindlichen Geschädigten ist in diesem Fall z. B. auch die Wahrscheinlichkeit der erfolgreichen Ausbildungsbeendigung zu ermitteln und zu berücksichtigen (OLG Köln r+s 1991, 416). Eine Berufswunschvereitelung kann sich z. B. für einen Schüler dann schmerzensgelderhöhend auswirken, wenn der Berufswunsch hinreichend konkret manifestiert ist. Zur Begründung hierfür führt z. B. OLG Frankfurt aus, dass »jeder Mensch so viel Zeit in der Ausführung seines Berufes (verbringt), dass eine ungeliebte, wenn auch besser bezahlte ... Tätigkeit die eigene Lebensfreude erheblich beeinträchtigen kann« (OLG Frankfurt DAR 1992, 62).

Darüber hinaus sind auch solche Einschränkungen zu berücksichtigen, die den Freizeitbereich betreffen. Die bloße Freizeiteinbuße, z. B. wegen Fahrten zur Werkstatt, Wartezeit bei der Polizei, Telefonate usw., fällt jedoch nicht hierunter, da diese – wie bereits dargestellt – grundsätzlich nicht erstattungsfähig ist.

Vielmehr können hier nur solche Freizeiteinbußen berücksichtigt werden, die verletzungsbedingt eintreten. Wird dem Geschädigten durch die Verletzung die Ausübung eines Hobbys oder einer Sportart ganz, teil- bzw. zeitweise unmöglich gemacht, so ist dies als konkrete Beeinträchtigung schmerzensgelderhöhend zu berücksichtigen. Teilweise wird die Beeinträchtigung bei der Ausübung gängiger Sportarten auch dann berücksichtigt, wenn der Geschädigte bisher keinen Sport ausgeübt hat (OLG Köln VersR 1992, 975). So auch beim Verlust der Fähigkeit Laufsport zu betreiben, wenn solcher bisher nicht ausgeübt wurde (OLG Hamm VersR 1999,1376).

Analog zur Entscheidung des OLG Karlsruhe (OLG Karlsruhe NJW 1990, 2319) dürfte wohl auch die verletzungsbedingte Aufgabe eines ausgeübten Sportart oder eines Hobbys dann schmerzensgelderhöhend zu berücksichtigen sein, wenn es sich nicht um einen Leistungssportler handelt, sondern um einen Breitensportler.

T

Tipp
Mandanten gezielt nach konkreten Beeinträchtigungen befragen. Vereins- oder Clubmitgliedschaften belegen lassen.

Auch Verletzungen zu einem besonderen Zeitpunkt können in diesem Rahmen berücksichtigt werden. Bei beeinträchtigtem Weihnachtsfest oder Urlaub kann sich dies z. B. in o. g. Sinne auswirken. Allerdings sollte vor allem bei letzterem darauf geachtet werden, dass keine Vermischung mit den Ansprüchen wegen entgangener Urlaubsfreude nach dem Reisevertragsrecht stattfindet.

Nur am Rande, auch die unfallbedingten Mehraufwendungen zur Befriedigung sexueller Bedürfnisse stellen einen immateriellen Schaden dar und sind somit ebenfalls beim Schmerzensgeld zu berücksichtigen.

Ein weiterer zu beachtender Faktor bei der Bemessung des Schmerzensgeldes kann z. B. die Betriebsgefahr des eigenen Fahrzeuges sein. Diese hat sich auch der Unfallgeschädigte entgegenhalten zu lassen, sofern er nicht für sich den Unabwendbarkeitsnachweis gem. § 7 II StVG führt. Dies gilt dann, wenn der Geschädigte als Fahrzeughalter nur Mitfahrer im eigenen Fahrzeug gewesen ist. Eine Ausnahme kann nur für den Fall gelten, dass der eigene Fahrzeugführer den Unfall verschuldete.

Die neben der Ausgleichsfunktion des Schmerzensgeldes bestehende Genugtuungsfunktion ist zwar in der Rechtsprechung und Literatur umstritten, seit der Entscheidung des Großen Zivilsenats jedoch anerkannt (BGHZ 18, 149).

Im Vordergrund hat immer die Ausgleichsfunktion zu stehen, da dem Zivilrecht Sühne- oder Bußvorschriften nicht eigen sind. Die Genugtuungsfunktion soll vor allem bei vorsätzlichen Rechtsgutverletzungen berücksichtigt werden (BGH VersR 1995, 351). So lässt die Verurteilung des Täters zu einer Freiheitsstrafe die Genugtuungsfunktion nicht entfallen (BGH NJW 1995, 781).

Ein weiteres Bemessungskriterium kann das Zerbrechen der Familie sein. Dies muss berücksichtigt werden, wenn nachgewiesen ist, dass die Ehe- und Erziehungsprobleme ihre wesentliche Ursache in den durch den Unfall erlittenen Schäden des Verletzten haben. Es darf sich nicht das in der Person des Partners liegende allgemeine Zerrüttungsrisiko nur zufällig durch das Unfallgeschehen ausgelöst haben (OLG Köln NZV 1995, 399).

Zu einer Erhöhung des Schmerzensgeldes führte schließlich auch die verzögerte Regulierung durch die Versicherung bei klarer Sach- und Rechtslage. Eine Verzögerung ist allerdings nicht bereits darin zu erblicken, dass im Hinblick auf die Ermittlung der Unfallfolgen zunächst ärztliche Berichte anzufordern und zu beurteilen sind. Auch bei »einfachen« Personenschäden ist zunächst der Erfolg der Heilbehandlung mit hinreichender Sicherheit zu beurteilen, da erst auf dieser Grundlage das angemessene Schmerzensgeld bestimmt werden kann. Leistet die Versicherung wegen zweifelhafter Rechtslage keine Zahlungen, so kann darin eine Kränkung und Beeinträchtigung des Lebensgefühls des Geschädigten nicht erblickt werden (OLG Hamm VersR 1980, 683). Hier soll einzig und allein dem entgegengewirkt werden, dass Versicherer auf Grund ihrer wirtschaftlichen Macht Geschädigte zermürben und somit zur Akzeptanz niedrigerer Beträge veranlassen. Eine Grundlage im Gesetz findet sich nicht, weshalb das LG Köln z. B. dargestellt hat, dass die Tatsache der gerichtlichen Geltendmachung und Durchsetzung der Forderung dann nicht schmerzensgelderhöhend wirkt, wenn auf Seiten des Versicherers die Verweigerung der Zahlung nicht völlig grundlos und mit Zermürbungsabsicht erfolgte (OLG Köln VersR 1990, 1130).

Weiterhin sind die wirtschaftlichen Verhältnisse der Beteiligten zu berücksichtigen. Auf die Darstellung der Probleme zu dieser Frage auf Seiten des Schädigers wird verzichtet, da bei einem Verkehrsunfall immer eine leistungsfähige Versicherung die auf seiner Seite auftretenden Folgen mindert. Dies könnte nur für den Fall von Bedeutung sein, dass -wie vom VGT vorgetragen- die Schmerzensgeldbeträge für schwere Personenschäden zugunsten der Streichung des Schmerzensgeldes für »Bagatellschäden« angehoben werden und die Mindestdeckungssumme (5 Mio DM) überschritten wird. Insofern besteht wohl bereits Handlungsbedarf des Gesetzgebers (vgl. insoweit Scheffen, Ri. a. BGH a. D. in NZV 1995, 218 ff.)

Inwiefern die wirtschaftlichen Verhältnisse beim Geschädigten zu berücksichtigen sind, hat das OLG Köln eindrucksvoll dargestellt (OLG Köln ZfS 1994, 47). Bezüglich des in Polen lebenden Geschädigten führte es insbesondere aus, dass die dortige niedrigere Wirtschaftskraft zu einer entsprechenden Minderung des Schmerzensgeldes führen müsse.

Ein Verstoß gegen die dem Geschädigten obliegende Schadenminderungspflicht (§ 254 BGB) kann -wenn auch sehr selten- bei Personenschäden gegeben sein. So müssen zumutbare Operationen vorgenommen werden (OLG München NJW-RR 1994, 20). Was als zumutbar gilt, ist an hohe Anforderungen geknüpft (vgl. BGH NJW 1989, 2332).

cc) Mitverschulden

Einige typische Unfallkonstellationen mit den sich hieraus ergebenden Haftungsquoten sind im Kapitel E dargestellt. Sollten darüber hinaus weitere Umstände oder Konstellationen aufzuklären sein, so kann für die entsprechende Ermittlung der Haftungsquote bei anderen Sachverhalten als Entscheidungshilfe insbesondere Grüneberg und Splitter a. a. O. empfohlen werden.

Sofern sich aus dem Unfallhergang ein Mitverschulden des Geschädigten herleiten lässt, ist dieses Mitverschulden auf alle Schadenpositionen und somit auch auf das Schmerzensgeld anzurechnen. Allerdings ist dieses Mitverschulden beim Schmerzensgeld anders als bei allen anderen Positionen nicht in der Form zu berücksichtigen, dass zunächst die Höhe der berechtigten Forderung festgestellt wird und dann dieser Betrag durch die Quote geteilt wird, sondern der Schmerzensgeldbetrag selbst ist bereits unter Berücksichtigung der Quote zu ermitteln und somit danach nicht noch zusätzlich durch die Quote zu teilen. Der unter Berücksichtigung der Quote ermittelte Betrag ist dem Geschädigten somit vollständig zu erstatten.

Die aus dem Unfallhergang abgeleitete Quote kann jedoch nur dem tatsächlich Mitschuldigen entgegengehalten werden. Das heißt, unfallgeschädigte Dritte (z. B. Beifahrer, Insassen, Fußgänger usw.) können ihre Ansprüche wahlweise gegen einen der Beteiligten als Gesamtschuldner bzw. deren Haftpflichtversicherung geltend machen.

Allenfalls könnte beim mitfahrenden Halter des unfallverursachenden Fahrzeuges durch die eigene Haftpflichtversicherung die Betriebsgefahr des eigenen Fahrzeuges anspruchsmindernd berücksichtigt werden.

Das heißt, auch Dritten gegenüber kann nur eigenes Verschulden (z. B. Nichtanlegen des Sicherheitsgurtes) anspruchsmindernd entgegengehalten werden.

So stellen das Nichtanlegen des Sicherheitsgurtes oder das Mitfahren bei erkennbar alkoholisiertem Fahrer ein im Rahmen der Gesamtschau zu berücksichtigendes Mitverschulden dar. Aber Vorsicht, eine Quotierung des Schmerzensgeldes ist nach der bereits o. g. Grundsatzentscheidung des großen Senats unzulässig. Vielmehr ist das Mitverschulden nur ein Faktor unter den vielen bereits vorstehend genannten, jedoch nicht abschließend aufgezählten Faktoren. Zwar wird in der Praxis dem entgegen immer wieder eine Quotierung vorgenommen, jedoch hält der BGH weiterhin an o. g. Grundsatzentscheidung fest (BGH NZV 1991, 305). **Die Formel hierfür ist, dass der Schädiger nicht die Quote des Schmerzensgeldes schulde, sondern vielmehr ein Schmerzensgeld, dass unter Berücksichtigung der Quote angemessen ist.**

Ein Mitverschulden wurde bei einem Mofa-Fahrer der den getragenen Schutzhelm nur ungenügend befestigt hatte jedoch abgelehnt und bei einer Überlebenszeit von 32 Tagen ein SMG von 30.000,-DM zugesprochen (OLG Hamm r+s 2000, 458). Ebenso sah das Gericht auch kein Mitverschulden des Beifahrers bei einer Geschwindigkeit von 200 km/h und damit der Überschreitung der AB-Richtgeschwindigkeit (OLG Hamm VersR 2000, 1255).

Da das Tragen von Fahrradhelmen keine Pflicht ist, kann dies auch nicht den Vorwurf eines Mitverschuldens begründen (OLG Nürnberg VersR 2000, 337) bei fehlendem Sicherheitsgurt wird den Einwand der Mithaftung jedoch erfolgreich automatisch erhoben werden können. So z. B. mit 20% bewertet beim zweiten Beifahrer im zweisitzigen Fzg. (OLG Karlruhe VersR 2000, 609).

Weiterführend hierzu auch BGH in VersR 1998, 474.

Eine Ausnahme hat der BGH jedoch bei einem schweren Schuldvorwurf zugelassen (BGH NZV 1998, 148S).

Ein Schmerzensgeld ist auch dann zu erstatten, wenn der Verursacher ein Familienangehöriger ist. Allerdings kann z. B. die Genugtuungsfunktion völlig entfallen, so dass ein Ehepartner im allgemeinen eine geringere Entschädigung in Geld schulden wird, als ein unter gleichen Umständen verantwortlicher Fremdschädiger (OLG Schleswig NZV 1992, 190). Sowohl LG Kiel (r+s 1991, 89) als auch OLG München (VersR 1989, 1056) haben dementgegen jedoch entschieden, dass die Verursachung durch den Ehepartner für die Schmerzensgeldbemessung unbeachtlich sei, da dies den Versicherer nicht entlasten könne und solle. Zu dieser Problematik hat allerdings der BGH bereits 1989 darauf hingewiesen, dass die Eintrittspflicht des Versicherers nicht weitergehen könne, als die des Schädigers (BGH VersR 1989, 1056).

dd) Haftungsausschluss

Ein Schmerzensgeldanspruch des in einem Unternehmen Tätigen besteht gegen Unternehmer oder Betriebsangehörige wegen eines Arbeitsunfalles gemäß alt §§ 636, 637 RVO, neu §116 SGB X nur dann, wenn der Unfall vorsätzlich oder bei der Teilnahme am allgemeinen Verkehr erfolgte. Ob der Geschädigte den Unfall als Betriebsangehöriger und damit als Arbeitsunfall oder als normaler Verkehrsteilnehmer erlitt, ist danach zu beurteilen, ob er sich auf Grund eigenen Entschlusses außerhalb des Gefahrenbereiches des Betriebes frei im Straßenverkehr bewegte und sich auch jederzeit wieder frei ausgliedern konnte (OLG Bamberg VersR 1988, 303).

ee) Einzelne Verletzungsarten

Die überwiegende Auffassung der Gerichte und z. B. auch des VGT zur Frage des Schmerzensgeldes bei Bagatellverletzungen wurde bereits kurz dargestellt. Nach dem Wortlaut des § 847 BGB ist ein Schmerzensgeldanspruch auch für geringste körperliche Beeinträchtigungen gegeben. Auch der BGH stellt in seiner Entscheidung von 1992 darauf ab, dass der Geschädigte grundsätzlich in diesen Fällen eine »billige« Entschädigung verlangen könne. Sofern Bagatellverletzungen jedoch die Schwelle der unvermeidlichen Beeinträchtigungen als Folge des menschlichen Zusammenlebens und der damit verbundenen Gewöhnung nicht überschritten, fehle es schon an einer geldlichen Bewertung des Ausgleichsbedürfnisses. »Auch in solchen Fällen ein Schmerzensgeld festzusetzen, ... verlangt § 847 BGB nicht« (BGH ZfS 1992, 114).

Bei Schwerstverletzungen sind dann Schmerzensgelder in angemessener Höhe zu erstatten, wenn der Geschädigte z. B. infolge schwerster Hirnschädigungen in seiner Persönlichkeit faktisch zerstört wird. Die früher vertretene Auffassung, dass in diesen Fällen nur ein »symbolisches Schmerzensgeld« zu zahlen sei, wurde seit der Entscheidung des BGH im Jahr 1992 aufgegeben (BGH NJW 1993, 781). Auf die Frage, ob der Geschädigte diesen Ausgleich überhaupt wahrnehmen oder sinnvoll verwerten könne, kommt es hierbei nicht an.

Der Verlust an Wahrnehmungsfähigkeit muss zu einer Minderung des Schmerzensgeldes führen, da die Leidenswahrnehmung ein maßgebliches Kriterium darstellt. Immer wieder stellt sich auch die Frage, wie das Schmerzensgeld zu bemessen ist, wenn der Geschädigte den Unfall nur kurze Zeit überlebt hat, da die Dauer der Lebensbeeinträchtigung ein wesentliches Kriterium der Schmerzensgeldbemessung ist. In der Tat wird die Ausgleichsfunktion bei dieser Konstellation eingeschränkt, jedoch tritt in diesem Fall die Genugtuungsfunktion als Sühnefunktion hervor.

Bis 1990 war ein Schmerzensgeldanspruch nur vererblich, wenn er durch Vertrag anerkannt oder rechtshängig gemacht worden war. Das hieraus resultierende unwürdige Gerangel zur Frist- und Anspruchswahrung ist seit der Entscheidung des BGH von 1994 nicht mehr erforderlich (BGH VersR 1994, 736). Nunmehr entsteht der Schmerzensgeldanspruch auch in solcherart gelagerten Fällen und seine Vererblichkeit hängt nicht davon ab, dass der Verletzte zu Lebzeiten seinen Willen ausgedrückt hat, Schmerzensgeld zu fordern.

Zu den Gesundheitsschäden zählen auch psychische Erkrankungen. Meist werden diese unter den Oberbegriffen Schockschäden und Rentenneurosen erfasst. Die Kriterien, unter denen in solchen Fällen ein Schmerzensgeldanspruch berechtigt ist, wurden bereits 1971 vom BGH aufgestellt (BGH VersR 1971, 905). Diese sind nur dann als erfüllt anzusehen, wenn die Erschütterung über das in solcher Situation normale Maß von Trauer, Schmerz und Depression hinausgeht. Eine zwar medizinisch fassbare Auswirkung des Schocks begründet nur dann einen Schmerzensgeldanspruch, wenn hierdurch auch gleichzeitig eine Schädigung der Gesundheit eingetreten ist, die auch nach allgemeiner Verkehrsauffassung als Körperverletzung bzw. Gesundheitsschädigung angesehen werden kann (BGH a. a. O.). Das OLG Nürnberg führte hierzu aus, dass eine Haftung für Schwere Psychosen nicht besteht, wenn sie auf einem leichten Auffahrunfall ohne organische Schädigungen beruht (OLG Nürnberg VersR 1999, 1117). Eine lediglich vorübergehende auch messbare körperliche Beeinträchtigung (z. B. Kreislaufschwäche) rechtfertigt ein Schmerzensgeld nicht (AG Hagen ZfS 1990, 223). Ein Schockschaden liegt jedoch bei Nervenzusammenbrüchen, Herzrhythmusstörungen, länger anhaltenden Depressionen, Schlafstörungen, Angstzuständen usw. vor. In allen anderen Fällen verwirklicht sich lediglich das entschädigungslos hinzunehmende allgemeine Lebensrisiko. Eine Zusammenfassung zum Thema der Begehrensneurose nach einem HWS –Trauma lässt sich einer neueren Entscheidung des BGH entnehmen und kann daher weiterführend nur empfohlen werden (BGH VersR 2000, 372).

Schulbeispiele für Schockschäden sind Situationen wie solche, in denen die Mutter einen Zusammenbruch erleidet, wenn sie bei einem Verkehrsunfall mit ansehen muss, wie ihr Kind überfahren wird oder wenn ihr die Nachricht vom Unfalltod des Kindes überbracht wird. Der Schockschaden beruht auf einer Kreislaufstörung und führt zu einer physischen Verletzung, während die Rentenneurose sich psychisch auswirkt. Sie ist daher von der »normalen« Unfallneurose zu unterscheiden, die häufig mit dem Schockschaden gleichgesetzt wird.

Um eine Unfallneurose handelt es sich, wenn der Verletzte die Unfallfolgen übersteigert empfindet und darunter anhaltend leidet. Sie wird zur Rentenneurose (Zweck- oder Tendenzneurose), wenn sich dieser Zustand zu einem bewussten oder unbewussten Streben nach Versorgung und Absicherung ausweitet. Da dies wegen der Fehlverarbeitung dem Schädiger nicht mehr zuzurechnen ist, kann die Abgrenzung im Einzelfall schwierig sein (vgl. Geigel a. a. O. Kap. 6).

Angesichts der hohen Zahl jährlich verunglückter Kinder muss auch auf dieses besonders traurige Kapitel kurz eingegangen werden. Eine gesetzliche Definition der Altersgrenze für Kinder existiert nicht, so dass Rechtsprechung und Lehre teilweise erheblich voneinander abweichen. Der überwiegende Teil der Rechtsprechung geht wohl davon aus, dass Kinder alle diejenigen sind, die das 14. Lebensjahr noch nicht vollendet haben.

Bis zum vollendeten 10. Lebensjahr kann ihnen wegen der fehlenden Deliktsfähigkeit kein Mitverschuldensvorwurf gemacht werden.

Durch das 2. SchRÄndG ist diese Altersgrenze auf 10 Jahre angehoben worden.

Zwischen dem 10. und 14. Lebensjahr ist im Einzelfall zu prüfen, ob im Rahmen der zunehmenden Einsichtsfähigkeit ein Mitverschulden gegeben sein kann. Teilweise werden schon von der Rechtsprechung die Auffassung vertreten, dass dies erst ab etwa dem 10. Lebensjahr zulässig sei.

T

Tipp
Ansonsten gelten auch für Kinder sämtliche vorstehend genannten Kriterien für die Bemessung des Schmerzensgeldes. Vermehrte elterliche Zuwendung löst keine Entschädigungspflicht des Verursachers aus.

Oftmals liegt bei Kinderunfällen gleichzeitig eine Aufsichtspflichtverletzung vor, die ebenfalls auf die Höhe des Schmerzensgeldes Einfluss haben kann. So haften bei Kindern bis zu 10 Jahren der Verursacher und der Aufsichtspflichtige als Gesamtschuldner, so dass der Geschädigte im Ergebnis sein Schmerzensgeld zu 100 % erhält (BGH VersR 1980, 938). Weiterführend zu dieser Problematik kann auf OLG Hamm mit Anmerkungen von Lemcke verwiesen werden (OLG Hamm r+s1994, 15 mit Anm.). Das Mitverschulden des Aufsichtspflichtigen wird bei einem schuldfähigen Kind jedoch angerechnet. Die Konsequenz hieraus ist, dass ein Gesamtschuldnerausgleich nicht stattfindet, da der Aufsichtspflichtige nicht »Dritter« ist, sondern mit dem zu beaufsichtigenden Kind eine Einheit bildet (vgl. BGH VersR 1983, 131).

ff) Entschädigungsform

Welche Form der Entschädigung dem Zweck des Schmerzensgeldes am ehesten gerecht wird, liegt im freien tatrichterlichen Ermessen (BGH VersR 1957, 66). In der Rechtsprechung hat sich hierzu jedoch ein Ausnahme- (Schmerzensgeldrente) und Regelverhältnis (Kapitalabfindung) herausgebildet. Welche Form anzuwenden ist, ist in Literatur und Rechtsprechung umstritten, weiterführend hierzu Geigel a. a. O.

Ein durch Urteil zugesprochenes oder aufgrund außergerichtlichen Vergleichs gezahltes Schmerzensgeld kann prinzipiell später z. B. wegen eingetretener Verschlechterung abgeändert werden. Dies wird jedoch durch die Gerichte eher restriktiv gehandhabt. In Betracht kommt dies ohnehin nur dann, wenn durch nicht voraussehbare Spätfolgen des schädigenden Ereignisses ein so krasses Missverhältnis zwischen Vergleichs- oder Urteilssumme und dem tatsächlichen Schaden auftritt, dass die Versagung des weiteren Schmerzensgeldes für den Geschädigten eine außergewöhnliche Härte darstellt, welche die zumutbare Opfergrenze überschreitet (BGH VersR 1966, 243). Der Praktiker sollte daher auch im wohlverstandenen Eigeninteresse immer eine entsprechende Vorbehaltsklausel in das Urteil und den Vergleich aufnehmen lassen.

Tipp
Vorbehalt der Nachforderung für unvorhersehbare Verschlechterungen nicht vergessen!

T

Dies stellt auch für die Versicherungen eine Arbeitserleichterung dar, da der Vorbehalt hilft, spätere Prozesse zu vermeiden. Denn es ist eine Hürde für den Geschädigten, da dieser eine Nachforderung nur noch bei erheblicher Verschlechterung geltend machen kann.

gg) Besonderheiten des gerichtlichen Verfahrens

Auch ein unbezifferter Antrag auf Zahlung eines Schmerzensgeldes ist zulässig. Allerdings muss der Kläger die allgemeine Größenordnung seines Begehrens kennzeichnen (BGH VersR 1982, 96). Das heißt, es ist zumindest ein Hinweis beim Streitwert erforderlich, der allerdings auch als Größenordnung in der Schriftsatzbegründung erfolgen kann. So kann der unbezifferte Antrag »Der Beklagte wird verurteilt, an den Kläger ein Schmerzensgeld zu zahlen, dessen Höhe in das Ermessen des Gerichts gestellt wird« durch entsprechende Hinweise in den Gründen (... das Schmerzensgeld sollte mindestens ca. € 100 000,– betragen) spezifiziert werden, ohne dass auf Ansprüche des Geschädigten wegen des Prozess- bzw. Kostenrisikos verzichtet werden muss. Eine allzu enge Orientierung an den Schmerzensgeldtabellen wird von den meisten Geschädigten ohnehin vermieden, da in der Rechtsprechung die Tendenz erkennbar ist, gerade bei größeren Personenschäden zu einer höheren Bewertung zu kommen und die Abweichungen von den Tabellenwerten im Regelfall mit der Geldentwertung und den gestiegenen Lebenshaltungskosten begründet werden. Oftmals werden höhere Schmerzensgeldforderungen auch nur deswegen geltend gemacht, um dem Geschädigten die Möglichkeit der Berufung offen zu halten, da dieser andernfalls nicht beschwert ist (OLG Köln VersR 1995, 549). Weiterführend zu dieser Problematik kann daher nur der Aufsatz vom Ri. a. BGH Dr. v. Gerlach empfohlen werden (VersR 2000,525 ff), der zahlreiche Tipps zur prozessualen Behandlung von Schmerzensgeldansprüchen enthält.

Eine weitere Besonderheit besteht darin, dass z. B. mehrere Schmerzensgeldklagen (hier 1. HWS–Verl. und 2. Unfallpsychose) aufgrund desselben Unfalls bei unterschiedlichem Streitgegenstand möglich sind (BGH NZV 1998, 372).

Erfahrungsgemäß erhält der Kläger oft weniger Schmerzensgeld zugesprochen als beantragt. Jedoch erstreiten die meisten um so mehr, je mehr sie verlangen. Der Kostenanteil für die teilweise Klageabweisung bei sehr hoher Bezifferung wird fast immer durch das vom Gericht höher bemessene Schmerzensgeld mehr als ausgeglichen. Ohne Verstoß gegen § 308 (1) ZPO darf die zu einem unbezifferten Schmerzensgeldanspruch angegebene Größenordnung um 20 % über- bzw. unterschritten werden, und ohne dass dies auf die Kostenentscheidung Einfluss hat (OLG Düsseldorf NJW-RR 1995, 955).

Gemäß § 852 BGB verjähren Schmerzensgeldansprüche in 3 Jahren beginnend ab Kenntnis. Diese ist nicht mit der Kenntnis vom Schadenumfang gleichzusetzen. Sie läuft daher auch dann, wenn die Auswirkungen des Schadens noch nicht voll überschaubar sind. Eine Ausnahme hiervon wird nur für den Fall der unerkennbaren Spätschäden gemacht. Dies gilt auch für solche Schäden, die zumindest theoretisch als möglich vorhersehbar gewesen sind (OLG Köln r+s 1993, 440). Auf die Ausnahmeentscheidung des BGH, dass die Zubilligung eines weiteren Schmerzensgeldes dann nicht durch die Rechtskraft der früheren Entscheidung gehindert sei, wenn die späteren Verletzungsfolgen aus objektiver Sicht als so entfernt anzusehen gewesen waren, dass sie bei der Bemessung des Schmerzensgeldes nicht hätten berücksichtigt werden müssen (BGH NJW 1995, 1614), sollte man sich besser nicht verlassen. Vielmehr kann durch Stellung des Antrages auf Feststellung der Ersatzpflicht für Zukunftsschäden dem Grunde nach der Eintritt der Verjährung verhindert werden (§ 209 (1) BGB).

> **Tipp**
> Auch bei unbeziffertem Klageantrag ist eine Verzinsung gemäß § 288 BGB möglich.

T

Ein richterlicher Hinweis wird hierzu in aller Regel nicht ergehen, da dies als unzulässige, weil parteiergreifende Anregung zu werten ist (OLG Köln MDR 1972, 779). Andernfalls könnte dies wiederum die Anwaltshaftung begründen. Ein höherer Zinssatz setzt belegbare Tatsachen voraus, dass bei rechtzeitiger Zahlung eine höher verzinsliche Anlage wahrgenommen worden wäre (BGH VersR 1995, 471).

Die Schmerzensgeldbemessung kann auch in das Ermessen des Gerichts gestellt sowie Verzinsung gemäß § 288 BGB beantragt werden.

hh) Vergleich

Der Abschluss eines Vergleiches stellt für alle Beteiligten im Regelfall eine Erleichterung dar, da er weiteren Streit und damit häufig Kosten vermeiden hilft.

Den auf richterliche Empfehlung geschlossenen Prozessvergleich wollen wir hier außer acht lassen.

Auch wenn Vergleiche von beiden Parteien vorgeschlagen werden können, werden diese fast ausnahmslos auf den entsprechenden Vordrucken der Versicherer abgeschlossen.

Es liegt in der Natur der Sache, dass sich duch die Vielzahl gleichgelagerter Fälle und versierte Sachbearbeiter eine leichter Vorteil zu Gunsten der VR ergibt. Da anwaltliche Vertretung der Geschädigten in diesem Bereich der Regelfall ist, ist dieser »Vorteil« schnell aufgebraucht.

Da es fast aussichtslos ist, von den Klauseln eines geschlossenen Vergleichs herunterzukommen, ist erhöhte Aufmerksamkeit des Anwalts geboten. Stellen sich spätere Verletzungsfolgen ein, mit denen der Geschädigte nicht rechnen musste, so kann dies wieder den Vorwurf der Verletzung des Mandatsvertrages für den Rechtsanwalt begründen.

Auch in den Fällen des außergerichtlichen Vergleiches sollte daher im Geschädigteninteresse immer eine Vorbehaltsklausel, bei Verschlimmerung ein weiteres Schmerzensgeld fordern zu können, aufgenommen werden. Sofern der Versicherer diese Klausel ablehnt, sollte bei anwaltlicher Vertretung der Vergleich nur dann abgeschlossen werden, wenn dazu eine entsprechende Anweisung vom Mandanten erfolgt. Dies sollte wegen der späteren Beweisbarkeit möglichst schriftlich erfolgen. Zu Form und Inhalt der Vergleichs- und Abfindungserklärung sind durch das Bundesaufsichtsamt für das Versicherungswesen einige verbindliche Anordnungen ergangen (BAV 80, 242).

Die Verjährungsfrist bei Abfindungsvergleichen mit einem Vorbehalt für eventuelle Dauerschäden beträgt regelmäßig 3 Jahre. Danach können nur noch auch für einen medizinischen Sachverständigen nicht voraussehbare Spätschäden geltend gemacht werden. (Vgl. OLG Hamm r+s 1999,105 OLG Düsseldorf r+s 1999, 106 OLG Hamm r+s 1999, 107)

So versagte das Gericht ein weiteres SMG nach Abschluss eines Abfindungsvergleichs und Eintritt nicht vorhergesehener erheblicher, allerdings vorhersehbarer Spätfolgen (OLG Nürnberg r+s 2000, 459).

Auch ohne schriftliche Information des VR endet die Hemmung der Verjährung mit dem Abschluss eines Abfindungsvergleichs und die normale Verjährungsfrist beginnt zu laufen (BGH PVR 2001, 80)

Da die im Formular verwendeten vorgedruckten Regelungen allgemeine Geschäftsbedingungen darstellen, unterliegen sie der AGB-Kontrolle (BGH VersR 1985, 165).

Einer besonderen Form bedürfen außergerichtliche Vergleiche nicht. Ein Vergleich kann somit auch konkludent zustande kommen. Allerdings stellt die einfache Zahlung einer Forderung bzw. die Akzeptanz des geminderten Betrages keinen Vergleich gemäß der Legaldefinition des § 779 BGB dar.

Vergleiche sind grundsätzlich in allen Varianten möglich. So können sie sich entweder über den gesamten Schadenersatzanspruch vergleichen oder den Vergleich auf bestimmte Forderungen begrenzen. Auch zeitliche Befristung oder Begrenzung auf Haftungsquoten sind möglich. Sollte es dennoch später zu einem Rechtsstreit über den Inhalt des Vergleichs kommen, so ist der Inhalt des Begleitschreibens zur Auslegung heranzuziehen und geht dem Formulartext vor. Zwar würden die Anwaltkosten an sich vom Vergleich mit erfasst, in der Regel werden die Versicherer jedoch keinen Einwand erheben, wenn diese versehentlich nicht erwähnt wurden. Im Zweifelsfall kann ein Telefonat für Klärung sorgen. Befand sich der Versicherer vor Vergleichsabschluss in Verzug, so sind die Rechtsanwaltsgebühren immer mit erfasst.

Bei minderjährigen Geschädigten ist die gemeinschaftliche Vertretung durch beide Elternteile zu beachten (§ 1629 (1) BGB).

Vermeiden Sie bei Abschluss des Vergleiches unbedingt folgende typischen Fehler:

(1) Bei Bestehen einer Vormundschaft für den Geschädigten bedarf es gem. § 1822 Nr. 12 BGB der Genehmigung des Vormundschaftsgerichtes.
(2) Bei Zugewinngemeinschaft ist die Zustimmung des Ehepartners nicht erforderlich.
Bei Gütergemeinschaft gem. § 1415 BGB ist zwischen Gesamtgut § 1416 BGB und Sondergut gem. §1417 BGB zu unterscheiden. Bei Sondergut ist eine Zustimmung nicht erforderlich. Bei Gesamtgut ist die Zustimmung dann nicht erforderlich, wenn dies nur durch einen Ehepartner verwaltet wird.
(3) Unklare Formulierungen über den Inhalts des Vergleichs.
(4) Zum Zeitpunkt des Vergleichs ist der Geschädigte nicht mehr geschäftsfähig (insbesondere z. B. bei schweren Hirnverletzungen), dies könnte die Nichtigkeit des Vergleichs zur Folge haben.
(5) Es erfolgte keine Prüfung, ob mittelbar Geschädigte (Ehepartner, Kinder usw.) in den Vergleich bzgl. ihrer Ansprüche mit einzubeziehen waren.
(6) Es werden Ansprüche geltend gemacht, die inzwischen gem. § 116 SGB X auf Sozialversicherungsträger übergegangen sind.
Achtung: Ein Abfindungsvergleich kann die Lohnfortzahlung gefährden und somit ggf. Ersatzansprüche gegen den Rechtsanwalt begründen (vgl. Gussen AnwBl. 93, 29).
(7) Es sind keine Vorbehaltsklauseln wegen unvorhersehbarer und unerwarteter Spätfolgen enthalten.
(8) Sind Ansprüche anderer Gesamtschuldner bezüglich derer Rückgriffsansprüche gegen den Erstbeklagten erfasst ?

Zum Inhalt des Abfindungsvergleiches mit Sozialversicherungsträgern kann auf Stegmann, Formularbuch Verkehrsunfall, verwiesen werden.

ii) Sonstiges

Insbesondere zur Frage des Schmerzensgeldes bei geringen Unfallschäden und behaupteten HWS-Verletzungen ist in den letzten Jahren eine Zunahme der Publikationen zu verzeichnen. Nach Auffassung zahlreicher Richter, Staatsanwälte und Sachverständiger wird das so genannte HWS-Trauma oftmals nur vorgetäuscht (vgl. NZV 1994, S. 310). Das Vorliegen eines HWS-Traumas kann durch eine medizinische Befunderhebung oftmals nicht geklärt werden. In einer Studie wurde festgestellt, dass in 84 % der zur Begutachtung eingereichten streitigen Fälle das behauptete HWS-Trauma nicht eingetreten sein konnte. Lediglich bei 10 % war es nicht vollständig ausschließbar, und in nur 6 % der Fälle war es zumindest möglich. In zahlreichen Fällen reichen die biomechanischen Einwirkungen nicht aus, die vorgetragenen Verletzungen zu begründen. Die Belastungsgrenze für ein HWS-Trauma liegt bei etwa 5 g. Die bei einer Vollbremsung auftretende Belastung von 0,8 g ist somit völlig ungeeignet, ein HWS-Syndrom auszulösen (LG Bochum r+s 1996, 441). Wie die Differenz und Belastungsgrenzen berechnet werden können, stellt Dr.-Ing. Großer als Unfallanalytiker sehr instruktiv in seinem Artikel in DAR 1995, 389 ff. dar. Zur Darstellung der in der Praxis auftretenden Probleme können sich die Autoren i. ü. völlig auf den Aufsatz von RA Liepert beziehen und diesen zu weiterführenden Studien empfehlen (DAR 1994, 257 ff.).

Zur Frage der haftungsausfüllenden Kausalität bei HWS-Traumen sei ebenfalls noch auf den Artikel von Weding in DAR 1995, 60 ff. hingewiesen. Im Rahmen dieser Abhandlung wird z. B. auch eingehend der Frage der »Vorschäden« durch altersbedingte Verschleißerscheinungen nachgegangen.

Bei einer seitlichen Streifkollision im innerstädtischen gleichgerichteten Verkehr kam das erkennende Gericht zu dem Ergebnis, dass für ein möglicherweise psychisch bedingtes HWS-Trauma kein haftungsrechtlicher Zusammenhang besteht (OLG Hamm r+s 2001,62).

Nachfolgend seien einige das Vorliegen eines HWS-Traumas ablehnende Entscheidungen genannt. So hat das LG Stuttgart bei einem Auffahrunfall mit einer Differenzgeschwindigkeit von 7,8 km/h und einer Beschleunigung des Körpers von 2,5–3 g Beeinträchtigungen der HWS als nicht zu erwarten eingestuft (LG Stuttgart r+s 1996, 442). Laut AG Winsen reichen auch Geschwindigkeitsänderungen von 6 bis max. 12 km/h nicht für HWS-Traumen aus (r+s 1996, 442). So auch LG Amberg, das feststellte, dass bei einer Kollision mit 20 km/h und einer Geschwindigkeitsänderung von 10 km/h so geringe Kräfte wirken, dass hierdurch relevante Verletzungen der HWS nicht verursacht sein können (LG Amberg r+s 1996, 443). Ähnlich argumentierte auch das KG in einer bisher nicht rechtskräftigen Entscheidung, dass ausführte das bei einer geringen Geschwindigkeitsdifferenz von ca. 15 km/h kein Anscheinsbeweis für das Vorliegen eines HWS-Traumas spricht (KG r+s 2000,151).

In diese Richtung geht auch eine weitere Entscheidung, in der ein HWS-Trauma bei geringem Heckaufprall auf ein stehendes Fahrzeug mit der Begründung versagt wurde, dass eine ärztliche Bescheinigung dann nicht ausreicht, wenn keine eigenen Feststellungen des Arztes zugrunde liegen, sondern nur die Angaben des Klägers (OLG Frankfurt/M. r+s 2001,65). Dies stellt somit eine Bekräftigung der Entscheidung des AG Duisburg dar, welches bei einer Differenzgeschwindigkeit unter 10 km/h den Nachweis eines HWS-Traumas als nicht geführt angesehen hat, da die ärztliche Bescheinigung lediglich auf den (bestrittenen) Angaben des Klägers beruhten (AG Duisburg ZfS 1999, 57).

Der Nachweis der unfallbedingten Schädigung der HWS wurde beim erstmaligen Auftreten von Schmerzen 5 Tage nach dem Unfall als nicht geführt angesehen (OLG Karlsruhe NZV 1998,153).

Wegen der völlig anderen Biomechanik bei Seiten- bzw. Frontanstößen sind in diesen Fällen sogar noch höhere Differenzgeschwindigkeiten erforderlich. Laut LG Stade ist bei einer solchen Kollision allenfalls eine leichte Zerrung der Nackenmuskulatur vorstellbar. Eine HWS-Distorsion 2. Grades scheide jedoch aus (LG Stade r+s 96, 443).

Diese Auffassung vertrat auch das AG Bamberg dessen Entscheidung mit Begründung und Widerspruch durch RiOLG Diehl, Frankfurt, der zwar zum gleichen Ergebnis kommt, jedoch mit völlig anderslautender dogmatischer Begründung (AG Bomberg ZfS 1999, 376).

Wenn auch in einem völlig anderen versicherungsrechtlichen Zusammenhang (hier Allg. Unfallversicherung) kam das LG Lübeck zu dem Ergebnis, dass ein Linksabbiegen mit ca. 30 km/h und seitliche Kollision mit von rechts kommendem Fahrzeug an sich ungeeignet ist, ein typisches HWS-Trauma hervorzurufen (LG Lübeck r+s 1999, 300).

Auch nach AG Dachau können bei einer Kollisionsgeschwindigkeit von 5–7 km/h weder eine Gehirnerschütterung noch ein HWS-Trauma bei einem Anstoß von links hergeleitet werden (AG Dachau r+s 96, 444).

Abschließend eine Auflistung mit weiteren ablehnenden Entscheidungen mit Fundstelle.

- LG Osnabrück v. 22. 04. 1994, -3 O 245/93-,
- LG Nürnberg-Fürth, -2 O 5509/93-,
- AG Hamburg-Harburg v. 01. 04. 1993, SP 6/96, S. 203,
- AG Regensburg v. 08. 09. 1993, -3 C 3906/92-,
- AG Mannheim SP 8/96, S. 280,
- AG Traunstein SP 6/96, S. 204,
- AG Duisburg SP 6/96, S. 204
- AG Velbert SP 6/96, S. 205,
- AG Haßfurt SP 8/96, S. 279,
- AG Erlangen SP 8/96, S. 279,
- AG Straubing v. 27. 02. 1996, -3 C 503/95-,
- AG München v. 18. 07. 1996, -331 C 5116/95-,

- LG Stuttgart ZfS 1997, S. 15,
- LG Amberg ZfS 1997, S. 15,
- OLG Hamm SP 1997, 191
- LG Dortmund SP 1997, 187
- OLG Köln VRS Bd. 96 S. 340
- AG Duisburg ZfS 1999, 57
- KG r+s 2000,151 (nicht rechtskräftig)
- OLG Hamm r+s 2000,153
- OLG Hamburg NZV 1998,415
- OLG Frankfurt/M. r+s 2001, 65

Bejaht wurde jedoch ein Schmerzensgeldanspruch bei einer Differenzendgeschwindigkeit von ca. 14 km/h und der Feststellung deutlicher und typischer Symptome durch den erstuntersuchenden Arzt (OLG Hamm r+s 2000, 155).

jj) Checkliste Personenschäden

Für die Beurteilung des angemessenen Schmerzensgeldes sind die verschiedensten bereits ausführlich dargestellten Gesichtspunkte zu berücksichtigen. Die nachfolgende Aufzählung soll die wichtigsten Bemessungskriterien kurz zusammengefasst darstellen.

- Art der Verletzung
- Heilungsdauer
- Verlauf des Heilungsprozesses
- Dauer der Folgeerscheinungen
- Art der Heilbehandlung
- Schmerzhaftigkeit der Behandlung und Verletzungsfolgen
- Auswirkungen auf die Psyche (Neurosen),
- Narben., Entstellungen etc.
- Berufs-oder Arbeitsunfähigkeit
- Unmöglichkeit (auch zeitweise) der Pflege persönlicher Neigungen oder Hobbys
- Depressionen
- Grad des Verschuldens beim Schädiger (Trunkenheit, besondere Rücksichtslosigkeit, überhöhte Geschwindigkeit o. ä.)
- Objektive Umstände (defekte Bremsen wegen mangelnder Wartung, fehlende Beleuchtung, Reifen ohne Profil oder Sommerreifen im Winter)
- Unfallflucht
- Vermögensverhältnisse beim Geschädigten und Schädiger
- Bestehen einer Haftpflichtversicherung

- Zukunftsaussichten in persönlicher und beruflicher Hinsicht (Heiratschancen, Ehevollzug usw.)
- Bestehen verwandtschaftlicher oder sonstiger engerer Beziehungen zwischen Geschädigtem und Schädiger
- Mitverschulden beim Geschädigten

G. Gebührentipps

1. Ratsgebühr, § 20 BRAGO

Kommt der Mandant kurz nach einem Unfall aufgeregt in die Kanzlei, stellt sich nach der Besprechung mit dem Anwalt häufig die Frage: Handelte es sich um eine Beratung, welche nach § 20 BRAGO möglicherweise nur mit einer Erstberatungsgebühr abzurechnen ist oder ist eine Geschäftsgebühr nach § 118 Abs. 1 Nr. 1 BRAGO angefallen?

Für einen mündlichen, schriftlichen oder telefonischen Rat oder eine Auskunft, die nicht mit einer anderen gebührenpflichtigen Tätigkeit zusammenhängt, erhält der Rechtsanwalt eine Gebühr in Höhe von 1/10 bis 10/10 der vollen Gebühr.

Der Rechtsanwalt gibt dem Mandanten einen Rat, wenn er ihm mögliche Handlungsweisen in der konkreten Situation weist. Der Geschädigte erkundigt sich beispielsweise kurz nach dem Unfall nach den jetzt zu veranlassenden Maßnahmen. Eine Auskunft ist im Gegensatz dazu eine Antwort auf eine abstrakte Rechtsfrage, beispielsweise nach einem Zeugnisverweigerungsrecht der unfallbeteiligten Ehegattin.

Erteilt der Anwalt den Rat oder die Auskunft mehreren, so ist die nach § 12 bestimmte, angemessene Gebühr gemäß § 6 Abs. 1 S. 2 BRAGO für jeden weiteren Auftraggeber um 3/10 zu erhöhen (Str., wie hier: OLG Saarbrücken JurBüro 1988, 860 ff.; a. A. OLG Köln JurBüro 1992, 237. Zur Erhöhung siehe auch Abschnitt 3.5).

2. Erstberatung

Die Erstberatungsgebühr entsteht nicht immer in Höhe von 180 Euro!

Auch die Erstberatungsgebühr ist aus einem Rahmen von 1/10 bis 10/10 zu bestimmen; § 20 Abs. 1 S. 2 BRAGO begrenzt die Gebühr lediglich in der Höhe auf 180 €. Die Gebühr kann also auch weniger als 180 € betragen. Die Höchstgrenze gilt für Rechtsanwälte mit Kanzleisitz im Beitrittsgebiet ungekürzt; eine Ermäßigung um 10 % erfolgt nicht.

Nehmen mehrere Auftraggeber eine Erstberatung in Anspruch, erhöht sich auch die Höchstgebühr von 180 € nach § 6 Abs. 1 S. 2 BRAGO um 3/10 für jeden weiteren Mandanten so z. B. für zwei Ratsuchende auf 234 € (AG Potsdam JurBüro 2000, 22 f. mit Anm. v. Enders; LG Braunschweig AGS 1999, 100).

Fallen bei einer Erstberatung keine Auslagen i. S. d. § 26 BRAGO an, kann auch keine Auslagenpauschale geltend gemacht werden.

Es ist nicht immer leicht festzustellen, wann der Abgeltungsbereich der Erstberatungsgebühr überschritten wird und der Anwalt eine Ratsgebühr in Höhe von mehr als 180 € abrechnen kann.

Für den zweiten Beratungstermin gilt die Beschränkung auf 180 € nicht mehr, wenn dieser auf Bitten des Mandanten zustande gekommen ist und es sich nicht um eine Vertagung der ersten Besprechung handelt, welche aus Zeitgründen des Anwaltes abgebrochen werden musste. Unschädlich ist es aber, wenn beide Termine aufeinander aufbauen und somit eine Fortsetzung stattfindet (AG Brühl JurBüro 1998, 136).

Eine Erstberatung liegt dann nicht mehr vor, wenn ohne Verschulden des Anwaltes eine weitere Besprechung durchgeführt werden muss. Wird die Beratung später fortgesetzt oder sucht der Ratsuchende den Rechtsanwalt erneut wegen Zusatzfragen auf, ist der Bereich der Erstberatungsgebühr verlassen. (Thüringer OLG AGS 2000, 62 ff. mit Anm. v. Madert.; s. a. AG Ludwigshafen AGS 1997, 16 f).

Voraussetzung für eine weitere Beratung ist außerdem, dass eine erste bereits stattfand. Dies ist beispielsweise nicht der Fall, wenn der Mandant zunächst nur seine Unterlagen, wie z. B. Unfallschilderung, Gutachten abgegeben hat, ohne dass dabei mit der Beratung begonnen wurde (OLG München JurBüro 1999, 298 f).

Wird der Bereich der Erstberatungsgebühr verlassen, muss der Anwalt den Mandanten darüber aufklären, dass nun eine unbegrenzte Ratsgebühr verlangt werden kann. (LG Braunschweig AGS 1999, 100; a. A. Schütt JurBüro 1998, 252).

3. Geschäftsgebühr, § 118 Abs. 1 Nr. 1 BRAGO

Für das Betreiben eines Geschäftes, für das Fertigen von Schriftsätzen etc. erhält der Anwalt eine Geschäftsgebühr nach § 118 Abs. 1 Nr. 1 BRAGO in Höhe von 5/10 bis 10/10 der vollen Gebühr.

Bei Erteilung eines Rates oder einer Auskunft i. S. d. des § 20 BRAGO wird dem Mandanten lediglich eine Hilfestellung zum eigenen Tun gegeben. Im Gegensatz dazu wird bei § 118 BRAGO der Rechtsanwalt für den Auftraggeber nach außen hin aktiv. So kann man sich merken: Immer dann, wenn sich der Rechtsanwalt an einen Dritten wendet (das kann beispielsweise auch der Sachverständige sein, zu dessen Gutachten sich Rückfragen ergeben), ist § 118 BRAGO anzuwenden.

Andererseits setzt § 118 BRAGO nicht voraus, dass der Rechtsanwalt nach außen erkennbar tätig wurde. **Es kommt auf den Auftrag an!**

3.1 Auftrag zur außergerichtlichen Klärung

Hatte der Anwalt den Auftrag, den Schaden mit der gegnerischen Versicherung zu klären und endet der Auftrag nach der ersten Besprechung mit dem Mandanten, so ist – obwohl er vielleicht bislang nur Informationen entgegen genommen und den Mandanten beraten hat – eine Geschäftsgebühr nach § 118 Abs. 1 Nr. 1 BRAGO entstanden.

3.2 Bedingter Klageauftrag

Hat der Rechtsanwalt den Auftrag erhalten, Klage einzureichen, wenn eine letztmalige Aufforderung zur außergerichtlichen Schadensregulierung erfolglos bleibt, handelt es sich um einen so genannten bedingten Klageauftrag. Bis zum Eintritt der Bedingung, nämlich der Ablehnung durch den Gegner, entsteht die Geschäftsgebühr nach § 118 Abs. 1 BRAGO; danach sind die §§ 31 ff. BRAGO maßgebend.

3.3 Klageauftrag

Soll der Rechtsanwalt Klage erheben und wendet er sich – entgegen dem Auftrag – dennoch zuerst außergerichtlich an die gegnerische Versicherung, entsteht hierfür keine Geschäftsgebühr. Die gesamte Tätigkeit ist nach §§ 31 ff. BRAGO abzurechnen.

3.4 Vorzeitiges Ende des Mandates

Stellt der Rechtsanwalt während des ersten Gespräches mit dem potentiellen Auftraggeber fest, dass er das Mandat nicht übernehmen kann, weil er beispielsweise bereits den Gegner vertritt, hängt die Abrechnung davon ab, welche Tätigkeiten bereits entfaltet wurden und ob schon ein konkreter Auftrag erteilt worden war (Abgrenzung zwischen Rats- und Geschäftsgebühr). In beiden Fällen gilt: Der geringe Aufwand ist bei der Bestimmung der Gebührenhöhe zu berücksichtigen.

Tipp
Welche Gebühr entsteht, richtet sich zunächst nach dem Auftrag. Um die spätere Abrechnung zu erleichtern und Streitigkeiten zu vermeiden, ist es notwendig und empfehlenswert, den genauen Auftrag schriftlich zu fixieren und vom Mandanten unterzeichnen zu lassen. Eine allgemeine Vollmacht ist dabei kaum ausreichend.
Bei einem bedingten Klageauftrag ist es ratsam, zwei Vollmachten erteilen zu lassen: Eine für den außergerichtlichen Einigungsversuch und eine Prozessvollmacht.

T

Achten Sie bei Formulierung des Auftrages auch auf die genaue Bezeichnung der Mandanten und auf alle Unterschriften.

Tipp
Vermeiden Sie die Falle des § 120 BRAGO!
Manche Versicherer, die nicht nach den DAV-Empfehlungen regulieren (siehe Abschnitt 11.5), stellen in einfachen Fällen die § 120 Abs. 2 – Falle:

T

Fertigt der Rechtsanwalt auftragsgemäß nur ein Schreiben, was dem äußeren Betreiben eines Verfahrens dient, erhält er hierfür nur die Mindestgebühr von 10 € gemäß § 120 Abs. 2 i. V. m. § 11 Abs. 2 S. 1 BRAGO. Solche Schreiben sind zum Beispiel:

- die Vertretungsanzeige,
- Benachrichtigungen und
- Beschleunigungsgesuche.

Machen Sie deshalb immer, auch und gerade wenn Sie später eingeschaltet werden oder den Sachverhalt noch nicht genau kennen, wenigstens vorläufige Ausführungen zu Sachverhalt und Rechtslage. Anderenfalls könnte es sein, dass Sie sich mit der Mindestgebühr begnügen müssen.

3.5 Mehrere Auftraggeber, § 6 BRAGO

Wird der Rechtsanwalt

- für mehrere Auftraggeber
- in derselben Angelegenheit
- wegen desselben Gegenstandes
- gleichzeitig tätig,

so wird die Prozess- und die Geschäftsgebühr nach § 6 Abs. 1 S. 2 BRAGO für jeden weiteren Mandanten um 3/10 erhöht.

Bereits im Abschnitt A III. Die »Todsünden« der Fallbearbeitung wurde auf eine wesentliche Frage hingewiesen: Wer ist/sind der/die eigene/n Mandant/en? So wichtig die Beantwortung für die Fallbearbeitung ist, so bedeutsam ist sie auch für die Vergütungsberechnung.

a) Mehrere Mandanten

Der Rechtsanwalt vertritt mehrere Auftraggeber, wenn er für verschiedene natürliche oder juristische Personen tätig wird:

- Juristische u. a. parteifähige Personen sind immer nur ein Auftraggeber, unabhängig von der Anzahl der Gesellschafter oder Vertreter.
- Bei der Auftragserteilung durch Vertreter kommt es nicht auf die Anzahl der Vertreter, sondern auf die der Vertretenen an.

Als Auftraggeber kommen u. a. in Betracht:

- der Halter des unfallbeteiligten Fahrzeuges
- der Fahrer
- Insassen
- andere Verletzte
- Unterhaltsberechtigte und Erben
- der Versicherer

Seit der BGH (BGH ZIP 2001, 330 ff.) die Gesellschaft bürgerlichen Rechts für parteifähig erachtet hat, ist grundsätzlich bei der Vertretung der GbR von nur einem Auftraggeber auszugehen. Ein Mehrvertretungszuschlag fällt deshalb nicht mehr an. Etwas Anderes gilt jedoch dann, wenn neben den Ansprüchen der GbR in ihrer gesamthänderischen Verbundenheit persönliche Forderungen der einzelnen Gesellschafter durchgesetzt werden sollen.

Wird bei einem Verkehrsunfall ein Kind verletzt und beauftragen die Eltern den Rechtsanwalt mit der Durchsetzung der Schmerzensgeldansprüche des Kindes, hat der Anwalt dennoch nur einen Mandanten – das Kind.

b) Dieselbe Angelegenheit

Handelt es sich nicht um dieselbe Angelegenheit, erfolgt die Abrechnung für jeden Mandanten getrennt. Die einzelnen Gebühren entstehen also für jeden Klienten besonders.

Wenn folgende Voraussetzungen erfüllt sind, kann von derselben Angelegenheit im gebührenrechtlichen Sinne gesprochen werden (Vgl. Gerold/Schmidt, Madert, BRAGO, 14. Aufl., § 13 Rdnr. 5 ff.):

1. Ein einheitlicher Auftrag wurde erteilt.
2. Der gleiche Rahmen kann bei der Verfolgung mehrerer Ansprüche oder eines Anspruches mehrerer Berechtigter eingehalten werden.
3. Zwischen den einzelnen Gegenständen besteht ein innerer objektiver Zusammenhang.

zu 1.: Ein einheitlicher Auftrag
ist auch gegeben, wenn mehrere Aufträge mit zeitlichem Abstand erteilt wurden, aber Einigkeit darüber besteht, dass die Ansprüche gemeinsam behandelt werden sollen.

T

Tipp
Vertreten Sie bereits den Fahrer des unfallbeteiligten Kfz und werden Sie später noch vom Halter mandatiert, liegt trotz der unterschiedlichen Beauftragung ein einheitlicher Auftrag vor, wenn die Beteiligten eine gemeinsame Bearbeitung wünschen.
Außergerichtlich lassen sich die Sachen noch gut trennen; Sie haben dann für jeden Mandanten eine extra Handakte angelegt und berechnen Ihre Vergütung auch getrennt.
Im Gerichtsverfahren ist eine getrennte Verfolgung der verschiedenen Ansprüche oft nicht tunlich; dort wird meist nur ein Verfahren geführt. Die Abrechnung des Gerichtsverfahrens erfolgt dann als eine Angelegenheit.

zu 2.: Der gleiche Rahmen
wird eingehalten, wenn mehrere Ansprüche durch ein gemeinsames Mahnschreiben oder die Erhebung einer einzigen Klage geltend gemacht werden können.

T

Tipp
Den gleichen Rahmen können Sie nicht dadurch sprengen, dass Sie für jeden Mandanten ein weiteres Mahnschreiben verfassen. Sie würden nur Mehrarbeit produzieren, welche sich gebührenrechtlich nicht auswirkt. Denn es kommt nicht darauf an, dass der gleiche Rahmen tatsächlich eingehalten wird, sondern nur darauf, dass er eingehalten werden könnte. Voraussetzung ist natürlich, dass ein einheitlicher Auftrag besteht.

Der Schadensersatzanspruch gegen den Schädiger und Ansprüche gegen einen Sozialversicherungsträger können niemals im gleichen Rahmen geltend gemacht werden, denn der Rechtszug ist jeweils ein anderer. Dann haben Sie zwar »nur«

einen Mandanten, aber trotzdem mehrere Angelegenheiten. Das gleiche gilt im Verhältnis zur Verwaltungsbehörde, wenn Bußgelder o. ä. abzuwehren sind.

zu 3.: Im inneren objektiven Zusammenhang
stehen die Forderungen mehrerer Mandanten, wenn sie aus demselben Rechtsverhältnis / Schadensereignis resultieren und im Falle der gerichtlichen Geltendmachung in einem gemeinsamen gerichtlichen Verfahren verfolgt werden können.

c) Derselbe Gegenstand

Der Gegenstand der anwaltlichen Tätigkeit ist derselbe, wenn mehrere Mandanten an ein und derselben Forderung gemeinschaftlich beteiligt sind; sei es als

- Gesamtschuldner bzw. Gesamthandsschuldner
- Gesamtgläubiger bzw. Gesamthandsgläubiger

Der Mehraufwand, der dem Anwalt üblicherweise durch die Vertretung mehrerer entsteht, soll honoriert werden (Es kommt aber nicht darauf an, ob im Einzelfall tatsächlich ein Mehraufwand zu verzeichnen war). Dafür gibt es zwei Möglichkeiten:

Der Gegenstand der anwaltlichen Tätigkeit

ist derselbe	ist nicht derselbe
↓	↓
Die Prozess- bzw. Geschäftsgebühr erhöht sich für jeden weiteren Auftraggeber um 3/10, § 6 Abs. 1 S. 2.	Die verschiedenen Gegenstände werden zur Bestimmung des Geschäftswertes addiert, § 7 Abs. 2; dies betrifft alle Gebühren.

T

Tipp
Schmerzensgeldansprüche sind immer höchstpersönliche Ansprüche! Daran können also auf Gläubigerseite niemals mehrere gemeinschaftlich beteiligt sein (Ausnahme: Erben des Verletzten).
Bei der Vertretung mehrerer Geschädigter wegen deren Schmerzensgeldansprüche ist der Gegenstand der anwaltlichen Tätigkeit demnach nicht derselbe. Die Geschäfts- bzw. Prozessgebühr wird nicht nach § 6 Abs. 1 S. 2 BRAGO erhöht; statt dessen werden diese Ansprüche zusammengerechnet und die Gebühr aus der Summe bestimmt.

Auch hier ist die Frage: Wer will was von wem? (Siehe schon Abschnitt A III. Die »Todsünden« der Fallbearbeitung) von zentraler Bedeutung.

d) Berechnung der Erhöhung nach § 6 Abs. 1 S. 2 BRAGO

Die Prozessgebühr wird für jeden weiteren Auftraggeber um 3/10 erhöht. Die 3/10 sind immer von der Ausgangsgebühr zu berechnen.

Die Erhöhung (nicht die erhöhte Gebühr) ist jedoch begrenzt; sie darf zwei volle Ausgangsgebühren nicht übersteigen. Insgesamt können also maximal drei Ausgangsgebühren berechnet werden.

Ausgangsgebühr	Erhöhung für jeden weiteren Mandanten um	Maximale Erhöhung (bei 7 und mehr Mandanten)	Erhöhte Gebühr bei zwei Auftraggebern
13/10	3,9/10	26/10	16,9/10
10/10	3/10	20/10	13/10
7,5/10	2,25/10	15/10	9,25/10
5/10	1,5/10	10/10	6,5/10
3/10	0,9/10	6/10	3,9/10

4. Besprechungsgebühr, § 118 Abs. 1 Nr. 2 BRAGO

Wirkt der Rechtsanwalt an einer mündlichen (auch fernmündlichen) Verhandlung oder Besprechung über tatsächliche oder rechtliche Fragen mit dem Gegner oder einem Dritten mit, erhält er hierfür eine Besprechungsgebühr.

Durch eine Nachfrage wird diese Gebühr jedoch nicht verdient.

Der Streit um die Entstehung der Besprechungsgebühr entzündet sich meist an den folgenden zwei Problemkreisen:

4.1 Abgrenzung zwischen Verhandlung / Besprechung und einer Nachfrage (Vgl. AG Köln JurBüro 1987, 1784; LG Köln JurBüro 1987, 1785.)

Verhandlung / Besprechung meint ein sachbezogenes Gespräch, welches geeignet ist, entweder den Streit beizulegen oder den Streitgegenstand zu fördern.

Dabei ist unerheblich,

- ob die Verhandlung streitig oder einvernehmlich geführt wird (Madert ZfS 1990, 290; AG Bensheim ZfS 2000, 552 f.) oder
- ob der Streit dadurch tatsächlich beigelegt oder gefördert wurde und
- wie lange die Unterredung dauerte.

Die *Nachfrage* dient dagegen nur der Informationsbeschaffung.

Lässt sich der Rechtsanwalt beispielsweise vom Sachverständigen dessen Gutachten erläutern, weil es missverständlich, unvollständig oder nicht schlüssig ist, handelt es sich um eine gebührenauslösende Besprechung. Dasselbe gilt, wenn die Höhe der Gutachtervergütung streitig ist und der Rechtsanwalt mit dem Sachverständigen dessen Rechnung bespricht (Hier würde die Besprechungsgebühr lediglich aus der streitigen Sachverständigenvergütung zu berechnen sein). Die telefonische Nachfrage bei einem Mietwagenunternehmen zur Höhe der üblichen Mietwagenkosten löst hingegen eine Besprechungsgebühr nicht aus.

Ob durch die Anfrage beim Zentralruf der Autoversicherer eine Besprechungsgebühr anfällt, ist umstritten (Vgl. Baldus ZfS 1989, 400 m. w. N.; **a. M.** AG Oberhausen ZfS 1999, 488 f. m. Anm. v. Madert). Der überwiegenden Meinung, welche die Entstehung verneint, ist grundsätzlich zuzustimmen.

4.2 Wer ist Dritter i. S. d. § 118 Abs. 1 Nr. 2 BRAGO?

Besprechungen mit dem Mandanten, dessen Bevollmächtigten oder gesetzlichen Vertretern sind durch die Geschäftsgebühr abgegolten. Wenn also die schon betagte Mandantin einen Bekannten bittet, die Sache für sie zu regeln, entsteht für die Besprechungen mit diesem Bekannten keine Besprechungsgebühr. Er ist nicht Dritter i. S. d. § 118 Abs. 1 Nr. 2.

Dritte sind zum Beispiel:

- die Haftpflichtversicherung des Gegners und die Kaskoversicherung des Mandanten
- Zeugen und der Sachverständige
- Mietwagenunternehmen
- Polizei
- Kreditinstitute
- Angestellte des Auftraggebers können je nach Sachverhalt als »Dritte« oder als Vertreter auftreten

Die Eigenschaft einer Person als »Dritter« ist immer dann umstritten, wenn der Rechtsanwalt gegenüber dieser Person nicht die Interessen des Mandanten nach außen durchsetzen muss, sondern diese »im Lager des Auftraggebers« steht (Vgl. AG Wismar ZfS 2000, 32; AG Wetzlar ZfS 2000, 33). Das kann auf Angestellte des Auftraggebers oder auf den vom Klienten beauftragten Sachverständigen zutreffen.

4.3 Fallgruppen

Die Entscheidungen zur Besprechungsgebühr sind ungezählt. Sie unterscheiden aber nicht immer sauber zwischen der Entstehung und der Erstattungsfähigkeit der Gebühr. Zitate sind also mit Vorsicht zu verwenden. Als Orientierungshilfe sollen hier nur einige neuere Entscheidungen erwähnt werden.

a) Gespräche mit dem Versicherer

Wer kennt ihn nicht, den überflüssigen Satz des Sachbearbeiters der Versicherung am Telefon: »Durch dieses Gespräch fällt aber keine Besprechungsgebühr an!«.

In vielen Dingen mögen die Versicherer allmächtig sein; die Entstehung einer Gebühr können sie bei Vorliegen der Entstehungsvoraussetzungen jedoch nicht verhindern. Diese Aussage ist deshalb bestenfalls als Ablehnung der Regulierung eines entsprechenden Gebührenansatzes auszulegen.

Tipp
Ist die Gebühr bereits durch Erörterung des Sachverhaltes mit einem Zeugen, der Staatsanwaltschaft oder anderen entstanden, lehnen Sie sich entspannt zurück und antworten Ihrem Gesprächspartner, was dieser gern hören wird: »Selbstverständlich nicht«. Befinden Sie sich nicht in der Lage, die Besprechungsgebühr schon verdient zu haben, schlagen Sie vor, die Besprechungsgebühr nur aus dem Gegenstand der Erörterung zu erstatten.

Die Gebühr entsteht nicht allein dadurch, dass

- im Anschluss an ein Anspruchsschreiben telefonisch nach der Regulierungsbereitschaft gefragt wird (LG Berlin DAR 2000, 361),
- neben der Übermittlung des Fragebogens für Anspruchsteller die Zahlung eines Regulierungskostenvorschusses angefordert wird (AG Wetzlar ZfS 2000, 33),
- ein Mitarbeiter der Kfz-Haftpflichtversicherung bei dem Rechtsanwalt des Geschädigten nachfragt, ob eine Vollkaskoversicherung in Anspruch genommen wird (AG Hof ZfS 2000, 32).

Tipp
Weist Sie der Sachbearbeiter darauf hin, dass eine Besprechungsgebühr für dieses Telefonat nicht entsteht, obwohl Ihrer Meinung nach alle Voraussetzungen vorliegen, sollten Sie taktisch klug abwägen. Erreichen Sie durch das Gespräch, dass mehr oder

> schneller reguliert wird, haben Sie und Ihr Mandant davon möglicherweise mehr, als sich im nachhinein um die Gebühr streiten zu müssen.

Sie müssen natürlich nicht auf die Ihnen entstandene Gebühr verzichten.

Es ist zwischen Ihrem Anspruch gegen Ihren Mandanten (der Entstehung der Gebühr) und der Pflicht des Gegners zur Erstattung an Ihren Mandanten (der Erstattungsfähigkeit) zu unterscheiden. Allerdings wird Ihr Mandant diesen Unterschied und damit seine zusätzliche Kostenbelastung nur verstehen, wenn Sie ihn vorher darauf hingewiesen haben.

b) Gespräche mit Zeugen

Sprach der Rechtsanwalt mit dem Zeugen über dessen tatsächliche Wahrnehmungen oder hat der Zeuge den Unfallhergang geschildert, ist die Besprechungsgebühr entstanden (AG Nürnberg ZfS 2000, 551; AG Ludwigsburg ZfS 2000, 551; AG Düsseldorf ZfS 2000, 551 f., AG Iserlohn ZfS 2000, 552).

c) Gespräche mit dem Sachverständigen

Wird mit dem Sachverständigen der Unfallhergang erörtert, um diesen besser nachvollziehen und somit auf das mögliche Schadensbild schließen zu können, entsteht eine erstattungsfähige Besprechungsgebühr (AG Kaiserslautern ZfS 2000, 553). Das gilt ebenso, wenn mit dem Sachverständigen die Grundlagen des Gutachtens besprochen werden, um die Erfolgsaussicht der Weiterverfolgung von Ansprüchen prüfen zu können (AG Bonn ZfS 1998, 270).

d) Gespräche mit der Reparaturwerkstatt

Eine Besprechungsgebühr entsteht,

- wenn das Telefonat eine Stundung des Restwerklohnes, den die Haftpflichtversicherung des Unfallgegners noch nicht gezahlt hat, bewirken soll, AG Kaiserslautern ZfS 2000, 552; Diese Gebühr ist außerdem erstattungsfähig),
- für eine Verhandlung über die Frage, wie das Fahrzeug herausgegeben wird und ob eine Kostenübernahmeerklärung des Kfz-Haftpflichtversicherers des Schädigers vorliegt (AG Saarlouis ZfS 1998, 270).

e) Gespräche mit einem Mietwagenunternehmen

Dienten die Telefonate dazu, eine korrigierte Mietwagenrechnung erstellen zu lassen, um diese der gegnerischen Kfz-Haftpflichtversicherung vorzulegen, ist hierdurch eine erstattungsfähige Besprechungsgebühr entstanden (AG Siegen Schaden-Praxis 2000, 212).

f) Gespräche mit der Polizei

Wird mit einer Sachbearbeiterin der Polizeistation telefoniert, um Angaben aus dem Akteninhalt zu erhalten, entsteht keine Besprechungsgebühr (AG Wiesbaden VersR 2000, 1125). Auch die Nachfrage, wer der Unfallverursacher war und welche Zeugen hierfür zur Verfügung stehen, soll keine Besprechungsgebühr auslösen (AG Friedberg ZfS 2000, 35 f. m. ablehnender Anm. v. Madert).

5. Beweisaufnahmegebühr, § 118 Abs. 1 Nr. 3 BRAGO

Die Entstehung dieser Gebühr setzt voraus, dass die Beweisaufnahme von einem Gericht oder einer Behörde angeordnet wurde. Dies kommt in einer außergerichtlichen Unfallschadensregulierung nicht vor. Eine Gebühr nach § 118 Abs. 1 Nr. 3 BRAGO ist deshalb grundsätzlich nicht anzusetzen.

6. Höhe der Gebühren

Bei den Gebühren des § 118 handelt es sich um Satzrahmengebühren, die in Höhe von 5/10 bis 10/10 entstehen können.

Die Höhe ist vom Anwalt im Einzelfall unter Berücksichtigung der in § 12 Abs. 1 Nr. 1 BRAGO beispielhaft genannten Umstände zu bestimmen. Die Mittelgebühr von 7,5/10 ist dann angemessen, wenn es sich in jeder Hinsicht um einen durchschnittlichen Fall handelt und die Kriterien des § 12 BRAGO eine Abweichung nach oben nicht zulassen bzw. nach unten nicht erfordern.

Für jede Gebühr ist die Bestimmung gesondert vorzunehmen. So kann beispielsweise eine 10/10 Geschäftsgebühr gerechtfertigt sein, weil an dem Verkehrsunfall ein ausländisches Fahrzeug beteiligt war und sich so erhebliche tatsächliche und rechtliche Schwierigkeiten ergaben. Andererseits rechtfertigt möglicherweise eine kurze telefonische Besprechung mit dem Mitarbeiter des Vereins Deutsches Büro Grüne Karte in Hamburg nur eine Besprechungsgebühr im unteren Bereich.

T

> **Tipp**
> Bei Gebühren oberhalb der Mittelgebühr ist meist eine ausführliche Begründung erforderlich.
> Tragen Sie dabei einzelfallbezogen vor; Textbausteine ohne Bezug zum konkreten Sachverhalt sind nicht zur Begründung geeignet.
> Während der Mandatsbearbeitung konsequent geführte Notizen zu gebührenerhöhenden Tatbeständen erleichtern später die Argumentation.
> Ein außergewöhnlich hoher Zeitaufwand lässt sich am Besten mit einer detaillierten Stundenabrechnung belegen.

7. Gegenstandswert

Bei der Abrechnung dem Mandanten gegenüber bereitet die Bestimmung des Gegenstandswertes kaum Schwierigkeiten. Er richtet sich nach dem Wert der Ansprüche, mit deren Durchsetzung der Anwalt beauftragt worden war, siehe § 7 Abs. 1 BRAGO.

7.1 Vorschriften zur Wertermittlung

Für die Berechnung des Gegenstandswertes sind gemäß § 8 Abs. 1 BRAGO grundsätzlich die §§ 12 ff. GKG entsprechend anzuwenden.

§ 17 Abs. 2 S. 1, Abs. 4 S. 1 GKG
Wird Schmerzensgeld in Form einer Geldrente verlangt, so ist der fünffache Jahresbetrag maßgebend, es sei denn, der Gesamtbetrag der geforderten Leistung ist geringer. Bestehen bei der ersten schriftlichen Geltendmachung durch den Anwalt bereits Rückstände, sind diese dem Wert zuzurechnen (LG Stuttgart AnwBl. 1978, 234; OLG Bamberg FamRZ 1996, 504).

Beispiel:
Sie werden beauftragt, Schmerzensgeldansprüche in Form einer Rente von monatlich 350 € für weitere 2 Jahre (voraussichtliche Dauer der Rekonvaleszenz) und Rückstände durchzusetzen. Als Sie den Schädiger bzw. die gegnerische Versicherung zur Zahlung auffordern, sind bereits 6 Monatsraten fällig.

Der Gegenstandswert beträgt 10.500 € (350 € × 12 Monate × 2 Jahre + 350 € × 6 Monate).

Sollen Sie hingegen zusätzlich zu den rückständigen Raten eine lebenslange Rente für Ihren Mandanten verlangen, beträgt der Wert 23.100 € (350 € × 12 Monate × 5 Jahre + 350 € × 6 Monate).

§ 22 GKG
Nebenforderungen sind für den Wert nur dann bestimmend, wenn die gebührenauslösende Handlung nur die Nebenforderungen betraf. Der Wert ist durch den Wert des Hauptanspruches begrenzt.

Beispiel:
Hat sich die gegnerische Versicherung nach langem Schriftverkehr grundsätzlich zum Ausgleich der Schadenspositionen bereit erklärt und wird nur noch wegen der Verzugszinsen mündlich/ telefonisch gestritten, so entsteht eine Besprechungsgebühr nur noch aus dem Wert der Zinsen.

§ 7 Abs. 2 BRAGO
In derselben Angelegenheit werden die Werte mehrerer Gegenstände zusammengerechnet.

Beispiele:
Eine aus 3 Erben bestehende Erbengemeinschaft ist Eigentümerin eines durch den Verkehrsunfall beschädigten Gebäudes und verlangt Schadensersatz in Höhe von 5.000 €. Dabei handelt es sich gebührenrechtlich um nur einen Gegenstand, so dass die Geschäftsgebühr nur aus 5.000 € erwächst, jedoch gemäß § 6 Abs. 1 S. 2 BRAGO um 6/10 erhöht wird.

Bei der Durchsetzung von Schmerzensgeldansprüchen für zwei Verletzte in Höhe von jeweils 600 € handelt es sich um mehrere Gegenstände, welche zu addieren sind. Damit berechnet sich die Gebühr aus 1.200 €. Allerdings kommt keine Erhöhung nach § 6 BRAGO in Betracht, da der Gegenstand der anwaltlichen Tätigkeit nicht derselbe ist.

Folgendes ist stets zu beachten:

- Die Geschäftsgebühr entsteht immer aus dem höchsten, jemals im Streit gewesenen Betrag.
- Der Wert der Geschäftsgebühr kann niemals geringer sein als der Wert der Besprechungsgebühr.
- Der Wert der Besprechungsgebühr richtet sich danach, worüber verhandelt wurde und kann somit geringer sein als der Wert der Geschäftsgebühr.
- Werden in einem Vergleich weitere Ansprüche miterledigt, ist an den Ansatz einer weiteren Geschäftsgebühr (bei außergerichtlichem Vergleich) bzw. einer 5/10 Prozessgebühr nach § 32 Abs. 2 BRAGO (bei gerichtlich protokolliertem Vergleich) zu denken.

Beispiel:
Telefonieren Sie mit der Kfz-Werkstatt, um die Herausgabe des Unfallfahrzeuges vor vollständiger Begleichung des Werklohnes zu erwirken, entsteht die Besprechungsgebühr aus dem Betrag, von dessen Zahlung die Herausgabe abhängig gemacht wurde (LG Lüneburg ZfS 1994, 182).

T

Tipp
Notieren Sie sich unbedingt auch die wesentlichen Daten für die Gebührenabrechnung! Einige Zeit später lässt sich vieles nur noch schwer rekapitulieren und vor allem beweisen.

7.2 Einzelheiten

Sind zum Zeitpunkt Ihrer Mandatierung bereits einzelne Forderungen ausgeglichen, bleiben diese Positionen bei Ihrer Wertberechnung unberücksichtigt. Alles, was noch nicht reguliert worden ist, kann dagegen in den Wert einbezogen werden.

T

Tipp
Gerade wenn Ihr Mandant zunächst selbst versucht hat, die gegnerische Versicherung zu einer Zahlung zu bewegen, kann sich Ihre Beauftragung mit einer (teilweisen) Zahlung überschneiden. Ihr Auftrag – und Ihr Gebührenwert – bezieht sich also auf Positionen, die gar nicht mehr streitig sind. In diesen Fällen wird der Gegner nicht sofort bereit sein, Ihre Gebühren auch aus dem Wert der erledigten Ansprüche auszugleichen. Um ihn von seiner Zahlungspflicht überzeugen zu können, kommt dem Datum der unterzeichneten Vollmacht eine grundlegende Bedeutung zu.

Selbstverständlich sollte sein, dass der Wertberechnung nur die Ansprüche zugrunde zu legen sind, auf die sich das Mandat erstreckt.

Regelmäßig bleibt der Geschädigte verpflichtet, auch sicherungshalber abgetretene Ansprüche einzufordern. Diese erhöhen den Gegenstandswert. Beachten Sie bitte, dass Zahlung nicht mehr an den Mandanten, sondern an den Abtretungsempfänger verlangt wird, anderenfalls wäre der Anspruch nicht begründet und die hierdurch entstehenden Kosten wären nicht erstattungsfähig.

T

Tipp
Zahlt der Gegner beispielsweise an den Gutachter aufgrund der Abtretungserklärung, ohne dass Sie dazu aufgefordert haben – weil Sie hierzu keinen Auftrag hatten – sind diese Kosten nicht in Ihre Wertberechnung aufzunehmen.

Erfolgt die Zahlung, nachdem Sie das Mandat erhalten haben, aber bevor Sie auftragsgemäß zur Zahlung auffordern können, erhöhen die Kosten Ihren Gebührenwert. Sie müssen möglicherweise dem Gegner den Umfang Ihres Mandates glaubhaft machen. Detaillierte Aufzeichnungen über die Besprechungen mit Ihrem Auftraggeber können hierzu gute Dienste leisten.

Wie der Wert bei einer Neuwagenabrechnung zu bemessen ist, wird unterschiedlich beurteilt:

Eine Meinung legt den Neuwagenpreis zugrunde, ohne den Restwert davon abzuziehen, weil das beschädigte Fahrzeug der Versicherung zur Verfügung gestellt werden darf und somit dessen Verwertung deren Sache ist (LG Koblenz ZfS 82, 205).

Nach anderer Ansicht wird auf den tatsächlich eingetretenen wirtschaftlichen Schaden abgestellt und der Restwerterlös vom Neupreis abgezogen (AG München VersR 80, 464).

Tipp

T

Der zweiten Meinung ist aus sachlichen Gründen der Vorzug zu geben, obwohl sich dadurch der Gegenstandswert verringert.
Die Neupreisregulierung ist in der Regel mit einem höheren Aufwand verbunden. Damit und mit dem Hinweis auf die unterschiedliche Rechtsprechung zur Wertermittlung dürfte es jedoch möglich sein, anstelle der Mittelgebühr nach § 118 Abs. 1 Nr. 1 BRAGO eine höhere Gebühr zu vereinbaren und dann auch durchzusetzen, sofern nicht ohnehin die Regulierungsempfehlungen des DAV greifen.

7.3 Inanspruchnahme der Kaskoversicherung des Auftraggebers

Wird neben dem Schädiger und dessen Haftpflichtversicherung auch die Kaskoversicherung des Mandanten in Anspruch genommen, sind beide Forderungen nicht zusammenzurechnen! Es handelt sich um verschiedene Angelegenheiten, welche getrennt abzurechnen sind.

7.4 Der Wert in Bezug auf die Erstattungsfähigkeit

Umstritten ist, in welchem Umfang der Haftpflichtversicherer, der den Unfallschaden nur zu einem Bruchteil zu ersetzen hat, für die Anwaltskosten des Geschädigten haftet. Die herrschende Meinung berechnet die erstattungsfähigen Gebühren nur aus den Beträgen, die tatsächlich erstattet werden (BGH NJW

1970, 1122 ff.; LG Kaiserslautern DAR 1993, 196 ff., LG Amberg AGS 1993, 58 f.; a. M.: AG Titisee-Neustadt DAR 1994, 378). Damit folgt man dem Gedanken des § 92 ZPO auch für den außergerichtlichen Bereich.

Der Geschädigte haftet einerseits im Verhältnis zum Anwalt für die Gebühren aus dem vollen Wert, kann andererseits vom Schädiger nur die Kosten erstattet verlangen, die wegen begründeter Ansprüche entstanden sind.

Begründet in diesem Sinne sind nur die Positionen, die tatsächlich gezahlt worden sind und mit deren Zahlung sich der Geschädigte begnügt hat.

T

Tipp
Weisen Sie Ihren Mandanten auf den Unterschied zwischen Entstehung und Erstattungsfähigkeit der Kosten hin! Dies gilt vor allem dann, wenn Ansprüche verfolgt werden sollen, die kaum durchsetzbar scheinen. Anderenfalls könnte Ihrem Mandanten in Höhe der nicht erstattungsfähigen Mehrkosten ein Schadensersatzanspruch aus positiver Forderungsverletzung gegen Sie zustehen.

8. Die Vergleichsgebühr, § 23 BRAGO

Für das Mitwirken beim Abschluss eines Vergleiches erhält der Rechtsanwalt eine Vergleichsgebühr.

Dabei muss es sich um einen echten Vergleich i. S. d. § 779 BGB handeln; der Streit oder die Ungewissheit der Parteien über ein Rechtsverhältnis muss also im Wege des gegenseitigen Nachgebens beseitigt werden. Und genau hier entbrennt der Streit. Wann liegt tatsächlich ein Vergleich in diesem Sinne vor?

8.1 Abgrenzung zwischen Abrechnungsvorschlag und Vergleich

Richtungsweisend hat der BGH entschieden (BGH NJW 1970, 1122 ff.): Hat die Versicherung dem Geschädigten die Beträge als Schadensausgleich angeboten (und geleistet), die sie für objektiv gerechtfertigt oder doch für vertretbar erachtet, ist der objektive Gehalt ihrer Willenserklärung nicht auf den Abschluss eines Vergleiches gerichtet. Sie rechnete vielmehr den Schaden mit dem Geschädigten ab. Auch wenn der Geschädigte daraufhin von der Verfolgung seiner ursprünglichen Mehrforderung absieht, liegt kein Vergleich vor; eine Vergleichsgebühr ist demnach nicht entstanden.

Ein Beispiel zur Verdeutlichung:

Sie haben im Auftrag Ihres Mandanten von der gegnerischen Haftpflichtversicherung Schadensersatz in Höhe von 5.000 € verlangt. Nach langem Hin und Her ist die Versicherung bereit, Ihrem Mandanten 4.000 € zu zahlen. Ihr Auftraggeber verzichtet daraufhin auf die weitere Geltendmachung des Restbetrages. Nach der Entscheidung des BGH ist eine Vergleichsgebühr nicht entstanden.

Ein Vergleich ist dann anzunehmen, wenn die gegnerische Haftpflichtversicherung zunächst eine Regulierung in Höhe von 3.000 € angeboten hat und auf Ihre Intervention auf 4.000 € erhöht und daraufhin Ihr Mandant von der Mehrforderung Abstand nimmt (Vgl. AG Straubing VersR 1971, 774 f.). Die Vergleichsgebühr wird hier aus 5.000 €, nicht etwa nur aus 1.000 € berechnet (Siehe hierzu unten 8.5 Gegenstandswert).

Daraus folgt:

Kein die Vergleichsgebühr auslösender Vergleich liegt nach herrschender Meinung vor, wenn der Schadensersatzpflichtige einen Teil des Schadens im Abrechnungswege anerkennt und der Geschädigte diese Teilzahlung ohne Widerspruch hinnimmt.

Erhebt der Geschädigte Einwendungen, die aber den Gegner nicht zu einer weiteren Zahlung veranlassen, fehlt es bereits am Nachgeben des Gegners.

Veranlassen die Einwendungen den Gegner zu weiteren Leistungen, ohne dass der volle zunächst geforderte Betrag erreicht wird, liegt ein Vergleich vor; die Vergleichsgebühr entsteht.

8.2 Vergleichsgebühr bei vereinbarter Klagerücknahme

Wird die Verkehrsunfallklage auf Veranlassung der gegnerischen Haftpflichtversicherung zurückgenommen, weil diese nun die Regulierung des Schadens in voller Höhe und die Übernahme der Kosten zusagt, liegt nach h. M. (So z. B.: AG Münster Schaden-Praxis 1992, 327; AG Köln Schaden-Praxis 1994, 30 f.; AG Ludwigshafen Schaden-Praxis 1995, 185 f.; AG Wesel Schaden-Praxis 1999, 68; a. M. AG Coesfeld Rbeistand 1987, 33 f.; AG Itzehoe ZfS 1992, 351). kein Vergleich i. S. d. § 779 BGB vor; eine Vergleichsgebühr entsteht also nicht. Begründet wird diese Ansicht damit, dass der Geschädigte doch alles erhält. was er beansprucht; wenigstens auf seiner Seite ist ein Nachgeben nicht erkennbar.

8.3 Mitwirken am Abschluss des Vergleiches

Die für das Entstehen der Gebühr erforderliche Mitwirkung des Rechtsanwaltes kann in Folgendem bestehen:

- Der Rechtsanwalt berät den Mandanten im Hinblick auf den Vergleichsvorschlag.
- Der Anwalt prüft und begutachtet den Vergleichsvorschlag, nimmt aber selbst nicht an den Verhandlungen teil.
- Ist der Vergleich widerruflich, reicht das Abraten von dem Widerruf, auch wenn der Rechtsanwalt in diesem Moment erstmals tätig wird.
- Ist der Vergleich genehmigungspflichtig, erwächst die Vergleichsgebühr durch die Beschaffung der Genehmigung.

8.4 Höhe der Gebühr, § 23 Abs. 1 BRAGO

Soweit über den Gegenstand des Vergleiches ein gerichtliches Verfahren anhängig ist, beträgt die Gebühr eine volle Gebühr; in der ersten Instanz also 10/10 und in der Rechtsmittelinstanz 13/10.

Für den Abschluss eines außergerichtlichen Vergleiches wird der Rechtsanwalt – wenn kein Gericht mit der Sache befasst wurde – mit einer 15/10 Gebühr belohnt.

Ein gerichtliches Verfahren im Sinne des § 23 BRAGO ist anhängig, sobald die Klageschrift oder der verfahrenseinleitende Antrag bei Gericht eingegangen ist. Dabei ist die Art des gerichtlichen Verfahrens unerheblich. Ausreichend ist bereits ein Verfahren über die Prozesskostenhilfe, vgl. § 23 Abs. 1 S. 3 a. E. BRAGO.

8.5 Gegenstandswert

Grundsätzlich gilt auch hier: Der Wert wird dadurch bestimmt, worüber man sich verglichen hat; egal worauf – wenn nur ein Vergleich i. S. d. § 779 BGB vorliegt.

1. Man kann sich nur über etwas vergleichen, was noch umstritten ist.
   Hat der Schädiger vor dem Vergleich bereits einzelne Positionen ausgeglichen und einigt man sich nur noch über den Rest, dann erwächst die Vergleichsgebühr auch nur aus der Restforderung (Vgl. LG Bochum ZfS 1983, 272).
2. Sind zwar einzelne Positionen bereits bezahlt, einigt man sich aber auf eine weitere Zahlung, wodurch der Gesamtschaden abgegolten sein soll, entsteht die Vergleichsgebühr aus dem vollen Wert.

Beispiele zur Verdeutlichung:

a, Namens Ihres Mandanten fordern Sie vom Schädiger Schadensersatz in Höhe von 6.000 € und Schmerzensgeld in Höhe von 500 €. Der Schädiger zahlt freiwillig den Schadensersatz, über die Höhe der Schmerzensgeldes vergleichen Sie sich später. In diesem Fall bleibt der vorab gezahlte Schadensersatz bei der Berechnung der Vergleichsgebühr unberücksichtigt.
Zahlt der Schädiger freiwillig 4.000 € auf den Gesamtanspruch und vergleichen Sie sich später, dass zur Abgeltung aller Ansprüche noch 1.500 € zu zahlen sind, erwächst die Vergleichsgebühr aus dem Gesamtanspruch in Höhe von 6.500 €.

b, Der Geschädigte verlangt Schmerzensgeld in Höhe von 1.300 €. Die gegnerische Haftpflichtversicherung zahlt zunächst nur 800 €. Nach regem Schriftverkehr bietet die Versicherung im Rahmen eines Abfindungsvergleiches noch weitere 200 € an; der Vergleich wird vom Geschädigten angenommen.
Die Vergleichsgebühr des Geschädigtenvertreters berechnet sich aus dem gesamten beanspruchten Schmerzensgeld, nämlich aus 1.300 € (**A. A.** AG Göttingen ZfS 2001, 131 f. m. ablehnender Meinung von Madert).

3. Einigt man sich ausdrücklich auf eine Haftungsquote, so ist die Vergleichsgebühr unzweifelhaft aus dem vollen streitigen Betrag entstanden.

T

Tipp
Es ist sehr mühselig, später feststellen zu wollen, was tatsächlich gewollt war. Sie können diese endlosen Streitigkeiten nur umgehen, wenn Sie den Vergleich genau protokollieren und sich am Besten mit der Gegenseite gleich auch über die angefallenen Gebühren – schriftlich – verständigen.

8.6 Der Wert in Bezug auf die Erstattungsfähigkeit

Wie stets, ist auch hier zwischen Entstehung der Gebühr (Anspruch gegen den Mandanten) und der Erstattungsfähigkeit (Anspruch des Mandanten auf Ausgleich gegenüber dem Schädiger) zu unterscheiden.

Das unter 7.4 Gesagte gilt sinngemäß. In der Regel erstattet die gegnerische Versicherung die Vergleichsgebühr nur aus dem Betrag, den sie schlussendlich zahlt. Nach einer anderen Ansicht ist der Wert maßgebend, der aus Sicht des Geschädigten zur Zeit der Anspruchsanmeldung verständigerweise vertretbar war (AG Straubing VersR 1971, 774 f.).

8.7 Einbeziehung weiterer Ansprüche

Einen Vergleich kann für seinen Mandanten nur schließen, wer für die Betreibung des Geschäftes mandatiert worden ist. Das heißt: Aus dem Vergleichswert ist immer auch eine Geschäftsgebühr nach § 118 Abs. 1 Nr. 1 BRAGO oder eine Prozessgebühr nach § 31 Abs. 1 Nr. 1 bzw. § 32 Abs. 2 BRAGO (für die Protokollierung nicht rechtshängiger Ansprüche in einem Prozessvergleich) entstanden.

Die Vergleichsgebühr ist eine Erfolgsgebühr: Sie entsteht nur, wenn tatsächlich ein wirksamer Vergleich geschlossen wird. Wird der Vergleich widerrufen, kann die Vergleichsgebühr nicht berechnet werden.

Die Gebühren nach §§ 118 Abs. 1 Nr. 1, 31 Abs. 1 Nr. 1 und § 32 Abs. 2 BRAGO sind dagegen Tätigkeitsgebühren: Einmal entstanden, fallen sie auch durch den Widerruf des Vergleiches nicht mehr weg.

9. Auslagen

Grundsätzlich hat der Rechtsanwalt gegen seinen Mandanten Anspruch auf den Ersatz seiner Auslagen, soweit er sie nach den Umständen des Falles für erforderlich halten durfte, § 670 BGB.

Die BRAGO enthält nur Regelungen zu typischen, häufig aufzuwendenden Auslagen; die Aufzählung ist jedoch nicht abschließend.

Will der Rechtsanwalt z. B. eine Gerichtsakte einsehen und lässt er sich diese in die Kanzlei übersenden, so entstehen Auslagen nach GKG KV 9003 in Höhe von 8 €. Diese Kosten werden nach § 670 BGB vom Auftraggeber gezahlt.

9.1 Allgemeine Geschäftsunkosten, § 25 Abs. 1 BRAGO

Allgemeine Geschäftsunkosten, die den Anwalt fallunabhängig treffen, sind gem. § 25 Abs. 1 BRAGO von den Gebühren mit abgegolten. Hierfür kann eine gesonderte Entschädigung nicht verlangt werden.

Hierzu gehören Aufwendungen für

- Büro und Material,
- Vordrucke,
- Bücher und Zeitschriften, auch wenn sie zunächst für einen speziellen Fall angeschafft werden, aber auch
- Fahrtkosten für Fahrten innerhalb der politischen Gemeinde, in der sich die Kanzlei des Rechtsanwaltes befindet (vgl. § 28 BRAGO) und

- Schreibauslagen, soweit sie nicht nach § 27 BRAGO gesondert berechnet werden können.

9.2 Entgelte für Post- und Telekommunikationsdienstleistungen, § 26 BRAGO

Der Rechtsanwalt kann zwischen einer pauschalen Abrechnung und einer Abrechnung aufgrund Einzelnachweis wählen.

Der Pauschsatz beträgt 15 % der gesetzlichen Gebühren, in derselben Angelegenheit und in gerichtlichen Verfahren pro Instanz jedoch höchstens 20 €, in Straf- und Bußgeldverfahren höchstens 15 €.

Wurde eine Honorarvereinbarung geschlossen, ist der Pauschsatz nicht aus den vereinbarten, sondern aus den gesetzlichen Gebühren zu bestimmen.

Für Rechtsanwälte mit Kanzleisitz im Beitrittsgebiet berechnet sich die Pauschale aus den ungekürzten Gebühren; hier ist ein Abschlag nicht vorzunehmen.

Der Pauschsatzes ist gemäß § 26 S. 3, § 11 Abs. 2 S. 2 BRAGO zu runden: Er wird auf den nächstliegenden Cent auf- oder abgerundet; 0,5 Cent werden aufgerundet.

> **Tipp**
> Bereits ab einem Gebührenwert von 134 € erreicht der Pauschsatz die Höchstmarke von 20 €. Die Erfahrung zeigt, dass in den meisten Mandaten die wirklichen Kosten den Pauschsatz um Einiges übersteigen. Diese Mehrkosten erhalten Sie jedoch nur erstattet, wenn Sie Ihrem Auftraggeber bzw. dem Versicherer eine Einzelaufstellung vorlegen können.
> Sie sollten deshalb überlegen, ob sich die Führung eines Postbuches und einer Aufstellung über die geführten Telefonate lohnt. Falls Sie es nicht sowieso schon tun, dann versuchen Sie es zunächst bei umfangreicheren Verfahren und Sie werden sehen: Die Differenz zum Pauschsatz ist nicht unerheblich.

Fallen Post- und Telefonkosten überhaupt nicht an (so z. B. wenn das Mandat nach einer Erstberatung endet), kann aber auch der Pauschsatz nicht gefordert werden.

9.3 Schreibauslagen und Dokumentenpauschale, § 27 BRAGO

In welchem Umfang Schreibauslagen zu erstatten sind, ist heftig umstritten. Bei der Auswertung von Entscheidungen ist darauf zu achten, dass zwischen dem Anspruch des Rechtsanwaltes gegen den Mandanten und dem Erstattungsanspruch des Mandanten gegen den Schädiger immer auch Unterschiede bestehen können.

1. Unstreitig sind Kosten für Ablichtungen aus Behörden- und Gerichtsakten zu ersetzen, soweit deren Fertigung zur sachgemäßen Bearbeitung des Mandates erforderlich war, vgl. § 27 Abs. 1 Nr. 1 BRAGO.

T

Tipp
Es ist ohne Mühe aus der Akte erkennbar, wann Sie Einsicht genommen haben und welchen Umfang die Akte zu diesem Zeitpunkt hatte. Wenn Sie mehr Kopien abrechnen, als die Akte zu diesem Zeitpunkt Seiten enthielt, dürfen Sie sich nicht darüber wundern, dass der über Ihren Antrag Entscheidende verärgert reagiert.

Zur sachgemäßen Bearbeitung sind Kopien der eigenen Schriftsätze, Leseabschriften und andere Doppel nicht notwendig. Die dafür aufgewandten Kosten sind deshalb weder vom Mandanten noch vom erstattungspflichtigen Gegner zu ersetzen. Inwieweit man dem Rechtsanwalt bzw. den Fachangestellten zumuten kann, die Akte auf unwesentliche Dinge durchzusehen, hängt vom Umfang der Akte ab. Bei einer Akte der Bußgeldbehörde im Umfang von ca. 20 Seiten ist ein strengerer Maßstab anzuwenden als bei der staatsanwaltschaftlichen Ermittlungsakte von 300 Seiten.

2. Grundsätzlich gehören die Kosten der Abschriften Ihrer Schriftsätze für die Gegner zu den allgemeinen Geschäftsunkosten. Müssen Sie mehr als 3 Gegner oder Beteiligte unterrichten, können Sie die Mehrkosten Ihrem Mandanten in Rechnung stellen, vgl. § 27 Abs. 1 Nr. 2 BRAGO.

3. Im Übrigen sind Schreibauslagen vom Mandanten nur zu erstatten, wenn sie zusätzlich und in seinem Einverständnis entstanden sind, vgl. § 27 Abs. 1 Nr. 3 BRAGO.

Soweit die Kopien nicht völlig überflüssig waren – wovon kaum auszugehen ist – kann das Einverständnis des Auftraggebers regelmäßig unterstellt werden. Problematisch ist die Beantwortung der Frage, ob die Kopien zusätzlich gefertigt wurden. Grundsätzlich kann man sich merken: Der Mandant ist verpflichtet, dem Anwalt alle Unterlagen zur Verfügung zu stellen, die er zur Bearbeitung des Falles benötigt. Bringt der Mandant zur Besprechung nur die Originale der Unterlagen mit und überlässt er dem Rechtsanwalt bzw. seinen Büroangestellten die Kopierarbeit, muss er diesen Service über die Schreibauslagen bezahlen.

Tipp
Geben Sie dem Mandanten die Möglichkeit, die Kopien selbst zu fertigen, wenn Sie diese Kosten abrechnen möchten. Weisen Sie ihn auf die Kosten hin. Dies gilt vor allem bei umfangreichen Unterlagen. Anderenfalls riskieren Sie, dass er sich nach Erhalt Ihrer Rechnung über den Tisch gezogen fühlt und das Mandatsverhältnis darunter leidet.

Werden Sie vom Gericht oder einer Behörde aufgefordert, zusätzliche Abschriften o. a. Ablichtungen einzureichen, so sind die Kosten hierfür regelmäßig vom Mandanten zu zahlen und vom Gegner zu erstatten.

Neu!

4. Für die Überlassung von elektronisch gespeicherten Daten anstelle von Ausfertigungen oder Abschriften (z. B. per E-Mail) kann der Rechtsanwalt unabhängig vom Umfang des Dokuments je übertragene Datei 2,50 € beanspruchen, § 27 Abs. 1 Nr. 4.

9.4 Reisekosten, § 28 BRAGO

Für Geschäftsreisen erhält der Rechtsanwalt

- Fahrtkosten,
- Tages- und Abwesenheitsgeld,
- Übernachtungskosten.

Eine Geschäftsreise liegt nur dann vor, wenn der Rechtsanwalt dabei die politische Gemeinde, in welcher er seine Kanzlei oder seine Wohnung hat, verlässt.

a) Fahrtkosten, § 28 Abs. 2

Für die Benutzung des eigenen Kfz:	0,27 € pro gefahrenen Kilometer zuzügl. der bei solchen Reisen regelmäßig anfallenden baren Auslagen, insbes. der Parkgebühren
Für die Benutzung anderer Verkehrsmittel:	tatsächliche Auslagen, soweit sie angemessen sind

T

Tipp
Gegen die Kosten für die Nutzung des Zuges in der 1. Klasse oder gegen die Nutzung des Flugzeuges ist nichts Grundsätzliches einzuwenden. Sie sollten ihren Mandanten, gerade wenn er in diesen Dingen noch unerfahren ist, jedoch vorher informieren.

b) Tages- und Abwesenheitsgeld, § 28 Abs. 3 S. 1

Bei einer Abwesenheit von	beträgt die Entschädigung
nicht mehr als 4 Stunden	15 €
von mehr als 4 bis 8 Stunden	31 €
von mehr als 8 Stunden	56 €

Bei Auslandsreisen können diese Beträge um 50 % erhöht werden.

c) Übernachtungskosten, Abs. 3 S. 2

Die tatsächlichen Kosten der Übernachtung sind vom Mandanten zu erstatten, soweit sie angemessen sind.

T

Tipp
Keiner kann vom Rechtsanwalt erwarten, dass er ein Quartier der untersten Kategorie sucht. Der gewählte Komfort sollte sich auch nach den persönlichen Gewohnheiten des Anwaltes richten.

9.5 Umsatzsteuer, § 25 Abs. 2 BRAGO

Der Rechtsanwalt hat Anspruch auf Ersatz der auf seine Vergütung an das Finanzamt zu zahlenden Umsatzsteuer.

Bei Honorarvereinbarungen ist grundsätzlich davon auszugehen, dass die Umsatzsteuer gesondert gefordert werden kann.

Umsatzsteuer entfällt auf:

- gesetzliche Gebühren und vereinbarte Honorare
- erhaltene Vorschüsse
- Auslagen

Umsatzsteuer entfällt nicht auf:

- durchlaufende Posten (z. B. Gerichtskosten und Gerichtskostenvorschüsse)
- eingehende Fremdgelder
- eingezogene Forderungen

Ist der Auftraggeber zum Vorsteuerabzug berechtigt, dann kann er von seinem erstattungspflichtigen Gegner nicht den Ersatz der verauslagten Umsatzsteuer verlangen. Das hat aber keine Auswirkung auf den Anspruch des Anwaltes gegen seinen Mandanten!

Ändert sich der Umsatzsteuersatz, ist für die Höhe der Zeitpunkt der Leistungsbewirkung maßgebend. Dieser stimmt mit dem Fälligkeitszeitpunkt des § 16 BRAGO überein.

Folgende Fälligkeitszeitpunkte nennt § 16 BRAGO:

1. Der Auftrag ist erledigt
2. Die Angelegenheit ist beendet
3. In gerichtlichen Verfahren auch dann,
   - wenn der Rechtszug beendet ist,
   - wenn eine Kostenentscheidung ergangen ist,
   - wenn das Verfahren länger als 3 Monate ruht

10. Hebegebühr, § 22 BRAGO

Für die Auszahlung bzw. Rückzahlung von Geldern, die zunächst an den Rechtsanwalt geleistet wurden, entsteht eine Hebegebühr nach § 22 BRAGO.

10.1 Voraussetzung

- Inkassovollmacht auch für die Streitsumme
  Die Prozessvollmacht nach § 81 ZPO enthält nur die Ermächtigung zum Empfang der vom Gegner oder aus der Staatskasse zu erstattenden Kosten.
  Zahlt der Gegner an den Rechtsanwalt, wird dadurch noch kein Auftragsverhältnis zwischen beiden begründet; der Rechtsanwalt hat also keinen Gebührenanspruch gegen den Gegner.
- Wer an den Rechtsanwalt zahlt, ist nicht entscheidend.
  Die Hebegebühr entsteht also auch dann, wenn der Anwalt die Gelder vom Mandanten erhält und diese auftragsgemäß an einen Dritten weiterleitet, bei der Hinterlegungsstelle der Amtsgerichte hinterlegt oder später an den Mandanten wieder zurückzahlt.

- Die Hebegebühr entsteht nicht nur bei Barzahlungen, sondern auch bei unbarem Zahlungsverkehr oder Zahlungen per Scheck oder anderen Wertpapieren.

T

Tipp
Die Hebegebühr wird in der Regel nicht vom erstattungspflichtigen Gegner ersetzt, da diese entweder nicht zu den notwendigen Kosten des Rechtsstreits gehört (vgl. § 91 ZPO) oder ihre Veranlassung gegen die Schadensminderungspflicht verstößt.
Sie sollten also Ihren Mandanten vorher über die Entstehung der Hebegebühr und deren zweifelhafte Erstattungsfähigkeit aufklären. Anderenfalls könnte ihm gegen Sie ein Schadensersatzanspruch aus positiver Forderungsverletzung erwachsen.

10.2 Keine Hebegebühr, § 22 Abs. 5 BRAGO

Eine Hebegebühr entsteht nicht

- für die Weiterleitung von Kosten an ein Gericht oder eine Behörde (z. B. Gerichtskostenvorschuss),
- für die Einziehung und Weiterleitung von Kosten, welche vom Gegner oder der Staatskasse erstattet wurden,
- soweit eingezogene Beträge auf die eigene Vergütung verrechnet werden.

10.3 Höhe der Gebühr, § 22 Abs. 1 BRAGO

Die Gebühr besteht in einem Bruchteil der weitergeleiteten Beträge:

bis zu 2 500 € einschließlich	1,00 vom Hundert
von dem Mehrbetrag bis zu 10 000 €	0,50 vom Hundert
von dem Mehrbetrag über 10 000 €	0,25 vom Hundert

Die Mindestgebühr beträgt 1 € , § 22 Abs. 3 BRAGO.

Die Gebühr wird auf den nächstliegenden Cent auf- oder abgerundet; 0,5 Cent werden aufgerundet, § 22 Abs. 1 S. 2 BRAGO.

Bei mehreren Aus- bzw. Rückzahlungen wird die Gebühr jeweils gesondert erhoben. Dies gilt nicht, wenn zwar mehrere Einzahlungen erfolgten, der Betrag aber nur einmal in Gänze aus- bzw. zurückgezahlt wurde.

10.4 Entnahme der Hebegebühr aus den Zahlungen, § 22 Abs. 1 S. 3 BRAGO

Sie ist nur bei Ablieferung bzw. Rückzahlung an den Mandanten möglich. Es ist nicht zulässig, die Hebegebühr gegen den Willen des Auftraggebers von Beträgen abzuziehen, die an einen Dritten weitergeleitet werden sollen oder wenn sie vom Mandanten zu einem bestimmten Zweck (z. B. als Vergleichssumme) an den Anwalt gezahlt worden sind.

10.5 Erstattungsfähigkeit der Hebegebühr

Grundsätzlich muss davon ausgegangen werden, dass der Gegner die Hebegebühr nicht ersetzt, da die Einschaltung eines Anwaltes zur Vermittlung der Zahlungen in der Regel nicht notwendig ist.

Damit der Gegner überhaupt verpflichtet werden kann, die Hebegebühr zu ersetzen, muss er zuvor ausdrücklich auf deren Entstehung hingewiesen worden sein und er muss die Gelegenheit gehabt haben, auch an den Zahlungsempfänger direkt zu zahlen (Vgl. auch LG Köln Schaden-Praxis 2001, 107; AG Rostock NZV 1997, 524; AG Krefeld ZfS 1992, 351).

Eine Erstattungsfähigkeit wird bejaht:

- wenn die gegnerische Haftpflichtversicherung die Regulierungsbeträge an den Rechtsanwalt zahlt und er diese an den Mandanten weiterleitet, ohne dass die Versicherung ausdrücklich aufgefordert worden war, Zahlungen ausschließlich an den Anwalt zu leisten (AG Steinfurt AGS 1995, 135; AG Westerstede ZfS 1995, 32),
- wenn der Schädiger unaufgefordert an den Rechtsanwalt des Geschädigten zahlt und der Rechtsanwalt die Zahlung weiterleitet (AG Wiesbaden ZfS 1993, 387; Die in der allgemeinen Vollmachtsurkunde enthaltene Inkassovollmacht stellt keine Aufforderung an den Gegner, ausschließlich an den Anwalt zu zahlen, dar. So auch AG Gronau, DAR 2001, 94),
- wenn der Rechtsanwalt ausdrücklich unmittelbare Zahlungen an seinen Mandanten verlangt hat (AG Bad Oeynhausen Schaden-Praxis 1993, 132).

11. Abrechnung nach den DAV-Empfehlungen für die Kfz-Schadenregulierung (Vgl. Greißinger in AnwBl 1993, 474 und AnwBl 1994, 564; Erläuterungen des Schlichtungsausschusses in ZfS 1998, 201 ff.).

Über die Höhe der von der gegnerischen Haftpflichtversicherung zu ersetzenden Anwaltskosten gibt es häufig nicht unerheblichen Streit. Zur Vermeidung solcher Meinungsverschiedenheiten hat der DAV vorgeschlagen, für die außergerichtliche

Schadensregulierung ein Pauschalhonorar zu berechnen und zu ersetzen. Zwischenzeitlich haben die meisten Versicherer mitgeteilt, dass sie nach den DAV-Empfehlungen verfahren werden. Sie gelten nur im Verhältnis zwischen dem Rechtsanwalt des Geschädigten und der gegnerischen Haftpflichtversicherung. Der Anwalt hat aber keinen eigenen einklagbaren Vergütungsanspruch gegen die Versicherung. Sein Vergütungsschuldner bleibt weiterhin nur der Mandant. Auch beziehen sich die Empfehlungen nur auf die Höhe der Gebühren; deren Erstattungsfähigkeit richtet sich nach allgemeinem Schadensersatzrecht.

11.1 Gegenstandswert zur Ermittlung des Pauschalhonorars

Die Gebühren werden immer aus dem *Erledigungswert* berechnet; also aus der Forderung, die der Schädiger endgültig zu begleichen hat. Es ist hier unbeachtlich, dass der Rechtsanwalt möglicherweise zunächst wegen eines erheblich höheren Anspruches beauftragt wurde. (Hier kann ein weiterer Vergütungsanspruch gegenüber dem Mandanten bestehen).

Ist der Rechtsanwalt außerdem beauftragt, in einem Haftpflichtschadenfall einen Kaskoschaden abzuwickeln, dann wird im Verhältnis zur gegnerischen Haftpflichtversicherung der Erledigungswert angesetzt, der ohne Inanspruchnahme der Kaskoversicherung anzusetzen wäre.

Vertritt der Rechtsanwalt mehrere Anspruchsberechtigte, werden die Erledigungswerte addiert.

11.2 Höhe der Pauschvergütung

Anstelle der

- Gebühren nach § 118 BRAGO (also v. a. der Geschäftsgebühr und Besprechungsgebühr)
- Hebegebühr, § 22 BRAGO
- Vergleichsgebühr, § 23 BRAGO
- einer Prozessgebühr, § 31 BRAGO (v. a. wenn auf Veranlassung der gegnerischen Versicherung die Klage zurückgenommen wird)

zahlt die Versicherung dem Rechtsanwalt eine 15/10 Gebühr.

Die 15/10 Gebühr wird unabhängig davon ersetzt, ob eine Vergleich geschlossen wurde oder eine Besprechung stattgefunden hat. Die leidigen Streitereien über die Entstehung einer Vergleichs- bzw. einer Besprechungsgebühr sind so ausgeschlossen.

Werden (auch) Körperschäden reguliert, erhöht sich die Pauschgebühr ab einem Gesamterledigungswert (also Schadensersatz plus Schmerzensgeld) von 10.000 € auf 17,5/10.

Bei der Vertretung mehrere Geschädigte erhöht sich die Gebühr auf 20/10. Betrifft die Regulierung (auch) Körperschäden, steigt die Gebühr ab einem Gesamterledigungswert von 10.000 € auf 22,5/10. Hierbei ist es unerheblich, ob es sich um mehrere Angelegenheiten im kostenrechtlichen Sinne (vgl. § 13 BRAGO) handelt. Auch wenn der Rechtsanwalt von mehreren Geschädigten unabhängig voneinander beauftragt wurde und dies nach der BRAGO zwei verschiedene Angelegenheiten darstellen würde, kann nach den Empfehlungen insgesamt nur eine 20/10 bzw. 22,5/10 Gebühr abgerechnet werden (Vgl. Erläuterungen des Schlichtungsausschusses zu den Empfehlungen in ZfS 1998, 202 Nr. 7 c).

Mehrere Angelegenheiten sind im Sinne der Regulierungsempfehlungen dann anzunehmen, wenn der Schaden eines Mandanten außergerichtlich geklärt werden kann und wegen der Ansprüche eines anderen Mandanten prozessiert werden muss. Die Tätigkeit für den ersten Mandanten kann mit einer Pauschalgebühr abgerechnet werden.

Auch für diese Gebühren ist der im Einigungsvertrag vorgesehene Abschlag von derzeit 10 % vorzunehmen.

11.3 Auslagen

Neben der Pauschgebühr kann der Rechtsanwalt die üblichen Auslagen abrechnen. Ist der Mandant zum Vorsteuerabzug berechtigt, werden Umsatzsteuerbeträge von der gegnerischen Versicherung nicht erstattet (Die Umsatzsteuer ist vom Auftraggeber zu zahlen, der sie wiederum beim Finanzamt geltend machen kann).

11.4 Anwendungsbereich

Die Empfehlungen dienen der zügigen, rationellen und kostengünstigen Schadenregulierung. Sie sind grundsätzlich nur dann heranzuziehen, wenn alle Ansprüche außergerichtlich vollständig geklärt werden konnten.

Wird der Schaden nur teilweise reguliert, steht dies einer Anwendung nicht entgegen, wenn der Ausgleich weiterer Schadenpositionen einvernehmlich vorbehalten bleibt, so z. B. bei Personenschäden, deren künftige Entwicklung noch nicht abzusehen ist.

Eine Anwendung ist ausgeschlossen, sobald ein Gericht über einen Teilanspruch – und sei es nur über die Kosten – entschieden hat. Zu gerichtlichen Entscheidungen in diesem Sinne zählen auch ein Grundurteil, ein PKH-Beschluss oder ein gerichtlich protokollierter Vergleich. Wurde die Pauschalvergütung zunächst bezahlt und kommt es später doch noch zu einer gerichtlichen Auseinandersetzung, ist sie auf die zu erstattende Gesamtvergütung anzurechnen und ggf. (teilweise) zurückzuzahlen.

Werden die Ansprüche eines Mandanten vollständig außergerichtlich reguliert und muss wegen der Ansprüche eines weiteren Auftraggebers ein Gericht entscheiden, sind dies gebührenrechtlich verschiedene Angelegenheiten. Demzufolge kann für den außergerichtlich erledigten Teil die Pauschgebühr abgerechnet werden.

Der in eigener Sache tätige Rechtsanwalt kann ebenfalls die Empfehlungen zugrunde legen.

Beachte:

Rechtsanwälte, die nur einem Einzelfall – obwohl es möglich gewesen wäre – nicht nach den Empfehlungen abgerechnet haben, sind fürderhin von dessen Anwendung ausgeschlossen. Für sie gelten die Regelungen nicht mehr!

Im Einzelfall kann die Pauschgebühr geringer sein als die nach der BRAGO berechneten Gebühren. Ob die Differenz die teilweise arbeitsintensive Überzeugungsarbeit der Versicherungen über die Entstehung und Erstattungsfähigkeit einzelner Gebühren lohnt, muss jeder für sich entscheiden.

Eine Abrechnung nach den vorgestellten Regelungen erfolgt nicht, wenn

- der Sachschaden durch eine Zwischenfinanzierung erhöht wurde, ohne dass dem Versicherer vorher Gelegenheit zur Zahlung gegeben war,
- generell, wenn sich der Rechtsanwalt in Widerspruch zu der von der BRAK über die Zusammenarbeit von Anwälten mit Unfallhelfern veröffentlichten Auffassung (Stapelvollmacht, Beteiligung an einem Unfallhelferring usw.; AnwBl 1971,133) gesetzt hat.

11.5 Beteiligte Versicherungsgesellschaften

Folgende Versicherungsgesellschaften haben dem DAV angezeigt, dass sie Kfz-Haftpflichtschäden nach den DAV-Empfehlungen regulieren:

- Allgemeine Versicherungs-AG der HUK-Coburg (HUK-Coburg Allgemeine), Coburg

- Allianz Versicherungs-AG, München
- A & O kfz Autoversicherung Oldenburg AG, Oldenburg (9)
- Bayerische Versicherungsbank AG (Allianz-Gruppe), München
- Bruderhilfe Sachversicherung a. G. im Rahmen der Kirchen, Kassel
- Continentale Versicherung a. G., Dortmund (2)
- Deutsche Versicherungs-AG, Berlin (Allianz Gruppe)
- Deutscher Herold Allgemeine Versicherungs-AG der Deutschen Bank, Bonn (12)
- DEVK Deutsche Eisenbahnversicherung Sach- und HUK Versicherungsverein a. G. (13) und DEVK
- Europa Sachversicherung AG, Köln (2)
- Frankfurter Versicherungs-AG einschließlich Volkswagen-Opel-Händler Versicherungsdienst – OVD – (Allianz-Gruppe), Frankfurt a. M.
- Gerling-Konzern Allgemeine Versicherungs-AG, Köln (7)
- Haftpflicht-Unterstützungskasse kraftfahrender Beamter Deutschlands a. G. (HUK-Coburg), Coburg
- Karlsruher Versicherung AG, Karlsruhe (6)
- Karlsruher Beamten-Versicherung AG, Karlsruhe (6)
- KRAVAG-ALLGEMEINE Versicherungs AG (8)
- Landschaftliche Brandkasse Hannover (VGH Versicherungsgruppe), Hannover (5)
- Öffentliche Versicherung Oldenburg, Oldenburg (7)
- Provinzial Brandkasse Versicherungsanstalt Schleswig-Holstein, Kiel (2)
- Provinzial Feuerversicherungsanstalt der Rheinprovinz, Düsseldorf (4)
- Saarland Feuerversicherung AG
- SAVAG Saarbrücker Versicherungs-AG, Saarbrücken
- SV Sparkassen-Versicherung Gebäudeversicherung Baden-Württemberg AG (11) (vormals Sparkassen-Versicherung Stuttgart (3))
- VHV Autoversicherungs-Aktiengesellschaft (vormals VHV Vereingte Haftpflichtversicherung a. G.), Hannover (1)
- Vereinte Versicherung AG, München
- Volksfürsorge Deutsche Sachversicherung AG, Hamburg (10)
- Westfälische Provinzial Feuersozietät, Münster
- Württembergische Versicherung AG, Stuttgart
- Sparkassen direkt Versicherung AG (15)

Bemerkungen

1) Schäden ab 01. 11. 1991.
2) Schäden ab 01. 01. 1992.
3) Schäden ab 01. 05. 1992.
4) Schäden ab 01. 10. 1992.
5) Schäden ab 01. 01. 1994.
6) Schäden ab 01. 07. 1995.
7) Schäden ab 01. 01. 1997.
8) Schäden ab 01. 01. 2001.
9) Schäden ab 01. 09. 1998.
10) Schäden ab 01. 07. 1999.
11) Schäden ab 01. 01. 2000.
12) Schäden ab 01. 04. 2000.
13) Schäden ab 01. 06. 2000.
14) Schäden ab 01. 01. 2001.
15) Schäden ab 01. 07. 2001.

Quelle: Arbeitsgemeinschaft Verkehrsrecht des Deutschen Anwaltvereins, www.anwaltverein.de

11.6 Auswirkungen auf den Vergütungsanspruch gegen den Auftraggeber

Die Regulierungsempfehlungen dürfen sich nicht zu Lasten des Mandanten oder dessen Rechtsschutzversicherung auswirken. Zwischen der Pauschalvergütung und der gesetzlichen Vergütung ist eine Differenz möglich, die auf zwei verschiedenen Ursachen basieren kann:

1. Die Differenz beruht auf unterschiedlichen Gegenstandswerten.
   Bei der Berechnung der Pauschgebühr wird der Erledigungswert zugrunde gelegt; die gesetzlichen Gebühren berechnen sich grundsätzlich aus der Forderung, die der Rechtsanwalt im Auftrag des Mandanten verfolgen sollte.
2. Die Differenz beruht auf dem starren Gebührensatz der Pauschgebühr, der die Zahl der tatsächlich verdienten Gebühren unberücksichtigt lässt.

Rechnet der Rechtsanwalt nach den Regulierungsempfehlungen ab, kann er die Differenz zu der gesetzlichen Vergütung vom Mandanten nur fordern, wenn und soweit die Differenz auf unterschiedlichen Gegenstandswerten beruht (LG Köln VersR 1992, 1128; AG Düsseldorf ZfS 1989, 346).

Die Rechtsschutzversicherung des Mandanten erstattet diese Differenz auch nur in diesem Umfang (AG Hagen ZfS 1991, 21; a. M. AG Ahaus ZfS 1988, 357 f. m. Anm. v. Mack (ablehnend)).

Soweit sich eine Differenz dadurch ergibt, dass der Satz der verdienten Gebühren höher ist als der Pauschalsatz (z. B. 7,5/10 Geschäftsgebühr, 7,5/10 Besprechungsgebühr und 15/10 Vergleichsgebühr statt 15/10 Pauschalgebühr), kann der Unterschiedsbetrag nicht vom Mandanten verlangt werden.

12. Honorar für Akteneinsicht und Aktenauszüge aus Unfallstrafakten

Nimmt der Rechtsanwalt für eine Versicherungsgesellschaft Einsicht in Unfallstrafakten, erhält er hierfür und für die Fertigung der Aktenauszüge nach einem Übereinkommen des DAV mit der Versicherungswirtschaft ein Pauschalhonorar von 25,00 € pro Sache.

Soll der Anwalt dieselbe Akte später nochmals einsehen, verdient er dafür ein Pauschalhonorar von 12,50 €.

Daneben erhält der Rechtsanwalt ersetzt

- die Schreibauslagen nach § 27 BRAGO,
- Gerichtskosten und andere Kosten des Auftraggebers, die vom Rechtsanwalt verauslagt wurden,
- außergewöhnliche Kosten, soweit sie im Einverständnis mit dem Auftraggeber aufgewandt wurden
- die auf die Vergütung entfallende Umsatzsteuer.

H. Musterfall

Gerade bei Verkehrsunfallmandanten lässt sich Schriftwechsel in hohem Maße standardisieren. Leider ist auch in fast jedem Fall eine Vielzahl von Schreiben erforderlich.

Allein als erste Folge der Mandantsübernahme ergibt sich sofort die Notwendigkeit acht Schreiben an unterschiedlichste Adressaten zu versenden.

Eine Fülle von Musterschreiben und Klagen sind im Formularbuch Verkehrsunfall von Stegmann/Meth-Kolbe (erschienen als Band 2 dieser Reihe) enthalten. Das Formularbuch enthält eine **CD-ROM**, auf der die Mustertexte für die eigene Verwendung abgespeichert sind.

Es folgt daher nur ein einziger Beispielsfall, der es allerdings in sich hat:

- Unklare Haftungssituation wegen Beweisschwierigkeiten
- Quotenvorrecht
- Schmerzensgeld
- Haushaltsführungsschaden
- Musterklage gegen Haftpflichtversicherer nach teilweiser Regulierung und Inanspruchnahme der eigenen Vollkasko für den Restbetrag

I. Sachverhalt

1. Ausgangssituation nach dem ersten Mandantengespräch

Der Mandant, Herr Heinz Schmidt, gibt an, am Montag den 24. 2. 2002 mit seinem Pkw Marke Daimler-Benz C 180, amtl. Kennzeichen BA-MB 190 auf der B 22 von Bamberg nach Stegaurach gefahren zu sein.

Er sei mit 100 km/h in der Mitte seiner Fahrbahnhälfte und mit Abblendlicht gefahren. Dies könne seine Ehefrau Helga Schmidt, die auf dem Beifahrersitz saß, bestätigen.

Kurz vor Stegaurach sei ihnen Herr Karl Müller mit seinem Pkw, amtl. Kennzeichen BA-KM 230 in einer für diesen langgezogenen Linkskurve entgegengekommen. Aus Unachtsamkeit sei Müller nach rechts ins Bankett abgekommen. Er sei ins Schleudern geraten und dadurch auf die Gegenfahrbahn gekommen, wo es zu einem Frontalzusammenstoß gekommen sei.

Der Wagen des Mandanten sei erheblich beschädigt und seine Ehefrau schwer verletzt worden. Sie sei im Klinikum Bamberg stationär behandelt worden.

Der Unfall wurde von der Polizeiinspektion Bamberg unter der Tagebuchnummer aufgenommen. Der Mandant ist nicht vorsteuerabzugsberechtigt. Für das Fahrzeug besteht eine Vollkaskoversicherung bei der X-Versicherung in München.

Das gegnerische Fahrzeug ist bei der Y-Versicherung in Coburg haftpflichtversichert.

2. Außerprozessuale Regulierung des Sachschadens durch die gegnerische Haftpflicht

Die gegnerische Haftplicht machte geltend, dass nach Angabe ihres Versicherungsnehmers der Mandant in der langgezogenen Linkskurve mit Aufblendlicht (Fernlicht) entgegengekommen sei und die Mittellinie überfahren habe. Dies sei der Grund gewesen, warum Herr Müller mit seinem Fahrzeug erst ins Bankett und dann ins Schleudern geraten sei.

Nachdem Aussage gegen Aussage stehe und der Sachverhalt nicht aufzuklären sei, regulierte die gegnerische Haftpflichtversicherung nur 50% des Schadens.

3. Weitere Vorgehensweise nach Ablehnung der Restforderung durch die gegnerische Haftpflichtversicherung

Der Mandant hat keine Möglichkeit, die restlichen Reparaturkosten vorzustrecken. Die Prozessaussichten sind wegen der undurchsichtigen Beweislage zweifelhaft.

Der Rechtsanwalt des Mandanten entschließt sich dazu die Vollkasko des Mandanten ausnahmsweise als „Finanzierungsmodell" zu nutzen. Nach ausführlicher Belehrung des Mandanten – insbesondere über den entstehenden Rabattverlust – macht er mit dem **Schreiben II** den von der Y-Versicherung noch nicht regulierten Anspruch bei der X-Versicherung geltend.

Nachdem die gegnerische Haftpflichtversicherung nur 50% reguliert hat und gegen die Vollkasko der Gesamtanspruch besteht, ergibt sich die Notwendigkeit einer Abrechnung nach § 67 I VVG. Diese Abrechnung hat einerseits von der Anrechnung der von der gegnerischen Haftpflicht erhaltenen Zahlung auszugehen. Andererseits berücksichtigt sie das Quotenvorrecht des Mandanten, der nach dem Quotenvorrecht berechtigt war, die noch offenen Schadenersatzpositionen vorab aus der Zahlung der gegnerischen Haftpflichtversicherung zu befriedigen.

Ferner fordert der Rechtsanwalt praktischerweise eine Bescheinigung über den Rabattverlust an, um diese bei der nun vorzubereitenden **Klage III** gegen die Y-Versicherung gleich vorzulegen.

Die Kosten der Rechtsverfolgung gegenüber der eigenen Vollkasko des Mandanten macht er in der Klage ebenfalls geltend. Dies begründet er mit der erforderlichen Abrechnung nach Quotenvorrecht. Eine solche kann der Mandant als juristischer Laie natürlich nicht selbst vornehmen, so dass die Kosten hierfür von der Haftpflichtversicherung des Unfallgegners ebenso zu tragen sind, wie die Kosten der Vorfinanzierung der Reparaturkosten.

4. Die Geltendmachung der Ansprüche der Ehefrau des Mandanten

Die Ehefrau des Mandanten hat bei dem Unfall nicht unerhebliche Verletzungen davongetragen. Außerdem führt sie ihrem beruflich stark eingespannten Gatten den Haushalt, ohne dass dieser nennenswerte Beiträge liefert.

Der Rechtsanwalt bestellt sich nunmehr auch für Frau Schmidt und macht ihre Ansprüche gegenüber der gegnerischen Haftpflichtversicherung mit dem **Schreiben IV** geltend. Da selbst, wenn Herrn Schmidt ein Mitverschulden treffen sollte, Gesamtschuld vorliegt, macht der Rechtsanwalt die Ansprüche von Frau Schmidt bei der Y-Versicherung voll geltend. Hinsichtlich des Haushaltsführungsschadens geht er bei der fiktiven Berechnung von einer 40-Stunden-Woche aus, obwohl es sich nur um einen Zweipersonenhaushalt handelt.

II. Schreiben an Vollkaskoversicherung des Mandanten

An X-Versicherung
Vollkaskoversicherung
Ludwigstr. 22

80539 München

Ihr Versicherungsnehmer: Heinz Schmidt, Wagnerstr. 5, 96049 Bamberg
Versicherungs-Nr.: ......

Sehr geehrte Damen und Herren,

in der vorbezeichneten Angelegenheit zeige ich an, dass ich Ihren Versicherungsnehmer, Herrn Heinz Schmidt, anwaltlich vertreten.

Am 24. 2. 2002 gegen 21.00 Uhr fuhr Herr Schmidt mit seinem Pkw, Marke Daimler-Benz C 180, amtliches Kennzeichen BA-MB 190, auf der B 22 von Bamberg nach Stegaurach.

Kurz vor Stegaurach kam ihm Herr Karl Müller mit seinem Pkw, amtliches Kennzeichen BA-KM 230, in einer für diesen langgezogenen Linkskurve entgegen. Aus Unachtsamkeit kam Herr Müller nach rechts in das Bankett, er geriet ins Schleudern und hierbei auf die Gegenfahrbahn, wo es zu einem Frontalzusammenstoß kam.

Das gegnerische Fahrzeug ist bei der Y-Versicherung in Coburg, Versicherungs-Nr.: ...., versichert.

Die gegnerische Haftpflichtversicherung hat außerprozessual den Fahrzeugschaden und die kongruenten Schadenspositionen nur zu 50% reguliert. Das Abrechnungsschreiben der gegnerischen Haftpflichtversicherung habe ich Ihnen in Anlage beigefügt.

Mein Mandant beabsichtigt, die Haftung dem Grund nach gerichtlich klären zu lassen, da er die Auffassung vertritt, für den Unfall nicht zu haften.

Mein Mandant nimmt Sie, als seine Vollkaskoversicherung, bezüglich des bisher noch nicht regulierten Fahrzeugschadens in Anspruch.

Unter Berücksichtigung des Quotenvorrechts, gemäß § 67 Abs. 1 VVG, ergibt sich folgende Abrechnung:

1.	Reparaturkosten gem. Rechnung vom 15. 3. 02	9 025,58 €
2.	Abschleppkosten gem. Rechnung vom 2. 3. 02	322,37 €
3.	Sachverständigenkosten gem. Rechnung vom 10. 3. 02	392,16 €
4.	Wertminderung gem. Sachverständigengutachten vom 10. 3. 02	332,33 €
Betrag		**10 074,45 €**

Wie Sie dem Abrechnungsschreiben der gegnerischen Versicherung entnehmen können, wurden die genannten Positionen zu 50% reguliert.

Mein Mandant macht hiermit seinen Fahrzeugschaden in Höhe von 9 025,58 € aus dem Vollkaskovertrag geltend. Die Leistung der gegnerischen Versicherung in Höhe von 4512,79 € ist ihm anzurechnen. Mein Mandant ist allerdings berechtigt, die noch offenen kongruenten Schadenspositionen gemäß dem Quotenvorrecht vorab aus der Zahlung der gegnerischen Versicherung zu befriedigen.

Es ergibt sich folgende Abrechnung:

1.	Erhaltene Zahlung auf die Reparaturkosten	4 512,79 €
2.	Abzüglich offener Betrag der Abschleppkosten	161,18 €
3.	Abzüglich offener Betrag der Sachverständigenkosten	196,08 €
4.	Abzüglich offener Betrag der Wertminderung	166,17 €
5.	Abzüglich Selbstbehalt der Vollkaskoversicherung	511,29 €
anrechenbarer Betrag		**3478,06 €**

Die Ansprüche meines Mandanten aus der vorliegenden Vollkaskoversicherung errechnen sich demnach wie folgt:

Reparaturkosten	9 025,58 €
abzüglich anrechenbarer Betrag	3 478,60 €
abzüglich Selbstbehalt	511,29 €
Betrag	**5 036,23 €**

Ich fordere Sie auf, diesen Betrag binnen zwei Wochen auf eines der vorbezeichneten Konten zu bezahlen.

Ich bitte Sie ebenfalls, an mich eine Bescheinigung über den Rabattverlust, den mein Mandant durch Ihre Anspruchnahme erleiden wird, zu übersenden.

Mit freundlichen Grüßen

Rechtsanwalt

III. Klageschrift

Amtsgericht Bamberg
Wilhelmsplatz 1

96047 Bamberg

Klage
in Sachen

des Herrn Heinz Schmidt, Wagnerstr. 5, 96049 Bamberg

– Kläger –

vertreten durch ......
gegen

1. Karl Müller, Beckerstr. 8, 96047 Bamberg
2. Allgemeine Versicherungs AG der Y-Versicherung, vertreten durch den Vorstand Rolf Hämisch u. a., Kirchplatz 12, 90444 Coburg

– Beklagte –

wegen Schadenersatz

Gegenstandswert: 1 681,12 €

zeige ich an, dass ich den Kläger anwaltlich vertreten.

Ich bitte um Anberaumung eines frühen ersten Termins, in dem ich folgende Anträge stellen werde:

1. Die Beklagten werden verurteilt, als Gesamtschuldner an den Kläger den Betrag von € 1 684,13 zuzüglich Zinsen in Höhe von 5 Prozentpunkte über dem Basiszinssatz zu zahlen.
2. Das Urteil ist gegebenenfalls gegen Sicherheitsleistung vorläufig vollstreckbar.

Begründung:

I.

Der Kläger ist Halter des Pkws, Marke Daimler-Benz C 180 mit dem amtlichen Kennzeichen BA-MB 190.

Der Kläger ist Arbeitnehmer und nicht vorsteuerabzugsberchtigt. Der Beklagte zu 1) ist Fahrer und Halter des Pkws mit dem amtlichen Kennzeichen BA-KM 230.

Die Beklagte zu 2) ist der zuständige Haftpflichtversicherer für das obengenannte Kraftfahrzeug mit dem amtlichen Kennzeichen BAA-KM 230. Die Beklagte führt das Verfahren unter dem Aktenzeichen: ......

II.

Der Klage liegt folgender Sachverhalt zugrunde:

Der Kläger fuhr am Montag, den 24. 2. 2002, mit seinem Pkw Marke Daimler-Benz C 180, amtliches Kennzeichen BA-MB 190 auf der B 22 von Bamberg nach Stegaurach.

Er fuhr mit ca. 100 km/h in der Mitte seiner Fahrbahnhälfte und hatte das Abblendlicht eingeschaltet.

Beweis: Helga Schmidt, Wagnerstr. 5, 96049 Bamberg

Kurz vor Stegaurach kam dem Kläger der Beklagte zu 1) mit seinem Pkw, amtliches Kennzeichen BA-KM 230 in einer für diesen langgezogenen Linkskurve entgegen. Aus Unachtsamkeit kam der Beklagte zu 1) nach rechts in das Bankett. Er geriet ins Schleudern und hierbei auf die Gegenfahrbahn, wo es zu einem Frontalzusammenstoß kam.

Beweis: Helga Schmidt, bereits benannt

Der Verkehrsunfall wurde von der Polizeiinspektion Bamberg unter dem Aktenzeichen: ......, aufgenommen. Ich beantrage insoweit die Beiziehung der Verkehrsunfallakte.

Beweis: Verkehrsunfallakte der Polizeiinspektion Bamberg Az.: ......

Auch aus der Verkehrsunfallakte wird sich erweisen, dass der Beklagte zu 1) dem Kläger entgegengeschleudert kam und sich der Unfall auf der Fahrbahn des Klägers ereignete.

Aus der bei der Unfallaufnahme durch die Polizei festgehaltenen Bremsspur des Klägers wird sich erweisen, dass der Kläger den Unfall trotz einer Vollbremsung nicht vermeiden konnte und ihm daher auch nicht die Betriebsgefahr des Wagens zurechenbar ist.

Beweis: Sachverständigengutachten

III. Beweislast

Die Beklagten haben vorprozessual eingewandt, dass der Kläger dem Beklagten zu 1) mit Aufblendlicht und mit der linken Fahrzeugseite über der Mittellinie entgegengekommen sei. Dies soll der Grund gewesen sein, warum der Beklagte zu 1) in das Bankett und ins Schleudern gekommen sei.

Diese Sachverhaltsdarstellung wird vorsorglich bestritten.

Da von dem Beklagten ein Mitverschulden des Klägers eingewandt wird, sind diese insofern beweispflichtig.

Nur vorsorglich und unter Verwahrung gegen die Beweislast ist daher für den unter I. dargestellten Sachverhalt, dass der Kläger in der Mitte seiner Fahrbahnhälfte und mit Abblendlicht gefahren sei, die Zeugin Helga Schmidt als Beweis angeboten worden.

IV. Schaden

Der mit der Klage geltend gemachte Schadenersatz errechnet sich wie folgt:

1. Nutzungsausfall
Die Reparatur des Fahrzeuges nahm 14 Tage in Anspruch.

Beweis: Reparaturrechnung vom 15. 3. 2002

Das Fahrzeug des Klägers, ein Daimler-Benz C 180, ist nach der Tabelle von Sanden/Danner in die Gruppe H einzuordnen.
Der Nutzungsausfall für den Unfall beträgt 14 × € 50,60 = € 708,40.

2.
Der Kläger regulierte 50% der Reparaturkosten über seine Vollkaskoversicherung, nachdem die Beklagte zu 2) vorprozessual nur eine Quote von 50% übernommen hatte.
Dem Kläger entstand hierbei ein Rabattverlust in Höhe von € 910,–.

Beweis: Bestätigung der Vollkaskoversicherung vom 25. 4. 2002

3. Zinskosten
Der Kläger hat zur Begleichung der Reparaturrechnung einen Kredit in Anspruch genommen. Es ist dem Kläger nicht vorzuwerfen, dass er seine Vollkaskoversicherung nicht von Anfang an eingeschaltet hatte, da er aufgrund des vorstehenden Sachverhaltes zu Recht davon ausgehen durfte, dass ihm sein Schaden von dem Beklagten zu 100% ersetzt werden würde. An Zinskosten sind dem Kläger € 109,472 entstanden.

Beweis: Bankbestätigung der Sparkasse Bamberg vom 29. 4. 2002

4. Reparaturkosten Autoradio
Bei dem Unfall wurde durch die Wucht des Aufpralls die Radioanlage des Klägers beschädigt.
Für die Reparatur der Radioanlage entstanden dem Kläger Unkosten in Höhe von 120,66 €.

Beweis: Reparaturrechnung vom 4. 4. 2002

5. Mit der Klage wird eine Auslagenpauschale von 20 € geltend gemacht.

6. Anwaltkosten
Der Kläger ist als juristischer Laie berechtigt, sich bei der Geltendmachung seiner Schadenersatzansprüche anwaltlichen Beistand zu bedienen.

Der Unterzeichnende hat für den Kläger nach der Teilregulierung der Beklagten zu 2) dessen restlichen Schaden bezüglich der Reparaturkosten und der kongruenten Schadenspositionen bei dessen Vollkaskoversicherung geltend gemacht.

Beweis: Anspruchsschreiben vom 2. 4. 2002

Wie dem genannten Schreiben zu entnehmen ist, war hierzu nicht nur eine einfache Schadensanmeldung erforderlich. Das Anspruchsschreiben unter Berücksichtigung des Quotenvorrechts nach einer Teilregulierung umfasste vielmehr eine für einen juristischen Laien nicht zu verlangende juristische Wertung und Berechnung.

Die Beklagte hat daher die Rechtsanwaltgebühren für diese Tätigkeit als Schadensfolgekosten zu erstatten.

Die geltend gemachten Gebühren und Auslagen errechnen sich wie folgt:

Gegenstandswert: **5036,23 €**

1. 7,5/10 Geschäftsgebühr gem. § 118 I 1 BRAGO	225,75 €
2. Auslagenpauschale gem. § 26 BRAGO	20,00 €
3. Fotokopiekosten gem. § 27 BRAGO	2,50 €
4. Zwischensumme	248,25 €
5. 16% Umsatzsteuer § 25 BRAGO	39,72 €
Gesamtbetrag	**287,97 €**

Da die Beklagte zu 2) vorprozessual auf die Schadenspositionen, Nr. 1, 3, 4 und 5, 50% erstattet hat, setzt sich der mit der Klage geltend gemachte Betrag wie folgt zusammen:

1. Nutzungsausfall 50%	354,32 €
2. Rabattverlust	910,10 €
3. 50% Zinskosten	54,71 €
4. 50% Radioreparatur	60,33 €
5. 50% Auslagenpauschale	12,78 €
6. Anwaltskosten	287,97 €
Betrag	**1680,21 €**

Die Beklagte zu 2) wurde mit Schreiben vom 30. 4. 2002 aufgefordert, den mit der Klage geltend gemachten Betrag binnen 14 Tagen zu zahlen.

Beweis: Schreiben vom 30. 4. 2002

Die Beklagten befinden sich daher ab 15. 5. 2002 in Verzug. Der geltend gemachte Zinssatz ist daher antragsgemäß zu verzinsen.

Ein Verrechnungscheck über € 408,– Gerichtsgebühren liegt bei.

Rechtsanwalt

Anlagen
Reparaturrechnung/15. 3. 2002
Bestätigung der Vollkaskoversicherung/25. 4. 2002
Bankbestätigung der Sparkasse Bamberg/29. 4. 2002
Reparaturrechnung/4. 4. 2002
Anspruchsschreiben/2. 4. 2002
Schreiben/30. 4. 2002

IV. Schreiben an gegnerische Haftpflichtversicherung bezüglich der Schadenersatzforderung von Frau Schmidt

Y-Versicherung
Kirchplatz 12

90444 Coburg

Helga Schmidt ./. Karl Müller
Unfall vom 24. 2. 2002
Ihre Schaden-Nr.: ......

Sehr geehrte Damen und Herren,

in der vorbezeichneten Angelegenheit haben Sie mit Schreiben vom 2. 5. 2002 mitgeteilt, dass Sie bezüglich der Ansprüche von Herrn Heinz Schmidt ein Mitverschulden einwenden. Unabhängig davon, dass ein Mitverschulden bestritten wird, kann meine Mandantin, die Geschädigte, Frau Helga Schmidt, gemäß § 830 BGB ihren Schaden bei Ihnen zu 100% geltend machen, da Sie in jedem Fall als Gesamtschuldner haften.
Der Sachverhalt ist Ihnen bereits bekannt.
Meine Mandantin, die angeschnallt war, wurde bei dem Unfall eingeklemmt. Wie Sie den Ihnen bereits vorliegenden Attesten des Klinikums Bamberg entnehmen können, erlitt meine Mandantin komplizierte Beinfrakturen, die einen Dauerschaden befürchten lassen.
Es werden folgende, vorläufige Schadenspositionen geltend gemacht:

1. Schmerzensgeld
Meine Mandantin befand sich 10 Wochen stationär im Klinikum Bamberg und hiervon 5 Wochen im Streckbett. Sie kann sich seit dem Unfall nur an Krücken fortbewegen und leidet zum Teil an massiven Schmerzen. Dies ist Ihnen aus dem bereits vorliegenden Attesten bekannt.
Meine Mandantin wird in Kürze eine Nachfolgeoperation über sich ergehen lassen müssen. Es wird sich frühestens in einem Jahr herausstellen, ob ein Dauerschaden verbleiben wird.
Aufgrund der obengenannten Unfallfolgen steht bereits jetzt fest, dass das Schmerzensgeld meiner Mandantin deutlich über 5 000,00 € liegen wird. Nachdem sich, wie ausgeführt, der Genesungsverlauf noch über einen längeren Zeitraum hinziehen wird und die Frage eines Dauerschadens noch offen ist, fordere ich Sie hiermit auf, im Wege des Vorschusses ein vorläufiges Schmerzensgeld von 5 000,00 € zu bezahlen.

2. Haushaltsführungsschaden

Meine Mandantin versorgt als Hausfrau einen Zwei-Personen-Haushalt, wobei ihr Ehemann berufstätig ist. Es handelt sich bei dem zu versorgenden Haushalt um ein Ein-Familien-Haus von ca. 120 m^2 Wohnfläche und einem Nutzgarten von 40 m^2. Die technische Ausstattung sowie die Anspruchsstufe des Haushaltes kann als durchschnittlich bezeichnet werden.

Der Ehemann meiner Mandantin ist beruflich stark in Anspruch genommen, so dass er nur geringe Mithilfe im Haushalt leistet. Dies kann durch Zeugen bestätigt werden.

Gemäß Tabelle 8 bei Schulz-Borck/Hofmann ist bei einem Zwei-Personen-Haushalt von einem Arbeitszeitaufwand für die Hausfrau von 39 Stunden die Woche auszugehen. Da im vorliegenden Fall die Größe des Haushaltes überdurchschnittlich und die Mithilfe des Ehemannes, wie ausgeführt, nur gering ist, muss der Berechnung des Haushaltsführungsschadens daher mindestens 40 Stunden pro Woche zugrunde gelegt werden.

Wie Sie den, Ihnen bereits vorliegenden, Attesten entnehmen können, besteht bezüglich meiner Mandantin bis zum heutigen Tag eine 100%ige Arbeitsunfähigkeit. Vom Unfallzeitpunkt bis jetzt sind drei Monate vergangen, so dass mit diesem Schreiben der Anspruch für drei Monate, die Zeit vom 24. 2. bis zum 24. 5. 2002 geltend gemacht wird.

Bei dem hier vorliegenden Haushalt ohne Kinder ist eine Zugehfrau mit Kenntnissen zur selbstständigen Haushaltsführung ausreichend. Eine Eingruppierung nach BAT VIII ist hierfür angemessen. Gemäß den Tabellen bei Schulz-Borck/Hofmann beträgt die Nettovergütung bei BAT VIII unter Zugrundelegung einer 40 Stunden/Woche 1070,– € im Monat.

Der Haushaltsführungsschaden errechnet sich demnach aus 3 Monaten 3210,– €.

3. Sachschaden

Bei dem Unfall wurde die Hose und der Mantel meiner Mandantin zerstört. Wie Sie den in Anlage beigefügten Rechnungen entnehmen können, wurden die Kleidungsstücke vor ca. einem Jahr zum Preis von 500,00 € gekauft.

Es wird hiermit ein Zeitwert von 250,00 € geltend gemacht.

4. Eigenanteil Krankenkosten

Wie Sie die den in Anlage beigefügten Bescheinigungen entnehmen können, musste meine Mandantin für Krankentransport 10,00 €, Krankenhaus 78,00 € und Rezeptgebühren 8,00 € Eigenkosten aufbringen. Der Gesamtbetrag von 96,00 € wird hiermit geltend gemacht.

5. Fahrtkosten

Meiner Mandantin entstanden folgende Fahrtkosten:

1. Heimfahrt Krankenhaus 10 km (hin und zurück) × 0,25 €	2,50 €
2. 25 Fahrten zur Krankengymnastik 16 km × 25 × 0,25 €	100,00 €
3. 8 Fahrten zur ambulanten Behandlung 10 km × 8 × 0,25 €	20,00 €
4. 10 Krankenbesuche des Ehemannes 10 km × 10 × 0,25 €	25,00 €
Betrag	**147,50 €**

Bestätigungen über die Behandlungstermine sind in Anlage beigefügt.

6. Auslagenpauschale *20,00 €*

Ich fordere Sie auf, den Gesamtbetrag der obengenannten Positionen 1-6 in Höhe von 8723,50 € bis zum ... auf eines der vorbezeichneten Konten zu überweisen.

Meine Gebühren und Auslagen sind als Schadensfolgekosten ebenfalls ersatzfähiger Schaden und errechnen sich vorläufig wie folgt nach dem DAV-Abkommen:

Gegenstandswert: 8723,50 €

15/10-Gebühr gem. DAV Abkommen	673,50 €
Auslagenpauschale gem. § 26 BRAGO	20,00 €
Fotokopiekosten gem. § 27 BRAGO	5,00 €
Zwischensumme	698,50 €
Umsatzsteuer	111,76 €
Gesamtbetrag	**810,26 €**

Ich fordere Sie auf, diesen Betrag als Vorschuss auf die Gebühren und Auslagen, die einer Endabrechnung vorbehalten werden, ebenfalls bis zum ... auf eines der vorbezeichneten Konten zu überweisen.

Vielen Dank für Ihre Bemühungen.

Mit freundlichen Grüßen

Rechtsanwalt

I. Schmerzensgeldtabelle

Verletzungsarten – Brust, Wirbelsäule und Hüfte

Lfd.-Nr.	Verletzung	Dauer der Behandlung	Person	Haftung	Gericht	Betrag in DM
1	Wirbelsäulenschleudertrauma Rückenprellung	4 Tage MdE 100 % weiterhin 5 Tage ambulante Behandlung		100 %	AG Wiesbaden ZfS 93, 226 v. 19. 01. 93	500,–
2	Lendenwirbelsäulenstauchung	2 1/2 Wo. Arbeitsunfähigk.		100 %	AG Reutlingen ZfS 90, 260 v. 29. 09. 98	1 000,–
3	Kompressionsfraktur 12. BWK + 1. LWK	18 Tage stationär		50 %	AG Euskirchen ZfS 92, 373 20. 12. 91	1 250,–
4	Prellung Brust + Lendenwirbelsäule	2 1/2 Wo. Arbeitsunfähigk.		100 %	LG Saarbrücken ZfS 91, 43 v. 05. 04. 89	1 500,–
5	2 Rippenfrakturen nach Prellung Nackenschmerzen	6 Wo. ambulant (12 Termine) weiterhin 1 Mon. MdE 70 % danach 14 Tage MdE 30 %		100 %	AG Hamburg ZfS 91, 85 v. 07. 06. 90	1 700,–
6	Rippenfraktur (7. Rippe) Oberschenkelquetschung Prellungen, Hautabschürfungen	8 Tage stationär 1 Mon. ambulant	Mann	80 %	LG Oldenburg ZfS 2000, 333 v. 17.11.99	1.800,–
7	Thoraxprellung mit Infraktion der 11.+12. Rippe re., Prellung Knie + Oberarm, Schädelprellung	5 Wo. Arbeitsunfähigkeit		100 %	AG Augsburg ZfS 89, 192 v. 23. 02. 89	2 000,–

Lfd.-Nr.	Verletzung	Dauer der Behandlung	Person	Haftung	Gericht	Betrag in DM
8	Knochenabsprengung Vorderkante 1. LWK, Prellung LWS	11 Tage stationär 3 Mon. ambulant		100 %	LG Augsburg ZfS 88, 274 v. 30. 03. 88	2 250,–
9	Steißbeinbruch	ambulante Behandlung 2 Wo. 100 % 3 Wo. 50 %	Frau	100 %	AG Nördlingen ZfS 89, 192 v. 12. 03. 89	3 000,–
10	Lendewirbelkörperdeckplattenfraktur mit Lendenwirbelsäulen- und Schädelprellung	17 Tage stationär 3 Mon. Schutzkorsett danach geringfügige verbleibenden Beeinträchtigungen	Mann	50 %	OLG Hamm ZfS 96, 6 v. 29.09.95	3.500,– immat. Vorbehalt
11	Schambeinfraktur	5 Wo. stationär 2 Mon. Gehstütze	Hausfrau	75 %	LG Osnabrück ZfS 90, 340 v. 30. 08. 89	4 500,–
12	Thoraxtrauma mit Lungenkontusion (Lebensgefahr mehrere Tage)	12 Tage stationär		100 %	AG Augsburg ZfS 87, 263 v. 19. 03. 87	5 000,–
13	Frakturen 5.+6. Rippe li. sowie 7.+8. Rippe re.	7 Wo. Arbeitsunfähigkeit		100 %	AG Villingen-Schwenningen ZfS 92, 406 v. 15. 04. 92	5 000,–
14	Lendenwirbelfraktur (1. LW) Kreuzbein- u. Schambeinfraktur Rücken- u. Ellenbogenprellung	15 Tage stationär Dauerschaden: Stützkorsett erforderlich, Beschwerden im Beckenbereich		100 %	LG Mannheim ZfS 90, 339 v. 12. 06. 90	7 000,–

Lfd.-Nr.	Verletzung	Dauer der Behandlung	Person	Haftung	Gericht	Betrag in DM
15	Beckenringbruch Gehirnerschütterung	15 Tage stationär davon 8 Tage bettlägerig 5 Wo. Arbeitsunfähigkeit mit Erforderlichkeit Unterarmgehstützen zu nutzen		100 %	OLG Hamm VersR 99, 1376 f v. 03.03.98	8.000,–
16	Beckenringfraktur mit Aussprengung eines Knochenfragmentes Gehirnerschütterung	15 Tage stationär MdE 34 Tage 100 % Dauerschaden Hüftschmerz bei sportlicher Belastung (kein Laufsport möglich)	Jg. Mann	100 %	OLG Hamm r+s 98, 236 v. 03.03.98	8.000,– immat. Vorbehalt
17	Absprengungsfraktur 2. LWK, HWS-Schleudertrauma	1 Mon. stationär	Mann	100 %	LG Oldenburg ZfS 88, 310 v. 13. 06. 88	10 000,–
18	Schenkelhalsfraktur Beckenringfraktur	5 Wo. stationär Gehbehinderung	Mann	100 %	LG Frankenthal ZfS 92, 373 v. 12. 03. 92	10 000,–
19	Wirbelkörperfraktur mit Vorderkantenbeteiligung	MdE 5 Mon. 100 %	Mann	66 % (bei schwerwiegendem Fahrfehler des Beklagten)	OLG Hamm NZV 96, 449 v. 19.12.95	10.000,– immat. Vorbehalt
20	Rippenfraktur, Thoraxkonfusion, Handgelenksluxation, multiple Schnittwunden	K. A.		100 %	OLG München ZfS 92, 406 v. 18. 02. 92	13 000,–

Lfd.-Nr.	Verletzung	Dauer der Behandlung	Person	Haftung	Gericht	Betrag in DM
21	Beckenringfraktur	langer Krankenhausaufenth. mit Operation (Beinverkürzung 1 cm, auffällige Narben am Oberschenkel + Gesäß MdE 20 %!)	13 jährige Schülerin	100 %	OLG Köln VersR 90, 434 v. 06. 12. 89	15 000,– + immat. Vorbehalt
22	Wirbelsäulenfraktur (3. LW)	5 Wo. stationär weiterhin 1 Mon. strenge Bettruhe, 4 Mon. MdE 100 %, Stützkorsett notwendig, mögl. Dauerschaden: Bewegungsbeeinträchtigung	59 jähriger Wachmann	100 %	OLG Köln VersR 93, 1165 v. 19. 08. 92	15 000,–
23	Lendenwirbelfrakturen Thoraxprellungen Dünndarmruptur	12 Tage stationär 3 Mon. Stützkorsett arb.fähig nach 3 Mon.		100 % tanil. Beziehg.	LG Köln SP 97,71 v. 28. 11. 96	15 000,–
24	Rippenserienfraktur mit Luftansammlung im Brustraum, Schulterblattbruch, Schädelbasisbruch, Hirnquetschung, periphere Gesichtslähmung	6 Wo. stationär Brustoperation nach 1 $^1/_2$ Jahre (1 Wo. stationär)	43 jährige Frau	100 %	OLG Celle ZfS 88, 70 v. 16. 12. 87	18 000,–
25	Schwere Thoraxkontusion mit Fraktur des Sternums, Fraktur des Osnaviculare re. Handwurzel, Frakturen BWK 11+12 sowie 5+6 Rippe, Muskelfaserriss und Kapselabriss	1 Mon. stationär mit Lagerung im Wirbelbett Pneumonie- u. Thromboseprophylaxe MdE 3 Mon. 100 %		100 %	LG Deggendorf ZfS 88, 101 v. 09. 12. 87	20 000,–

Lfd.-Nr.	Verletzung	Dauer der Behandlung	Person	Haftung	Gericht	Betrag in DM
26	Lendenwirbelsäule-Stauchungsfraktur, Angstzustände, Alpträume und Panikattacken	1 Mon. Stationär MdE weitere 3 Mon. 100 % 8 Mon. 10–30 % 12 Mon. 10–20 % Dauerschaden MdE 10 %	Frau	100 %	OLG Hamm NJW-RR 95, 599 v. 21.02.94	25.000,– immat. Vorbehalt
27	Verrenkungsbruch Hüftgelenk Weitere Frakturen des Bettenringes Verkürzung des linken Beines um ca. 1 cm	Stationäre Behandlung + stationäre Rehabilitation Dauerschaden	Frau	50 %	KG NZV 2001, 427 v. 09.04.01	25.000,– immat. Vorbehalt

Prellungen / Stauchungen

Lfd.-Nr.	Verletzung	Dauer der Behandlung	Person	Haftung	Gericht	Betrag in DM
1	Prellungen und Hautabschürfungen	MdE 9 Tage 100 %		100 %	AG Fulda ZfS 87, 325 v. 27. 05. 87	200,–
2	Oberschenkel- u. Hüftgelenkprellung (ohne ärztl. Behandlung)	mehrere Tage erhebliche Schmerzen		100 %	AG Regensburg ZfS 87, 263 v. 12. 02. 87	300,–
3	Prellungen u. geringe Schürfwunden	MdE 7 Tage 100 % Arbeitsunfähigkeit		100 %	AG Nürnberg ZfS 89, 9 v. 17. 10. 87	300,–
4	Prellungen an beiden Beinen			100 %	AG Krefeld ZfS 90, 302 v. 19. 09. 89	300,–
5	Handprellung mit mäßiger Schwellung des Handrückens	schmerzhafte Behinderung beim Faustschluss		100 %	AG Aachen ZfS 91, 10 v. 02. 10. 90	300,–
6	Brustbein- u. Brustkorbprellung mit »Schmerzen beim tiefen Atmen«			66 %	LG Augsburg ZfS 89. 297 v. 28. 03. 89	500,–
7	Thoraxprellung, HWS-Distorsion	14 Tage arbeitsunfähig		100 %	AG Krefeld ZfS 91, 119 v. 28. 08. 90	700,–

Lfd.-Nr.	Verletzung	Dauer der Behandlung	Person	Haftung	Gericht	Betrag in DM
8	Prellung li. Schultergürtel, Zerrung HWS	7 Tage arbeitsunfähig		100 %	AG Garmisch-Partenkirchen ZfS 90, 340 v. 24. 04. 90	800,–
9	Prellung u. Abschürfung linkes Kniegelenk, Unterarmprellung	o. A.		100 %	LG Augsburg ZfS 91, 334 v. 24. 04. 91	800,–
10	»erhebliche« Schädel- u. Schulterprellungen sowie Schwellungen und Abschürfungen	6 Tage stationär	Mädchen (Schülerin)	100 %	LG Köln ZfS 89, 46 v. 25. 10. 88	1 000,–
11	Schulterprellung	wiederkehrende schmerzhafte Zustände im Schultergelenk		50 %	AG Hannover ZfS 89, 297 v. 16. 06. 89	1 000,–
12	Spunggelenkverstauchung leichte Gehirnerschütterung multiple Prellungen und Schürfungen			100 %	AG Norden ZfS 90, 81 v. 02. 06. 89	1 000,–
13	Lendenwirbelsäulenstauchung	2 $^{1}/_{2}$ Wo. Arbeitsunfähigkeit		100 %	AG Reutlingen ZfS 90, 260 v. 29. 09. 89	1 000,–
14	Thoraxprellung m. Verletzung 5.+6. Rippe, HWS-Syndrom	3 Mon. ambulante Behandlg.		100 %	AG Bielefeld ZfS 90, 260 v. 04. 09. 89	1 000,–

Lfd.-Nr.	Verletzung	Dauer der Behandlung	Person	Haftung	Gericht	Betrag in DM
15	Brustwirbelsäulenstauchung + HWS-Syndrom	3 Wo. MdE 100 % danach 4 Wo. MdE 20 %		60 %	AG Hamburg ZfS 90, 404 v. 06. 12. 89	1 000,–
16	Thoraxprellung, leichte Schädelprellung, schmerzh. Bewegungseinschränkung der Schulter li.	2 Wo. MdE 100 % 2 Wo. MdE 20 %		100 %	AG Duisburg ZfS 91, 334 v. 25. 07. 90	1 000,–
17	Quetschverletzung Thorax m. starker Rückenprellung, Distorsion LWS m. Rückenschmerzen und Myogelosen, ausstrahlende Schmerzen in beide Beine	2 Mon. arbeitsunfähig 1 Wo. 100 % 3 Wo. 70 % darüber 50 %		$^1/_3$ (Mitverschulden Unfallhergang + nicht angelegter Sicherheitsgurt)	AG Osnabrück SP 97, 10 v. 11. 09. 96	1 167,– (Anm.: u. E. unzulässige Quotierung des Schmerzensgeldes!)
18	Prellung re. Unterarm, Schürfwunden an beiden Händen, Rissplatzwunde li. Oberschenkel, Prellung li. Unterschenkel u. Knie	5 ambulante Behandlg. 2 Wo. MdE 100 % 10 Tage MdE 20 %		100 %	AG Diez ZfS 90, 369 v. 24. 01. 90	1 200,–
19	multiple Prellungen, auffälliges Brillenhämatom	1 Tag MdE 100 % 10 Tage MdE 40 %		100 %	AG Wiesbaden ZfS 89, 260 v. 31. 03. 89	1 500,–
20	Prellung BWS + LWS	17 Tage arbeitsunfähig		100 %	LG Saarbrücken ZfS 91, 43 v. 05. 04. 89	1 500,–

Lfd.-Nr.	Verletzung	Dauer der Behandlung	Person	Haftung	Gericht	Betrag in DM
21	HWS- u. Handgelenkverstauchung (li.)	2 Wo. MdE 100 % danach »Restschmerzen«		100 %	AG Hamburg ZfS 91, 85 v. 26. 09. 90	1 500,–
22	Prellungen u. Zerrungen		83 jähriger Mann	100 %	OLG Hamm VersR 93, 1369 v. 08. 01. 93	1 500,–
23	Brust- u. Lendenwirbelsäulenprellung, Brustkorbprellung, Nierenquetschung, Kreislaufschwäche und Schockzustand		Frau (Sportlerin)	100 %	LG Landshut ZfS 89, 157 v. 08. 02. 89	2 000,–
24	Prellung und Schürfwunden	1 Mon. arbeitsunfähig		20 % Mithaftg.	LG Hildesheim ZfS 92, 227 v. 27. 07. 90	2 000,–
25	Schädel-, Schulterprellung, HWS-Stauchung, Gehirnerschütterung	9 Tage stationär 5 Wo. MdE 100 % 3 Wo. MdE 40 %	Mann	100 %	OLG Karlsruhe ZfS 91, 191 v. 08. 06. 90	3 000,–
26	Kniequetschung	1 Wo. stationär schmerzhafte Heilbehandlg. Beeinträchtigung. b. Sport	Mann	100 %	LG Augsburg ZfS 88, 383 v. 23. 09. 88	4 000,–
27	Knie-, Handprellung re.	5 Tage stationär 4 Mon. ambulant	69 j. Frau	100 %	OLG Köln ZfS 90, 340 v. 20. 07. 90	4 000,–

Lfd.-Nr.	Verletzung	Dauer der Behandlung	Person	Haftung	Gericht	Betrag in DM
28	Brustwirbelsäulenprellung, Gurtanpralltraum a, Becken- u. Knieprellung, Zahnfraktur, HWS-Distorsion, zeitweise Kopfschmerzen, Gurtanpralltrauma	8 Tage stationär		100 %	LG Münster ZfS 92,115 v. 22. 01. 92	4 500,–
29	schw. Wirbelsäulenstauchung, Lendenwirbelkörperfraktur (5. LW) mit Substanzverlust, Fußdistorsion	6 Wo. stationär 6 Mon. MdE 100 % Dauerschaden MdE 20 %	25 j. Mann Bauarbeit.	100 %	OLG Koblenz ZfS 89, 46 v. 30. 06. 88	8 000,–
30	schwere Fußverstauchung m. Außenbandabriss HWS-Verstauchung, Prellungen	1 Mon. stationär weitere 34 Krankenhausbesuche 6 $^{1}/_{2}$ Mon. MdE 100 % langwierige Behandlung wegen »anlagebedingter« Thrombose		100 %	LG Mönchengladb. r+s 91, 89 v. 31. 01. 90	10 000,–

Gesicht

Lfd.-Nr.	Verletzung	Dauer der Behandlung	Person	Haftung	Gericht	Betrag in DM
1	Nasenbeinfraktur und Hautabschürfungen			75 %	AG Augsburg ZfS 91, 43 v. 05. 11. 90	600,–
2	Schädelhirntraum a 1.-2. Grades, HWS-Syndrom, Verkrampfung, Druckempfindlichkeit	Schanz‹sche Krawatte sowie Schonhaltung des Nackens		100 %	AG Diez ZfS 89, 78 v. 27. 09. 88	850,–
3	Schädel- u. Schulterprellungen sowie Schwellungen und Schürfwurden	6 Tage stationär	Mädchen (Schülerin)	100 %	LG Köln ZfS 89, 46 v. 25. 10. 88	1 000,–
4	Nasenbeinbruch, Radiusfraktur li. Arm Distorsion li. Sprunkgelenk Hämatom li. Gesichtshälfte	3 Mon. ambulant	Frau	100 %	LG Karlsruhe ZfS 87, 71 v. 09. 01. 87	1 200,–
5	Schädelprellung mit mehreren kleinen Schnittwunden, Vorfußprellung	5 Tage MdE 100 %		66 %	AG Schwetzingen ZfS 89, 78 v. 09. 09. 88	1 200,–

Lfd.-Nr.	Verletzung	Dauer der Behandlung	Person	Haftung	Gericht	Betrag in DM
6	Frontzahntrauma mit Subluxation der Frontzähne	6 Wo. Zahnschiene	9 jähriges Mädchen	100 %	OLG Köln VersR 94, 1317 v. 16. 09. 93	1 200,– immat. Vorbehalt, da späterer Vitalitätsverlust der Frontzähne nicht ausgeschlossen werden kann.
7	Schädelkontusion HWS-Distorsion	4 Wo. ambulante Behandlg. MdE 1 Wo. 100 % 2 Wo. 60 % 1 Wo. 40 %	Frau	100 %	AG Rostock VersR 97, 1542 v. 12. 02. 97	1 500,–
8	Schädelquetschung, HWS-Distorsion	5 ambulante Behandlungen MdE 1 Wo. 100 % 2 Wo. 60 % 1 Wo. 40 % 4 Wo. Schanzsche Krawatte	Frau	100 %	AG Rostock VersR 97, 1542 v. 12.02.97	1.500,–
9	Zertrümmerung Nasenbein, Blutergüsse + Prellungen im Gesicht	Operation notwendig	Schüler	100 %	LG Hannover r+s 86, 285 v. 09. 05. 86	2 000,–

Lfd.-Nr.	Verletzung	Dauer der Behandlung	Person	Haftung	Gericht	Betrag in DM
10	Gehirnerschütterung multiple Gesichtsverletzungen	19 Tage stationär 1 Mon. MdE 100 % Dauerschaden: Hörfähigkeitsverminderung und Gleichgewichtsstörungen		100 %	LG Hannover ZfS 87, 135 v. 12. 02. 86	2 000,–
11	Schädelfraktur m. Gehirnquetschung, Jochbeinfraktur, Schürfwunden Knie + Ellenbogen	1 Mon. stationär		33 %	OLG Hamm ZfS 91, 85 v. 08. 03. 90	2 000,–
12	Gehirnerschütterung, HWSSyndrom, multiple Prellungen	MdE 10 Tage 100 % 6 × ambulante Behandlung in 3 Monaten		100 %	AG Koblenz ZfS 91,10 v. 31. 08. 90	2 200,–
13	Unterlippe- u. Kinnplatzwunde, Gehirnerschütterung Prellung Brustkorb, Becken, Fuß			100 %	LG Augsburg ZfS 90, 340 v. 13. 07. 90	2 400,–
14	Gehirnerschütterung und »vielfache« Prellungen			80 %	OLG München ZfS 91, 261 v. 14. 03. 91	2 400,–
15	Nasenbein- u. Nasenscheidewandfrakturen (=Nasenseptumfraktur), Gehirnerschütterung, HWSSyndrom, Brustkorbprellung	2 Tage stationär 3 Wo. Arbeitsunfähigkeit		100 %	OLG Hamm ZfS 90, 224 v. 18. 12. 89	2 500,–

Lfd.-Nr.	Verletzung	Dauer der Behandlung	Person	Haftung	Gericht	Betrag in DM
16	Risswunde im Gesicht (besonders im Lippenbereich)		9 jähriger Junge	100 %	LG München ZfS 89, 407 v. 10. 06. 88	3 000,–
17	Gehirnerschütterung, Schädel- u. Thoraxprellung	2 Wo. stationär		100 %	LG Augsburg ZfS 89, 407 v. 21. 07. 89	3 000,–
18	Schädelprellung m. Kopfplatzwurde, Gehirnerschütterung, Narbenbildung (kaum wahrnehmbar)	16 Tage MdE 100 % diffuse Kopfschmerzen		100 %	AG Augsburg ZfS 89, 121 v. 12. 01. 89	3 000,–
19	Oberlippenrisswunde, Beschädigung eines Schneidezahns (Absplitterung), Gehirnerschütterung + Kopfschmerzen	Dauerschaden: Narbe im Oberlippenbereich		100 %	AG Rosenheim ZfS 91, 10 v. 24. 11. 89	3 000,–
20	Schädelhirntrauma mit »epiduralem Hämatom« und postoperativer Gesichtsnervlähmung (=Facialisparese)	25 Tage stationär (geringe Genugtuungsfkt. bei vorsätzl. Körperverletzung)		100 %	OLG Düsseldorf ZfS 91, 299 v. 21. 06. 91	3 000,–
21	Schädelprellung m. »fraglicher Hirnbeteiligung«, Stirnplatzwunde, Nasenbeinfraktur, HWS-Distorsion, Beckenfraktur	3 Wo. stationär MdE 3 Mon.	Frau	100 %	LG München II ZfS 89, 192 v. 16. 03. 89	4 000,–

Lfd.-Nr.	Verletzung	Dauer der Behandlung	Person	Haftung	Gericht	Betrag in DM
22	schwere Gehirnerschütterung, Kopfplatzwunde, Prellung und Abschürfungen	2 Tage stationär volle Arbeitsfähigkeit nach 12 Wo.		100 %	LG Konstanz ZfS 90, 340 v. 28. 05. 90	4 000,–
23	Zahnbruch, HWS-Distorsion, Sicherheitsgurttrauma, Becken-, Knie- und BWS-Prellungen	8 Tage stationär		100 %	LG Münster ZfS 92, 115 v. 22. 01. 92	4 500,–
24	3-facher Kieferbruch, Abbruch von Schneidezähnen, Prellungen, Abschürfungen	3 Wo. stationär anschl. ca. 3 Mon. ambulant	Mann	100 %	OLG Hamm VersR 97, 891 v. 30. 04. 96	5 000,–
25	Gehörschädigung (Pfeifton hören = Tinnitus), Kopfplatzwunde mit Schmutz- u. Splittereinsprengung		Mann (Student)	100 %	LG Braunschweig DAR 92, 65 v. 25. 10. 91	6 000,–
26	Kopfplatzwunde an Stirn + Schläfenbein, Schulterblatthalsbruch re. m. verschobenen Fragmenten, multiple Prellungen	1 Mon. stationär mit Operation (Hautverpflanzung wegen Ablederungen) 2 Wo. ambulant MdE 100 % 1 $^{1}/_{2}$ Mon.	Mann	100 %	LG Aachen VersR 90, 102 v. 15. 03. 89	7 000,–
27	Schädelhirntrauma, Schienbeinkopffraktur, Knie- und Bänderverletzungen			50 %	OLG Düsseldorf VersR 87, 487 v. 19. 04. 85	7 500,–
28	Jochbein-u. Zahnbrückenfraktur, Ellenbogenquetschung, Prellung und Schürfwunden	19 Tage stationär Gefühlsbeeinträchtigungen im Wange-, Lippen- u. Nasenbereich (evtl. als Dauerschaden)		100 %	LG Kaiserslautern ZfS 90, 153 v. 15. 01. 90	8 000,–

Lfd.-Nr.	Verletzung	Dauer der Behandlung	Person	Haftung	Gericht	Betrag in DM
29	Gesichtsplatzwunde (ca. 10 cm lang) Schädelprellung, Unterschenkelprellung	4 Tage stationär 5 Mon. Spielminderung Dauerschaden: Gesichtsnarbe	3 jähriges Kind	100 %	LG Hanau ZfS 96, 13 v. 13.10.95	8.000,– immat. Vorbehalt
30	Gesichtsverletzung mit erheblicher triangelförmiger Narbe (deutlich sichtbar, Schenkellänge ca. 2 cm) Durchtrennung Parotisausführungsganges	Stationäre Behandlung mit OP Dauerschaden: Narbe Schmerzen bei Witterungswechsel	Mann	100 %	OLG Frankfurt/M. NJW-RR 98, 1323 v. 30.04.98	10.000,–
31	Kieferfraktur und Zahnfrakturen sowie Handgelenksfraktur	Langwieriger Heilungsverlauf Zeitweise nur flüssige Nahrung Dauerschaden: narbe und Kieferndraht	15 jähriges Mädchen	50 %	OLG Hamm VersR 96, 1513 v. 21.12.95	10.000,– immat. Vorbehalt
32	Nasenbeintrümmerbruch, Gehirnerschütterung, Abriss der Querfortsätze li. 3.+4. LW, Stirnhöhlenimpressionsfraktur	4 Wo. stationär (Dauerschaden: Nasenschiefstand, Narben im Gesicht)	Frau	60 % Nichtanlegen Sicherheitsgurt	LG Münster ZfS 88, 101 v. 09. 07. 84	15 000,–
33	Kieferverletzung (iVm. Geschmacksbeeinträchtigung) Nasenverletzung zunächst m. Schiefstand, psychische Beeinträchtigung	Dauerschaden	Frau	100 %	OLG Köln ZfS 92, 405 v. 05. 06. 92	20 000,–

Lfd.-Nr.	Verletzung	Dauer der Behandlung	Person	Haftung	Gericht	Betrag in DM
34	Schädelfraktur li., gedecktes Schädelhirntrauma 1. Grades, beidseitige Schambeinastfraktur, Oberschenkel- u. Steißbeinprellung und diverse Glassplitterverletzungen	ca. 1 Mon. stationär Bem.: Genugtuungsfkt. tritt wegen freundsch., verwandsch. Beziehung zurück		100 %	LG Augsburg ZfS 90, 939 v. 05. 07. 90	22 000,–
35	Schädelbasis- u. Schädelfrakturen, Gehirnerschütterung, Trommelfellzerreißung, Geschmacks- u. Geruchsbeeinträchtigung	1 Mon. stationär 5 Mon. ambulant Dauerschaden: MdE 20 % sowie Geruchs- und Geschmacksbeeinträchtigung		100 %	LG Augsburg ZfS 90, 939 v. 05. 07. 90	22 000,–
36	Jochbeinfraktur, Orbitabodenfraktur, Prellungen und Quetschungen des rechten Armes Schock durch Miterleben des Todes der Freundin	1 Operation längeranhaltende Bewegungseinschränkungen des Arms, gelegentliche Zuckungen des Gesichts, Psychotherapeutische Behandlung	23 jährige Frau	100 %	OLG Hamm NZV 98, 328 v. 23.03.98	22.500,–
37	Gesichts-, Nasenverletzung, Oberkieferfraktur, Nasenschiefstand	Nicht bekannt 2 Operationen mit Platteneinsatz im Oberkiefer	Frau	70 % (wegen Nichtanlegen Gurt)	OLG Hamm DAR 96, 24 v. 21.06.95	25.000,– immat. Vorbehalt

HWS

Lfd.-Nr.	Verletzung	Dauer der Behandlung	Person	Haftung	Gericht	Betrag in DM
1	Leichtes HWS-Syndrom Bagatellverletzung	K. A.		33,3 %	OLG Hamm SP 96, 133 v. 20.11.95	0,– kein Anspruch bei Bagatellverletzg. und überwiegend Eigenverschulden
2	HWS-Syndrom, Gehirnerschütterung (behauptet)	K. A.	K. A.	K. A.	AG Dachau ZfS97, 15 v. 04.06.96	0,– Behauptete Beschwerden können bei Diff.> 5–7 km/h nicht hervorgerufen werden
3	HWS-Syndrom (behauptet)	K. A.	K. A.	K. A.	OLG Frankfurt NJW-RR 99, 822 v. 16.12.98	0,– leichter Auf-fahr-unfall bei geringer Geschwindigkeit (Pkw auf Kleinlieferwagen)

Lfd.-Nr.	Verletzung	Dauer der Behandlung	Person	Haftung	Gericht	Betrag in DM
4	Verspannung im Hals-Nacken-Bereich, Kopfschmerzen, schmerzhafte Einschränkung der Beweglichkeit, nur subj. Beschwerdebild	K. A.	K. A.	K. A.	LG Amberg ZfS 97, 115 v. 24.06.96	0,– Kein Nachweis der Unfallbedingtheit bei Diff. > 10 km/h
5	HWS-Syndrom und Schulterzerrung (behauptet)	Arztattest mit Wiedergabe der subjektiven Beschwerden reicht nicht aus	Frau	K. A.	OLG Frankfurt NZV 2000, 165 v. 22.01.99	0,–
6	HWS-Syndrom (behauptet)	Arztattest reicht nicht aus, da keinerlei Angaben darüber enthalten sind, ob und wie sich der Arzt über die Diagnose Gewissheit verschafft hat. (Schäden nicht objektivierbar)	K. A.	K. A.	OLG Frankfurt ZfS 99, 516 v. 16.12.99	0,–
7	HWS-Syndrom	4 Wo. MdE 60 % mit 2 × ärztlicher Behandlung		100 %	AG München ZfS 91, 119 v. 19. 01. 90	200,–
8	HWS-Syndrom, Kopfschmerzen, (nur endgradig eingeschränkte HWS-Rotation mit Schulterverspannung)	einmalige ambulante Behandlung		100 %	LG Frankfurt ZfS90, 404 v. 15. 08. 90	250,–
9	HWS-Syndrom	1 Tag MdE 100 %		100 %	LG Frankenthal ZfS 88, 383 v. 28. 01. 88	300,–

Lfd.-Nr.	Verletzung	Dauer der Behandlung	Person	Haftung	Gericht	Betrag in DM
10	HWS-Syndrom nächtliche Kopfschmerzen Schulterprellung	o. Ang.		100 %	AG Lingen ZfS 89, 46 v. 05. 08. 88	300,–
11	HWS-Syndrom	2 Tage MdE 100 % mehrfache (ambulante) Behand-lung		100 %	LG Wiesbaden ZfS 91, 119 v. 28. 01. 91	300,–
12	HWS-Syndrom	3 Wo. MdE 100 % Schanz‹sche Krawatte verordnet		50 %	LG Trier r+s 91, 89 v. 02. 07. 87	400,–
13	HWS-Syndrom	10 Tage Arbeitsunfähigkeit		100 %	AG Dieburg ZfS 90, 153 v. 11. 01. 89	500,–
14	HWS-Syndrom	2 Wo. ambulante Behandlg. Schanz‹sche Krawatte MdE 1 Wo. 100 %		100 %	AG Gelsenkir-chen ZfS 91, 10 v. 25. 04. 90	500,–
15	HWS-Syndrom	3 Behandlungen keine Krankschreibung		100 %	AG Obernburg ZfS 91, 299 v. 24. 05. 91	500,–
16	HWS-Syndrom	4 Wo. Krankschreibung		70 %	AG Hamburg ZfS 91, 119 v. 25. 01. 90	600,–

Lfd.-Nr.	Verletzung	Dauer der Behandlung	Person	Haftung	Gericht	Betrag in DM
17	HWS-Syndrom o. Tragen einer Schanz‹schen Krawatte	2 Wo. Arbeitsunfähigkeit		100 %	AG Viersen ZfS 91, 299 v. 05. 06. 91	600,–
18	HWS-Schleudertrauma o. Tragen einer Schanz‹schen Krawatte	MdE 1 Tag 100 % 24 Tage 50 %		100 %	AG Andernach ZfS 93, 371 v. 30. 04. 93	600,–
19	HWS-Syndrom	16 Tage arbeitsunfähig		100 %	AG Bonn ZfS 90, 404 v. 23. 10. 89	700,–
20	HWS-Distorsion Brustkorbprellung	2 Wo. MdE 100 %		100 %	AG Krefeld ZfS 91, 119 v. 26. 11. 90	700,–
21	HWS-Zerrung mit vegetativer Begleitsymptomatik	MdE 13 Tage 100 % 11 Tage 20 % schmerzhafte Bewegungseinschränkung	Mann	66,6 %	OLG Hamm DAR 2000, 265 v. 13.12.99	700,–
22	HWS-Syndrom Muskelverspannung	10 Tage Beschwerden 12 x Krankengymnastik (eine Verletzung im medizin. Sinne muss nicht gegeben sein)	Mann	100 %	LG Lübeck ZfS 2000, 436 v. 08.06.00	750,–

Lfd.-Nr.	Verletzung	Dauer der Behandlung	Person	Haftung	Gericht	Betrag in DM
23	HWS-Syndrom (ohne objektivierbaren Befund)	K. A.	Mann	100 %	LG Heidelberg DAR 2000, 75 v. 22.08.96	800,– Bei Auffahr-unfall hat der Beklagte den Beweis des ersten An-scheins durch Gegenbeweis zu erschüttern!
24	HWS-Syndrom Einwöchiger Brechreiz	13 Tage ärztl. Behandlg. + Schanz‹sche Krawatte		100 %	LG Hamburg ZfS 92, 115 v. 27. 09. 91	800,–
25	HWS-Syndrom	1 Mon. Arbeitsunfähigkeit Schanz‹sche Krawatte		100 %	AG Friedberg ZfS 90, 81 v. 28. 06. 89	800,–
26	HWS-Syndrom BWS-Stauchung	MdE 3 Wo. 100 % 4 Wo. 20 %		100 %	LG Hamburg ZfS 90, 404 v. 06. 12. 89	1 000,–
27	HWS-Syndrom Schädelhirntrauma	3 Tage Krankenhaus 16 Tage arbeitsunfähig		100 %	AG Elze ZfS 91, 43 v. 22. 08. 88	1 000,–
28	HWS-Distorsion 1. Grades	2 Wo. MdE 100 %		100 %	AG Böblingen r+s 91, 89 v. 12. 02. 88	1 000,–

Lfd.-Nr.	Verletzung	Dauer der Behandlung	Person	Haftung	Gericht	Betrag in DM
29	HWS-Schleudertrauma	6 Wo. MdE 100 % 2 Mon. MdE 20 %		100 %	AG Köln SP 94, 114 v. 05. 07. 93	1 000,–
30	HWS-Syndrom u. Tragen einer Schanz‹schen Krawatte	MdE 8 Tage 100 %		100 %	LG Köln ZfS 91, 10 v. 07. 11. 90	1 200,–
31	HWS-Syndrom leichte Gehirnerschütterung	1·–2 Wo. MdE 100 % »Mehrmonatige Beschwerden«	Mann	100 %	AG Ludwigs-hafen r+s 91, 89 v. 27. 11. 89	1 200,–
32	HWS-Syndrom	ca. 4 $^{1}/_{2}$ Wo. arbeitsunfähig		100 %	AG Hamburg ZfS 91, 191 v. 06. 07. 90	1 200,–
33	HWS-Syndrom	4 Tage bettlägerig 2 Wo. Halskrause MdE 2 Wo. 100 % MdE 4 Wo. 50 %		100 %	AG Heidelberg ZfS 91, 299 v. 06. 10. 89	1 200,–
34	HWS-Syndrom Schultergürtelprellung Hand- u. Sprunggelenkprellung	2 Wo. MdE 100 %		100 %	AG Borken ZfS 88, 39 v. 12. 11. 87	1 500,–
35	HWS-Syndrom Zerrung der BWS Brustprellung	10 Tage arbeitsunfähig MdE 8 Tage 20 % Krankengymnastik		100 %	LG Karlsruhe ZfS 90, 301 22. 12. 89	1 500,–

Lfd.-Nr.	Verletzung	Dauer der Behandlung	Person	Haftung	Gericht	Betrag in DM
36	HWS-Syndrom 1. Grades LWS-Prellung Brustkorbprellung	MdE 2 Mon. 100 % MdE 2 Mon. 50 % MdE 2 Mon. 10 %	Frau	100 %	LG Augsburg ZfS 90, 340 v. 10. 07. 90	1 500,–
37	HWS-Syndrom schmerzhafte Verspannung Nackenmuskulatur	4 Wo. MdE 100 % + Schanz‹sche Krawatte		100 %	LG Oldenburg ZfS 91, 10 v. 17. 10. 90	1 500,–
38	HWS-Distorsion	6 Wo. Heilbehandlung	Mann	100 %	AG Bielefeld SP 94, 377 v. 25. 02. 94	1 500,–
39	HWS-Syndrom	2 Wo. Arbeitsunfähigkeit 4 Wo. Schanz‹sche Krawatte		100 %	AG Weinheim ZfS 95, 252 v. 12. 04. 95	1 500,–
40	HWS-Schleudertrauma Thoraxprellung m. Hämatom auf linker Thoraxseite	6 Wo. Halskrawatte 5 Mon. Massage		100 %	LG Itzehoe ZfS 92, 46 v. 14. 11. 91	1 800,–
41	mittelschweres HWS-Syndrom Schlüsselbeinprellung Mittelfußknochendisforsion	6 Wo. Schanz‹sche Krawatte		100 %	AG Rendsburg ZfS 89, 260 v. 07. 06. 89	2 000,–
42	HWS-Syndrom	3 Tage Bettruhe 1 Mon. MdE 20 %		100 %	AG Aschaffen- burg ZfS 91, 408 v. 06. 11. 91	2 000,–

Lfd.-Nr.	Verletzung	Dauer der Behandlung	Person	Haftung	Gericht	Betrag in DM
43	HWS-Syndrom LWS- u. Steißbeinprellung	1 Mon. arbeitsunfähig nur ambulante Behandlung		100 %	OLG Saarbrü- cken ZfS 92, 83 + 115 v. 10. 01. 92	2 000,–
44	HWS-Syndrom Gehirnerschütterung multiple Prellungen	6 Behandlungen innerhalb 3 Monate MdE 1 1/2 Mon. 100 %		100 %	AG Koblenz ZfS 91, 10 v. 31. 08. 90	2 200,–
45	HWS-Syndrom	3 Wo. MdE 100 % 2 Wo. MdE 50 % 3 Mon. ambul. Behandlg.		100 %	LG Wiesbaden ZfS 89, 9 v. 07. 03. 88	2 500,–
46	HWS-Syndrom, (Distorsion HWS und BWS sowie Funktions- störung der HWS))	MdE 24 Tage 100 % 14 Tage 50 % mehrere Monate 20 % Vorschaden: chronisches HWS	Frau	100 %	AG Bad Segeberg ZfS 99, 149 v. 01.10.98	3.000,–
47	HWS-Syndrom Hemithorax- u. Schulterprellung	4 Wo. Schanz. Krawatte 1 Mon. Schwindelanfälle + Kopfschmerzen		100 %	LG Köln ZfS 89, 157 v. 28. 04. 89	3 000,–
48	HWS-Syndrom	ca. 1 1/2 Jahre andauernde Beschwerden		100 %	LG Bielefeld ZfS 91, 191 v. 19. 12. 89	3 000,–
49	HWS-Syndrom	6 Wo. Schanz. Krawatte	Frau	100 %	AG Mainz ZfS 92, 406 v. 16. 06. 92	3 000,–

Lfd.-Nr.	Verletzung	Dauer der Behandlung	Person	Haftung	Gericht	Betrag in DM
50	schweres HWS-Syndrom	12 Wo. arbeitsunfähig (Vorschaden: Bandscheibenschaden)	Mann (Polizist)	100 %	LG Augsburg ZfS 89, 406 v. 29. 09. 89	3 500,–
51	HWS-Distorsion, Stirnplatzwunde, Schädelprellung mit fraglicher Hirnbeteiligung, Schambeinfraktur, Querfraktur Nasenbein	3 Wo. stationär 3 Mon. ambulant	Frau	100 %	LG München II ZfS 89, 192 v. 16. 03. 89	4 000,–
52	HWS-Syndrom Kopfschmerzen	degenerative Vorschäden Dauerschaden: Kopfschmerzen (lt. Auffassung OLG jedoch nicht unfallbedingt)		100 %	OLG Hamm NZV 95, 151 v. 18. 10. 94	4 000,–
53	HWS-Distorsion, Becken-, Knie- und BWS-Prellung, Zahnbruch, Gurttrauma, zeitw. Kopfschmerz.	8 Tage stationär		100 %	LG Münster ZfS 91, 115 v. 22. 01. 95	4 500,–
54	HWS-Syndrom 3. Grades Prellungen, Schürfwunden und Unfallschock	14 Tage stationär 49 Tage MdE 100 %	Mann	100 %	LG Mainz r+s 88, 14 v. 03. 11. 87	5 000,–
55	HWS-Syndrom Lendenwirbelprellung	Verletzungen nach 1 Jahr abgegolten, weitergehende Beschwerden dem Vorschaden (degenerative Veränderung) zugerechnet	Mann	100 %	OLG Frankfurt NZV 94, 26 v. 16. 12. 93	5 000,–

Lfd.-Nr.	Verletzung	Dauer der Behandlung	Person	Haftung	Gericht	Betrag in DM
56	HWS-Syndrom + Brustkorbquetschung	MdE 1 Mon. 100 % 10 Tage 50 % 8 Tage 25 % 4 Wo. Schanzsche Krawatte 10 % Bewegungseinschränkung des Kopfes	Mann (Fahrlehrer)	100 %	AG Passau ZfS 99, 378 v. 12.06.96	6.500,–
57	HWS-Syndrom (unfallbedingte Verschlechterung anlagebedingten Leidens)	nur ambulante Behandlung 3 Mon. Schanz. Krawatte 10 Mon. MdE 100 %	Mann	100 %	LG Köln ZfS 93, 118 v. 13. 10. 92	8 000,–
58	HWS-Syndrom, Schmerzen in BWS, Taubheitsgefühl und Schmerzen in Händen u. Füßen, Gehunsicherheit, Kopfschmerzen u. Kloßgefühl im Hals	(degenerative Vorschäden)	79 jähr. Frau	100 %	OLG München NZV 93, 434 v. 24. 11. 92	15 000,– (schuldhafte Verzög. der Schmerzensgeldzahlung d. Versich. berücksichtigt)
59	Halswirbelfraktur (hier zunächst übersehene)	Wiederaufbau des gebrochenen Wirbels mittels Beckenkammspan und Stabilisierung durch Metallplatte		100 %	OLG Oldenburg DAR 97, 314 v. 22. 04. 97	15 000,–
60	HWS-Syndrom 1–2 Grades nach Erdmann Schwindel, Sprachstörung, Bewegungsstörungen	Über Monate anhaltender Schwindel, Sprachstörungen, Bewegungsstörungen	Frau	100 %	LG Duisburg DAR 99, 267 v. 17.02.99	25.000,–

Schulter, Arm, Hand

Lfd.-Nr.	Verletzung	Dauer der Behandlung	Person	Haftung	Gericht	Betrag in DM
1	Ellenbogenverletzung Knieprellung Bluterguß li. Schlüsselbein	6 Wo. Knieschmerzen		100 %	AG Essen ZfS 88, 204 v. 08. 02. 88	500,–
2	Finger-, Daumen- u. Bänderverletzung	3 Tage stationär 6 Wo. Gipsschiene		50 %	AG Dillingen ZfS 88, 274 v. 19. 05. 88	1 000,–
3	Schulterprellung	wiederkehrende schmerzhafte Zustände		50 %	AG Hannover ZfS 89, 297 v. 16. 06. 89	1 000,–
4	Unterarmfraktur rechts	6 Wo. ambulant 90 Tage MdE 90 %	Frau	100 %	LG Essen ZfS 89, 192 v. 28. 08. 87	1 500,–
5	Basisfraktur re. Handgelenk multiple Schürfwunden und Prellungen			100 %	LG Berlin ZfS 87, 166 v. 10. 11. 86	2 000,–
6	Radiusfraktur li. Unterarm	5 Wo. Gips danach noch Schmerzen Dauerschaden: Verheilung in Fehlstellung und dadurch bedingte Funktionseinbußen	80 j. Frau	100 %	AG Paderborn ZfS 88, 70 v. 08. 01. 88	2 000,–
7	Fraktur Handwurzelknochen Thoraxprellung multiple Prellungen	1 Wo. stationär 2 Mon. arbeitsunfähig		50 %	LG Augsburg ZfS 89, 297 v. 12. 05. 89	2 000,–

Lfd.-Nr.	Verletzung	Dauer der Behandlung	Person	Haftung	Gericht	Betrag in DM
8	Oberarmbruch (gelenknah)	2 Wo. stationär	Frau (Schülerin)	100 %	LG Limburg ZfS 90, 224 v. 30. 03. 90	2 000,–
9	Fraktur li. Daumenglied traumatischer Kniegelenkserguß Prellung re. Fußrücken	MdE 1 Mon. 100 % MdE 2 Mon. 40 % MdE 5 Mon. 20 %	Mann (Student)	100 %	LG Paderborn ZfS 90, 81 v. 17. 10. 89	2 500,–
10	Hand- und Fingerfraktur	2 Mon. Gebrauchseinschränkung der Hand	Frau	100 %	LG Hildesheim ZfS 93, 293 v. 01. 04. 93	2 500,–
11	Unterarmfraktur	nicht folgenlose Verheilung und anhaltende Schmerzen		75 %	OLG München ZfS 89, 297 v. 11. 05. 89	3 000,–
12	Schlüsselbeinfraktur	o. Angaben, jedoch schmerzhafte Entzündung		100 %	LG Essen ZfS 90, 224 v. 28. 04. 89	3 000,–
13	Oberarmkopffraktur	3 Mon. Arbeitsunfähigkeit Dauerschaden: Verformung u. Bewegungseinschränkung	Hausfrau	100 %	LG Augsburg ZfS 91, 43 v. 26. 10. 90	3 000,–
14	Schulterausrenkung	18 Tage stationär Operation des Gelenks	Frau (Schülerin)	100 %	LG Augsburg ZfS 91, 334 v. 01. 07. 91	3 000,–

Lfd.-Nr.	Verletzung	Dauer der Behandlung	Person	Haftung	Gericht	Betrag in DM
15	Schlüsselbeinfraktur Knöchel- und weitere Prellungen und Schürfwunden	17 Tage stationär (immat. Vorbehalt wegen der bei Frakturen nie auszuschließenden Möglichkeit von Folgeschäden)	Mann	50 %	OLG Hamm NZV 96,69 v. 18.10.94	3.125,– immat. Vorbehalt
16	Schulterblatthalsbruch m. verschob. Bruchfragmenten, gr. Weichteildefekt i. d. Leiste, multiple Prellungen	1 Mon. stationär 2 Wo. ambulant 6 Wo. arbeitsunfähig	45 j. Mann	50 %	LG Aachen VersR 90, 102 v. 15. 03. 89	3 500,–
17	Oberarmfraktur	Verheilung nach 2 Mon. Bewegungseinschränkung im Schultergelenk MdE 30 %	Frau	100 %	LG Coburg ZfS 91, 84 v. 19. 12. 90	4 000,–
18	Oberarmfraktur mit Sehnenabriss, Beschwerden beim Drehen des Armes und Heben	6 Tage stationär 6 Mon. intensive Behandlung 3 x wöchentl. Krankengymnastik	Frau	50 %	OLG Hamm ZfS 96, 442 v. 19.07.96	4.000,–
19	Schlüsselbeinfraktur, Kniegelenkquetschung mit Bewegungseinschränkung	5 Tage stationär Dauerschaden: Schlüsselbein m. deutl. Entstellung verheilt		100 %	LG München II ZfS 87, 71 v. 31. 07. 85	4 500,–
20	Unterarmfraktur rechts, Nasenbeinfraktur, Prellungen	leichte Unterarmfehlstellung als Dauerschaden, andauer. Erwerbsminderung	57 j. Frau	100 %	OLG Nürnberg ZfS 92, 227 v. 06. 02. 91	4 500,–

Lfd.-Nr.	Verletzung	Dauer der Behandlung	Person	Haftung	Gericht	Betrag in DM
21	Handgelenkdistorsion, Schädelprellung, Schürfwunden, Zahnersatzbeschädigung	3 Tage stationär MdE 2 Mon. 100 % 3 Mon. 50 % Vorschadenbedingte MdE 30 % Urlaubsvereitelung 9 Sitzungen wegen Zahnersatz Wiederherstellung	Älterer Mann	100 %	LG Gießen ZfS 96, 133 v. 01.11.95	4.500,– immat. Vorbehalt
22	Unterarmverletzung Erhebliche Angst und Schock nach Hundebiss	Ambulante Versorgung	Schülerin	100 %	OLG Düsseldorf VersR 97, 66 v. 12.07.96	5.000,– (Die im Strafverfahren auferlegte Zahlung an das Opfer ist anzurechnen)
23	Schlüsselbeinbruch, Gehirnerschütterung, Schädelplatzwunde, multiple Prellungen	10 Tage stationär bis 2 Mon. nach Unfall Behinderungen	Lehrerin	100 %	LG Essen ZfS 88, 310 v. 16. 11. 87	5 000,–
24	Distale Radiusfraktur li. Arm, Thorax- u. Beckenprellung	7 Tage stationär Kirschnerdraht – Osteosynthese (4 Tage stationär) 6 Wo. Gipsschienenverband 6 Wo. ambulante Behandlung MdE 20 %	Hausfrau	100 %	LG Augsburg ZfS 91, 334 v. 23. 07. 91	5 000,–

Lfd.-Nr.	Verletzung	Dauer der Behandlung	Person	Haftung	Gericht	Betrag in DM
25	Handfraktur rechts m. Neubildung eines Scheingelenksinfolge schlechter Heilung (= sog. Scaphoid Pseudoorthrose)	Nachoperation nach 11 Mon.		65 %	OLG München ZfS 90, 339 v. 19. 07. 90	5 200,–
26	Schulterfraktur mit Bänderdehnung Schulter-, Hand-, Beckenprellung mit Hautabschürfungen Tiefe Platz- und Risswunde an der Hand	5 Tage stationär MdE 2,5 Mon. 100 % 5 % Dauerschaden für Schulter- und Handverletzung	Mann	80 %	LG Braunschweig ZfS 96, 93 v. 16.11.95	5.600,–
27	Unterarmfraktur Handgelenkdistorsion	zunächst 1 Wo. stationär 6 Operationen mit erneuter stationärer Behandlung, Dauerschaden: verkrüppelte Hand	Frau	50 %	LG Koblenz ZfS 90, 80 v. 29. 11. 89	6 000,–
28	Schultereckgelenksprengung (schmerzhaft)	14 Mon. Krankschreibung Nachoperation m. 3 Wo. stationärer Aufenthalt, Berufsaufgabe wegen Dauerschaden (Staplerfahrer)	54 j. Mann	75 %	OLG Frankfurt ZfS 88, 310 v. 05. 08. 88	6 500,–
29	beidseitige Unterarmbrüche	langandauernde Behandlg.	Mann (Azubi)	50 %	OLG Köln VersR 92, 354 v. 21. 06. 90	7 000,– immat. Vorbehalt
30	Schulterblattruptur, Schultereckgelenksprengung, Kniegelenkprellung mit Kreuzbandruptur	n. bekannt später zu erwartender Schubladeneffekt wegen Knieverletzung	Mann	100 %	OLG Hamm VersR 98, 631 v. 20.02.97	8.000,–

Lfd.-Nr.	Verletzung	Dauer der Behandlung	Person	Haftung	Gericht	Betrag in DM
31	Schlüsselbeinfraktur, Kniegelenkprellung + Riss des vorderen Kreuzbandes	11 Tage stationär MdE 1 Mon. 100 % MdE 7 Mon. 20 %	Mann	100 %	LG Wiesbaden ZfS 89, 297 v. 03. 11. 88	12 500,– immat. Vorbehalt
32	Komplizierte Schlüsselbeinfraktur mit Zersplitterung, Schmerzen und Taubheitsgefühle in der Hand, Thrombose nach OP	14 Tage stationär Nachoperation erforderlich (Metallentfernung) Kein »gravierender Dauerschaden«	72 jähriger Mann	100 % (Sturz bei Vollbremsung)	LG Stuttgart NJW-RR 98, 1401 v. 08.05.98	15.000,–
33	schwere Oberarmfraktur (distale Oberarmstückfraktur m. Verletzung d. Arterie brachialis + Nervenquetschung)	1 Mon. stationär 5 $^1/_2$ Mon. ambulant dauerhaft. Sensibilitätsstörung im Unterarm 22 cm Oberarmnarbe		100 %	LG Essen ZfS 89, 191 v. 22. 03. 88	18 000,–
34	Schlüsselbeinfraktur rechts, schwere Gehirnerschütterung, HWS-Syndrom m. Kopfschmerzauswirkung (= Zervicocephalgie), Sitzbeinfraktur, Prellungen, monatelange Kopfschmerzen	4 Tage Intensivstation dan. 2 Wo. stationär 6 Mon. Dauerbeschwerden Schlüsselbein m. deutl. Fehlstellung als Dauerschaden		100 %	LG Augsburg ZfS 92, 82 v. 28. 10. 91	18 000,–
35	Handgelenkverletzung (Morbus Sudeck) und verletzungsbedingte Schlafstörungen	Dauerschaden in Form einer Bewegungseinschränkung 6 Mon. starke Schlafstörungen MdE 15 % Dauerschaden	Frau	100 %	LG Mainz VersR 99, 863 v. 22.01.98	18.000,–

Lfd.-Nr.	Verletzung	Dauer der Behandlung	Person	Haftung	Gericht	Betrag in DM
36	Morbus Sudeck am linken Handgelenk mit dauerhafter Einschränkung der Erwerbstätigkeit von 15 % und ca. 1,5 jährigen Schlafstörungen, multiple Prellungen und Schürfwunden (u. A. Thorax, Schulter, Knie, Zehe, Schädel-Stirn-Prellung)	3 Tage stationär 2 Mon. Gips 3 Mon. Erwerbsunfähigkeit weitere ambul. Behandlungen für ca. 2 Jahre	n. bekannt	100 % (Verursacher 2,36 % BAK)		18.000,– SMG zzgl. Ersatz für fehlenden Brillantring + Fahrtkosten 0,30/km
37	Oberarmschaftfraktur, mehrfache Schädelfrakturen, Schienbeinkopffraktur re., Schambeinfraktur li., Rippenfrakturen	2 Mon. stationär Dauerschaden	53 j. Mann	100 %	KG Berlin ZfS 92, 226 v. 10. 01. 92	25 000,–
38	Fingergliedverlust (Amputation der oberen Glieder des kleinen, Ring- und Mittelfingers)	11 Tage stationär Dauerschaden: Entstellung der Hand mit Gebrauchsbeeinträchtigung	2 jähriges Mädchen	100 %	BGH ZfS 99, 367 v. 18.05.99	25.000,– immat. Vorbehalt
39	Kplt. Unterarmfraktur m. Fistelbildung und Refraktur, Hand-, Finger- und Fußfrakturen	65 Tage stationär 7 Operationen Unterarmnervspaltung Dauerschaden: Bewegungseinschränkung, sehr schmerzhafte Verletzung	Mann	100 %	LG Rottweil ZfS 90, 45 v. 17. 11. 89	28 000,–

Bein und Fuß

Lfd.-Nr.	Verletzung	Dauer der Behandlung	Person	Haftung	Gericht	Betrag in DM
1	Verstauchung oberes Sprunggelenk mit Außenbandruptur und Sehnenverrenkung	2 Mon. Arbeitsunfähigkeit Behandlung mit Aircastschiene	Mann	100 %	OLG Düsseldorf NJW-RR 97, 1313 v. 12.07.96	200,–
2	Knieverletzung (Prellungen und Schürfwunden)			100 %	AG Koblenz ZfS 90, 369 v. 08. 12. 89	500,–
3	Unterschenkelfraktur sowie Prellungen + Blutergüsse		Hausfrau	33 %	OLG Hamm ZfS 91, 43 v. 17. 05. 90	1 000,–
4	Diffuse Schwellung am Fußrücken m. Hämatom (hühnereigroß), kleine Knochenabsprengung	9 Tage arbeitsunfähig			AG Mettmann ZfS 91, 372 v. 27. 11. 90	1 000,–
5	Bewegungseinschränkung Kniegelenk li. (schmerzbedingt), Druckschmerz über Wadenbeinköpfchen	MdE 3 Wo. 100 %		100 %	AG Langenfeld ZfS 92, 373 v. 15. 05. 92	1 000,–
6	Bänderriss li. Fuß (= Bandruptur)	6 Wo. Gips	»berufstät. Hausfrau«	100 %	AG Köln ZfS 87, 358 v. 26. 06. 87	1 200,–

Lfd.-Nr.	Verletzung	Dauer der Behandlung	Person	Haftung	Gericht	Betrag in DM
7	Sprunggelenkdistorsion, Wirbelsäulenstauchung, HWS-Syndrom, Schürfwunden + Blutergüsse			100 %	AG Landsberg ZfS 88, 383 v. 21. 09. 88	1 500,–
8	Ablederungswunde re. Unterschenkel (5 x2 cm lang)	Heilungsverlauf d. Komplikat. verzögert, Operation und länger anhaltendes schmerzhaftes Ödem	Frau	75 %	OLG Köln VersR 91, 1419 v. 06. 12. 89	1 500,–
9	Innenknöchelfraktur mit Außenknöchelfissur, Schädelhirntrauma	17 Tage stationär Gipsverband Dauerschaden: Narbe	Frau	50 %	LG Würzburg ZfS 88, 274 v. 30. 03. 88	2 000,–
10	»schwere« Unterschenkelfraktur, Kopfplatzwunde	5 Mon. MdE 100 %		33 %	AG Weilheim ZfS 88, 310 v. 28. 09. 87	2 000,–
11	Multiple Prellungen, traumatische Bursitis li. Knie, Schädelprellung	9 Tage arbeitsunfähig		100 %	AG Augsburg ZfS 89, 192 v. 23. 02. 89	2 000,–
12	Bänderverletzung Kniegelenk und Kreuzbandzerrung	10 Tage stationär	Junge, Schüler	100 %	AG Vechta ZfS 90, 430/340 v. 10. 07. 90	2 000,–
13	Kniegelenkerguß, Hüftprellung, Steißbeinprellung, Prellung re. Brustkorbseite, Handgelenkverstauchung, Überdehnung Daumengelenk	schmerzhafte Behandlung 12 Kniepunktionen, mehrfache Elektroakupunktur, 6 Fango-Massagen	Frau	100 %	AG Rosenheim ZfS 91, 299 v. 23. 02. 90	2 000,–

Lfd.-Nr.	Verletzung	Dauer der Behandlung	Person	Haftung	Gericht	Betrag in DM
14	Distorsion des Sprunggelenks mit Außenbandzerrung, Gesäßprellung und multiple weitere Prellungen	1 Wo. Arbeitsunfähigkeit 100 % 3 Wo. weitere Beeinträchtigungen		100 %	AG Lahnstein ZfS 1998, 290 v. 31.03.98	2.000,–
15	Knöchelfraktur			50 %	OLG München VersR 89, 861 v. 22. 12. 88	2 500,–
16	Kniegelenkdistorsion re. mit Bänderriss des sog. Ligamentum fibulotalare und fibulocalneare	14 Tage stationär 1 Mon. Unterschenkelgehgips		100 %	LG Augsburg ZfS 91, 119 v. 18. 01. 91	2 500,–
17	Kniegelenkdistorsion li., HWS-Syndrom	4 Wo. Arbeitsunfähigkeit		100 %	AG Lehrte ZfS 91, 191 v. 20. 03. 91	2 500,–
18	Verrenkungsbruch oberes linkes Sprunggelenk	2 Wo. stationär 6 Wo. Krücken Stiftentfernung nach 8 Mon.		75 %	AG Augsburg ZfS 89, 407 v. 12. 07. 89	3 000,–
19	Unterschenkelfraktur und Muskelfaserriss	2 Wo. stationär dan. MdE 1 1/2 Mon. 100 % 1 Mon. 50 % dan. noch 20 % schwieriger Heilungsverlauf durch Vorschaden		100 %	AG Medebach ZfS 91, 408 v. 01. 10. 91	3 000,–

Lfd.-Nr.	Verletzung	Dauer der Behandlung	Person	Haftung	Gericht	Betrag in DM
20	Unterschenkelmehrfachfrakturen	2 Mon. stationär 1 Jahr MdE 100 % Dauerschaden	Mann	100 %	OLG Köln VersR 93, 114 v. 29. 07. 92	3 000,–
21	Unterschenkelfraktur	Heilungsverlauf mit 2 Nachoperationen	Mann	50 %	OLG München VersR 89, 815 v. 22. 12. 88	3 500,–
22	Prellung re. Kniegelenk, Distorsion li. Kniegelenk mit Teilruptur des Innenbandes, Thoraxprellung, div. Abschürfungen	MdE 2 $^{1}/_{2}$ Mon. 100 % danach 2 Wo. 20 %		100 %	LG Augsburg ZfS 91, 334 v. 14. 03. 91	3 500,–
23	Calcaneuskantenbruch re., Quetschungen re. Mittelfuß	2 Wo. stationär 5 Mon. Beeinträchtigung der Arbeitsfähigkeit		100 %	LG Stade ZfS 90, 81 v. 07. 12. 88	4 000,–
24	schwere Knieprellung re. und »schwere« Handprellung	5 Tage stationär 4 Mon. ambulant	69 j. Frau	100 % (Busunfall)	OLG Köln ZfS 90, 340 v. 20. 07. 90	4 000,–
25	Außenknöchel- u. Kleinzehengliederfraktur, Blutergüsse + Schürfwunden Unterschenkel	25 Tage stationär	16 j. Mädchen (Schülerin)	100 %	LG Münster ZfS 88, 39 v. 15. 05. 85	4 500,–
26	Unterschenkeltrümmerfraktur, Sprunggelenkfraktur Kapselriss (subkutan)	2 stationäre Aufenthalte Metallplatten- und -schraubenentfernung	Frau	75 %	LG Paderborn ZfS 88, 70 v. 18. 12. 87	5 000,–

Lfd.-Nr.	Verletzung	Dauer der Behandlung	Person	Haftung	Gericht	Betrag in DM
27	Außenknöchelfraktur Risswunde Unterschenkel Venenthrombose	4 Tage Intensivstation anschl. 14Tage stationär, weiterhin 10Wo. Arbeitsunfähigkeit		50 %	LG Karlsruhe ZfS 87, 134 v. 08. 12. 86	5 000,–
28	Zehengliedverlust 4. Zehe	1 Mon. Arbeitsunfähigkeit kein Dauerschaden aber einige Sportarten nicht mehr möglich	Mann (Jugendl.)	100 %	LG Augsburg ZfS 89, 406 v. 13. 01. 89	5 000,–
29	Unterschenkelhalsfraktur	50 Tage stationär weiterhin 7 Mon. starke Gehbehinderg.	72 j. Frau	75 %	OLG Frankfurt ZfS 90, 260 v. 13. 06. 90	5 000,–
30	Sprunggelenkbänderriss, Hautabschürfungen		Mann / KfZ-Mechaniker	100 %	LG Oldenburg ZfS 90, 81 v. 10. 01. 90	5 000,–
31	dreifache Sprunggelenkfraktur	6 Wo. stationär weiterhin 240 Tage MdE 100 % weiterhin stationärer Aufenth. zur Metallteilentfernung	Frau	100 %	OLG München ZfS 88, 70 v. 16. 10. 86	6 000,–
32	Oberschenkelbruch	1 Mon. stationär langwier. Massagebehandlg. 5 Mon. Behinderung der Erwerbstätigkeit	52 j. Hausfrau	100 %	OLG Düsseldorf NJW 92, 2972 v. 06. 12. 91	6 000,– immat. Vorbehalt
33	Unterschenkelfraktur li., Schrägfraktur Wadenbein	fast 4 Mon. stationär anschl. 2 Mon. ambulant Dauerschaden: Beinverkürzung 1–1,5 cm	8 j. Junge	75 %	KG Berlin DAR 93, 257 v. 18. 01. 93	6 000,–

Lfd.-Nr.	Verletzung	Dauer der Behandlung	Person	Haftung	Gericht	Betrag in DM
34	Ober- und Unterschenkelverletzung (Fleischwunden) durch Kampfhundattacke	Dauerschaden Narben	Jg. Frau	100 %	AG Liebenwerda NJW-RR 99, 1255 v. 12.03.99	8.000,–
35	Unterschenkelfraktur, Gehirnerschütterung, Prellung + Schürfungen	1 Mon. stationär 2 Operationen 4 Mon. MdE 100 %		100 %	LG Duisburg ZfS 87, 325 v. 20. 02. 87	8 000,–
36	Oberschenkelfraktur re.	8 Wo. stationär (dav. über 6 Wo. in Rückenlage), anschl. Krankengymnastik Dauerschaden: Rotationsbeweglichkeit des re. Hüftgelenks, Außendrehstellg. re. Oberschenkelknochen ggü. li. 20 %	3 $^{3}/_{4}$ j. Mädchen	100 % (keine Anrechnung des Verhaltens der erw. Begleitperson)	KG Berlin DAR 95, 72 v. 31. 10. 94	8 000,–
37	Kreuzbandruptur, Schultergelenksprengung	dauerhafte Instabilität des Kniegelenks bei 40 %iger Funktionsbeeinträchtigung (Knie wurde zunächst fehlerhaft als dauerhaft geheilt vom Arzt eingeschätzt) Bindung an Abfindungsvergleich!		100 %	OLG Hamm NZV 97, 440 v. 20. 02. 97	8 000,–
38	offene Unterschenkelfraktur	3 Operationen mit stationärem Aufenthalt		100 %	OLG München ZfS 90, 45 v. 27. 10. 89	9 000,–

Lfd.-Nr.	Verletzung	Dauer der Behandlung	Person	Haftung	Gericht	Betrag in DM
39	Oberschenkeltrümmerfraktur und -halstrümmerfraktur	52 Tage stationär Dauerschaden Gehbehinderung Gehen war nur an Krücken und unter Schmerzen möglich	77 jährige Frau	100 %	OLG Schleswig VersR 97, 69 v. 08.02.96	9.000,–
40	Knieimpressionsfraktur	8 Wo. stationär		50 %	LG Oldenburg ZfS 89, 78 v. 10. 10. 88	10 000,–
41	Komplizierte Ober- und Unterschenkelfraktur mit beidseitiger sog. Plattenosteosynthese (= operative Knochenverbindung mittels Metallplatte), Hauttransplantantion, Schädelprellung	1 Mon. stationär 2 Operationen 6 Mon. MdE 100 % Dauerschaden: offen	Mann	100 %	LG Mainz ZfS 91, 84 v. 09. 11. 90	10 000,–
42	Schwere Verstauchung oberes Sprunggelenk mit Außenbandabriss, Verstauchung HWS, Prellungen, nachfolgende anlagebedingte Thrombose	1 Mon. stationär 34 ambulante Behandlungen MdE 6,5 Mon. 100 %		100 %	LG Möchengladbach r+s 91, 89 v. 31. 01. 90	10 000,–
43	Unterschenkel- u. Rippenfraktur, Handverletzung, Brust- u. Beckenprellung, Riss der Beugesehne 2. Finger rechts	1 Mon. stationär und 3 Tage stationär nach 3 $^{1}/_{2}$ Mon.		100 %	LG Paderborn SP 97, 71 v. 10. 10. 96	10 000,–

Lfd.-Nr.	Verletzung	Dauer der Behandlung	Person	Haftung	Gericht	Betrag in DM
44	Trümmerfraktur des rechten Fußes mit großem knöchernen Substanzverlust des Fußwurzelknochens und Keilbeins sowie multiplen Rupturen des Streckensehnenapparates	4 Wo. Krankenhaus = psychische Belastung für Kind	7 ½ jähr. Kind	100 %	OLG Köln VersR 2000, 899 v. 05.02.93	10.000,–
45	Kniegelenkdistorsion (vorgeschädigtes Kniegelenk wurde unfallbedingt beeinträchtigt)	Dauerschaden Gehbehinderung + Schmerzen Evtl. künstliches Gelenk erforderlich	Mann	100 %	OLG Hamm DAR 2000, 263 v. 03.01.00	10.000,–
46	Unterschenkelfraktur mit Fragmentverschiebung Zahnverletzung	12 Tage stationär 6 Wo. Gips Dauerschaden: Beinverkürzung, Zahnüberkronung	10 jähriges Kind	100 %	OLG Hamm NZV 97, 230 v. 30.09.96	10.000,– immat. Vorbehalt
47	Unterschenkelfraktur ohne Gelenkbeteiligung Rippenserienfraktur 5–7 Fingerverletzung	Stationär mgl. Dauerschaden eingeschränkte Beweglichkeit des rechten Zeigefingers	Mann	100 %	LG Paderborn SP 97, 71 v. 10.10.96	10.000,–
48	Fußsohlenfraktur (sogn. Metatarsaliafraktur) -Überrolltrauma- Handfraktur	2 Mon. stationär 17 Operationen starke Schmerzen Dauerschaden	10 jähriger Junge	50 %	OLG Hamm r+s 99, 377 v. 09.11.98	10.000,– immat. Vorbehalt
49	Unterschenkelfraktur	Stationärer Aufenthalt Dauerschaden Beinverkürzung Nachoperation notwendig	Mann	100 %	OLG Celle ZfS 2000, 241 v. 01.02.00	12.000,–

Lfd.-Nr.	Verletzung	Dauer der Behandlung	Person	Haftung	Gericht	Betrag in DM
50	Sprunggelenkverrenkungsfraktur mit nachfolgender Arthrose	Dauerschaden Bewegungseinschränkungen	Mann	100 %	OLG Hamm r+s 98, 241 v. 21.04.97	12.000,– immat. Vorbehalt
51	Unterschenkeltorsionsfraktur re.	1 Mon. stationär Komplizierte OP mehrere Mon. bettlägerig MdE über 6 Mon. 100 %	Mann (Eishockey-spieler)	100 %	OLG München NJW-RR 89, 727 v. 22. 03. 89	12 000,–
52	Fraktur Mittelfußknochen 3–5, zwei Krankenhausaufenthalte, dauerhafte Bewegungseinschränkung beim Gehen und Laufen	2 Krankhausaufenthalte zahlreiche Behandlungen	24 j. Frau	100 %	LG Kassel ZfS 92, 265 v. 23. 04. 92	12 000,– immat. Vorbehalt
53	Zehenverlust 2. Zehe		3 j. Mädchen	100 %	OLG Köln VersR 89, 637 v. 15. 03. 89	13 000,–
54	Trümmerfraktur re. Knie mit Verlust der Kniescheibe, eingeschränkte Kniegelenksfunktion, Muskelminderung am Oberschenkel, Schwierigkeiten beim Stehen und Laufen		ältere Frau	100 %	OLG Koblenz ZfS 90, 6 v. 15. 06. 89	13 000,–
55	Knie- u. Bänderverletzung (Innenbandabriss und Innenmeniskusriss li. Sprunggelenk)	3 Wo. stationär Metallimplantat für 2 $^{1}/_{2}$ Jahre		100 %	OLG Oldenburg ZfS 91, 261 v. 13. 02. 91	14 000,–

Lfd.-Nr.	Verletzung	Dauer der Behandlung	Person	Haftung	Gericht	Betrag in DM
56	Sprunggelenkfraktur, Schleimbeutelentzündung (=Bursektomie) re. Kniegelenk als Folge erhebl. Verwachsungen und Wucherungen sowie postoperativer starker Entzündung	46 Tage stationär 3 Operationen 4 Mon. MdE 100 % 42 Tage MdE 75 % Dauerschaden: Versteifungsgefahr (kein Sport mögl.)	35 j. Mann	100 %	OLG Köln VersR 93, 371 v. 16. 10. 92	14 000,–
57	Schienbeinkopf- u. Wadenbruch, Außenmeniskuszerreißung, Ausriss Kniescheibenband und vorderes Kreuzband aus Schienbeinkopf, Zerreißung inneres Seitenband	MdE 15 % 6 Mon. Behandlung Dauerschaden: Operationsnarben		100 %	LG Kassel ZfS 90, 187 v. 18. 01. 90	15 000,–
58	Fraktur re. Großzehe, erster Mittelfußknochen + Kahnbein	Dauerschaden: MdE 20 %		100 %	LG Mosbach SP 95, 298 v. 25. 10. 94	15 000,–
59	Kniegelenkquetschung (Kontusion) mit lateraler Schienbeinkopffraktur Senkung der Gelenkfläche	Dauerschaden mit Verschlimmerungstendenz	78 jährige Frau	100 %	OLG Hamm NZV 2000, 126 v. 20.08.99	15.000,–
60	Mittelfußtrümmerfraktur Zehenfraktur rechts Schwere Vorderfußquetschung	11 Tage stationär MdE 77 Tage 100 % 52 Tage 30 % 20 % Dauerschaden	51 jähriger Mann	100 %	OLG Karlsruhe SP 96, 133 v. 19.04.95	15.000,– immat. Vorbehalt

Lfd.-Nr.	Verletzung	Dauer der Behandlung	Person	Haftung	Gericht	Betrag in DM
61	Bruch des Sprunggelenks + Arthrose	6 Wo. stationär dauernde Bewegungseinschränkung unter Schmerzen MdE auf Dauer 30 %		100 %	OLG Oldenburg VersR 97, 1109 v. 10. 10. 96	25 000,– immat. Vorbehalt
62	Sprunggelenkfraktur mit nachfolgender Arthrose	6 Wo. Stationär Dauerschaden MdE 30 %	Mann	100 %	OLG Oldenburg VersR 97, 1109 v. 10.10.96	25.000,– immat. Vorbehalt
63	Sprunggelenkluxationsfraktur mit Versteifung des oberen und fortschreitender Versteifung des unteren Sprunggelenks	Dauerschaden Gehbehinderung Verschlechterungstendenz Gefahr späteren Wirbelsäulen- und Hüftschadens	Mann	100 %	OLG Hamm VersR 97, 1291 v. 07.11.96	25.000,–
64	Oberschenkelfraktur mit deutlicher Muskulaturverschmächtigung Wadenbeinnervlähmung (Peronaensparese) Knieverletzung (Kreuzbandriss) Nasenbeinfraktur	35 Tage stationär 3 weitere Aufenthalte weitere Knieoperationen erforderlich Dauerschaden wahrscheinlich	17 jähriger Mann	100 %	OLG Köln VersR 98, 507 v. 21.03.97	25.000,– immat. Vorbehalt

Sonstiges

Lfd.-Nr.	Verletzung	Dauer der Behandlung	Person	Haftung	Gericht	Betrag in DM
1	Schürfwunden Risswunden	k. A.	Mann	k. A.	AG Hannover ZfS 96, 445 v. 15.02.96	0,– da Verletzungen beim Tragen von Schutzkleidung vermieden worden wären.
2	unfallbedingte Schlafstörung bei Hochschwangerer		Frau	100 %	AG Offenburg ZfS 91, 299 v. 18. 07. 90	500,–
3	Schock m. Nervenzusammenbruch, nervösen Herzbeschwerden, Herzrasen		Witwe	70 % (Mitverschulden des Getöteten)	LG Bielefeld r+s 87, 283 v. 04. 03. 87	1 000,–
4	Protahierte Trauerreaktion beim Miterleben des Todes eines nahen Angehörigen (hier des eigenen 10 jährigen Sohnes)	k. A.	Mann	50 % (dem Vater wurde das Mitverschulden des Sohnes angerechnet)	KG NZV 99, 329 v. 10.11.97	1.000,–
5	Schock aus Anlass des Miterlebens des Unfalltodes der Mutter		jg. Mann	100 %	OLG Köln DAR 88, 320 v. 31. 12. 80	2 000,–

Lfd.-Nr.	Verletzung	Dauer der Behandlung	Person	Haftung	Gericht	Betrag in DM
6	Unfallschock, Brustkorbprellung mit Fraktur 6. Rippe, Gehirnerschütterung, Kopfplatzwunde, Nieren- u. Leberquetschung			33 %	OLG Hamm ZfS 90, 81 v. 08. 11. 89	2 000,–
7	Schock nach Unfalltod des Kindes		Mann	100%	KG ZfS 1999, 317 v. 18. 09. 98	2.000,– keine Anrechnung des Mit- versch. des Kindes
8	Verletzungen mit Todesfolge Tod trat ca. 1 h später ein, ohne dass die Klägerin Bewusstsein wiedererlangte	k. A.	Frau	50 % (wegen Gurt)	OLG Hamm NZV 97, 233 v. 21.01.97	2.500,–
9	Schock mit Gesundheitsschaden und psychischer Verhaltensänderung wegen Nachricht vom Unfalltod der Tochter	1 $^{1}/_{2}$ Jahre medikamentöse Behandlung	Frau	100 %	AG Hagen ZfS 90, 187 v. 15. 11. 89	3 000,–
10	Schmerzensgeld, wenn das Unfallopfer den Unfall nur kurzfristig überlebt	der Verstorbene war nach Unfall noch ca. 30 min. bei Bewusstsein und schrie vor Schmerzen	Mann	70 %	LG Augsburg r+s 94, 419 v. 23. 03. 94	3 000,–
11	Verletzungen mit Todesfolge Verletzte verstarb ca. 1 h nach Unfall ohne Bewusstsein wiedererlangt zu haben	k. A.	Frau	100 %	BGH VersR 98, 1034 v. 12.05.98	3.000,– lesenwerte Entscheidung

Lfd.-Nr.	Verletzung	Dauer der Behandlung	Person	Haftung	Gericht	Betrag in DM
12	Urlaubsvereitelung, Sprunggelenkdistorsion		Frau (aktive Sportlerin)	100 %	OLG München VersR 87, 622 v. 29. 11. 85	3 200,– (2 000,– nur für Urlaubsvereit.)
13	Schock, nervöser Erschöpfungszustand mit sog. Hyperventilationstetanie und Herzbeschwerden wegen Unfalltod des 23 j. Sohnes	3 Wo. Krankschreibung	Mann		OLG Stuttgart DAR 88, 320 v. 21. 03. 85	4 000,–
14	Vererblichkeit des Schmerzensgeldanspruches	Kläger sind Eltern+Erben des bei Unfall an schwersten Verletzungen ohne Wiedererlangung des Bewusstseins Verstorbenen		100 %	KG ZfS 95, 130 v. 25. 04. 94	4 800,–
15	Depressive Psychose mit erhebl. vegetativer Störung	monatelange Behandlung der Mutter aus Anlass Unfalltod der 18 j. Tochter	Frau	100 %	LG Braunschweig ZfS 91, 333 v. 20. 07. 90	6 000,–
16	Schock, psychische Beeinträchtigung (Unfalltod des Sohnes)	(Berufsaufgabe!)	Mann	100 %	OLG Hamm r+s 91, 305 v. 21. 12. 90	7 000,–

Lfd.-Nr.	Verletzung	Dauer der Behandlung	Person	Haftung	Gericht	Betrag in DM
17	Tod nach ununterbrochenem Koma von 8 Tagen Dauer (Polytrauma mit Hirnstammblutungen, malignem Hirnödem, Mittelgesichts- und Unterkieferfrakturen, Unterschenkelfraktur bei sofortiger Bewusstlosigkeit)	8 Tage	Kind	100 %	OLG Schleswig VersR 99, 632 v. 14.05.98	10.000,–
18	Tod nach 4wöchigem Krankenhausaufenth. bei erheblichen Schmerzen aber nur zeitweisem Bewusstsein auch wegen Schmerzmitteleinfluss	4 Wochen stationär	älterer Mann	60%	OLG Karlsruhe NJW-RR 1987, 1249 v. 03.05.85	10.000,–
19	Schock d. miterleben des Todes eines nahen Angehörigen, depressive Verstimmungen (Unfalltod des jüngsten Sohnes)	Dauerschaden: latente Selbstmordgefahr	Mann	100 %	LG Verden DAR 88, 320 v. 04. 03. 82	15 000,–
20	Unfallneurose Posttraumatische Belastungsstörungen bis zur Persönlichkeitsveränderung (+ leichte Prellungen und Schürfwunden)	28 Tage nicht einsatzfähig	Jg. Mann (Soldat)	100 %	OLG Hamm r+s 99, 61 f. v. 05.03.98	15.000,–

Stichwortverzeichnis